U1017059

“十四五”时期国家重点出版物出版专项规划项目

现代土木工程精品系列图书

室内空气环境评价与控制
（第2版）

王昭俊　刘　京　王砚玲　编著

哈爾濱工業大學出版社

内容简介

室内热环境和室内空气质量不仅影响人体的热舒适性，还影响人体的健康与工作效率。本书融入了作者的科研成果，涉及室内空气环境评价与控制方向的研究热点和前沿问题，重点介绍室内空气环境的研究方法、基本理论、评价方法、评价标准及控制技术等内容。本书共分6章，包括绪论、热舒适研究与评价、室内空气质量研究与评价、区域模型和网络模型用于室内空气环境模拟、室内空气环境CFD模拟和基于HVAC系统的室内空气环境控制技术。各章内容均相对独立，并给出了相关的应用案例以加深读者对理论内容的理解。

本书可作为供热、供燃气、通风及空调工程专业的研究生教材，还可作为相关专业研究人员的参考用书。

图书在版编目(CIP)数据

室内空气环境评价与控制/王昭俊，刘京，王砚玲编著.—2版.—哈尔滨：哈尔滨工业大学出版社，2025.3.—(现代土木工程精品系列图书).—ISBN 978-7-5767-1532-3

Ⅰ.X510.6

中国国家版本馆CIP数据核字第2024NZ8991号

策划编辑　王桂芝　贾学斌
责任编辑　林均豫　陈雪巍
出版发行　哈尔滨工业大学出版社
社　　址　哈尔滨市南岗区复华四道街10号　邮编150006
传　　真　0451-86414749
网　　址　http://hitpress.hit.edu.cn
印　　刷　黑龙江艺德印刷有限责任公司
开　　本　787 mm×1 092 mm　1/16　印张23　字数531千字
版　　次　2016年1月第1版　2025年3月第2版　2025年3月第1次印刷
书　　号　ISBN 978-7-5767-1532-3
定　　价　69.00元

第 1 版前言

室内空气环境是一门涉及建筑物理学、生理学、心理学、人类工效学、信息科学等多学科交叉的边缘科学。室内环境包括室内空气环境、室内光环境和声环境等。室内空气环境又包括室内热湿环境和室内空气质量。本书主要阐述与供热、供燃气、通风及空调工程学科紧密相关的室内热湿环境和室内空气质量两方面内容。

本书是作者结合多年室内空气环境研究的理论和工程实践撰写而成的。本书较其他相关领域的参考书增加了现场研究、实验室研究、仿真研究和控制技术的内容,重在研究方法和设计理念的介绍,以启发研究生的研究思路,培养研究生的创新思维能力。

本书主要包括室内空气环境的研究方法、基本理论、评价方法、评价标准以及控制技术等内容,共分 6 章,内容简介如下:

第 1 章为绪论,主要介绍人与室内环境的关系,室内空气环境研究概况,以及本书的主要研究内容。

第 2 章为热舒适研究与评价,主要阐述热舒适理论和热适应理论,稳态均匀热环境和自由运行建筑热环境评价及极端环境热暴露评价,热舒适标准和热湿环境参数检测方法;重点介绍了实验研究中涉及的实验工况设计,热工学、生理学和心理学研究方法,以及现场研究中涉及的样本选择、调查表设计、数据处理及应用案例等内容。

第 3 章为室内空气质量研究与评价,主要介绍室内污染物对人体健康的影响,室内空气质量的定义及阈值,实验室研究和现场研究的方法及应用案例,室内空气质量的客观评价、主观评价和综合评价方法,室内空气污染的人员暴露评价,室内污染物的散发及传播机理,室内空气质量标准和室内空气污染的控制方法。

第 4 章为区域模型和网络模型用于室内空气环境模拟,主要介绍区域模型和网络模型的模拟计算原理和方法,以及应用案例。

第 5 章为室内空气环境 CFD 模拟,主要介绍 CFD 模拟计算方法的基本原理和方法,以及应用案例。

第 6 章为基于 HVAC 系统的室内空气环境控制技术,结合应用案例,重点介绍了几种室内空气环境控制技术的设计理念、工作原理、影响因素和设计计算方法等,其中包括直接控制室内空气参数的技术（如毛细管自然对流散热器和铜管铝翅片强制对流散热器）、控制室内固体表面温度的技术（如地板供暖技术和毛细管供暖辐射板技术）、室外新风的利用技术（如新型新风换气机和双向通风窗）等。

本书由哈尔滨工业大学王昭俊、赵加宁、刘京、王砚玲共同撰写，具体分工如下：第1~3章由王昭俊撰写，第4章由王砚玲撰写，第5章由刘京撰写，第6章由赵加宁撰写。全书由王昭俊统稿。作者指导的博士研究生吉玉辰和宁浩然参加了相关资料的搜集、整理等辅助性工作，在此一并表示感谢。在撰写过程中，引用了一些参考文献的图、表、数据等，在此向相关作者表示感谢。

本书被列为哈尔滨工业大学研究生"十二五"规划教材和"十二五"国家重点图书出版规划项目，并入选黑龙江省2015年度精品图书出版工程。

由于作者水平有限，书中难免存在疏漏或不妥之处，恳请读者批评指正。

作　者

2016年3月于哈尔滨

第 2 版前言

室内空气环境是一门涉及建筑物理学、生理学、心理学、人类工效学、信息科学等多学科交叉的边缘科学。室内环境包括室内空气环境、室内光环境和声环境等。室内空气环境又包括室内热湿环境和室内空气质量。本书主要阐述与供热、供燃气、通风及空调工程学科紧密相关的室内热湿环境和室内空气质量两方面内容。

本书是作者结合多年室内空气环境研究的理论和工程实践撰写而成的。本书较其他相关领域的参考书增加了现场研究、实验室研究、仿真研究和控制技术的内容，重在研究方法和设计理念的介绍，以启发研究生的研究思路，培养研究生的创新思维能力。

本书第一版于 2016 年出版，由哈尔滨工业大学王昭俊、赵加宁、刘京、王砚玲共同编著。经过八年的教材应用与实践，以及近年来科技的进步和信息技术等的应用，作者感到很有必要将最新的理念和先进的技术成果讲授给学生，补充一些新的研究方法和应用案例。

本教材在第一版基础上进行了以下修订工作：①增加了信息技术等新技术成果在建筑环境领域的应用方法和案例；②增加了基于教学团队参与的国家级科研项目的新成果；③删除了与本科教学重复的部分内容。

具体修订内容如下：

第 2 章增加了“2. 4 基于信息技术的研究方法”，新的标准“2. 9. 5 ASHRAE Standard 55—2017”和“2. 9. 6 ASHRAE Standard 55—2020”。

第 3 章增加了“3. 1 室内空气质量概述”“3. 4. 2 室内 SVOC 散发特性及控制”“3. 6. 3 室内空气中 SVOC 的暴露评价”，增加了新的标准“3. 8. 5 ASHRAE Standard 62. 1—2019”和“3. 8. 6 ASHRAE Standard 62. 1—2022”。

第 4 章补充了“4. 6. 3 网络模型 CONTAM 模拟实例 2”。

第 5 章结合计算流体力学近年来迅猛发展的趋势，对应用案例部分进行了全面的更新，增加了诸如基于深度学习的 CFD 技术、CFD 与数据同化等最新的研究进展，以开拓学生视野。

本书此次是在黑龙江省精品图书出版工程《室内空气环境评价与控制》基础上修订

再版，由哈尔滨工业大学王昭俊、刘京、王砚玲共同撰写，具体分工如下：王昭俊撰写第1~3章；王砚玲撰写第3章的3.1、3.4.2和3.6.3，以及第4章；刘京撰写第5章；第6章沿用了第一版赵加宁撰写的内容。由于赵加宁教授已经退休，故没有参加本次教材的修订工作，因此第6章内容由王昭俊负责修订。全书由王昭俊统稿。作者指导的博士研究生杨宇鑫，硕士研究生郝赫钰和何志参加了相关资料的搜集、整理等辅助性工作，在此一并表示感谢。在撰写过程中，引用了一些参考文献的图、表、数据等，在此向相关作者表示感谢。

由于作者水平有限，书中难免存在疏漏或不妥之处，恳请读者批评指正。

作　者

2025年1月于哈尔滨

目　　录

第1章　绪　论

1973年，国际石油危机引发的全球能源危机受到了全世界的关注，近年来随着全球温室气体排放量增加、气候变暖加剧，节能减排已成为全世界共同面临的问题。“气候怀疑论者”认为，建筑行业是全球大气二氧化碳排放量最大者之一。美国能源信息署（EIA）发布的统计资料显示，美国、加拿大、日本等国家的建筑能耗（包括公共建筑和居住建筑）占其社会总能耗的比例为30%～40%，我国的建筑能耗在社会总能耗中约占25%。在美国，建筑能耗占一次能源使用量的38.9%，其中的34.8%用于供暖空调系统以改善热舒适条件。在我国，供暖空调系统的能耗已占建筑能耗的50%以上，在北方地区，供暖能耗占建筑总能耗的65%以上，有的地区甚至高达90%。可见，供暖空调系统节能是建筑领域节能减排的关键。而在供暖空调系统的设计和使用过程中，基于人体热舒适和卫生健康要求确定适宜的室内空气环境参数对建筑节能又起着决定性的作用。

国际石油危机爆发后，人们为了建筑节能，提高了建筑物的密闭性，减少了新风量，进而导致了病态建筑综合征，由此引发了人们对室内空气质量与人体健康问题的广泛重视。如何在保证健康、舒适的室内热环境同时降低建筑能耗，是目前全世界的热点研究问题。

人类从露宿、穴居到建造空调建筑，经历了漫长的岁月。在人类社会发展的漫长岁月中，人们的生活环境都与大自然直接接触。即便在建筑产生之后，人们也是尽可能采用各种被动式手段来营造舒适的室内热环境。近年来，人们开始对室内热舒适和空气质量的研究有了新的理解，并由原来的空调建筑中采用主动式建筑技术逐渐转向自然通风等被动式设计方法的研究。与人类社会发展过程相适应，人们对建筑的需求也经历了掩蔽所、舒适建筑、健康建筑、绿色建筑（生态建筑）这样4个阶段。第1阶段是低能耗甚至无能耗阶段，第2阶段和第3阶段是高能耗阶段，第4阶段则是大量利用可再生能源和未利用能源、亲近自然和保护环境阶段。

1.1　人与室内环境的关系

人类是地球物质发展的产物，人与环境是不可分割的对立统一的整体。环境是一个很大的范畴，它包括了一切客观存在、与人类生存有关的自然的以及社会的条件。世界卫生组织公共卫生专家委员会给“环境”的定义是：在特定时刻由物理、化学、生物及社会的各种因素构成的整体状态，这些因素可能对生命机体或人类活动直接地或间接地产生现实的或远期的作用。中华人民共和国环境保护行业标准给“室内环境”的定义是：人们工作、生活、社交及其他活动所处的相对封闭的空间，包括住宅、办公室、学校、教室、医院、候车(机)室、交通工具及体育、娱乐等室内活动场所。即室内环境是人类为生活和生产的需要而建造的建筑内微环境。人类的健康水平和生活质量与其生存的环境质量有着密切的关系,由于现代人通常有 80%以上的时间是在室内度过的,故人类的健康与室内环境的关系更为直接和密切。

室内的一系列污染源造成的总的挥发性有机化合物(Total of Volatile Organic Compounds,TVOC)浓度常常高于室外,且主要是由室内装修造成的。据调查,我国目前使用的大部分装修材料都不同程度地含有有毒的有机溶剂和甲醛、苯、二甲苯、氯化烃等有机物,其中甲醛、苯、三氯乙烯等都是已知的致癌物质。这些装修材料在室内会不断地释放有害气体,其释放时间可达一年之久。

室内人员对室内空气质量有着长期的影响。首先,人体本身的新陈代谢活动是吸入氧气(O_2)、呼出二氧化碳(CO_2)和产生其他分泌物的过程,在此过程中人体会不断散发出异味;其次,室内人员的日常行为活动引起室内扬尘浓度的升高;最后,室内人员吸烟等行为对室内空气质量有影响,会增加肺癌和其他呼吸道疾病的发生率。实际上,吸烟会大大降低室内空气质量,即室内烟雾浓度增加,负离子浓度减少。

室内现代化办公设备和家用电器的广泛使用也导致了许多环境问题:噪声污染、电磁波及静电干扰、紫外线辐射等,给人们的健康带来了不可忽视的影响。

随着我国经济的不断发展和人民生活水平的不断提高,应用供暖空调系统的建筑越来越多。但一些空调建筑夏季室温过低,不仅浪费了大量电能,而且导致人们患上空调病,影响人体健康。我国北方地区冬季室内需要供暖,近年来的现场调查结果显示,供暖室内空气温度(简称室温)正逐年升高。冬季室温过高,人们不得不开窗降温,既不舒适又浪费能源。因此,供暖空调系统在设计和运行过程中采用适宜的室温既有利于建筑节能减排,又有利于人体舒适健康。

室内外环境是相互联系的,建筑的室内环境会受到室外环境的影响。近年来我国很多地方出现雾霾。雾是由大量悬浮在近地面空气中的微小水滴或冰晶组成的气溶胶系统,是近地面层空气中水汽凝结(或凝华)的产物。霾也称灰霾(烟霞),空气中的灰尘、硫酸、硝酸、有机碳氢化合物等粒子能使大气混浊,进而使视野模糊并导致能见度恶化,如果水平能见度小于 10 km,则将这种非水成物组成的气溶胶系统造成的视程障碍称为霾或灰霾。如冬季供暖、汽车排放尾气、燃放烟花爆竹等都可产生雾霾。现场测试结果表明,出现雾霾时,室内外颗粒物浓度都明显超标。

室内环境对人的影响分为直接影响和间接影响。直接影响指环境的直接因素对人体健康与舒适的直接作用,如室内良好的照明,特别是自然采光可以促进人们的健康;人们喜欢的室内布局和色彩可以缓解工作时的紧张情绪;室内适宜的温湿度和清新的空气能提高人们的工作效率等。间接影响指间接因素促使室内环境对人员产生的积极或消极作用,如情绪稳定时适宜的环境使人精神振奋,萎靡不振时不适宜的环境使人更加烦躁不安,从而降低工作效率等。

工作效率的提高有赖于环境因素、组织因素、社会因素以及个人因素这 4 个主要因素。保证适宜的室温及相对湿度、增加通风率、提高室内环境品质可以增加工作人员的舒适度,避免病态建筑综合征,有益于室内人员的健康,并间接改善其他3个因素,从心理和生理两方面提高室内人员对环境的满意率,降低在保障和补偿室内人员健康方面的投资,提高工作效率。

1.2 室内空气环境研究概况

人的一生有80%以上的时间是在室内度过的,室内环境品质(Indoor Environment Quality,IEQ)包括声环境、光环境、热环境及室内空气质量对人的身心健康、舒适感及工作效率都会产生直接的影响。在上述诸多影响因素中,热环境和室内空气质量对人的影响尤为显著。因此,本书将主要介绍室内热环境和室内空气质量的研究方法、基本理论、评价方法、评价标准以及控制技术等。

1.2.1 室内热环境与热舒适

室内热环境研究是与19世纪医学及测温学同时开展的。此时,人们认识到控制湿度的重要性,认为空气过于干燥或过度潮湿都是不可取的。

1914年,Hill发明了卡他温度计。卡他温度计综合了平均辐射温度、空气温度和空气流速的影响。20世纪30年代进行的大量实验经常采用卡他温度计。

1919年,在美国的匹兹堡由美国供暖通风工程师学会(American Society of Heating and Ventilating Engineers,ASHVE)建造了一个人工环境实验室,主要目的就是研究空气温度、空气湿度和空气流速等对人体热感觉和热舒适的影响。1923年,Houghten和Yaglou创立了对热环境研究具有深远影响的有效温度(Effective Temperature,ET)指标。该指标综合了空气温度、空气湿度和空气流速对人体热感觉的影响。1967年以前,该指标一直被广泛地用于工业以及美国和英国的军队中。1924—1925年,Houghten和Yaglou等又研究了空气流速和衣着对人体热感觉的影响。1932年,Vernon和Warner使用黑球温度代替干球温度对热辐射进行了修正,提出了修正有效温度(Corrected Effective Temperature,CET)指标。第二次世界大战期间,该指标曾被英国皇家海军舰队所采用。1950年,Yaglou等对热辐射进行了修正,提出了当量有效温度的概念[1,2]。

1963年,美国供暖、制冷和空调工程师学会(American Society of Heating, Refrigerating and Air-Conditioning Engineers,ASHRAE)将匹兹堡的人工环境实验室搬到了堪萨斯州立大学。在该实验室中,学者们进行了大量的人体热感觉与热舒适的实验研究,获得了许多有价值的热舒适数据,并成为制定热舒适标准的基础数据[1,2]。

1971年,美国耶鲁大学Pierce研究所的Gagge提出了新有效温度(New Effective Temperature,ET*)指标,该指标综合了温度、湿度对人体热舒适的影响。随后,Gagge又综合考虑了不同的活动水平和服装热阻的影响,提出了标准有效温度(Standard Effective Temperature,SET)指标[1,2]。

基于前期实验室的研究成果,1966年美国的ASHRAE发布了第一个热舒适标准ASHRAE Standard 55—1966。随后在1974年、1981年、1992年、2004年、2010年、2013

年、2017 年和 2020 年又经过多次修订，发展为目前最新的版本 ASHRAE Standard 55—2020。

与此同时，丹麦技术大学的 Fanger 在人体热舒适研究领域也取得了令人瞩目的成果。Fanger 在堪萨斯州立大学的实验数据基础上，提出了舒适的皮肤温度、所期望的排汗率和新陈代谢率之间的关系，并于 1967 年发表了著名的热舒适方程[3]。

1970 年，Fanger 以热舒适方程及 ASHRAE 7 级标度为出发点，并对堪萨斯州立大学的热感觉数据进行分析，得到了至今被世界各国广泛使用的评价室内热环境热舒适的指标——预测平均投票数（Predicted Mean Vote，PMV）和预测不满意百分数（Predicted Percentage of Dissatisfied，PPD）[3]。该指标综合了空气温度、空气湿度、空气流速、平均辐射温度、活动强度和服装热阻 6 个影响人体热舒适的因素，是迄今为止最全面的评价室内热环境的指标。国际标准化组织（International Organization for Standard，ISO）根据 Fanger 的研究成果于 1984 年制定了国际标准《适中的热环境——PMV 与 PPD 指标的测定及热舒适条件》。ISO Standard 7730—1984 推荐取 PPD≤10%，即允许有 10%的人感到不满意，此时对应的 PMV 在-0.5 至+0.5 之间[4]。2004 年发布的 ASHRAE Standard 55—2004 热舒适标准中采用操作温度作为评价室内热环境的指标，也推荐使用 PMV-PPD 值预测空调环境的热舒适性[5]。

20 世纪 70 年代中期，为应对石油危机兴起了建筑环境人体热适应的研究。气候变化和建造低碳建筑的迫切形式促使人们更加关注人体对地域气候的适应性，以营造节能舒适的建筑环境。近 30 年来，热舒适的研究中心逐渐从 Fanger 的热舒适物理模型转移至适应性热舒适模型。适应性热舒适模型逐渐被广泛认可并成为热舒适领域的研究主流[6]。在 2004 年以后颁布的 ASHRAE Standard 55 热舒适标准中，增加了热适应性模型（Adaptive Model）以预测和评价自然通风环境中 80%或 90%的人们可接受的温度范围。

此外，人们还对远离热舒适范围的过热和过冷环境进行了大量的研究并建立了一系列指标，如预测 4 h 排汗量（Predicted Four Hour Sweat Rate，P4SR）、热应力指数（Heat Stress Index，HSI）、热应力指标（Index of Thermal Stress，ITS）、湿球黑球温度计指数（Wet-bulb Globe Thermometer Index，WBGT）等。

我国室内热环境研究始于 20 世纪 80 年代，清华大学、上海交通大学、哈尔滨工业大学、重庆大学、同济大学、天津大学、西安建筑科技大学、华南理工大学、大连理工大学等的一些学者对适于中国人的热舒适评价指标、动态热环境评价等进行了研究，并取得了丰硕的成果。

综上所述，热舒适研究主要经历了 3 个阶段：①以丹麦技术大学的 Fanger 为代表，研究稳态热环境下的热舒适，建立了热舒适方程，提出了人体热感觉预测的 PMV 和 PPD 计算模型；②以澳大利亚悉尼大学的 de Dear 为代表，研究适应性热舒适以扩大稳态环境下的热舒适范围、降低建筑运行能耗，提出了适应性热舒适模型；③以清华大学赵荣义和朱颖心为代表，综合考虑了人的健康、舒适性以及节能等因素，研究动态和个体控制对热舒适的影响。

1.2.2 室内空气质量

早在14世纪,伦敦就发布了烟草法律以减少室外空气污染。随着工业革命和城市的增加,空气污染日趋严重,并导致一些灾难性事件频繁发生,如1932年的马斯河谷烟雾事件中,有数千人上呼吸道感染;1952年的伦敦烟雾事件中,在一周内几千人死亡,尤其是一些婴幼儿和老人。伦敦烟雾事件使人们认识到室外空气污染对人体健康的危害,揭开了空气污染研究的新纪元,推动了流行病学和室外空气污染对公共健康危害的研究[7]。

室内空气污染的研究历史与发展是与室外空气污染的调查紧密相关的。20世纪60年代,人们认识到室内空气质量(Indoor Air Quality,IAQ)对人体健康的潜在影响,开始集中研究室内空气污染对人体健康的危害,并首次对室内空气质量进行了现场测试。

早期的研究重点是室内吸烟对人体呼吸系统的影响,如Cameron等研究了室内吸烟者和不吸烟者的呼吸系统健康问题。还有学者指出母亲吸烟对婴幼儿的呼吸系统健康有害,被动吸烟更易患呼吸系统疾病等。据统计,在吸烟家庭中儿童患呼吸道疾病的人数比不吸烟家庭中的儿童多10%~20%。同时人们对甲醛与哮喘病之间的关系进行了大量的调查研究,认为甲醛是引发哮喘病的主要原因。20世纪50年代,人们意识到氡是室内空气中普遍存在的污染物。20世纪80年代,随着美国地下矿工肺癌患病率的增加,人们认识到氡是造成肺癌的元凶[8]。

1973年国际石油危机爆发后,各国开始重视建筑节能工作。一方面,为了减少空调建筑的能耗,提高了建筑物的密闭性,相应减少了空调新风量,使得空调建筑的CO_2等浓度增加。另一方面,有机合成材料在室内装饰及设备用具方面的广泛应用,致使挥发性有机化合物大量散发。由于室内各种污染物不能及时排出室外,而室外的新鲜空气也不能进入室内,严重恶化了室内空气质量,再加上一些其他因素的影响,长期生活和工作在现代建筑物中的人们常表现出一些越来越严重的病态反应,德国的星期一综合征便是其中著名的一例。

1976年,在美国费城召开了退伍军人会议。不久,221人相继出现了类似流感的症状,如头疼、发烧、腹泻及昏迷,其中34人死亡。其病因是宾馆的空调系统传播了LP杆菌,故命名为军团病。此后,人们更加重视室内空气质量的研究。

1979年,世界卫生组织(World Health Organization,WHO)召开了首次室内空气质量与健康国际会议。1983年,世界卫生组织提出了病态建筑综合征(Sick Building Syndrom,SBS)的概念,其定义为:因建筑物使用而产生的一些不适症状,包括黏膜有刺激感(眼红、流泪、咽干等)、困倦、头痛、恶心、头晕、皮肤瘙痒、易感冒、患哮喘或其他呼吸道疾病等。目前世界上有近30%的建筑是病态建筑,有20%~30%的办公人员常被病态建筑综合征所困扰[9]。根据美国环保署(Environmental Protection Agency,EPA)统计,美国每年因室内空气质量低劣所造成的经济损失高达400多亿美元,全球每年因室内空气质量问题造成的病态建筑综合征使生产率下降了2.8%~11%[9]。大量调查分析表明,病态建筑综合征与不良的室内空气质量有关。病态建筑综合征严重影响了人们的身体健康和工作效率,由此引发的病休、医疗费用等社会问题也受到了广泛的关注。

2003 年,严重急性呼吸综合征(Severe Acute Respiratory Syndrome, SARS)在世界不少国家尤其是我国肆虐,对人们的生命安全构成了严重威胁。2004 年我国爆发的禽流感和 2009 年很多国家爆发的 H1N1 病毒感染,这些危及人类健康、生命安全的疾病频繁大规模爆发,使得人们更加关注室内空气环境的安全性,也更加重视室内空气污染控制技术。

研究表明,在发展中国家每年有 160 万人死于室内空气污染。在我国,近年来新建建筑大量增加,装修热潮使得室内空气质量问题尤为突出。农村生产生活中燃烧秸秆等也会释放大量污染物,而我国逐年增加的汽车保有量致使汽车尾气排放量大量增加。吸烟也是最严重的污染源之一。

鉴于以上种种原因,人们已经认识到解决室内空气质量问题的重要性与迫切性,室内空气质量问题已成为当前建筑环境领域内的一个研究热点。

为了改善室内空气质量,人们很早就研究适宜的通风量问题。1824 年,Tredgold 就提出最小通风量为每人 4 cfm,即 6.72 $m^3/(h·人)$。1893 年,Billings 推荐通风量为每人 30 cfm,即 50.4 $m^3/(h·人)$。1915 年,美国 21 个州通过了有关通风量的法律,一般采用每人 30 cfm。

1973 年国际能源危机爆发之前,ASHRAE 发布了自然和机械通风标准 ASHRAE Standard 62—1973,规定最小通风量为 10 cfm,即 16.8 $m^3/(h·人)$;能源危机爆发后,为了节能,将原通风标准进行了修改,将新建筑的最小通风量减少到每人 5 cfm,即 8.4 $m^3/(h·人)$。并于 1981 年发布了控制室内空气质量的通风标准 ASHRAE Standard 62—1981,规定最小通风量可由每人所需的通风量或单位建筑面积所需的通风量来确定,非吸烟区最小通风量为每人 5 cfm,吸烟区最小通风量为每人 60 cfm。

近年来,人们才逐渐认识到通风与室内空气质量的关系。1989 年,ASHRAE 发布了新的通风标准——可接受的室内空气质量的通风标准 ASHRAE Standard 62—1989[10]。标准中考虑了室内空气质量和病态建筑问题,将建筑的通风量增加到每人 15 cfm,并不再区分吸烟区与非吸烟区。1996 年,ASHRAE 对原标准进行了修订,发布了通风标准 ASHRAE Standard 62—1989R。该修订版中将室内污染分为人员污染和建筑污染,并同时考虑。随后在 1999 年、2004 年、2007 年、2019 年和 2022 年又经过多次修订,发展为目前最新的版本 ASHRAE Standard 62—2022。

其他发达国家如德国、加拿大、芬兰等也制定了室内环境质量的相关标准。

上述标准中大多已将建筑本身的污染考虑在内,有的标准将人员污染和建筑污染各自所需的新风量相加(如 ASHRAE Standard 62—1989R),有的标准则取两者中的较大值(如 DIN1946)作为最小新风量指标。

与此同时,人们还对室内空气质量的评价方法进行了研究。1936 年,Yaglou 采用实验方法研究了气味与通风量的关系,确定了可接受的室内空气质量所需的最小通风量。1988 年,Fanger 提出了新的污染源的污染量指标单位,以对室内空气污染进行量化。一些学者指出,室内空气环境评价方法应包括主观评价方法、客观评价方法和室内环境品质综合评价方法。

1.3 室内空气环境的主要研究内容及方法

室内环境包括室内空气环境、光环境和声环境等。室内空气环境包括室内热湿环境和室内空气质量。本书主要研究与供热、供燃气、通风及空调工程学科紧密相关的室内热湿环境和室内空气质量两方面内容。由于人们对室内空气环境的感受既有生理的因素也有心理的因素,故室内空气环境是一门涉及建筑物理学、生理学、心理学、人类工效学、信息科学等多学科交叉的边缘科学。

本书介绍环境因素与人体健康的关系、室内空气环境的研究方法、国内外最新的相关评价标准和评价方法、室内空气环境的控制技术,以创造舒适和健康的室内空气环境。

本书重点介绍室内空气环境的研究方法,如实验室研究、现场研究和数值模拟方法的具体特点,介绍针对不同研究目的的实验设计方法和研究案例,以启发研究生的研究思路,培养研究生的创新思维能力。

室内热舒适标准和室内空气质量标准是研究室内空气环境的基础,是指导人们对室内空气环境进行评价的依据。了解并掌握热舒适标准和室内空气质量标准及其发展动态是进行室内热舒适和室内空气质量研究必备的条件。

随着人们对室内环境控制需求的不断发展变化,室内环境控制技术也在不断发展。室内环境控制即为采用工程学的方法使得室内环境满足各项标准的要求。人类创造了室内环境,现在人类比以往任何时候都更有能力创造人工环境。然而,过多地依赖机器的控制而脱离自然,对于室内环境来说,既没有必要,同时也是弊大于利。室内空气环境控制新技术正是以人体健康为出发点,在人与自然和谐统一的前提下对室内空气环境进行控制。

室内空气环境的研究可采用以下几种方法:理论研究、实验室研究、现场研究和计算机模拟研究。

理论研究主要是通过建立室内热源与环境传热的数学模型并对模型进行求解。Fanger 提出的热舒适理论及热舒适方程是对热环境研究的重要贡献,获得了国际的公认。理论模型是通过机理研究而建立起来的模型,它能够预测和评价室内空气温度、湿度、污染物浓度等,结果的精确程度往往由于模型对实际的简化而受到影响。

实验室研究是最为可靠的一种研究方法,国内外许多关于人体热舒适和室内污染物散发机理的研究都是通过实验进行的,同时它也是最昂贵、研究周期最长的方法。目前,室内环境的实验室研究除了要得到研究内容的直接信息外,为理论模型和计算流体动力学(Computational Fluid Dynamics,CFD)模型提供边界条件并对模型进行检验也是其主要的功能。

现场研究是对实际的室内环境进行测试与调查,测试得到的是室内环境的客观状态,调查则可得到使用者对室内环境的主观感受。现场研究能够给出运行建筑室内环境最直接、最明了的状况,也是室内环境控制手段优劣的最终评判。对于工程研究来说,现场研究是采用较多的研究方法。

随着计算机技术的飞速发展,计算机模拟已成为对室内空气环境进行研究的重要工具。计算机模拟方法与实验研究方法相比,具有节约人力、物力、财力等特点,不但可以大大缩短研究周期,而且可以多方面、全方位地研究各种因素对室内环境的影响。目前一些国家已开发出了应用于室内环境研究的软件。

本章参考文献

[1] 王昭俊. 严寒地区居室热环境与热舒适性研究[D]. 哈尔滨:哈尔滨工业大学, 2002.

[2] 王昭俊,王刚,廉乐明. 室内热环境研究历史与现状[J]. 哈尔滨建筑大学学报, 2000,33(6):97-101.

[3] FANGER P O. Thermal comfort[M]. Copenhagen:Danish Technical Press,1970.

[4] Ergonomics of the thermal environment—analytical determination and interpretation of thermal comfort using calculation of the PMV and PPD indices and local thermal comfort criteria:ISO 7730:2005[S]. Geneva:International Standard Organization,2005.

[5] Thermal environmental conditions for human occupancy:ANSI/ASHRAE Standard 55:2004 [S]. Atlanta:American Society of Heating, Refrigerating, and Air-Conditioning Engineers, Inc. ,2004.

[6] DE DEAR R J, AKIMOTO T, ARENS E A, et al. Progress in thermal comfort research over the last twenty years[J]. Indoor Air,2013,23(6):442-461.

[7] SPENGLER J D, SAMET J M, MCCARTHY J F. Indoor air quality handbook[M]. New York:McGraw-Hill Companies, Inc. ,2001.

[8] 王昭俊, 赵加宁, 刘京. 室内空气环境[M]. 北京:化学工业出版社,2006.

[9] 张泉,王怡,谢更新,等. 室内空气品质[M]. 北京:中国建筑工业出版社,2012.

[10] Ventilation for acceptable indoor air quality:ANSI/ASHRAE Standard 62:1989[S]. Atlanta:American Society of Heating, Refrigerating and Air-Conditioning Engineers, Inc. ,1989.

第2章　热舒适研究与评价

改革开放以后,随着经济的发展和人民生活水平的提高,我国各类建筑的室内热环境都获得了较大的改善。人们对建筑室内热环境的要求也越来越高,如人们对居住建筑的要求已不仅限于能居住,而且要宽敞明亮、温湿度适宜、室内空气清新,使居住者感到温馨舒适;对办公建筑的要求也不仅限于能工作,而且要求办公环境有益于人体健康、有利于提高工作效率。即人们更加关注影响人体热舒适与人体健康的室内热环境指标。

改善室内热环境就是要创造一个温馨舒适、健康卫生、有利于提高工作效率并且节能的室内环境。而采用何种环境参数组合才能实现这一目的,如何对室内热环境进行合理的评价与控制,就显得尤为重要。

2.1　热感觉与热舒适

2.1.1　热感觉

感觉不能用任何直接的方法来测量。对感觉和刺激之间关系的研究学科称为心理物理学(Psychophysics),是心理学最早的分支之一。

ASHRAE Standard 55—2013[1]中对热感觉的定义为:人对热环境"冷"或"热"有意识的主观描述。通常用7级标度描述,即冷、凉、稍凉、中性、稍暖、暖和热。尽管人们经常评价热环境的"冷"和"暖",但人只能感觉到位于其皮肤表面下的神经末梢的温度,而无法直接感觉到周围环境的温度。

在29 ℃的气温中,人裸身安静时的代谢率最低;如适当着衣,则在气温为18~25 ℃的情况下代谢率低而平稳。此时,人体用于体温调节所消耗的能量最少,人感到既不冷也不热,这种热感觉称之为"中性"(Neutral)状态。

热感觉与冷热刺激的存在及刺激的延续时间、人体原有的热状态都有关。人体的冷、热感受器均对环境有显著的适应性。当皮肤局部已经适应某一温度后,如果温度的变化率和变化量在一定范围内,皮肤温度的变化不会引起皮肤热感觉的变化。

图2.1[2]所示为温度变化率对暖阈和冷阈的作用(Kenshalo,1970),说明皮肤对温度的快速变化更敏感。如果皮肤温度变化率低,适应过程会跟上温度的变化,从而完全感受不到这种变化,直到皮肤温度落到中性区以外。

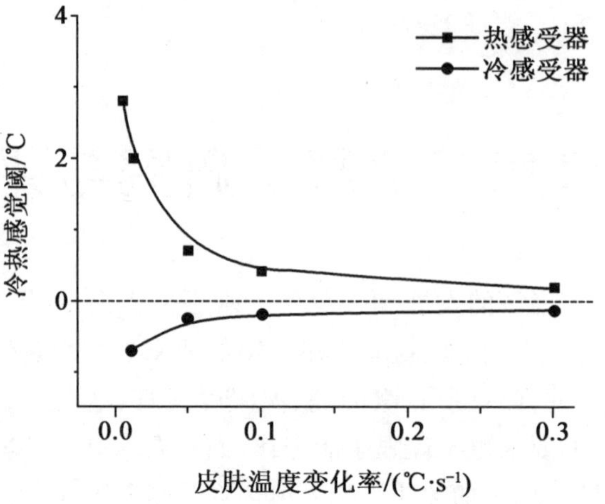

图 2.1　温度变化率对暖阈和冷阈的作用[2]

除皮肤温度以外，人体的核心温度对热感觉也有影响。热感觉最初取决于皮肤温度，而后取决于核心温度。当环境温度迅速变化时，热感觉的变化比体温的变化要快得多。Gagge 等(1967)通过突变温度环境的实验发现，人体处于突变的环境空气温度时，尽管皮肤温度和核心体温的变化需要好几分钟，但热感觉却会随空气温度的变化立刻发生变化。当受试者由中性环境突然进入冷或热环境中，人体热感觉滞后；而当受试者由冷或热环境突然进入中性环境中，人体热感觉超前，如图 2.2 所示。因此在瞬变状况下，用空气温度比用皮肤温度和核心温度预测热感觉可能更准确。

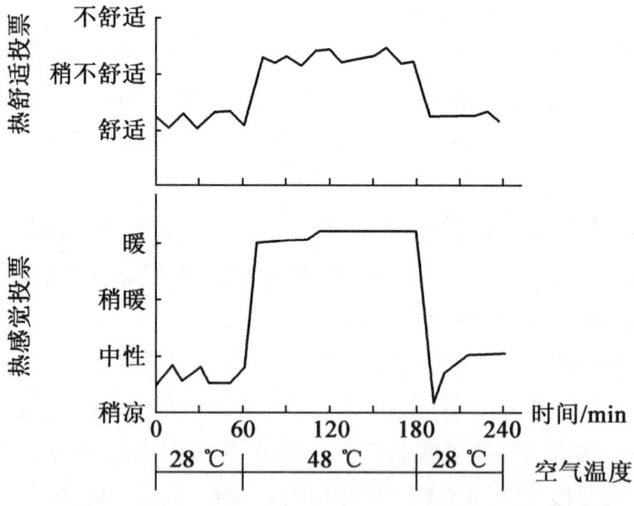

图 2.2　突变温度环境中人体热感觉与热舒适[3]

由于无法测量人体热感觉，因此只能通过受试者填写的问卷调查表来了解其对环境的热感觉，即要求受试者按照某种等级标度来描述其热感觉。心理学的研究结果表明，一般人可以不混淆地区分感觉的量级不超过 7 个，因此对热感觉的评价指标常采用 7 级标度。将热感觉定量化的目的就是便于对研究结果进行统计分析。表 2.1 是目前最广泛使用的热感觉标度。

1936 年,英国的 Bedford 在对工厂热环境及工人热舒适进行调查时首先提出了 Bedford 标度,采用了 1~7 的数值,见表 2.1。此后的热舒适现场研究和实验室研究一般都采用了该标度,其特点是将热感觉与热舒适合二为一。

1966 年,美国的 ASHRAE 开始使用 7 级热感觉标度(ASHRAE Thermal Sensation Scale),早期的 ASHRAE 热感觉标度也采用了 1~7 的数值,随后改为-3~+3,见表 2.1。ASHRAE 热感觉标度比 Bedford 标度更准确地描述了人体热感觉,而 Bedford 标度容易使人混淆"舒适"与"舒适暖和""太暖和"与"过分暖和"等概念。通过对受试者的调查得出定量化的热感觉评价,就可以把描述环境热状况的各种参数与人体热感觉定量地联系在一起。

此外,英国的 McIntyre 提出的 Preference 标度也得到了较广泛的应用,即让受试者回答所希望的室温与目前的室温相比:较暖、不变还是较凉? 分别用-1,0 和+1 表示,以便于进行统计分析,见表 2.1。

在进行热感觉实验时,受试者通过一些投票方式来表述其热感觉,这种投票选择的方式称为热感觉投票(Thermal Sensation Vote,TSV)。热感觉投票也采用 7 级标度,其内容与 ASHRAE 热感觉标度一致,分级范围也常采用-3~+3,见表 2.1。

表 2.1 热感觉标度

ASHRAE 热感觉标度		Bedford 标度		Preference 标度	
hot(热)	+3	much too warm(过分暖和)	7		
warm(暖)	+2	too warm(太暖和)	6		
slightly warm(稍暖)	+1	comfortably warm(舒适暖和)	5	cooler(较凉)	+1
neutral(中性)	0	comfortable(舒适)	4	no change(不变)	0
slightly cool (稍凉)	-1	comfortably cool(舒适凉爽)	3	warmer(较暖)	-1
cool(凉)	-2	too cool(太凉)	2		
cold(冷)	-3	much too cool(过凉)	1		

2.1.2 热舒适

人体通过自身的热平衡和感觉到的环境状况,综合起来获得是否舒适的感觉。舒适的感觉是生理和心理上的。ASHRAE Standard 55—2013 中对热舒适的定义为:对热环境表示满意的意识状态,且热舒适需要人的主观评价。

对热舒适的解释大致有两种观点,一种认为热舒适和热感觉是相同的,即热感觉处于中性就是热舒适,或者将热感觉投票值为-1、0 和+1 所对应的区域称为热舒适区。持有这一观点的有 Bedford,Houghten,Yaglou,Gagge 和 Fanger 等人。

另一种观点认为热舒适和热感觉具有不同的含义。早在 1917 年 Ebbecke 就指出“热感觉是假定与皮肤热感受器的活动有联系，而热舒适是假定依赖于来自调节中心的热调节反应”[4]。Hensel 认为舒适的含义是满意、高兴和愉快，Cabanac 认为“愉快是暂时的”“愉快实际上只能在动态的条件下观察到……”。即认为热舒适是随着热不舒适的部分消除而产生的。在稳态热环境下，一般只涉及热感觉指标，不涉及热舒适指标。热舒适并不在稳态热环境下存在，只存在于某些动态过程中，且热舒适不是持久的[4]。

当人获得一个带来快感的刺激时，其总体热状况并不一定是中性的；而当人体处于中性温度时，并不一定能得到舒适条件。图 2.3[2] 揭示了热中性与热舒适相背离的实验现象（Mower，1976）。将手浸在水盆里，其舒适与否仅仅取决于深部体温。当人的体温过高时，随着手的温度的提高，人的快感降低；反之，当人的体温过低时，随着手的温度的提高，人的快感增强。而当体温正常时，随着手的温度的变化，人的快感明显低于体温过高或过低的情况。由此可见，仅当体温偏离其正常值时，人才能得到肯定的快感。

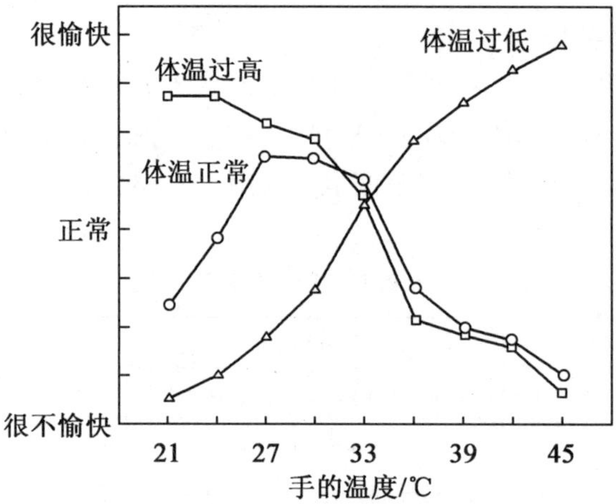

图 2.3　热中性与热舒适相背离的实验现象[2]

由于热感觉与热舒适有分离的现象存在，因此在进行人体热反应实验研究时也常设置评价热舒适程度的热舒适投票（Thermal Comfort Vote，TCV）。一般采用 0~4 的 5 级指标，见表 2.2。

热舒适不同于热感觉，但热舒适在稳态热环境中也能存在。即热舒适既存在于稳态热环境中，又存在于动态热环境中[5, 6]。

表 2.2　热感觉投票与热舒适投票

热感觉投票（TSV）	数值	热舒适投票（TCV）	数值
hot（热）	+3	limited tolerance（不可忍受）	4
warm（暖）	+2	very uncomfortable（很不舒适）	3

续表 2.2

热感觉投票(TSV)	数值	热舒适投票(TCV)	数值
slightly warm(稍暖)	+1	uncomfortable(不舒适)	2
neutral(中性)	0	slightly uncomfortable(稍不舒适)	1
slightly cool (稍凉)	−1	comfortable(舒适)	0
cool(凉)	−2		
cold(冷)	−3		

1. 稳态热环境中热感觉与热舒适的差别

王昭俊(2002)[5,6]对哈尔滨市冬季居民的热感觉与热舒适现场调查结果如图 2.4 和图 2.5 所示。其中,热感觉投票值采用 ASHRAE 7 级标度,即−3(冷)、−2(凉)、−1(稍凉)、0(热中性)、+1(稍暖)、+2(暖)、+3(热);热舒适投票值采用热舒适 5 级标度,即−3(很不舒适)、−2(不舒适)、−1(稍微有点不舒适)、0(舒适)、+1(很舒适)。调查中发现居民很难区分很不舒适(−3)与不舒适(−2)之间的差别,故将二者统称为不舒适(−2)。

由图 2.4 可知,76.7%的居民的热感觉投票值为−1～+1。而图 2.5 中,只有 70%的居民的热舒适投票值为 0 和+1,即 70%的居民在居室内感觉舒适,30%的居民则感觉不舒适。由此可见,二者并不完全一致。热感觉投票值高于热舒适投票值。

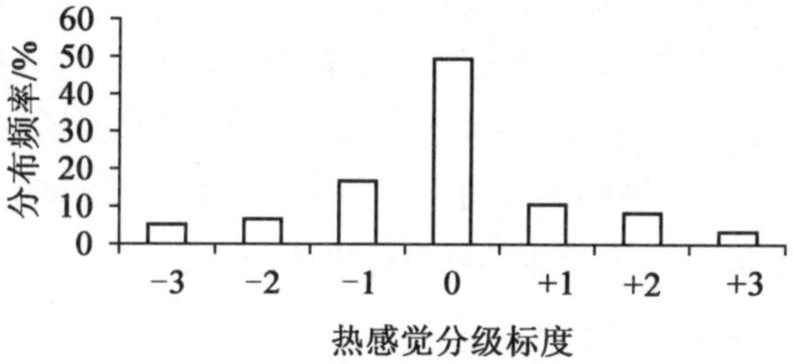

图 2.4　热感觉投票值分布频率图[5,6]

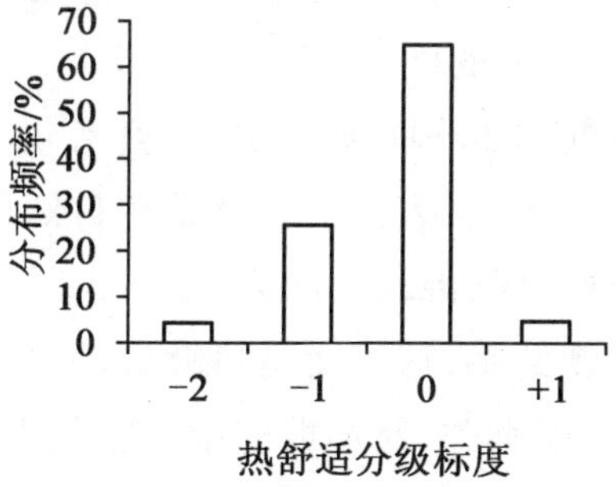

图 2.5　热舒适投票值分布频率图[5,6]

热感觉是人体对热环境参数的主观反应,影响热感觉的主要因素有空气温度、空气流速、平均辐射温度和相对湿度。现场调查结果表明:在严寒地区冬季居室内空气流速一般较低,90.8%的样本的空气流速不超过0.1 m/s,平均空气流速为0.06 m/s,对人体热感觉的影响不大。相对湿度对人体热感觉的影响仅存在于一些极端的情况下,如极端的高温或低温环境中,较高的相对湿度会进一步加剧人的热感觉或冷感觉。现场测试中的相对湿度在22%~53%,满足 ASHRAE Standard 55—1992 和 ISO Standard 7730—1984 热舒适标准中对相对湿度的要求,对人体的热感觉没有影响。故在严寒地区冬季居室内,影响人体热感觉的主要因素为空气温度和平均辐射温度。但对室内空气潮湿状况的调查结果显示:当相对湿度为20%~30%时,80%以上的居民感到空气干燥,而当相对湿度为30%~55%时,约40%的居民感到空气干燥。当空气的相对湿度过低时,即使热感觉处于中性状态,也会使人感觉眼、鼻、喉咙发干,有人甚至清晨流鼻血,而且干燥的空气更容易产生静电作用,室内会有更多的浮尘,这些因素都会影响人的舒适感。这可能是本次测试中热感觉投票值高于热舒适投票值的主要原因。

由此作者认为:热舒适是人们对其所处环境的总体感觉和评价,热舒适也是人体对热环境参数的主观反应,但热舒适的影响因素要比热感觉的影响因素多。即热感觉主要是皮肤感受器在热刺激下的反应,而热舒适则是综合各种感受器的热刺激信号,形成综合的热激励而产生的。

现场测试时居民坐着填表回答问题,其所处的热环境可以认为是稳态的。因为空气温度、空气流速、平均辐射温度和相对湿度等环境参数基本恒定不变或变化很小。当然不同测点的环境参数不同,虽然可以给出空气温度场、空气速度场的分布图,但这些场在短时间内(环境参数测试和回答问题时间大约为20 min)几乎不随时间变化,即上述测试结果可以认为是在稳态但非均匀的热环境中得出的。

2. 动态热环境中热感觉与热舒适的差别

Wong 曾对新加坡的早晨、中午和傍晚3个时间段的自然通风建筑居民的热接受率和热舒适进行了调查,二者皆采用 ASHRAE 7 级标度。对投票值为-1,0,+1 的统计结果表明:3个时间段的热舒适接受率皆高于热感觉接受率,尤其在中午,二者相差17.1%。这说明热感觉与热舒适是两个不同的概念。

自然通风条件下,居民所处的热环境应视为动态热环境。自然风是随机和不确定的气流脉动,由于自然风的湍流度较大,人们便会感觉到自然风风速的变化较大。自然通风条件下的室内空气处于一种无序、混沌的状态下,居民时刻会感受到无规律的脉动气流的刺激,有一种微风拂面的新鲜感,这可能是热舒适接受率高于热感觉接受率的主要原因。而热感觉主要与空气温度有关,新加坡的中午空气温度很高,故人体热感觉接受率较低。

综上所述,热舒适不同于热感觉,二者具有不同的含义,不可混淆。

2.2 人工环境室实验研究

热舒适研究主要有人工环境室实验研究和实际建筑现场调查研究两种方法。两种方法各有其适用的特点，同时也都存在着一定的局限性。因此热舒适研究应该既有人工环境室实验研究，又不能忽略实际建筑现场调查研究。本节将介绍人工环境室实验研究（后面简称为实验研究）的方法，重点介绍实验研究的特点、实验研究的目的、受试者选择及数量、实验工况设计、实验室的热工学研究、实验室的生理学研究、实验室的心理学研究等内容。为了便于读者掌握实验研究方法并能够具体应用，本节还给出了实验研究案例。

2.2.1 实验研究的特点

实验研究即在环境参数可控制的人工环境室内，根据实验目的不同，设计实验工况，精确测量和控制某些环境参数，进行热感觉和热舒适等的人体热反应的心理学和生理学研究。

实验研究能够通过空调系统对环境变量进行精确测量和控制，并可单独研究某一个变量或几个变量组合对人体热舒适的影响。

早期的热舒适研究主要是在人工环境室内进行的。一些重要的热舒适评价指标如有效温度（ET）、预测平均投票数（PMV）等都是在实验室里获得的。因此，基于实验室研究得出的标准 ISO Standard 7730—2005 和 ASHRAE Standard 55—2013 的科学性得到了世界的公认，并已得到了广泛的应用。

此外，还可在实验室研究生理适应、感知控制、心理因素等对人体热舒适与热适应的影响。用于人体生理指标测量的仪器一般比较精密，体积大、不便携带，并且需要受试者在稳定的状态下进行测量。而在人工环境室受试者一般静坐休息或模拟轻体力活动水平的办公室工作，因此具备进行生理测量的条件。

目前，评价和预测室内热环境、热舒适的标准 ISO Standard 7730—2005 和 ASHRAE Standard 55—2013 主要是以欧美等发达国家的大学生为研究对象，这些标准适用于稳态、均匀的热环境。但是，实验室环境是人工模拟创造的，与人们所处的真实环境有较大的差别。实验中要求受试者着标准服装，静坐于稳态、均匀的热环境中，而人们实际所处的环境大多是动态的、不均匀的。受试者在陌生的环境中从事他们不熟悉的工作，影响了实验室研究的结果。实验中常让同一受试者连续感受几种工况，每种工况持续时间为 8 min 到 80 min 不等，在某一工况下受试者对热舒适的主观评价肯定会受前一时刻人们所处的热环境的影响。受试者一般为欧美等发达国家的大学生，白种人。不同种族的人群由于生活习俗和文化背景不同，饮食结构和新陈代谢率不同，且不同性别及不同年龄人群的新陈代谢率也有差异，由此造成同一热环境下人们热感觉的差异。

此外，实验研究中由实验者设定实验条件，受试者只能被动接受。这会在一定程度上令受试者产生"参与实验"的心理压力，进而对热舒适判断造成消极影响。因此一般情况下，基于人工环境室进行的热舒适研究只能反映环境条件对人体感觉的单向影响，无法体现人体主动适应环境的过程。由于人工环境室实验的对象均为招募而来的受试者，其参与实验的动机和态度与实际建筑中真实工作、生活的人有所不同，这也会在一定程度上影响实验结果的有效性。因此上述标准是否具有普遍性、能否推广应用于真实环境中，尚需实际建筑现场调查研究方法加以验证。

2.2.2 实验研究的目的

实验研究的目的如下：

(1)研究热舒适。在人工环境室中可以精确地控制对人体热舒适产生影响的 4 个环境变量(空气温度、相对湿度、空气流速和表面温度)及 2 个个人变量(服装热阻和人体代谢率)，从而可以研究某一变量或特定变量组合对热舒适的影响，建立热舒适数据库，制定热舒适标准。

(2)研究热应力。在人工环境室可以营造极端环境条件，如极地环境和高温高湿环境，从而研究人体在极端环境下的热耐受能力，确定热应力指标和热工业环境下的热暴露极限。

(3)研究服装热阻和透湿性。利用暖体假人，研究各种服装、睡袋和其他物品的热阻，建立服装热阻数据库；研究通过各种织物的显热和潜热损失；开发作用于热防护服的热应力的评价方法；研究极端冷或热环境下服装的评价。

(4)研究生理适应对人体热舒适与热适应的影响。人体的一些生理指标如皮肤温度等会随热环境条件变化而发生变化。在人工环境室中可以测量生理指标，研究人体热反应、生理参数和环境参数之间的相关性，进而研究生理适应的影响，深入揭示人体热适应机理。

(5)研究感知控制、心理因素等对人体热舒适与热适应的影响。如研究室内是否有空调及空调是否需要付费对人体热感觉与热舒适的影响。

2.2.3 受试者选择及数量

目前国际通用的稳态热环境评价指标和已有的实验室研究成果基本都是基于大学生受试者获得的。因此利用大学生作为受试者，有利于与他人成果的对比分析。

受试者的人数是影响实验结果的重要因素，人数太多，则需要较长的实验时间；人数太少，则会造成实验结果不具有说服力。确定受试者人数的原则是在满足一定可靠性和统计性检验要求的前提下选取尽量少的受试者。在以往欧美国家的热反应实验室研究中,使用 30 人的重复实验获得了成功,故建议选取 30 人作为受试者,其中男女比例为 1∶1。

下面列举了部分实验室研究中的主要成果,重点介绍了样本数量。

20 世纪五六十年代,Nevins 等就对男性大学生受试者在不同新陈代谢率的情况下,地板表面温度对人体热舒适和皮肤温度的影响进行了实验研究。两组实验的受试者人数分别为 24 名和 21 名,服装热阻均小于 1.0 clo(1 clo=0.155 m^2 · K/W)。研究结果表明,地板表面温度对受试者的热感觉和脚部热舒适有很大的影响。

随后,Nevins 等又对女大学生做了相同的实验。两组实验的受试者人数均为 18 名,服装热阻较小。研究结果表明,地板表面温度对受试者的足部热舒适有影响,但对全身热感觉无影响。

Nevins 等又对坐姿活动水平的 19 名老年受试者进行了实验研究。实验期间,受试者统一着室内家居服。研究结果表明,地板表面温度对男女受试者的脚部热舒适都有明显影响;对女性受试者的热感觉有明显影响,而对男性受试者的热感觉无明显影响。

Olesen 等研究并确定了受试者赤脚时,混凝土地板和木地板两种不同材料的地板表面温度的舒适极限值。参加实验的受试者为 8 名男性和 8 名女性,实验期间受试者着统一服装,服装热阻为 0.6 clo。研究结果表明,受试者对混凝土地板表面温度的变化更加敏感;全身热感觉、服装热阻和性别对受试者所期望的地板表面温度无影响。

1970 年,McNall 等研究了不对称辐射热环境中,坐姿受试者的热感觉和热舒适状况。不对称辐射热环境分别由冷墙、热墙、冷顶棚和热顶棚 4 种实验工况组成。其中,冷墙和热墙辐射的每个实验工况有 10 名受试者;冷顶棚和热顶棚辐射的每个实验工况有 8 名受试者。McNall 等对比分析了受试者处于各种条件下的热舒适状况。研究表明,围护结构表面温度相同的实验条件下得到的热中性区也适用于冷墙辐射环境,但不适用于热墙辐射环境。

1980 年,Fanger 等在热顶棚辐射条件下对 16 名受试者(男性 8 名,女性 8 名)进行了热舒适研究,首先提出了用“不对称辐射温度”来描述辐射场的不对称性,随后又在不对称辐射热环境中,对 32 名和 16 名坐姿受试者分别进行了热舒适研究。不对称辐射热环境分别由冷墙、热墙和冷顶棚组成,每名受试者单独参加实验,服装热阻均为 0.6 clo。研究得到了人体热不舒适与不对称辐射温度的关系曲线,并得到不同的不满意率和不同角系数条件下,顶棚表面和空气的最大允许温差。

1985 年,Fanger 等进行了不对称热辐射环境热舒适实验研究。32 名受试者和 16 名受试者分别参与了两组实验,服装热阻为 0.6 clo。研究表明,在不对称辐射条件下,热墙引起的不舒适低于冷墙,冷顶棚引起的不舒适低于热顶棚,并得出 5%的受试者对环境感到不舒适的不对称辐射温度。

de Dear 通过实验研究了新加坡地区居民的热偏好温度。选取了新加坡国立大学的

32 名大学生作为受试者，实验步骤与 Fanger 在丹麦的实验相同，结果发现受试者的热偏好温度与丹麦受试者没有显著性差异。因此认为人们并没有因为生活在赤道的热带气候区而偏好更高的温度。

Tanabe 于 1985 年夏天和 1987 年冬天在日本东京的实验室中对受试者的热舒适进行了研究。分别选取 172 名和 78 名受试者进行 11 个工况的实验，每个工况持续 3 h，结果发现夏天和冬天的热中性温度分别为 26. 3 ℃和 25. 3 ℃，这与 Nevins、Olesen、NcNall 和 Fanger 等人的实验结果没有显著性差异。

Zhang Hui 等研究了非均匀、瞬变环境中受试者的热舒适状况。受试者处于均匀的热环境中，实验期间，通过加热或冷却受试者局部身体部位而造成非均匀、瞬变的热环境。受试者共有 27 名，在进行局部和全身热感觉和热舒适投票的同时，测量了人体 19 个部位的皮肤温度和核心温度。基于上述实验研究结果，Zhang Hui 等提出了非均匀、瞬变环境条件下的局部和全身的热感觉、热舒适模型。

Cheong 等研究了置换通风环境中，局部热感觉和热舒适与全身热感觉和热舒适之间的相互关系。实验分为两组，每组实验有 30 名受试者，着装为 T 恤、长裤、凉鞋和袜子。结果表明，在置换通风系统中，当全身热感觉接近"中性"时，局部热不舒适感随着空气温度的升高而降低；受试者的全身热感觉主要受手臂、小腿、脚、后背和手 5 个局部部位热感觉的影响。

张宇峰研究了局部送风引起的不均匀热环境中，局部热感觉对全身热感觉、全身热舒适和全身热可接受度的影响。通过对 30 名受试者进行主观实验的方法，研究了单一部位热暴露条件下的人体热反应规律，分析了局部热感觉对全身热感觉的影响权重，并提出了以部位间热感觉之差的最大值作为衡量热感觉不均匀程度的参数。

端木琳研究了桌面工位空调送风系统中人体的热舒适状况。45 名男性受试者和 15 名女性受试者参加了实验。服装热阻约为 0. 6 clo。结果表明，对人体的某一部位进行局部吹风时，不仅对局部热感觉产生影响，也对全身热感觉造成了一定的影响。

刘红等在人工实验室研究了重庆地区冬季非供暖环境和夏季无机械通风环境中人体的生理参数和热感觉，20 名受试者（男性 10 名，女性 10 名）参加了实验。同时，在夏季高温环境下机械通风的环境中，30 名受试者（男性 15 名，女性 15 名）参加了实验。研究结果表明，冬季室温不宜低于 16 ℃，夏季无机械通风时室温不宜高于 28 ℃，而当夏季机械通风风速增加到约 1 m/s 时，室内可接受的温度上限为 30 ℃。

周翔等进行了环境控制能力对人体热感觉影响程度的实验研究。实验工况分别为"无空调""免费空调"和"收费空调"3 种。15 名受试者（男性 4 名，女性 11 名）参加了实验，服装热阻为 0. 57 clo。研究结果表明，受试者的热感觉和热舒适可以通过环境控制能力得到明显改善；付费则削弱了控制能力对受试者热感觉和热舒适的改善。

张宇峰等对我国湿热地区自然通风建筑和混合通风建筑环境人群的热舒适进行了

实验研究。受试者为 30 名大学生,服装热阻为 0.6 clo。结果表明,平均皮肤温度和皮肤湿润度可较好地预测热感觉与热舒适;热感觉与心率之间存在较强的线性相关性;血压在偏凉环境下与热感觉呈线性关系,在偏暖环境下变化不大。

余娟实验研究了不同的室内热经历条件下,受试者的生理热适应对热舒适的影响。15 名受试者参加了与人体热反应相关的生理指标实验,20 名受试者参加了夏季工况,57 名受试者参加了冬季工况。结果表明,人体对冷环境的生理适应性可用皮肤温度来表征,不同的热经历对人体热适应有显著影响。

王昭俊等于 2011—2014 年开展了一系列实验研究。文献[7,8]实验研究了外窗、外墙冷辐射和电加热器供暖的不均匀环境中的人体热反应,文献[9,10]实验研究了外窗、外墙冷辐射和地板辐射供暖的不对称辐射环境中的人体热反应,分别选取了 20 名和 16 名大学生受试者,服装热阻均约为 1.0 clo。前期的实验主要研究了冷辐射环境中人体的生理热反应和心理热反应,所以受试者距离外窗比较近(1 m),而且供暖方式分别采用电加热器和地板辐射,冷辐射比较明显。而文献[11,12]的实验主要研究严寒地区的人体热适应,采用常规的散热器供暖,散热器布置在外窗下,而且受试者距离外窗较远,以减弱冷辐射的影响。身着统一服装的 30 名大学生受试者参加了实验。

国内外部分学者的热舒适实验研究统计见表 2.3。

表 2.3　国内外部分学者的热舒适实验研究统计表[7-13]

主要研究者	实验时间/年	实验地点	受试者人数/人	实验条件
Nevins	1959—1960	美国	24;21	地板辐射
	1961	美国	18;18	
	1963	美国	19	
Olesen	1977	丹麦	16	地板辐射
McNall	1970	美国	10;10;8;8	冷墙辐射;热墙辐射;冷顶棚辐射;热顶棚辐射
Fanger	1980	丹麦	16	热顶棚辐射
	1985	丹麦	32/16	冷墙辐射;热墙辐射;冷顶棚辐射
de Dear	1989	新加坡	32	不同温湿度组合的空调环境
Tanabe	1985	日本	172	—
	1987		78	
Zhang Hui	2002	美国	27	加热或冷却受试者局部身体部位
Cheong	2007	—	30;30	置换通风
张宇峰	2005	广州	30	局部送风

续表 2.3

主要研究者	实验时间/年	实验地点	受试者人数/人	实验条件
端木琳	2007	大连	60	桌面工位空调送风
刘红等	2009	重庆	20	冬季非供暖环境
			20	夏季无机械通风环境
			30	夏季机械通风环境
周翔等	2006	北京	15	无空调、免费空调、收费空调
张宇峰等	2008	广州	30	湿热环境
王昭俊等	2011—2012	哈尔滨	20	电加热器供暖+冷辐射不均匀环境
王昭俊等	2012—2013	哈尔滨	16	地板供暖+冷辐射不均匀环境
王昭俊等	2013—2014	哈尔滨	30	不同室外气温+室内温度组合;散热器供暖

2.2.4 实验工况设计

实验工况设计服务于实验目的。下面以几个典型的实验研究为例,介绍实验工况的设计方法。

(1)研究不同环境温度和服装热阻组合的人体热感觉[13]。

周翔在清华大学的人工环境室进行了一项实验研究,其实验目的是考察中性-热环境中,环境温度水平和服装水平不同的情况下,受试者的热感觉(TSV)和预测值(PMV)之间的偏离程度。

空气温度取值为 26 ℃,28 ℃,30 ℃和 32 ℃,服装为常见的短袖 T 恤+短裤、短袖 T 恤+西装长裤、长袖衬衫+西装长裤、正装(西装上装+长袖衬衫+长裤),有 4×4 共 16 个工况组合,分 4 次实验完成。

共有 53 名受试者参加实验,其中男生 28 名,女生 25 名,男女生人数基本相当。每个受试者参加全部的 4 次实验,共计 212 人次实验。

通过人工环境室的温度、湿度测控设备,将环境空气温度控制在 26 ℃,28 ℃,30 ℃,32 ℃,环境湿度控制在(50±5)%。由于采用吊顶孔板送风、架空地板孔板回风,室内气流场很均匀,背景环境中的气流平均速度约为 0.05 m/s,处于无感风速区间。由于冬、夏季实验室内壁温有所差异,在冬季时,室内辐射温度约低于空气温度 0.5~1 ℃,使用操作温度来综合空气温度和辐射温度的影响。

(2)研究感知控制的影响[13]。

为了研究室内人员对环境具备控制能力是否能改善热感觉,以及为环境控制付费是否会影响其心理感受和热感觉,周翔又设计了一个实验。

拟通过设计其他环境参数完全相同仅控制手段不同的心理学实验,研究受试者对环境的控制能力是否会影响人体热感觉;同时研究受试者为控制手段付费对人员感受和决策的影响。拟选择"温度"作为控制手段,选择从受试者的报酬中扣除一定的费用作为其为实现控制手段所付出的"费用",并设计对照组实验研究其中的差别。

共有 15 名受试者参加实验,其中男生 4 名,女生 11 名。每个受试者参加全部的 3 次实验,共计 45 人次实验。

设计 3 个实验工况,分别为"1. 无空调""2. 免费空调""3. 收费空调"。每个受试者均参加 3 个实验工况,顺序随机,以消除实验先后次序的影响。

实验采用心理学实验中的极限法,将温度刺激按递增系列的方式,沿一定的维度,以小步变化,寻求从一种反应到另一种反应的过渡点。每个实验工况温度均逐渐升高,实验开始时受试者先在 26 ℃环境下适应 15 min,接着温度从 26 ℃上升至 35 ℃,升温速度为每 7 min 上升 1 ℃,同时每 7 min 受试者投票 1 次,记录下此时的热感觉和热舒适投票。受试者被告知当觉得需要开启空调时就按铃通知实验员,实验员记录下此时的温度。

对于"1. 无空调"工况,受试者被预先告知空调不存在,在整个实验过程中温度会一直升高直至实验结束,但要求受试者在觉得需要开启空调时按铃,其目的仅是告知实验员记录下此时的温度,即使按铃环境温度也不会下降。

对于"2. 免费空调"工况,受试者被预先告知按铃后环境温度能够很快降低,即按铃相当于实际生活中开启空调系统的按钮。当受试者按铃时,实验员关闭电加热设备,此时由于实验室空调系统中的表冷器在整个实验过程中一直有冷冻水在流动,房间温度会迅速下降。

对于"3. 收费空调"工况,受试者被预先告知按铃后温度能迅速降低,但是会记录下此时的温度,低于最高温度(35 ℃)每 1 ℃,则会从受试者的实验报酬中扣除 3 元,即如果受试者在 32 ℃时按铃,会被扣除(35 ℃-32 ℃)×3 元/℃共计 9 元。实验工况的其他细节与"2. 免费空调"工况相同。

(3)研究气候对人体热适应的影响[14]。

为了研究寒冷地区(供暖地区)与夏热冬冷地区(非供暖地区)居民对室内偏冷环境的人体热反应的差异性,余娟拟通过环境参数、服装热阻组合,在人工环境室开展实验研究。

北京和上海分别作为寒冷地区和夏热冬冷地区的典型城市,其经济发展水平相当,其他社会条件也比较相似,因此选择在北京和上海两地分别开展人体热反应实验。

供暖组受试者共计 31 人,非供暖组受试者共计 26 人,分别在北京和上海招募符合条件的男性大学生或男性研究生志愿者。服装热阻约为 1.2 clo(包括座椅热阻)。

在北京和上海两地的实验室进行相同工况的实验。考虑到北京地区冬季室温一般在 20 ℃以上,上海地区冬季室温一般在 10 ℃左右,结合北京和上海两地实验室冬季室内参数控制范围的实际情况,选取 5 个温度工况进行测试,分别为 20 ℃,18 ℃,16 ℃,

14 ℃和 12 ℃。在各工况下,准备间的室温均设定为 20 ℃,测试间的室温依每次工况温度设定值保持恒定。准备间和测试间的空气相对湿度均控制在 40%~60%,辐射温度与空气温度接近。

所有受试者均需参加上述 5 个工况的投票测试。考虑到生理测量设备有限和时间因素,仅在 3 个工况(20 ℃,16 ℃和 12 ℃)中对部分受试者进行生理参数测量,其中供暖组有 12 位受试者、非供暖组有 9 位受试者参与了测试,并且这 21 位受试者需要接受这 3 个工况的所有生理参数测量。

2.2.5 实验室的热工学研究

在人工环境室,人们主要研究 4 个环境变量(空气温度、空气湿度、平均辐射温度和空气流速)以及 2 个个人变量(新陈代谢率和服装热阻)对人体热感觉的影响。实验室研究的基本原则是:当某一个或几个参数变化,而其余参数值给定时对人体热感觉的影响。

人工环境室研究可以分为两类:①测量热工环境参数,这些环境参数对于研究人体热感觉、确定热舒适标准以及进行热环境控制是非常重要的;②研究人工环境室环境参数变化对从事一定活动的受试者热感觉的影响,其研究结果是确定热舒适标准以及进行热环境控制的重要依据。

人工环境室研究方法可分为热工学研究、生理学研究和心理学研究。

在实验室的热工学研究过程中,人工环境室内必须检查和记录下列参数:空气温度的空间分布、围护结构表面温度、空气的相对湿度、空气流速的空间分布。

1. 空气温度的空间分布

研究人工环境室内空气温度的空间分布即确定人工环境室内的空气温度场。

测点的数目在某种程度上取决于实验内容。当研究垂直的空气温度分布时,必须分别在距地面高度 1~2 cm,1~1.2 m(与受试者的年龄和身体状态有关),1.5 m,2 m 和顶棚下面等 5 处测点上进行测量(如果实验室的高度超过 3 m 时,必须相应补充测点)。

由于顶棚或地板表面的温度以及供暖装置表面的温度对人体热感觉都会有直接的影响,在研究空气温度的垂直分布时,主要应该考虑的是进行垂直测量的位置数目,其与围护结构的表面温度有关。一般只需在房间中心指定的 5 个高度上进行测量。如果外表面中的一面被加热或冷却,则必须测出不同位置上的空气温度。当几个表面的温度都变化时,测点位置的数目必须增加。

在确定空气温度的水平分布时,围护结构的表面温度分布起主要作用。如果围护结构表面温度不变,只需在地板表面、头部高度和顶棚下表面 3 处水平方向的两条对角线上均匀布置的 4 个点进行测量。如果有一面墙被加热,例如模拟太阳辐射作用时,那么也必须测量从该墙体到房间中心之间水平方向空气温度的变化。

因为必须在人工环境室内的许多点上同时测量空气温度,所以只能采用多路检测仪表自动地进行测量,且应该连续记录温度,测量结果可以利用计算机直接进行处理。温度的测量一般采用热电偶或热敏电阻。感温元件应该布置在不妨碍实验研究的必要位置上。

除了有效的测量外,还必须利用自动记录仪经常记录不同的特征点(最多3个)的温度。

2. 围护结构表面温度

围护结构表面温度的测量具有重要意义。辐射温度的测量精度在很大程度上取决于测点的数目及其位置的选择。一般在尺寸为3 m×3 m的表面上必须均匀布置6个测点进行测量。如果采用黑球温度计测量辐射温度,测点数可以大大减少,其中一个布置在人的头部位置,其余的一般是布置在加热或冷却表面附近。同样辐射温度的测量和记录也应该是连续的,采用自动检测仪自动测量并记录数据。

3. 空气的相对湿度

空气的相对湿度只需在房间中心点上测量,因为房间的相对湿度差别很小。当对房间进行有组织的送风或排风时,也应该连续记录空气的相对湿度。

4. 空气流速的空间分布

空气流速的空间分布(即空气流速场)一般是在预备实验室中确定。当已知人工环境室的结构和空气分配系统时,考虑不同的气流速度,可以预先确定出房间气流的速度场。受试者对气流速度分布的影响可利用人体模型进行计算。完成预备实验后,只需记录送风口和排风口处的气流速度,就可知道气流速度的分布,进而可以确定影响受试者的空气流速场。

2.2.6　实验室的生理学研究

人体热感觉的研究业已形成一门涉及建筑物理学、生理学、心理学、人类工效学、信息科学等多学科交叉的边缘科学。研究热感觉问题时必须深入了解生理学和心理学的各种调查方法。生理学调查方法很多,本小节将介绍生理学研究的基本原理、目的及方法。

实验室的生理学研究方法可以分为3类:人体热平衡状态的研究方法、脑力劳动的研究方法和体力劳动的研究方法。可根据研究目的的不同,分别测量皮肤温度、血压、心率、应激蛋白等。

1. 人体热平衡状态的研究方法

自主神经变化会引起血液循环的改变,这可以通过测量动脉压力检测出来。人体在紧张的交感神经支配下会使动脉压力和脉搏次数增加,副交感神经负担过重,会给实验结果带来相反的影响。血压及脉搏次数在心理作用下尤其是激情作用下是可以改变的。此外,在热环境中脉搏跳动加快。在人工环境室内研究人体热平衡状态时,需要记录以下 5 个参数:皮肤温度、血压、脉搏、呼吸频率和散湿强度。

2. 脑力劳动的研究方法

为了检查脑力劳动能力(大脑皮层的活动),应适当地进行下列生理学实验:测量反应时间、震颤程度、皮肤触觉敏感阈、皮肤的流电反应以及眼睛的光分辨能力阈等。

3. 体力劳动的研究方法

在研究体力劳动能力时,除了测定热平衡外,还必须确定新陈代谢过程中的变化,以及由于加重体力负担而引起血液循环的变化。可以用脚踏车式测力计和仪表来连续记录 O_2 的需要量和 CO_2 的排出量。血液循环可以遥测。

2.2.7　实验室的心理学研究

心理学研究可以通过实验来进行。这类研究包括对受试者主观热感觉的研究和对受试者举止的观察,如感知控制、记忆能力、聚精会神能力等。

1. 主观热感觉的研究

如前所述,由于人体热感觉无法直接测量,因此只能采用问卷调查的方式来了解受试者在人工环境室中的热感觉,即要求受试者按照 ASHRAE 7 级热感觉标度、Bedford 标度以及 McIntyre 的 Preference 标度来描述其热感觉。

如果人们了解自己对于所处的环境有调控手段,则会提高其对于当前环境的心理承受能力。这种对于控制手段的了解状况,被称为感知控制。近年来,清华大学的朱颖心领导的团队通过实验设计,研究了感知控制能力对热感觉等的影响。

周翔在人工环境室中设计了心理学实验,受试者分别参加"无空调""免费空调""收费空调"工况的实验,几种工况的环境参数完全相同,仅控制手段不同,图 2.6 所示为是否有空调及空调是否收费对人体热感觉的影响[13]。

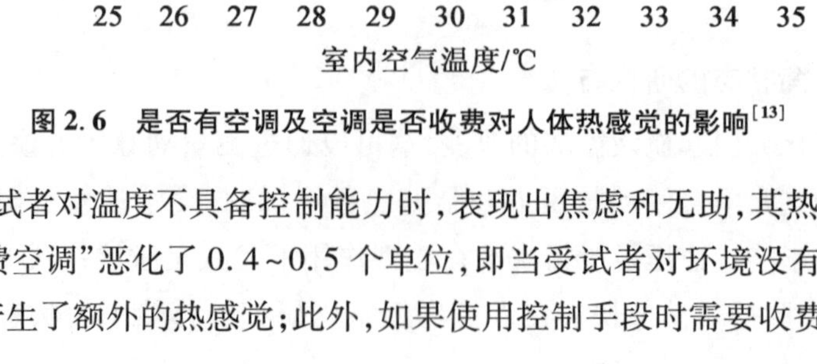

图 2.6　是否有空调及空调是否收费对人体热感觉的影响[13]

可见,当受试者对温度不具备控制能力时,表现出焦虑和无助,其热感觉相比于"免费空调"和"收费空调"恶化了 0.4~0.5 个单位,即当受试者对环境没有控制能力时,因心理作用使其产生了额外的热感觉;此外,如果使用控制手段时需要收费,意味着受试者对于该控制手段的使用自由度在一定程度上受限制，这将对热感觉略微造成不利影响。

2. 对受试者举止的观察

(1)记忆能力。

记忆能力测试是通过受试者逐个音节地朗读 15 个单词的方式进行。15 个单词中有 8 个是表明具体概念的单词，其余则是表明抽象概念的单词。然后让受试者逐个写出他们记住的这些单词。根据受试者正确写出来的单词数目就可以确定记忆力。该实验可以采用速示器，该仪器按照一定时间间隔内的规定程序，在仪器的显示屏上显示出各种图像，比如字母、图形等。受试者应把在仪器屏幕上出现过的信号图像在纸上表示出来。

(2)聚精会神能力。

聚精会神能力测试是通过受试者在毫无规律的填满各种字母、图像的表上找出并指明所要求的图像或符号。根据正确指出的图像或字母的数量可以判定脑力工作的效率及精力集中能力的大小。

(3)分散注意力的评价。

分散注意力的评价是借助于研究神经功能的仪器进行的。首先是用于研究所要求的分散注意力的动作。在该仪器上有 100 只信号灯，每行 10 只，共有 10 行。仪器上，在每行信号灯的横向和纵向都布置了按钮开关。接通电源时，点亮其中的一只信号灯。

受试者要同时按下横向和纵向的两个电钮来熄灭信号灯。正确按电钮之后系统继续动作，按照程序另一只灯又亮起来。受试者应在 5 min 内尽可能多地熄灭信号灯。可用计算机处理实验结果。该仪器还可以确定每分钟内的正确与错误的反应次数，也能确定整个实验期间总的结果。

(4)确定热应力影响。

通过控制室内环境参数和主观热反应调查相结合的方式确定人体对热应力的反应。在连续测试的 3 天内空气温度分别为 20 ℃，27 ℃和 30 ℃，相对湿度为 30%～40%，空气流速小于 0.05 m/s。采用正交试验法安排设计实验，受试者为 50 名 9 岁的学生。受试者不知道实验的目的和内容。主观调查表包括穿戴、外部神态、精力集中程度、情绪和举止等。

结果表明，当室温升高时，学生们会不自觉地使身体处于比较自由、放松的姿态，以便增加身体的散热量和增大散热表面积。随着温度的升高，学生们的穿戴及外部神态皆相应发生变化。但注意力不集中、情绪和举止的变化与热应力没有直接的联系。

2.2.8　实验研究案例

在热环境与热舒适研究领域，国际著名的人工环境实验室主要有：美国堪萨斯州立大学的实验室和丹麦技术大学的实验室，下面介绍在这些实验室中开展的代表性研究工作[15]。

1. 堪萨斯州立大学的实验室研究

堪萨斯州立大学(Kansas State University)是美国一所历史悠久的大学,尤其在室内热环境研究领域,其研究成果在全美独占鳌头。

1919 年,美国供暖通风工程师学会(ASHVE)在匹兹堡建造了第一个人工环境实验室,后将该实验室搬到了堪萨斯州立大学。美国供暖、制冷与空调工程师学会(ASHRAE)投入巨额资金对人工环境实验室进行改造,并于 1963 年成立了堪萨斯州立大学环境研究所,其实验室和办公室的占地面积约为 600 m^2。研究所内共有 8 个全美一流的人工环境实验室,皆由计算机控制,可以模拟各种热环境条件,如辐射供暖、动态温度环境等。人工环境室还可以模拟从北极到沙漠和热带气候下的极端热环境条件。人工环境室设有测量和记录热环境变量与人体生理变量的仪器和设备。在该实验室通过对 1 600 名受试者的实验研究,确定了室内热舒适要求的数据库,为制定至今在全美乃至世界广泛使用的热舒适标准 ASHRAE Standard 55 提供了基础数据。

在美国的匹兹堡建造实验室的主要目的是研究湿度对人体热感觉与热舒适的影响。1919 年,为了确定等舒适状况,实验室被设计成两个环境室。其中第一个房间内的温度和湿度值是固定的;第二个房间内的温度和湿度有一个初始值,以感觉比第一个房间稍冷些,然后让其湿球温度和干球温度缓慢上升。与此同时,让受试者在两个房间来回走动,同时记录他们的主观热感觉,然后绘出等舒适线。1923 年,Houghten 和 Yaglou 确定了包括温度和湿度两个变量的静止空气状态下半裸男子的等舒适线,并由此提出了对热环境研究具有深远影响的有效温度(ET)指标。3 名受试者共参加了 440 次实验。实验的空气温度范围是 0~69 ℃。

随后一些学者在人工环境室进行了大量的实验研究,提出了许多有价值的指标,如修正有效温度(CET)、当量有效温度等。

Nevins 等(1966)对 720 名未经过培训的美国大学生进行了一系列的热感觉实验研究。受试者中男性和女性的人数均等,实验中受试者着标准服装(0.6 clo)、静坐,从事轻体力活动如看书等。实验过程中环境变量可以精确地调节和控制。对于一定的温湿度等环境参数组合条件下的每一组实验时间为 3 h。由于该实验中使用了大量的受试者,基本上代表了北美的大学生群体,且与热舒适方程吻合得很好,故该实验结果成为热舒适标准制定的依据,并成为后人进行人体热感觉实验研究对比的基础数据。

McNall 等(1968)在人工环境室对静坐、低、中、高等 4 种活动水平下的新陈代谢率进行了深入、细致的研究。受试者均为堪萨斯州立大学的学生,而且都是身体健康的志愿者。30 名男大学生和 30 名女大学生参加了静坐活动水平的实验,每人只能参加一次实验。每次实验需要 3 h,5 名同一性别的受试者同时参加。10 名男性和 10 名女性受试者参加了其余 3 种活动水平的实验。每个活动水平每人只能参加一次,这样每个受试者实际上参加了 3 种活动水平的 3 个实验。

实验于 1966 年 1~3 月和 11~12 月每天下午 1:00~4:00 或者晚上 6:00~9:00 进行。实验过程中,受试者着标准服装(0.59 clo)。受试者先进入预备实验室,穿上标准服装,然后由护士测量其身高、体重、心率、口腔温度,并记录受试者的年龄。体温超过 37.2 ℃者不许参加实验。先向受试者介绍有关实验的目的和方法,参加静坐活动水平的受试者适应环境、熟悉实验步骤 10 min,其余 3 种活动水平的受试者适应环境、熟悉实验步骤 20 min。参加静坐活动水平的受试者进入实验房间后,就坐在桌子边,其余 3 种活动水平的受试者开始在步行机上走路。实验的第一个小时,受试者熟悉实验仪器和设备。其中,低等活动水平的受试者走路 5 min,站立 20 min;中等活动水平的受试者走路 5 min,站立 10 min;高等活动水平的受试者走路 5 min,站立 5 min。每小时的中间时刻,测量一次受试者的心率,且在步行期间前后由护士分别测量一次心率。因为 Nevins 和 McNall 已经在其他两个实验中得到了不同活动水平下的人体热感觉的大量数据,故本次实验过程中没有让受试者对热感觉进行投票,以防止实验中使用的测量新陈代谢率的设备可能对人体热感觉与热舒适产生影响。4 种活动水平下的新陈代谢率通过测量受试者 8 min 的耗氧量得到,且每隔 1 h 测量一次。在步行机上走路期间和站立期间分别进行新陈代谢率测量。实验中还测量了受试者的汗液蒸发热损失。实验期间受试者可以喝水,但不许吃食物。在人工环境室受试者可以阅读、学习或者轻声交谈。

静坐活动水平的实验采用了 3 种环境温度,即 18.9 ℃,22.2 ℃和 25.6 ℃,相对湿度为 50%。其余 3 种活动水平的实验是在热中性环境条件下进行的,低、中、高 3 种活动水平的空气温度分别为 22.2 ℃,18.9 ℃和 15.6 ℃,相对湿度皆为 45%。实验期间墙壁表面温度等于空气温度。空气流速为 0.127~0.178 m/s,平均值为 0.15 m/s。坐姿和站姿的受试者附近的空气流速大约为 0.15 m/s,低、中、高 3 种活动水平下的受试者附近的空气流速分别为 0.23 m/s,0.28 m/s 和 0.34 m/s。

1971 年,Rohles 和 Nevins 在人工环境室内又进行了一次大规模的实验,受试者为 1 600 名美国大学生。每次实验有 10 名受试者自愿参加,其中男、女大学生各 5 名。每名受试者只参加一次实验。实验中受试者着标准服装(在暖体假人上测得标准服装的热阻为 0.6 clo)、静坐,从事轻体力活动如看书等。在实验室适应环境 1 h 后,每隔 30 min 受试者按照 ASHRAE 7 级标度报告一次热感觉。实验过程中人工环境室的壁面温度和空气温度保持相等,空气流速小于 0.15 m/s。采用 20 个温度和 8 个相对湿度进行环境变量组合,共计 160 个实验工况。由于该实验中使用了大量的受试者且对人工环境室进行精细而大量的控制调节,故该实验得出了非常重要的基础数据,为热舒适标准 ASHRAE Standard 55 的制定提供了基础数据库。

2. 丹麦技术大学的实验室研究

丹麦技术大学(Technical University of Denmark)的人工环境实验室建于 1968 年。实验室的所有环境变量如空气温度、空气湿度、平均辐射温度和空气流速皆可以精确地调节和控制。其中平均辐射温度和空气温度可以分别进行控制,实验室内的不对称辐射温度和不对称辐射温度场可以模拟产生。该人工环境室采用数字化系统,所有参数可以自动记录。

为了研究地理位置对人体热感觉的影响并与 Nevins 等在堪萨斯州立大学的实验结果进行对比,Fanger 对 128 名丹麦大学生(平均年龄 23 岁)进行了实验研究。实验过程中人工环境室的环境变量组合以及受试者着衣量、活动量均类似于 Nevins 对美国大学生的实验。

在实验期间人工环境室的环境条件维持稳定状态。该实验采用了 4 个不同的温度条件:21.1 ℃,23.3 ℃,25.6 ℃和 27.8 ℃。平均辐射温度等于空气温度,空气流速约为 0.1 m/s,相对湿度为 30%和 70%。对以上参数进行组合后共得到 8 个实验工况。受试者着衣量为 0.6 clo,活动量为轻体力活动(1.2 met)(1 met = 58.2 W/m^2)。

为了研究年龄和性别对人体热感觉的影响,Fanger 对 128 名丹麦大学生(平均年龄 23 岁)和 128 名老年人(平均年龄 68 岁)进行了暴露于同样环境条件下的人体热感觉实验。不同年龄段的受试者中男性和女性各占 50%。在同一环境变量组合工况下,重复 4 次实验。每次实验有 8 名受试者自愿参加,即 8 名女大学生、8 名男大学生、8 名女性老年人和 8 名男性老年人,共计 32 名受试者。

每次实验时间为 3 h,即下午 2:00~5:00 或晚上 7:00~10:00(与 Nevins 等的实验时间相同)。32 组实验全部在 1968 年秋季进行。要求受试者在实验前一晚上睡眠正常且做实验前大约 1 h 饮食正常。受试者进入预备室以后,测量其口腔温度,对于口腔温度不超过 37.2 ℃的受试者允许其参加实验,同时记录受试者的身高。受试者在预备室静坐 30 min 以适应环境、了解实验目的和热感觉投票方法。

受试者进入人工环境室后可以坐着读书、学习或者从事轻体力活动。受试者可以轻声交谈,但不允许交流热感觉情况。受试者每间隔 30 min 进行一次热感觉投票,热感觉投票采用 ASHRAE 7 级标度。

在人工环境室用精确的秤对坐姿受试者的体重称量 2 次,即在第 1 次热感觉投票后和第 6 次热感觉投票前各称量一次,以便确定蒸发损失。受试者可以喝充足的水,并记录每人的饮水量,但不允许吃食物。

通过上述实验室研究,Fanger 得出了以下结论:①在热舒适条件下,丹麦大学生和美国大学生受试者的热感觉没有明显差异,故热舒适方程可以适用于全球各个气候区(包括温带气候区),即人体热感觉不受地理位置的影响。②在热舒适条件下,大学生和老年人受试者的热感觉没有明显差异,故热舒适方程可以适用于不同年龄段的人群,即人体热感觉不受年龄的影响。③在热舒适条件下,男性和女性受试者的热感觉没有明显差异,故热舒适方程可以适用于不同性别的人群,即人体热感觉不受性别的影响。

1998 年丹麦技术大学室内环境与能源国际研究中心成立,丹麦政府自 1998 年至

2005 年陆续投入 1 500 多万美元建设新的实验室，共建有 7 个微气候实验室和 3 个现场实验室。该中心主要研究室内环境对人体热舒适、人体健康和劳动生产率的影响，其研究基础雄厚、设备先进。

2.3　实际建筑现场调查研究

热舒适研究主要有人工环境室实验研究和实际建筑现场调查研究两种方法，两种方法相辅相成。本节将介绍实际建筑现场调查研究（后面简称为现场研究）的方法，重点介绍现场研究的特点、现场研究的目的、受试者选择及数量、调查表设计、数据采集、数据处理等内容。为了便于读者具体操作应用，本节还给出了现场研究案例。

2.3.1　现场研究的特点

所谓现场研究，就是将人置身于真实的建筑环境中，通过对物理环境变量进行测量，同时对人体热舒适进行心理学调查与分析，进而对热舒适开展研究的实验方法。

现场研究中需要使用便携式仪器测量室内外环境参数，通过问卷调查了解受访者的热舒适状况，并且记录受访者的衣着、活动情况以及其他必要的现场信息（如室内人数、是否开窗或使用空调等）。

与实验研究相比，现场研究的特点如下：

（1）现场研究的环境具有真实性。现场研究的受访者均为实际公共建筑中的工作者或实际住宅中的居住者，在配合调查时，他们就处在自己正常的工作或生活状态之中，调查结果真实反映了当时当地的人体热舒适水平，可靠性强。此外，在现场调查中还能够获得除 4 个室内环境参数及服装热阻、人体代谢率之外，其他可能影响人体热舒适的信息，如室外温度、建筑特征（围护结构、房间朝向、室内布局等）、人员生活习惯等，能够为热舒适研究提供必要的参考。

（2）现场研究能够反映人与环境的交互关系。在实际的建筑环境中，人并不是像实验研究中的受试者一样被动接受环境条件，而是在感受环境的同时，采取主动的措施进行自我调节或改变环境条件，以改善热舒适。因此，在实际建筑环境的现场调查中，不仅能够获得受访者对于所处环境的评价结果，还能够了解到形成该评价结果的原因和过程。这对于研究人体对建筑环境的热适应机理具有非常重要的作用。

（3）影响人体热舒适的因素除了上述环境变量和个人变量外，还有其他一些次要因素，如年龄、性别、人们所处的地理位置、民族习俗、人的心理作用等，而实验研究一般无法排除一些因素的干扰。

（4）实验研究不能模拟太阳辐射、围护结构蓄热性、室外风速等因素对热环境与人体热舒适的影响，而现场研究可综合考虑以上所有对热环境与热舒适有影响的因素，因此现场研究结果可以验证、充实实验研究结果。

(5)现场研究由于受季节和室外气象条件的影响,往往需要人们耗费大量的时间,付出大量艰辛的劳动。因为不能按计划改变围护结构的表面温度和室外空气温度,当研究冬季室内热环境时只能在供暖季节内进行测试与调查。此外,在温暖的冬季,不可能得到相应于室外温度为最低临界值的数据。由于现场研究条件有很大的不确定性,因此对现场研究的数据应进行认真的评价和筛选。

2.3.2 现场研究的目的

现场研究的目的:

(1)研究不同气候、季节以及建筑环境对热舒适与热适应的影响。对不同气候区、不同季节、不同类型建筑热环境与人体热舒适和热适应的相关性进行研究,以丰富和发展热舒适现场研究数据库。

(2)评价现有热舒适标准。确定不同气候区、不同季节、不同类型建筑的人体热中性温度、热期望温度以及80%可接受的热舒适温度范围,并与热舒适标准进行比较,验证基于实验室研究得出的热舒适标准是否适用于人们所处的真实热环境;对现有的热舒适评价指标如PMV-PPD指标、新有效温度以及标准有效温度等的有效性进行评价。

(3)研究心理适应和行为调节。确定人体热反应与环境物理变量、生理因素、心理因素之间的关系;通过对实际建筑环境的现场调查,可以研究行为调节如开窗、服装调节等对人体热反应的影响;还可以了解建筑使用者对于室内热环境的期望。

(4)对现场研究测试方法、仪器精度、评价热舒适的主观调查方法等不断进行总结和完善,并制定出一套标准的热环境与热舒适评价体系。

2.3.3 受试者选择及数量

在现场研究中,由于存在很多无法控制的影响因素,需采用大量的实验样本。通常选择典型办公建筑热环境中大量受试者作为实验样本。选择建筑的基本原则是:建筑所处的地理位置、气候条件、建筑的特点(建筑面积、年龄、内部布局、结构类型、供暖空调方式等)。受试者的选择基于以下原则:自愿参加、大多数工作时间在办公桌前坐着从事轻体力活动、受试者平均分布于建筑不同的热环境分区、男女比例均衡、年龄分布范围广。

热舒适现场调查采用两种方式:一种为早期调查中普遍采用的选取大量的受试者,每人只被调查1次,即横向调查;另一种为连续跟踪调查或纵向调查,通常选择30名受试者,每周调查1次。

本小节将对30多年来在世界各国进行的较典型的热舒适现场研究中受试者的选择及数量进行较详细的总结和分析。重点介绍美国的ASHRAE组织发起的4次大规模的热舒适现场研究。

de Dear 和 Auliciems(1985)对澳大利亚不同气候区的 3 个城市中的办公建筑进行了 6 个现场调查。在达尔文的干季和雨季分别对 15 栋空调建筑进行了 2 个现场调查;在布里斯班对 10 栋建筑进行了 2 个现场调查(夏季),其中 5 栋为位于商业中心区的空调建筑,另外 5 栋为现代轻型结构和旧式重型结构的非空调建筑;在墨尔本的夏季对 7 栋建筑进行了 2 个现场调查,其中包括 4 栋空调建筑(3 栋位于商业中心区的高层轻型结构建筑,1 栋旧式非空调建筑改造的空调建筑)和 3 栋非空调建筑(1 栋高层轻型结构建筑,2 栋旧式建筑)。

1987 年,ASHRAE 首次组织发起了大规模的热舒适现场研究,目的是考察地中海气候区的人体热反应。Schiller 等(1988,1990)分别在 1987 年的冬季(1~4 月)和夏季(6~8 月)对美国旧金山湾区的 10 栋办公建筑的热环境与热舒适进行了现场调查。为了使选择的建筑能够代表旧金山湾区的现有办公建筑,这 10 栋建筑分别位于内地峡谷和沿海,其中 5 栋建筑位于旧金山各区,另外 5 栋建筑分别位于内地气候区的圣拉蒙(San Ramon)、沃尔纳特克里克(Walnut Creek)、帕洛阿尔托(Palo Alto)和伯克利(Berkeley)。这 10 栋建筑中有新建筑,也有旧建筑;有多层建筑,也有单层建筑;内部布局有密闭式,也有开敞式;围护结构有密闭性的,也有可开启式的。共选择了 304 名受试者,对其工作地点进行了 2 342 次详细的环境参数测量和主观调查。其中冬季对 264 名受试者进行了 1 308 次访问;夏季对 221 名受试者进行了 1 034 次访问。有 181 名受试者同时参加了冬季和夏季的 2 个现场调查。

1993 年,在干季(4~9 月)和湿季(10 月至次年 3 月),de Dear 和 Foutain(1994)对澳大利亚汤斯威尔市的 12 栋空调办公建筑进行了 2 个热舒适现场调查。这是 ASHRAE 第 2 次组织的大规模的热舒适现场研究,目的是考察热带气候区的人体热反应。这 12 栋建筑建成于 1928—1992 年,层高为 3~13 层。建筑布局有开敞式的和混合式的;空调系统有定风量系统和变风量系统。836 名自愿参加者提交了 1 234 份主观调查表,其中干季访问了 628 名受试者,湿季访问了 606 名受试者。836 名自愿参加者中有 398 人参加了 2 个季节的现场调查。在这次调查中首次考虑了椅子附加热阻的影响,即对于服装热阻值附加 0. 15 clo 的椅子热阻。

Busch(1990)对泰国曼谷商业中心区的 4 栋办公建筑中工作人员的热反应进行了调查,这 4 栋楼都是 20 世纪 80 年代建成的现代化建筑,其中空调建筑和自然通风建筑各 2 栋。

ASHRAE 组织的第 3 次大规模的热舒适现场研究的目的是考察夏季炎热、冬季干冷的寒温带气候区的人体热舒适状况。Donnini 和 Molina(1996)在 1995 年的夏季(6~8 月)和冬季(1~3 月)分别进行了 2 次热舒适现场调查,调查对象为加拿大魁北克南部的蒙特利尔等 8 个城市的 12 栋空调办公建筑及其中的 877 名受试者。其中夏季访问了 445 名受试者,冬季访问了 432 名受试者。

1997 年,ASHRAE 组织了第 4 次大规模的热舒适现场研究,其目的是考察热带沙漠气候区的人体热反应状况。Cena 和 de Dear(1999)对位于澳大利亚西部的卡尔古利市的 22 栋空调办公建筑的夏季和冬季的热环境进行了现场调查。在 1997 年冬季的 5~6 月和夏季的 12 月分别进行了 2 次现场调查,其中冬季访问了 640 名受试者,夏季访问了 589 名受试者。共调查了 935 名受试者,得到了 1 229 组环境参数和主观调查数据。935 名自愿参加者中有 294 人参加了 2 个季节的现场调查。

DePaula 和 Lamberts(2000)调查了巴西南部的洛里亚诺波利斯市的一所高中的室内热环境,该学校为自然通风建筑。108 名学生参加了调查,在 1997 年 4~12 月的 3 个季节里对每名学生大约调查了 16 次,一个月 2 次,共得到了 1 415 个样本。

Wong 等(2001)对新加坡 2 个住宅区的自然通风建筑室内热环境进行了现场测试,收集了 257 份主观调查表,其中男性 125 人,女性 132 人。

夏一哉等(1999)对北京市自然通风住宅中 88 名居民的夏季室内热环境进行了现场调查,选择样本时考虑了楼层、朝向、自然通风情况、建筑物所处位置、男女比例等因素对室内热环境及人体热舒适的影响。

王昭俊(2002)于 2000 年 12 月至 2001 年 1 月对哈尔滨市 66 户集中供暖住宅中的 120 名居民的热感觉与热舒适进行了现场调查。由于供暖情况、户型、住宅小区环境、房间朝向、居室布置情况、年龄、性别等因素可能对室内热环境及人体热反应有影响,因此选择样本时,尽量使上述因素在所选择的样本中分布均匀。

曹彬、朱颖心等在对寒冷地区和夏热冬冷地区城市住宅热舒适现场研究中,分别在北京和上海各选择了 10 户住宅进行连续跟踪调查研究。选择样本时考虑了室外气候、室内供暖方式、对室温可控制能力等对人体热舒适和热适应的影响。

张宇峰等对广州地区某高校的自然通风建筑(教室和学生宿舍)和混合通风建筑开展了持续 1 年的热舒适现场跟踪测试和主观调查,选择在校 30 名大学生作为受试者,每周对受试者调查 1 次。

刘红于 2007 年的冬夏两季对重庆地区办公建筑环境进行了现场测试和问卷调查,获得冬季非供暖环境有效问卷 220 份,夏季非空调环境有效问卷 210 份。

杨柳等于 2009 年 1 月对陕西关中地区 36 户农宅的冬季室内热环境进行了现场测试,共得到 198 套有效调查数据。

王昭俊等于 2013—2014 年对哈尔滨市不同类型的建筑进行了长期的热舒适现场跟踪测试和主观调查,其中住宅和办公建筑分别选择了 20 名和 24 名受试者;宿舍和教室分别选择了 30 名大三的学生(30 人同时参加了宿舍和教室的主观问卷调查,以及前面提及的文献[11,12]的实验室研究)。每周调查 1 次受试者的热反应。

现将上述现场研究样本选择统计结果汇总于表 2.4 中。

表 2.4　现场研究样本选择统计表[5, 16-29]

主要研究者	调查时间	调查地点		气候特点	建筑类型		样本数量	男性	年龄
de Dear 和 Auliciems	1984 年夏季	澳大利亚	达尔文	热带季风气候、亚热带气候	办公建筑	空调建筑	174/197	75/92	31/32
			布里斯班			空调、非空调建筑	211/201	110/105	29/26
			墨尔本	温带气候		空调、非空调建筑	186/194	123/121	31/27
Schiller, Arens 等	1987 年冬季和夏季	美国	旧金山湾区	温带气候：地中海气候	办公建筑	空调、自然通风	264(1 308) 221(1 034) 304(2 342)	117	(20~50)
de Dear 和 Foutain	1993 年干季和湿季	澳大利亚	汤斯威尔	热带气候：热、湿气候	办公建筑	空调建筑	干季 628 湿季 606 836(1 234)	266 248 343	(17~64) (17~62) (17~64)
Busch	1988 年热季和湿季	泰国	曼谷	热带气候：热、湿气候	办公建筑	空调、自然通风	1 145 (1 146)	476	32 (18~75)
Donnini 等	1995 年冬季和夏季	加拿大	蒙特利尔等市	寒温带气候：冬季干冷、夏季炎热	办公建筑	机械通风建筑	夏季 445 冬季 432 877	223 211 438	(16~65) (22~64) 41
Cena 和 de Dear	1997 年冬季和夏季	澳大利亚	卡尔古利	热带沙漠气候：热、干气候	办公建筑	空调建筑	冬季 640 夏季 589 935(1 229)	326 315 486	(16~67) (17~66) 35
de Paula 和 Lamberts	1997 年 4~12 月	巴西	洛里亚诺波利斯	热带气候：热、湿气候	学校	自然通风建筑	108 (1 415)	86	17
夏一哉、赵荣义等	1998 年夏季	中国	北京	温带气候：夏季炎热	住宅	自然通风建筑	88(88)	50	49 (16~82)
王昭俊	2000 年至 2001 年冬季	中国	哈尔滨	寒温带气候：冬季干冷	住宅	连续供暖	120(120)	59	46.4 (14~80)
曹彬、朱颖心	2011 年冬季	中国	北京	寒冷地区：冬季干冷	住宅		10 户(49)	24	(28~45)
			上海	夏热冬冷地区：冬季湿冷	住宅		10 户(35)	15	(27~59)

续表 2.4

<table>
<tr><th>主要研究者</th><th>调查时间</th><th colspan="2">调查地点</th><th>气候特点</th><th colspan="2">建筑类型</th><th>样本数量</th><th>男性</th><th>年龄</th></tr>
<tr><td rowspan="2">张宇峰等</td><td rowspan="2">2008—2009 年
2009—2010 年</td><td rowspan="2">中国</td><td rowspan="2">广州</td><td rowspan="2">夏热冬暖地区：夏季湿热</td><td rowspan="2">高校建筑</td><td>自然通风</td><td>30(921)</td><td>15</td><td>(20~23)</td></tr>
<tr><td>混合通风</td><td>30(1 395)</td><td>15</td><td>(18~24)</td></tr>
<tr><td rowspan="4">王昭俊等</td><td rowspan="4">2013—2014 年</td><td rowspan="4">中国</td><td rowspan="4">哈尔滨</td><td rowspan="4">寒温带气候：冬季干冷</td><td colspan="2">住宅</td><td>20(447)</td><td>9</td><td>48.5(28~72)</td></tr>
<tr><td colspan="2">办公建筑</td><td>24(603)</td><td>12</td><td>42.1(24~58)</td></tr>
<tr><td colspan="2">宿舍</td><td>30(621)</td><td>15</td><td>20.2(18~22)</td></tr>
<tr><td colspan="2">教室</td><td>30(689)</td><td>15</td><td>20.2(18~22)</td></tr>
</table>

注：①第 6 列括号外为受试者人数，括号内为调查表份数；②第 8 列括号外为平均年龄，括号内为年龄范围；③最后一行过渡季采用自然通风，冬季采用集中供暖。

综上所述，受试者是随机选取的，每个现场调研的样本量因受试者人数和调研设计方法的不同而有很大差别。两种设计方法常被采用，一为横向（独立测试）设计（不重复抽样），二为纵向（重复测试）设计（重复抽样），后者可获得较大的样本量，但需精心设计调研的时间间隔，以便消除增强的熟悉程度和过度熟悉（厌烦）的影响，确保观察的独立性。

2.3.4　调查表设计

现场调查时请受试者填写调查表并对室内热环境进行主观评价，问卷调查的内容一般包括：

(1)个人背景信息。它包括个人自然状况（如年龄、性别、身高、体重、健康状况、受教育程度、在当地生活时间等）、对办公室环境的满意程度（如光照、噪声、空间布局等）、对环境的敏感程度、对工作的满意程度、室内使用空调情况、对热环境能否进行个性化调节与控制等（如开窗、风扇、工位空调、恒温器等）。

(2)着衣量和活动量调查。因为现场调查时无法直接测量新陈代谢率和服装热阻，所以应详细记录受试者的穿着和活动量情况，以便统计。着衣量调查表上可列出一些服装，请受试者直接在调查表上选择。活动量调查包括活动水平、饮食状况等。再按照受试者填写的调查表进行估算。

(3)热感觉评价。目前热舒适研究中广泛采用 ASHRAE 7 级热感觉标度评价人体热感觉。ASHRAE 7 级标度是 7 个不同的刻度值，即用该标度表示的人体热感觉是不连续的，而实际上人体热感觉是一个渐变的过程。为了更确切地表述人体热感觉，ASHRAE 组织的现场研究中采用了连续的热感觉标度，即在热感觉投票值 -3 ~ +3 之间受试者可以填写以 0.1 为增量的数值。为了进行对比研究，也可以同时采用 Bedford 标度。

(4)热舒适评价。受试者根据其所处环境的温度、湿度、空气流动特性等因素对环境的热舒适性进行综合评价。采用热舒适 5 级指标:0(舒适)、1(稍不舒适)、2(不舒适)、3(很不舒适)、4(不可忍受)。

(5)热期望评价。McIntyre 提出的 Preference 标度是让受试者直接对热环境的满意程度进行判断。Preference 标度表示:-1(较暖)、0(不变)、+1(较凉)。

(6)热接受率评价。让受试者直接对热环境能否接受进行判断。为便于统计,将主观评价结果定量化,令 1 表示能接受,0 表示不能接受。

(7)热适应措施调查。如增减衣服、开窗、采用电加热器、加湿器等。

(8)其他相关信息。如建筑层数、建筑面积、房间朝向、室内布局、人员分布等可能影响热舒适评价的相关信息。

2.3.5　数据采集

1. 环境参数测量

早期的热舒适现场研究中,一般对每栋建筑内受试者工作地点的环境参数测试 1 周,采取连续测试和间歇测试两种方式。环境变量包括空气干湿球温度、露点温度、水蒸气分压力、相对湿度、空气流速和不对称辐射温度、空气流速湍流度和照度等,可用干湿球温度计、热线风速仪、黑球温度计和光度计等敏感元器件测量。连续测试时,可采用温湿度自记仪、热舒适测试仪等。同时进行主观调查,在测试周内对每个自愿参加的受试者访问 5~7 次。

为了提高现场测量的精度,ASHRAE 组织的 4 次现场研究中都采用了移动式测试系统(Schiller 等,1988;de Dear 和 Foutain,1994;Donnini 和 Molina,1996;Cena 和 de Dear,1999),即装有传感器、计算机和室内气候分析仪等仪器和设备的可移动小车,小车的前部设置了一把椅子,以模拟坐姿受试者的工作椅子的屏蔽效应。在椅子上部、下部安装了各种环境参数测试的敏感元件,可在受试者所处的工作地点不同高度上同时测量干湿球温度、露点温度、相对湿度、空气流速、不对称辐射温度和照度等参数。小车的后部放置计算机、室内气候分析仪等仪器。测量工作可在 5 min 内完成,用计算程序可在 3 min 之内给出热环境评价指标值,如操作温度、平均辐射温度、新有效温度、标准有效温度、预测平均投票数(PMV)、预测不满意百分数(PPD)等。此外,ASHRAE 组织的现场研究中还采用固定式测试系统,用来连续监测建筑内有代表性工作区域的热环境参数。一般对每栋建筑连续测试 1 周,以便与间歇测试结果进行对比。

Brager 与 de Dear[30] 曾根据国外已有的现场研究结果,将室内环境参数的测量标准分为 3 个级别,见表 2.5。其中,第三级数据只考虑空气温度和相对湿度;第二级数据考虑了 PMV 指标中影响人体热感觉评价的全部物理量;而第一级数据在包括全部物理量的同时,还考虑不同水平高度对环境参数的影响。

表 2.5 现场研究中室内环境参数测量的不同级别[30]

级别	包括的物理量类型	环境参数测量的水平高度
第一级	空气温度、平均辐射温度、相对湿度、空气流速、服装热阻、人体代谢率	3 个水平高度
第二级	空气温度、平均辐射温度、相对湿度、空气流速、服装热阻、人体代谢率	1 个水平高度
第三级	空气温度(有时测量相对湿度)	1 个水平高度

在早期的热适应研究中,研究者大多采用的是第三级测量标准。为了深入分析人体热适应机理,一般对现场调查室内物理量的测量,规定至少达到第二级数据的标准。需测量的室内环境参数包括室内空气温度、黑球温度、平均辐射温度、相对湿度和空气流速。需测量的室外环境参数为室外空气温度和相对湿度。

ASHRAE Standard 55—2013 中对地面以上测量的高度要求为:对于坐姿受试者,在距地面垂直高度为 0.1 m,0.6 m 和 1.1 m 3 个测点上(分别代表坐姿受试者的脚踝、腰部和头部高度)分别测量空气温度和空气流速;操作温度或 PMV-PPD 值在 0.6 m 处测量和计算。不对称辐射温差在 0.6 m 处测量。而对于站姿受试者,在距地面垂直高度为 0.1 m,1.1 m 和 1.7 m 3 个测点上(分别代表站姿受试者的脚踝、腰部和头部高度)分别测量空气温度和空气流速;操作温度或 PMV-PPD 值在 1.1 m 处测量和计算。不对称辐射温差在 1.1 m 处测量。

对于坐姿受试者,湿度一般在 0.6 m 处测量;而对于站姿受试者,湿度一般在 1.1 m 处测量。

2. 主观调查数据

ASHRAE 组织的 4 次现场研究中,间歇测试时对每栋建筑物测试 1 周。测试周内对每个受试者访问 5~7 次,每次访问时让受试者填写热感觉评价调查表、着衣量和活动量调查表。背景调查表仅第一次访问时填写。受试者填写主观调查表大约需要 3~10 min。当连续跟踪测试时,受试者每周报告 1 次热反应值。

3. 其他数据

其他数据包括办公室布局及小车所处地点描述、工作区照片、影响局部热舒适的设备(如风扇、电加热器、空调散流器、计算机设备等)、窗开启及可移动式遮阳情况、可见的热条件(如吹风、光照等)、受试者特殊的服装及其特殊的行为方式等。

2.3.6 数据处理

1. 服装热阻

根据调查表中详细记录的受试者的着装情况,先估取单件服装的热阻值,然后叠加计算出每个受试者的总服装热阻值。

2. 人体新陈代谢率

人体新陈代谢率按照现场调查时受试者填写的活动量调查表进行估取。

3. 热舒适评价指标[5, 31]

在热舒适现场研究中,所采用的热舒适评价指标主要有空气温度 t_a、操作温度 t_o、新有效温度 ET*。采用不同的热舒适评价指标对同一热环境进行评价,其结果是有差异的。那么,采用哪个热舒适评价指标更合理呢?

de Dear 和 Auliciems(1985)在澳大利亚的现场研究中使用了空气温度作为热舒适评价指标(由于仅采用空气温度过于简单,故在以后的热舒适现场研究中基本不用该指标)。在此之后,ASHRAE 先后组织发起了 4 次大规模的热舒适现场研究,但除了 1987 年 Schiller 等(1988,1990)对美国旧金山湾区的现场调查中使用了新有效温度外,后续 3 次调查中均使用了操作温度作为热舒适指标(de Dear 和 Foutain,1994;Donnini 和 Molina,1996;Cena 和 de Dear,1999)。de Dear 和 Brager(1998)曾指出:之所以用操作温度而不用新有效温度等复杂的指标,是因为前者计算简单且具有很好的相关性,这可能是因为热指标越复杂,其统计意义越小。同时推荐全球热舒适数据库采用操作温度作为热舒适评价指标来计算热中性温度。

4. 热感觉与热中性温度[5, 31]

在热舒适现场研究中,所采用的人体热感觉投票的表述方式有两种,即热感觉(Thermal Sensation Vote,TS)投票和平均热感觉投票(Mean Thermal Sensation Vote,MTS)。前者为某一温度的人体热感觉投票,后者为某一温度区间的人体热感觉投票平均值。由于人的个体之间的差异,在同一温度下,不同人的热感觉不同,故 TS 和温度之间的线性相关系数较低,说明用 TS 不能很好地预测人体热感觉。故国外学者都不采用 TS 预测人体热感觉。

Fanger 的 PMV 指标也是通过实验室研究得到的预测人体热感觉的平均投票值,为了将现场研究结果与 PMV 预测值进行对比,建议采用 MTS 来描述人体热感觉值。

一般采用温度频率法(Bin 法)对热舒适现场实测数据进行回归分析,可以得到人体 MTS 关于空气温度或操作温度或新有效温度的回归方程。但由于空气温度过于简单,没有考虑其他因素对人体热感觉的影响;新有效温度又过于复杂,当样本数量一定时,其统计意义不大;而操作温度不仅计算简单且具有很好的相关性,所以采用操作温度进行分析。

将操作温度 t_o 以 0.5 ℃的间隔,分为若干个操作温度区间。以每一操作温度区间中心温度为自变量,以受试者在每一温度区间内填写的热感觉投票值的平均值 MTS 为因变量,通过线性回归分析得到关系式:

$$\mathrm{MTS}=a+b\times t_o \tag{2.1}$$

MTS 和操作温度 t_o 之间的线性相关系数很高，说明用 MTS 可以很好地预测人体热感觉。令 MTS=0，即可计算出热中性温度。

5. 热期望温度

人们所期望的温度的计算采用概率统计的方法，即在某一温度区间内（以 0.5 ℃为组距），统计期望此刻温度更暖或更冷的人数占总人数的百分数，并将热期望与冷期望的百分比画在同一张图上，两条拟合的概率曲线的交点所对应的温度即为所期望的温度（de Dear 和 Brager，1998）。此外，还可以直接统计期望温度不变的人数占总人数的百分数，其最大值所对应的温度作为热期望温度。

6. 热接受率

热接受率调查有两种方法：一种为直接方法，即让受试者直接判断其所处的热环境是否可以接受；第二种方法为间接方法，即按调查表中受试者填写的热感觉投票值进行统计分析得出。投票值为-1，0，+1 的为可接受，投票值为-3，-2，+2，+3 的为不可接受。计算在某一操作温度下投票值为可接受的人数占总投票人数的百分数，即为该温度下的热接受率。

7. 预测不满意百分数

由人体平均热感觉的回归公式可求出与人体平均热感觉投票（MTS）相对应的操作温度值，统计在某一操作温度下热感觉投票值为-3，-2，+2，+3 的人数占总人数的百分率，记为 PPD*，以 MTS 为横坐标，以 PPD* 为纵坐标，可得到 PPD* 与 MTS 关系的曲线图，该图与 Fanger 的预测不满意百分数和预测平均投票数（即 PPD-PMV 曲线图）相近。

2.3.7 现场研究结果汇总

表 2.6 汇总了迄今在世界各地热舒适现场研究的一些主要成果。

表 2.6　现场研究结果统计表[5, 16-29]

主要研究者	调查时间	调查地点		热感觉预测模型	热中性温度（ET*，t_o 或 t_a）/℃	80%可接受的温度/℃
de Dear 和 Auliciems	1984 年夏季	澳大利亚	达尔文 布里斯班 墨尔本	—	24.2（24.1） 23.8（25.5） 22.6（21.3）	—
Schiller，Arens 等	1987 年冬季和夏季	美国	旧金山湾区	MTS=0.328ET* −7.20 MTS=0.308ET* −7.04 MTS=0.26ET* −5.83	冬季 22.0 夏季 22.6 两季 22.4	20.5～24.0

续表 2.6

主要研究者	调查时间	调查地点		热感觉预测模型	热中性温度（ET^*，t_o 或 t_a）/℃	80%可接受的温度/℃
de Dear 和 Foutain	1994 年干季和湿季	澳大利亚	汤斯威尔	MTS＝0.522t_o－12.67	24.4 (24.4)	22.5～24.5
Busch	1988 年热季和湿季	泰国	曼谷	—	27.4	—
Donnini 等	1995 年冬季和夏季	加拿大	蒙特利尔等市	MTS＝0.493t_o－11.69	冬季 22.6 (23.1) 夏季 24.1 (24.0)	冬季 21.5～25.5 夏季 20.7～24.7
Cena 和 de Dear	1997 年冬季和夏季	澳大利亚	卡尔古利	冬季 MTS＝0.21t_o－4.28 夏季 MTS＝0.27t_o－6.29	冬季 20.3 夏季 23.3	—
DePaula 和 Lamberts	1997 年 4～12 月	巴西	洛里亚诺波利斯	MTS＝0.210 7t_o－4.868 9	23.1	20.7～25.5
夏一哉、赵荣义等	1998 年夏季	中国	北京	MTS＝0.298ET^*－7.950	26.7	≤30.0
王昭俊	2000 年至 2001 年冬季	中国	哈尔滨	MTS＝0.302t_o－6.506	21.5	18.0～25.5
曹彬、朱颖心	2011 年冬季	中国	北京	MTS＝0.201 9t_a－4.435 2	22.0	—
			上海	MTS＝0.163 9t_a－3.406 6	20.9	
张宇峰等	2008—2009 年	中国	广州	MTS＝0.256SET－6.515 6	25.4	22.1～28.7
	2009—2010 年			MTS＝0.271SET－6.756 5	24.9	20.7～30.2
王昭俊等	2013—2014 年	中国	哈尔滨	MTS＝0.192 8t_a－4.410 2 MTS＝0.228 6t_a－4.817 0 MTS＝0.176 9t_a－3.867 4 MTS＝0.156 6t_a－3.021 6	22.9（住宅） 21.1（办公建筑） 21.9（宿舍） 19.3（教室）	18.6～27.3 17.4～24.8 17.1～26.7 13.9～24.7

注：①MTS 为某一温度区间的人体热感觉平均值；②ET^* 为新有效温度，t_o 为操作温度，t_a 为空气温度，SET 为标准有效温度；③第 1 行、第 5 列温度为干球温度，对于达尔文地区，括号内为干季热中性温度，括号外为湿季热中性温度，对于布里斯班及墨尔本地区，括号内为非空调建筑热中性温度，括号外为空调建筑热中性温度；④第 5 列中括号外的温度为新有效温度，括号内的温度为操作温度；⑤最后一行为供暖中期的数据。

对现场研究结果进行对比分析,可以得出以下几点结论:

(1)不同地区的气候特征差异较大,人们的热适应能力有所不同;

(2)不同季节的室外气温不同,人们的热适应能力有所不同;

(3)自然通风建筑中的热中性温度比空调建筑中的高;

(4)实测的80%可接受的温度超出了 ASHRAE 热舒适温度范围;

(5)人们主要通过调节服装、开窗、使用风扇等方式适应热环境;

(6)对环境的可控制能力有利于提高热环境的可接受度;

(7)冬季供暖地区室外气温低,室内供暖温度不宜过高,否则既不舒适,又浪费能源。

2.3.8 现场研究案例[29]

与传统的集中供暖相比,分散式供暖也正在被越来越多的北方住宅所采用。燃气壁挂式供暖炉(简称壁挂炉)就是一种代表性的家庭供暖形式,其最为显著的特点是能够满足家庭对供暖的个性化需求,通过温控器设定室温。其收费方式也不同于集中供暖按照供暖面积"一刀切"的形式,而是由家庭的实际用热量来决定:室内设定温度高、供暖时间长,供暖费用就高;反之,若适当调低设定温度或适时关闭供暖,即可节约费用。为了对比分析集中供暖与分户独立供暖住宅居民的热舒适,并探讨环境控制对人体热适应的影响机理,清华大学朱颖心领导的课题组进行了现场研究。

1. 受试者选择及数量

曹彬、朱颖心于 2011—2012 年供暖期间,在北京选择了 10 户住宅进行调查研究,其中集中供暖住户和壁挂炉用户各 5 户。所有受访住户均为大学教职工家庭,确保研究对象的社会层次、文化背景及收入水平较为接近,避免上述因素对受访者的室内环境热舒适评价产生差异性影响。

2. 环境参数测试及主观问卷设计

调查期间,在每户受访家庭的客厅内放置一台 WSZY-1A 温湿度自记仪,长期连续记录室内温度和湿度的变化情况。同时,邀请受访家庭的常住成员每周填写 1 次热舒适问卷。问卷通过相关网站进行设计,包括对受访者衣着情况、热感觉、热期望、热接受度等信息的调查。

调研共回收主观问卷 115 份,受访者全部在北京居住 1 年以上。其中男性受访者 56 人次,女性 59 人次,男女比例为 0.95 : 1。受访者中年龄最大者 58 岁,最小者 29 岁,平均年龄 37.4 岁。

3. 室内外环境参数

调研期间,10 户被调查住户的室内温湿度情况见表 2.7。

表 2.7　被调查住户的室内温湿度情况[29]

供暖形式	住户编号	空气温度/℃			相对湿度/%		
		最小值	最大值	平均值	最小值	最大值	平均值
集中供暖	1	17.9	23.5	20.9	17.5	47.1	34.2
	2	16.4	24.0	19.4	11.2	37.4	20.0
	3	18.4	25.5	20.5	12.5	54.1	26.9
	4	17.7	24.1	20.8	11.7	36.4	22.2
	5	18.9	21.7	20.3	20.4	62.9	47.9
壁挂炉供暖	6	15.9	22.9	18.7	16.4	60.0	26.2
	7	15.9	20.6	18.4	34.3	80.7	56.5
	8	15.8	23.0	18.8	31.2	76.6	52.2
	9	16.1	21.9	18.5	27.0	57.4	35.0
	10	18.7	20.7	19.6	23.3	63.3	31.1

除空气温度和相对湿度外，由于黑球温度计和手持式风速表不便长期放置于受访者家中，因此未能对平均辐射温度和风速进行连续记录。但通过几次入户抽样测试发现，平均辐射温度与空气温度差别不大（±0.5 ℃以内），而室内人员活动区域的气流非常微弱，平均风速为 0.05 m/s，远低于人体对气流的感觉阈（0.2 m/s）。

在调研期间，室外最高温度为 6.2 ℃，最低温度为-10.0 ℃，平均温度为-2.1 ℃。

选取 2012 年 1 月 1 日至 1 月 31 日的室外日均温度，并分别对集中供暖及壁挂炉供暖住户的室内日均温度取平均值，示于图 2.7 中。壁挂炉用户可以自主调节室温，由此产生了 3 方面区别于集中供暖住户的效果。

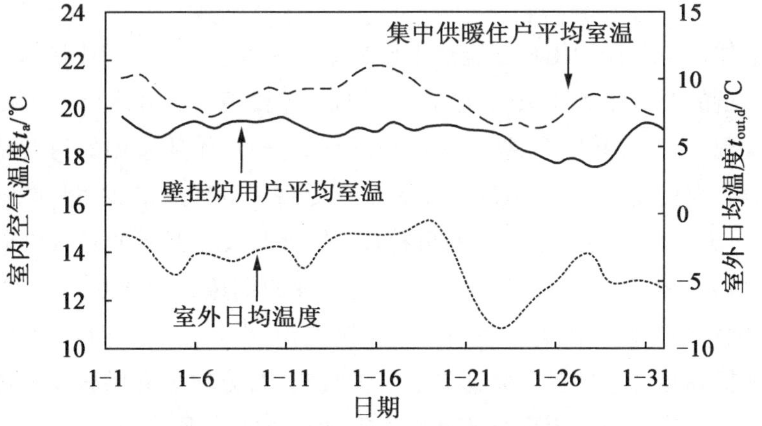

图 2.7　2012 年 1 月室外日均温度及受访住户平均室温[29]

（1）集中供暖住户的室温随室外温度变化体现出一定的波动趋势，而壁挂炉用户自行控制供暖量，因此能够保证室温较为稳定，不随室外温度发生明显变化。

（2）壁挂炉用户的室温低于集中供暖住户。在 2012 年 1 月，壁挂炉用户的室内日均温度比集中供暖用户平均低 1.5 ℃，最大差值为 2.9 ℃。

（3）若家中无人，壁挂炉用户可以停止供暖，节约用能。例如，春节期间（1 月 22 日至 1 月 29 日前后）受访住户大部分离京过年，其中壁挂炉用户的室温随之降低，而集中供暖住户房间内一直维持供暖，室温不受此影响。

4. 人体热舒适及热适应分析

对室温每间隔 1 ℃范围内的受访者的 TSV 取平均值。集中供暖住户与壁挂炉用户的 TSV 比较如图 2.8 所示。可见，在相同的室温下，壁挂炉用户的热感觉均高于集中供暖住户。通过计算可以得到集中供暖住户的室内热中性温度 $t_n = 22.0$ ℃，而壁挂炉用户的热中性温度 $t_n = 18.6$ ℃，大大低于集中供暖住户。

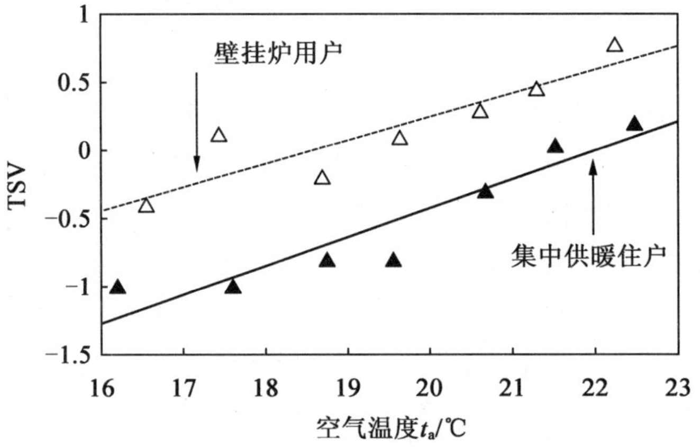

图 2.8　集中供暖住户与壁挂炉用户的 TSV 比较[29]

集中供暖住户与壁挂炉用户服装热阻比较如图 2.9 所示。在不同的室温下，壁挂炉用户对于着衣量的调节更为积极，其服装热阻的差异较集中供暖住户更加明显。

研究还发现，当室温相同时，壁挂炉用户感到更满意，希望室温保持现状的人数比例较之集中供暖住户更高，对热环境的可接受性也更高。壁挂炉供暖因其能够独立调温的特点，使用户对于室内环境具有一定的可控度，有助于从心理上消除对可能出现的不舒适状况的焦虑感，促使他们对于室内环境产生合理的期望，在设定室温时“按需索取”。并且，这样的独立调节模式因为与使用费用直接挂钩，也调动了人们行为调节的积极性，如调整衣着来提高热舒适性等。因此与集中供暖相比，分户独立供暖使人体对于环境的适应能力通过心理适应与行为调节两种途径得到充分的体现。

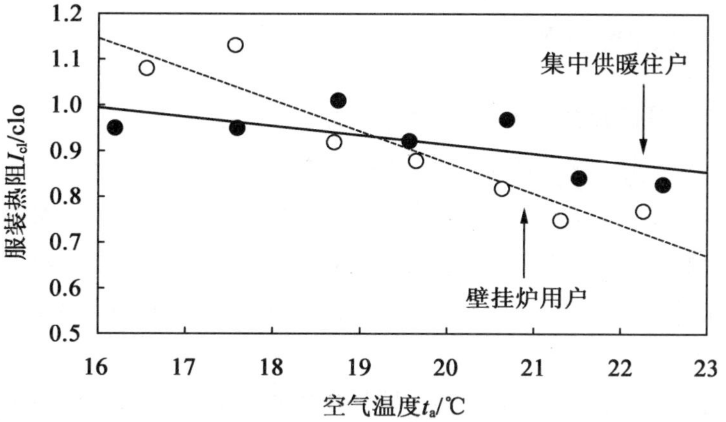

图 2.9　集中供暖住户与壁挂炉用户服装热阻比较[29]

基于上述研究,可得到以下主要结论:

(1)与集中供暖住户相比,壁挂炉用户的室温比较稳定,平均温度较低。壁挂炉用户的室内热中性温度为 18.6 ℃,集中供暖住户的热中性温度为 22.0 ℃。在相同的室温下,壁挂炉用户的热感觉较高,对于室内环境的热接受度也更高。

(2)独立空调供暖和集中供暖这 2 种室内环境控制方式相比较,独立空调供暖能够满足用户个体的实际需求,并因具备对环境条件较强的控制能力,有助于消除对可能产生不适的焦虑感,提高对环境的接受度。

2.4　基于信息技术的研究方法

第 2.2 节和 2.3 节介绍的研究方法是基于传统的热舒适研究方法,包括环境参数测量和生理参数测量,以及人体主观热反应问卷调查表测量。当进行生理参数测量时,人们主要测量皮肤温度,也研究测量心率、血压和脑电波等。如进行皮肤温度测量,需要将测量仪器与受试者的皮肤直接接触,这样会干扰受试者的正常生活。近年来,随着信息技术和测量技术的发展,出现了一些新的热生理参数的测量方法。

根据热生理参数传感器的侵入性,热生理参数测量方法可分为侵入式、半侵入式和非侵入式。侵入式传感器被定义为具有线缆的测量设备,如第 2.2 节和 2.3 节介绍的研究方法;半侵入传感器主要指各种可穿戴设备,而非侵入式方法所涉及的传感器形式则更为多样。非接触测量和非侵入测量概念的区别如下:热舒适研究中非侵入测量是指不干扰人员正常行为活动的测量,而非接触测量是指在不接触身体的情况下采集人体热舒适信息或数据。

2.4.1　热生理参数测量方法

1. 基于半接触式测量技术的方法[32, 33]

（1）基于半接触式测量技术的热舒适研究方法。

传统的接触式测量需要人员持续且频繁配合，同时人员产生的异物感常常影响测量结果。与传统接触式测量不同，半接触式测量是将传感器集成到可穿戴设备上。小型化的传感器对使用者更友好，可以将其与手表、眼镜、腕带等可穿戴设备集成在一起，并借此弱化异物感。

在眼镜上装配红外传感器，通过传感器采集人员前脸、颧骨、鼻部和耳朵的皮肤温度并将其用于评价和分析。智能手环等腕带式可穿戴设备也可用于测量皮肤温度。腕带可以记录人体的光电容积图，采集得到搏动期间的信号并将其发送到智能手机上。基于此，计算得到脉搏变化率并实时预测热舒适。腕带还可以对智能手机上热像仪拍摄的热图像进行偏移误差修正。智能手表测量得到的皮肤温度和心率、心率变异性等数据，可以用于建立热舒适预测模型，并将结果与专业的测量设备进行对比。

Chen 等在眼镜上装配 4 个红外传感器，通过传感器采集人员前脸、颧骨、鼻部和耳朵的皮肤温度进行热舒适评价和热调节性能分析。在上述结果的基础上，Ghahramani 等提出了一种基于隐马尔可夫模型的学习算法来获取个人热舒适。该方法虽然可以实时监测人员的热舒适，但却未考虑到人员活动强度对热舒适的影响。此外，最佳位置、距离、传感器覆盖范围等因素对预测热舒适精度的影响尚不明确。

Sim 等发明了一种可同时监测手腕上下表面和指尖皮肤温度的手环穿戴设备，通过对 8 名受试者的实验研究验证了用手腕皮肤温度来预测人体热感觉的可行性。腕带可以记录人体的光电容积图，采集得到搏动期间的信号并将其发送到智能手机上。基于此，计算得到脉搏变化率并实时预测热舒适。

Liu 等利用可穿戴传感器设备收集受试者在日常活动时皮肤温度、心率及新陈代谢率，用不同的机器学习算法为每个受试者训练了 14 个模型来预测他们的热偏好，从而提出一种个人热舒适模型。

低成本的可穿戴传感器和云计算为使用生理和环境数据实时预测热舒适创造了可能性。未来的暖通空调系统控制可以利用生理数据预测热舒适，提高室内人员的满意度，同时也能降低能耗。

Shan 和 Yang 开展了针对脑电波的研究，在 3 种工况室温下监测受试者脑电图数据。在此基础上，提出一种机器学习技术结合被动 EEG（脑电图）测量，对不同室温下室内人员的实时热舒适状态进行分类的方法。图 2.10 展示了一些典型的半接触式测量技术。

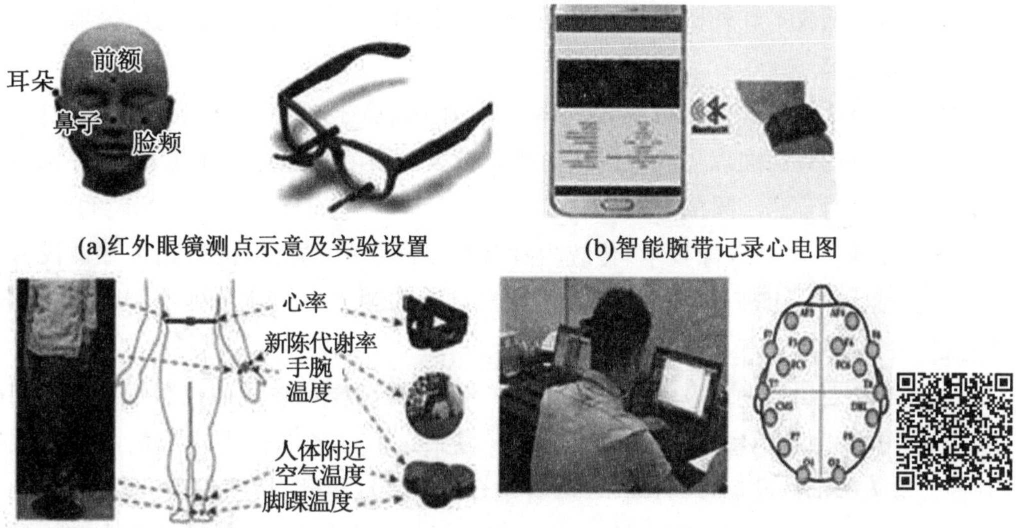

(a)红外眼镜测点示意及实验设置　(b)智能腕带记录心电图

(c)半侵入式心率、皮肤温度、腕部温度、新陈代谢率　(d)半侵入式脑电波测量

图2.10　典型半接触式测量技术[32,33]

(2)基于半接触测量技术的室温调控方法。

近几年,物联网与穿戴感知技术迅速发展并在诸多领域应用,利用智能手环在线感知人体热感觉并实现室温智能调控,为解决上述问题提供了新思路和新方法。

Li等将可穿戴设备用于收集人体生理数据,并构建了智能手机应用框架,以动态确定恒温器设定点。Li等收集了手腕皮肤温度和心率数据,以使用智能腕带预测人体热感觉,并开发了线性算法来确定室温设定点。Deng等开发了一种HVAC控制系统,用于使用从腕带收集的皮肤温度和心率自动调节室温设定点,并通过在多人办公室的实验和数值模拟,验证了开发的控制系统。李威提出了一种基于人体热感觉穿戴传感的室温优化调控方法,以监测用户生理参数并预测实时热感觉,将热感觉添加到室内环境控制回路中优化室温设定值,通过调整算法对室温设定值进行优化调控。

2. 基于非接触式测量技术的方法[33,34]

近年来,人工智能领域的计算机视觉视频图像处理技术的发展突飞猛进,通过给建筑装上"眼睛",为室内人员相关信息如人员的定位、在室情况、冷热状态等的实时非接触监测提供了保障。基于视频/图像处理来实现非接触测量的技术,可以避免可穿戴设备的异物感及对正常工作生活的干扰。目前常用的技术有红外传感技术、欧拉视频放大技术和骨骼关键节点模型。

(1)红外传感技术。

红外传感技术是实时测量人体皮肤温度的有效方法之一。红外摄像头可以获取人员面部皮肤温度。皮肤电位、手部皮肤温度、皮肤阻力、心率和呼吸频率也可以通过红外成像技术进行分析。市场上出现了低成本和小型化的红外摄像头,例如智能手机上的热成像相机。由于低成本红外探测器冷却不够充分,精度不高,因此研究人员提出了一种动态偏移校正技术。

清华大学团队使用红外相机测量人体额头、眼睛、鼻子、脸颊和耳朵的皮肤温度,比较了多种数据驱动算法在以皮肤温度作为输入参数时预测热感觉的性能表现,并探讨了不同的测点数量对预测结果的影响。

Aryal 等比较了红外成像技术、传统生理和环境测量技术及半接触式可穿戴设备的精度,研究结果表明,生理传感器与环境传感器结合的测量方式比单独使用环境传感器的精度高 3% ~ 4%。

对于人员相对运动的问题,Aryal 等提出了将 RGB 图像和热成像仪数据结合使用的方法。利用 RGB 图像中检测到的人脸特征区域来定位红外图像中对应的人脸皮肤区域,从而提取人脸的皮肤温度。Kopaczka 等结合人脸特征检测、情感识别、面孔正面化和分析的算法对红外人脸图像进行进一步的处理。同时,运动员在室外跑步和在室内健身的红外图像也可以被拍摄分析。尽管上述研究结果显示其热感觉预测准确度为 65% ~ 85%,但是在热成像中还未研究噪声的处理,因此算法和模型的鲁棒性需要进一步验证。

将热成像仪、深度传感器、彩色摄像头集成到一个平台中,采集得到的皮肤和服装温度可用于热舒适评估。该平台的建立体现了 3 个原则:低成本(约 300 美元)、小型化、实时监控。以此为基础,相关研究人员提出利用机器学习算法生成预测热舒适模型,并进行了数据分析。为了克服人员姿态和动作的影响,研究中使用了一种由低成本热成像仪和 RGB-D 传感器组成的设备。但当用户存在动态姿势和运动时,红外成像技术在热舒适和热感觉预测方面的准确度将受到影响。此外,红外成像技术收集视频/图像数据还涉及隐私的问题。

被动式红外探测器(Passive Infra Red detector,PIR)是被广泛用于监控的廉价传感器之一,其具有体积小、功耗低、灵敏度高、探测范围大等优点。与主动式红外探测器不同,它不依靠发射辐射能量来探测物体的存在,而是通过检测物体发射或反射的红外辐射来工作。

人体发出的辐射能量与其他有温度的物体不同,前者主要集中在 9~10 μm 的波长内。被动式红外探测器能够吸收这种人类肉眼看不到的红外线,适用于室内人员定位。

PIR 传感器为暖通空调设备(如家用空调)提供与人员信息有关的电信号。这种方式不仅提高了人员热舒适,而且节省了能源。如今,部分空调产品已经可以做到根据人的行为调整运行模式,例如空调在 30 min 内没有检测到人体运动的信号将自动关闭。但智能调节的方式也有其自身的局限,例如 PIR 传感器无法识别静止的人体。为了解决这个问题,PIR 传感器常常和其他技术配合使用。例如将微波和 PIR 相结合,2 个传感器分别负责不同的任务,只有 2 个传感器同时触发才可以激活报警信号。除了控制背景空调系统外,PIR 传感器还可以与个体微环境控制系统相结合,从而克服个体差异性。

（2）欧拉视频放大技术。

欧拉视频放大技术是一种细微视觉运动放大技术，广泛应用于观察视频中特定区域的形态及特征。该技术的原理是利用拉格朗日法将测量到的视觉运动与一组视频图像中经过修正的像素相结合，实现人肉眼察觉不到的细微运动和颜色变化的检测。与拉格朗日法不同，欧拉视频放大技术的处理过程并不跟踪物体运动，而是依赖于视频金字塔和放大的时间序列处理相结合，通过给定某像素处颜色值的时间序列，放大特定时间范围内的变化。该技术可以用于结构检测，如检测心率、脉搏、肤色、血液的细微变化等。

来自瑞典于默奥大学和美国弗吉尼亚理工大学的2个课题组将欧拉视频放大技术应用于人体皮肤温度测量，通过测量皮肤温度反映人体热舒适状态，并向暖通空调系统的控制模块发送反馈信号。

Cheng等基于血管和皮肤颜色的细微变化，建立了皮肤颜色饱和度和皮肤温度的关系，提出了一种为暖通空调系统提供反馈信号的非接触式人体皮肤温度测量技术。随着血管的扩张或收缩，人体皮肤颜色会发生细微的变化，尤其是在局部热刺激下产生的变化更为明显。虽然肉眼无法察觉该变化，但是经过图像放大处理后这种变化可以被捕捉。

研究人员提出了一个使用商用相机和RBG视频图像技术的热舒适评估方案。在实验条件下，采用2种不同的热条件（高温30 ℃和低温20 ℃）刺激使用计算机的工作人员。摄像头可以连续捕捉工作人员的头部和面部皮肤的图像，检测出血流量的细微变化，推断人体体温和热舒适的调节机制。人脸检测、皮肤像素分离、图像放大和检测指标计算等技术可以提取视频中人体的热舒适信息。结果表明，利用人体体温调节机制（血液灌注度变化）和欧拉视频放大算法对不同环境温度下的RBG视频图像进行分析，可以推断人体热舒适状态。

用户（尤其是办公人员）可以使用这种非接触式平台，使用常用视频设备与个人计算机进行交互，不仅可以实现非接触式、实时、个性化的热舒适测量，还能为建筑能源管理系统提供反馈信号。然而，上述实验要求受试者在测量时保持静止，仅存在最小化呼吸作用的变化。

Jung等提出了利用远距离记录的面部RBG视频图像提取光电容积脉搏波描记法（Photo Plethysmo Graphic，PPG）信号细微变化的方法，在分离出感兴趣的区域后，将独立量分析和最小均方自适应滤波算法集成到一个框架中，并且在保留PPG信号幅度的同时，可以消除不想要的和带内伪影的信息的影响。此外，他们还研究了使用多普勒雷达感应系统来显示呼吸频率变化时热舒适的可行性。

（3）骨骼关键节点模型。

Toshev等提出了一种结合卷积神经网络的骨骼关键节点模型。该模型可以识别动态的人体，远距离捕捉人员定位信息。骨骼节点模型的应用范围更广，系统扩展性更强。

开源软件 OpenPose 通过学习图像特征和图像相关空间模型实现了单人或多人的人体姿态估计,并得到较高的准确度。这使得利用普通数码摄像头来评估热舒适/热不舒适相关姿态成为可能。基于 Kinect 检测,Meiei 等定义了 4 种热相关姿态。除了人体生理参数,热相关姿态也可与热舒适建立关系。通过建立热相关姿态库,两者之间的关系将进一步得到验证。

Yang 等基于 369 名受试者的问卷调研建立了 12 种人体姿态与热评价之间的关系,并开发了新算法实现视频图像的姿态识别。手机或计算机摄像头结合骨骼节点模型进行数据采集的技术,与针对静止人群的欧拉视频放大技术不同,它还可以高精度远程采集动态人体节点。

(4)基于非接触式毫米波雷达技术。

毫米波一般指的是频域在 30~300 GHz 之间的电磁波,该类电磁波频率极高,波长可以达到毫米级别,其传播的波形趋近于直线。毫米波雷达能够在复杂多变的环境中正常工作,如在光线条件不足、环境中烟尘较大等视线不良的环境中仍能保持较好的检测能力。与目标检测相关的研究表明,毫米波雷达可准确记录检测对象位置、生命体征、行为(手势和动作)、数目等信息,同时具备低成本、小型化、易用、可维护等特性。在室内人员定位和跟踪方面,毫米波雷达对人体的检测局限于外部轮廓,与摄像头视频采集技术相比,可以保护人员隐私。在生命体征检测方面,它可以通过检测心跳和呼吸信号实时了解室内人员的行为状态。在人机交互方面,不影响人员正常工作的前提下,它通过采集动作手势信号可以控制暖通空调系统。

毫米波雷达在暖通空调领域的按需通风和个性化微环境控制方面有较好的前景。在物联网领域的研究表明,传感器融合系统为楼宇自动化等系统提供了强有力的数据支撑。毫米波雷达可以提供高精度、高实时性的远距离测距信息,但其虚警率高、目标定位精度低等缺点也较为明显。摄像机可以提供比雷达更加规范的空间信息,因此可以作为视觉传感器弥补毫米波雷达的不足,同时毫米波雷达也可以弥补摄像机测距精度不足的缺点。

2.4.2 基于信息技术的热舒适研究案例

目前,室内外极端场景(酷暑或严寒)下的人体热保障需求愈发受到关注,因此个性化环境控制系统(Personal Control System,PCS)的使用场景也不再局限于常规的室内环境。清华大学朱颖心教授课题组在微气候室模拟实际的座席和站席观赛场景,在低温实验舱(-15~-5 ℃)的一侧搭建了可容纳 4 名受试者的看台和站席,另一侧布置了投影屏幕,实验期间播放滑雪比赛视频供受试者观看[35]。

1. 实验工况设计

实验设置 3 个温度工况:工况一(-5 ℃)、工况二(-10.6 ℃)和工况三(-13.8 ℃),

分别为过去 10 年(2011—2020 年)冬残奥会和冬奥会赛时同期平均气温,以及该低温环境舱所能达到的最低温度工况。实验舱内受试者所处位置的平均风速设定为 0.9 m/s。

2. 受试者及着装

共招募 8 名身心健康的男性受试者,年龄范围为(23.0±2.8)岁,身体质量指数范围为(21.5±0.8)kg/m^2。要求受试者在实验前至少 12 h 内不接触酒精、咖啡因或进行剧烈的体力活动,实验期间保持静坐或站立。实验中受试者身着统一的成套服装,使用暖体假人对成套服装测试的总热阻为 2.21 clo。

3. 实验流程

对于-13.8 ℃的环境温度工况,针对观赛区座席和站席 2 种观赛场景分别设置局部加热工况。座席工况中,采用与座席相结合的电加热坐垫、可穿戴的电加热手套和自发热鞋垫对人体进行局部加热。站席工况中,采用与站席相结合的电加热靠背和电加热扶手、可穿戴的自发热鞋垫对人体进行局部加热,实验期间受试者可自行调节加热功率,以满足不同部位的取暖需求。

每种工况的正式实验时长为 1 h,分别在正式实验开始后的第 20 min、40 min、60 min 收集受试者的主观热评价,包括全身热感觉 OTSV、局部热感觉 LTSV、全身热舒适 OTCV、局部热舒适 LTCV、热接受率 TAR 和局部热期望。

4. 实验结果

在低温环境舱受试者实验中,受试者在不同温度条件下各自经历了 1 h 的冷暴露。图 2.11 所示为无加热措施时不同冷暴露强度下受试者的整体热评价。可见,随着冷暴露时间的增加,无论是整体的还是局部的主观热评价都显示出明显的降低趋势。实验中服装热阻为 2.21 clo 时能满足受试者头部、躯干、手臂等部位的热舒适需求,但在肢端部位(手部、脚部)和下肢仍存在强烈的冷感和不舒适感。其中,手部和脚部的局部热评价在冷暴露期间的下降最为显著。

针对观赛场景中的座席和站席两种情况,采用了不同的热舒适改善方案,以满足在冷暴露期间手部、脚部和躯干的加热需求,消除冷感和不适感。在座席工况下,手套加热的需求功率为 12 W,而坐垫加热的需求功率为 69 W,同时鞋垫的表面温度需要维持在 45 ℃。而在站席情况下,采用了靠背加热和扶手加热方案。靠背加热的需求功率为 82 W,扶手加热的需求功率为 55 W,鞋垫的表面温度同样需要保持在 45 ℃。图 2.12 和图 2.13 所示分别为对照组与座席和站席局部加热的局部热评价对比。可见,局部加热后,各部位的局部热感觉 LTSV 和局部热舒适 LTCV 都保持在-1 以上,即在不同观赛条件下,观众的手部、脚部和躯干能够保持在舒适的温度范围内,从而提升观赛体验。

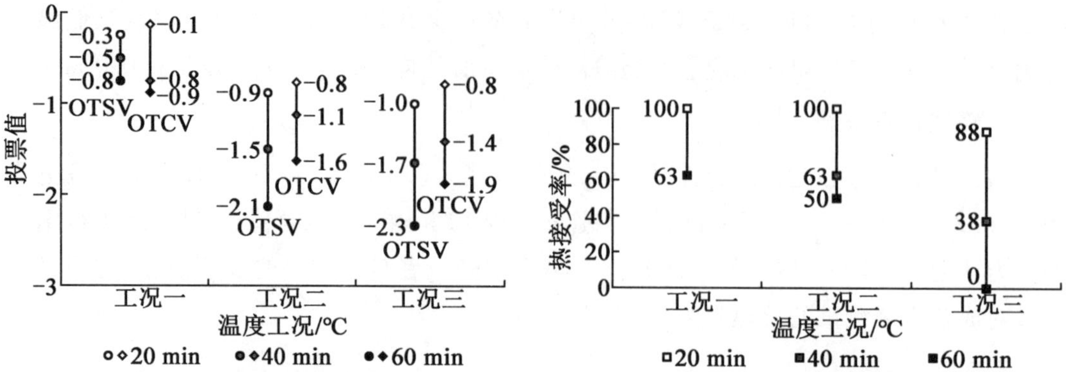

(a)全身热感觉及全身热舒适　　(b)热接受率

图 2.11　无加热措施时不同冷暴露强度下受试者的整体热评价[35]

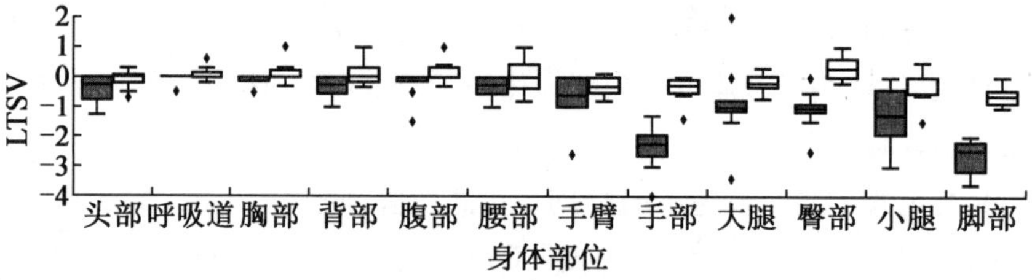

(a)局部热感觉

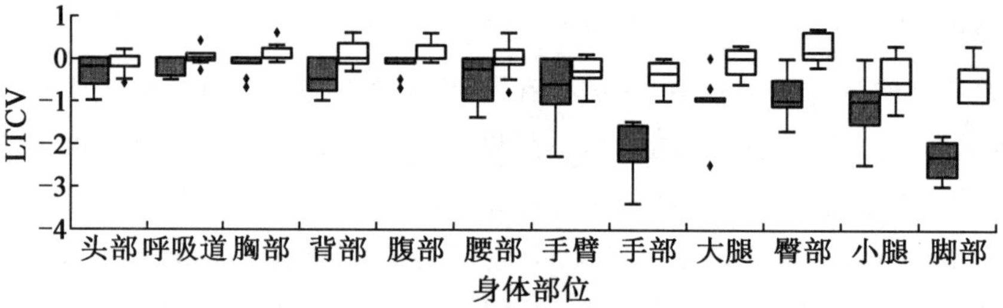

(b)局部热舒适

图 2.12　对照组与座席局部加热的局部热评价对比[35]

通过在模拟观赛场景下开展真人受试者实验，得到了观赛人群在低温冷暴露下的热舒适特征和身体各部位的改善需求，揭示了人体长时间低温暴露下的热生理指标变化特征，并研究了人员坐姿、站姿状态下，采用手部、脚部、腰部等部位的局部加热对热舒适的改善效果，为雪上运动场馆的观赛热舒适改善方案设计提供了依据。

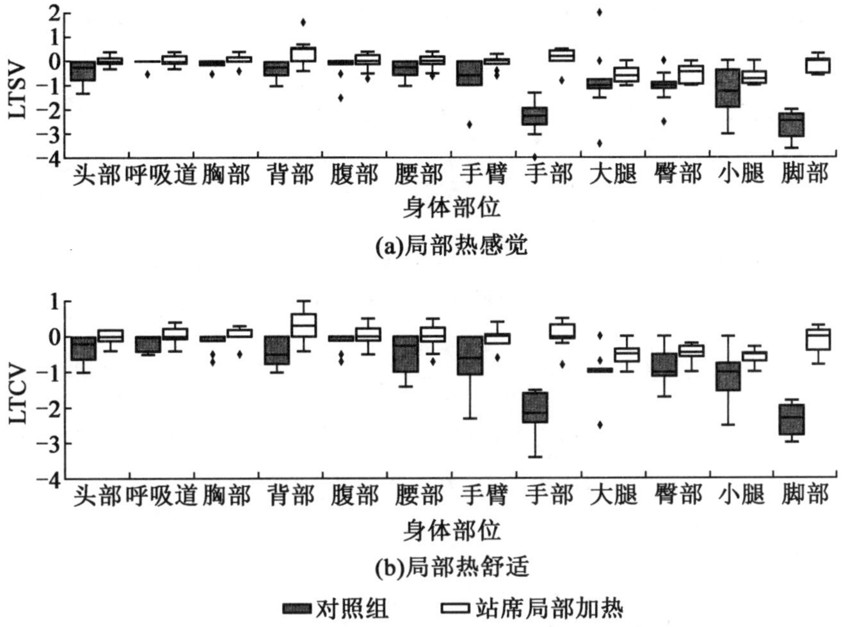

图 2.13　对照组与站席局部加热的局部热评价对比[35]

2.5　热舒适理论及稳态均匀热环境评价

2.5.1　热舒适方程和 PMV-PPD 指标[36]

1. 人体热平衡方程

人体靠摄取食物获得能量来维持生命,食物通过人体新陈代谢被分解氧化,同时释放出能量。其中一部分直接以热能形式维持体温恒定并散发到体外,其他为肌体所利用的能量,最终也都转化为热能散发到体外。人体为维持正常的体温,必须使产热和散热保持平衡。如果将人看作一个系统,则人与环境的热交换同样遵循热力学第一定律。因此,可以用热平衡方程来描述人与环境的热交换,即

$$S=M-W-R-C-E \tag{2.2}$$

式中　S——人体蓄热率,W/m^2;

M——人体新陈代谢率,W/m^2;

W——人体所做的机械功,W/m^2;

R——着装人体外表面与环境的辐射换热量,W/m^2;

C——着装人体外表面与环境的对流换热量,W/m^2;

E——皮肤表面水分扩散蒸发、汗液蒸发及呼吸所造成的散热量,W/m^2。

在稳定的环境条件下,式(2.2)中的人体蓄热率 $S=0$,这时人体能够保持能量平衡。

否则,人的体温就会随着蓄热量的正负而升高或降低,人就会感到热或者冷。若 $S=0$,则式(2.2)可写成

$$M-W-R-C-E=0 \tag{2.3}$$

也可写成

$$M-W-E=R+C$$

令

$$H=M-W=(1-\eta)M$$

$$K=R+C$$

$$E=E_d+E_{sw}+E_{re}+C_{re}$$

有

$$H-E_d-E_{sw}-E_{re}-C_{re}\doteq K=R+C \tag{2.4}$$

式中 H——人体净得热,W/m²;

η——人体机械效率,%,见式(2.5);

E_d——人体皮肤表面水分扩散蒸发散热量,W/m²;

E_{sw}——人体汗液蒸发热损失,W/m²;

E_{re}——人体呼吸潜热散热量,W/m²;

C_{re}——人体呼吸显热散热量,W/m²。

$$\eta=\frac{W}{M} \tag{2.5}$$

式(2.4)的物理意义是:人体内的净得热 H 减去皮肤表面散热量(E_d+E_{sw})、呼吸道散热($E_{re}+C_{re}$)等于服装传热量的总和 K;而服装的传热量 K 等于辐射散热量 R 和对流散热量 C 之和,这里假设皮肤表面散热量(E_d+E_{sw})仅发生在皮肤表面。下面讨论式(2.4)中各项的物理意义及确定方法。

(1)人体新陈代谢率。

肌体通过分解自身的成分(其来源是外界环境所提供的食物)释放能量以维持人体热平衡,故新陈代谢是热平衡方程中的主要得热项。生物学家按人体活动所需要的 O_2 量和排出的 CO_2 量来确定人体产生的热量。ASHRAE Standard 55—2013 和 ISO Standard 7730—2005 标准中给出了一些典型活动强度下的新陈代谢率。对于一般的人体活动,机械效率 η 可以取零。

(2)人体散热量。

人体散热量主要由辐射、对流和导热 3 种显热散热方式和蒸发构成。其中辐射散热量约占总散热量的 40%,对流散热量约占总散热量的 40%。对流散热量大部分是通过皮肤表面散发的,部分通过衣服表面散发到环境中。人体辐射散热和对流散热均可正可负。

通过水分蒸发散热是人体调节体温的有效手段。蒸发散热约占总散热量的 20%。

其由两部分组成：一部分是呼吸造成的蒸发热损失，另一部分是皮肤蒸发水分造成的蒸发热损失，其中呼吸造成的蒸发热损失远远小于皮肤蒸发水分造成的蒸发热损失。

①皮肤表面水分扩散蒸发散热量 E_d。

人体的一部分热量通过皮肤表面直接蒸发到空气中去，这种情况称为隐形出汗，也称为皮肤扩散，所造成的潜热损失用 E_d 表示，见式(2.6)。皮肤扩散潜热损失 E_d 大约为人体新陈代谢率的 5%。

$$E_d = 3.054(0.256t_{sk} - 3.37 - p_a) \tag{2.6}$$

式中　p_a——环境空气中水蒸气分压力，kPa；

t_{sk}——人体平均皮肤温度，℃。

1937 年，Pierce 研究所的 Gagge 引用了描述人体排汗时身体状况的皮肤湿润度的概念，其定义为皮肤实际蒸发散热量 E_{sk} 与在同一环境中皮肤完全湿润而可能产生的最大散热量 E_{max} 之比 w，即

$$w = E_{sk}/E_{max} \tag{2.7}$$

$$E_{max} = \frac{p_{sk} - p_a}{I_{e,cl} + 1/(f_{cl}h_e)} = h'_e(p_{sk} - p_a) \tag{2.8}$$

$$p_{sk} = 0.256t_{sk} - 3.335 \tag{2.9}$$

$$E_{sk} = E_{sw} + E_d = wE_{max} \tag{2.10}$$

$$E_d = 0.06E_{max} \tag{2.11}$$

式中　$I_{e,cl}$——服装的潜热换热热阻，clo；

h_e——着装人体表面即服装表面的对流质交换系数，W/(m^2 · kPa)；

t_{sk}——皮肤表面平均温度，℃；

E_{sw}——汗液蒸发热损失，W/m^2；

p_{sk}——皮肤表面的水蒸气分压力，kPa；

p_a——环境空气的水蒸气分压力，kPa。

丹麦技术大学的 Fanger(1967)根据 Nevins 的实验研究结果得出了如下回归公式，即

$$t_{sk} = 35.7 - 0.0275H \tag{2.12}$$

$$E_{sw} = 0.42(H - 58.15) \tag{2.13}$$

将式(2.7)~式(2.13)联立求解，可得到热舒适条件下的皮肤湿润度 w 为

$$w = \frac{M - W - 58.15}{46h_e[5.733 - 0.007(M - W) - p_a]} + 0.06 \tag{2.14}$$

皮肤湿润度的数值为 0.06~1.0。当人体处于舒适状态时，对应热舒适的汗液蒸发量，其皮肤湿润度为 0.06；而当人体完全被汗液湿透时，对应的皮肤湿润度为 1.0。如果皮肤湿润度值太高，将会引起不舒适。Nishi 和 Gagge(1977)给出了会引起不舒适的皮肤湿润度的上限，即

$$w<0.0012M+0.15 \tag{2.15}$$

皮肤湿润度相当于湿皮肤表面积所占人体皮肤表面积的比例。皮肤湿润度的增加被感受为皮肤的“黏着性”增加，从而增加了热不舒适感。潮湿的环境令人感到不舒适的主要原因就是皮肤的“黏着性”增加了。高温高湿会使人感觉不舒适，因为相对湿度的增加将导致皮肤湿润度的增加，人体不舒适感也将随之增加。

②呼吸潜热散热量 E_{re}。

由呼吸排出的气体比环境气体含有更多的热量和水分，因此呼吸导致潜在的热损失 E_{re}，其计算公式为

$$E_{re}=0.0173M(5.867-p_a) \tag{2.16}$$

③呼吸显热散热量 C_{re}。

呼吸不仅从人体带走水分造成潜热损失，同时由于环境空气的温度与人体温度不一致，吸入的空气经呼吸道被加热，也会造成显热损失，其计算公式为

$$C_{re}=0.0014M(34-t_a) \tag{2.17}$$

④由皮肤表面到服装外表面的传热损失 K。

通过服装从皮肤表面到服装外表面的显热传递是相当复杂的，在人体与服装之间、服装与服装之间、服装纤维之间的空隙内都含有空气层，服装织物本身有热阻。因此，该传热过程是包含了导热、对流和辐射 3 种传热方式在内的复杂过程。为了反映服装的这一综合特性，这里将用到服装的基本热阻 I_{cl}(clo) 的概念，I_{cl} 包含了上述提到的各种空气层及纤维本身的热阻。这样通过服装的传热量 K 可用下式表示为

$$K=(t_{sk}-t_{cl})/0.155I_{cl} \tag{2.18}$$

式中　t_{cl}——着装人体服装外表面平均温度，℃；

I_{cl}——服装基本热阻，clo。

⑤辐射热损失 R。

人体与环境壁面的辐射换热已在传热学中介绍。辐射热损失 R 可用下式表示为

$$R=3.9\times10^{-8}f_{cl}(T_{cl}^4-T_{mrt}^4) \tag{2.19}$$

式中　f_{cl}——着装人体表面与裸体体表面积之比，见式(2.20)；

T_{cl}——着装人体服装外表面平均温度，K；

T_{mrt}——环境的平均辐射温度，K。

$$f_{cl}=\frac{A_{cl}}{A_D} \tag{2.20}$$

式中　A_{cl}——人体着装后的实际表面积，m^2；

A_D——人体裸身的表面积，m^2。

⑥对流热损失 C。

人体与环境的对流热交换 C 可用牛顿换热公式计算，即

$$C=f_{cl}h_c(t_{cl}-t_a) \tag{2.21}$$

$$h_c=\begin{cases}2.38(t_{cl}-t_a)^{0.25}\\12.1\sqrt{v}\end{cases} \tag{2.22}$$

式中　h_c——对流换热系数，W/(m^2·℃)，取式(2.22)中的最大值；

v——空气流速，m/s。

(3)人体热平衡方程。

将式(2.6)和式(2.16)~式(2.21)代入式(2.4)，可得到人体热平衡方程式：

$$M(1-\eta)-3.054(0.256t_{sk}-3.37-p_a)-E_{sw}-0.0173M(5.867-p_a)-0.0014M(34-t_a)=$$

$$\frac{t_{sk}-t_{cl}}{0.155I_{cl}}=3.9\times10^{-8}f_{cl}(T_{cl}^4-T_{mrt}^4)+f_{cl}h_c(t_{cl}-t_a) \tag{2.23}$$

满足此热平衡方程式意味着人体的产热量等于散热量，即蓄热量 $S=0$，于是体温不会升高或降低，人体可以处于较好的生存状态。但这并不表明满足此方程式的各种条件的任意组合就都可以评价为热舒适条件。

2. 热舒适方程

ASHRAE Standard 55—2013 中热舒适的定义为：对热环境表示满意的意识状态，热舒适需要人的主观评价。即人体通过自身的热平衡和感觉到的环境状况，并综合起来获得是否舒适的感觉。舒适的感觉是人在生理和心理上对热环境都感到满意的意识状态。

人在某一环境中感到热舒适的第一个条件是人体必须处于热平衡状态。人体为了维持恒定的体温，就必须满足人体热平衡方程式中蓄热量 $S=0$。否则，人体将蓄热或失热，体温将升高或下降，这种状态肯定是远离热舒适的。因此热舒适的第一个前提条件就是没有蓄热的热平衡，这样人体热平衡方程式可整理为

$$f(M,I_{cl},t_a,t_{mrt},p_a,v,t_{sk},E_{sw})=0 \tag{2.24}$$

由于人体自身的热调节系统是相当有效的，通过水分蒸发散热等人体调节体温的有效手段，人可以在上述 8 个变量的较广范围内维持 $S=0$，但这时可能远离热舒适。即人体处于热平衡状态只是满足人体热舒适的必要条件，而不是充分条件。

从式(2.24)也可以看出，对于活动量及着装一定的人，在一定热环境中，可以造成一定的生理反应，以维持热平衡。而这一反应主要通过皮肤温度 t_{sk} 和汗液蒸发热损失 E_{sw} 的适当组合来实现，即保持一定的皮肤温度及出汗量。因此 Fanger 进一步认为，如果人处于热舒适状态下，那么人体表面的平均温度 t_{sk} 及人体实际的汗液蒸发热损失 E_{sw} 应保持在一个较小的范围内，并且两者都是新陈代谢率 M 的函数。即热舒适的第二个前提条件就是皮肤平均温度应具有与舒适相适应的水平；第三个前提条件是人体应具有最佳的排汗率。用公式表示为

$$a<t_{sk}<b \tag{2.25}$$

$$c<E_{sw}<d \tag{2.26}$$

式中,a,b,c,d 分别为皮肤平均温度 t_{sk} 和汗液蒸发热损失 E_{sw} 的界限值。上述两式只适用于稳态热环境。

将式(2.12)和式(2.13)代入式(2.23),即可得到著名的热舒适方程式(Fanger,1967):

$$M(1-\eta)-3.054(5.765-0.007H-p_a)-0.42(H-58.15)-$$
$$0.0173M(5.867-p_a)-0.0014M(34-t_a)=$$
$$\frac{35.7-0.0275H-t_{cl}}{0.155I_{cl}}=3.9\times10^{-8}f_{cl}(T_{cl}^4-T_{mrt}^4)+f_{cl}h_c(t_{cl}-t_a) \tag{2.27}$$

由式(2.27)左侧等号两边的两项可得出 t_{cl} 的计算公式,见式(2.28)。由式(2.27)右侧等号两边的两项可得出式(2.29)。

$$t_{cl}=35.7-0.0275H-0.155I_{cl}[M(1-\eta)-3.054(5.765-0.007H-p_a)-$$
$$0.42(H-58.15)-0.0173M(5.867-p_a)-0.0014M(34-t_a)] \tag{2.28}$$

$$t_{cl}=35.7-0.0275H-0.155I_{cl}[3.9\times10^{-8}f_{cl}(T_{cl}^4-T_{mrt}^4)+f_{cl}h_c(t_{cl}-t_a)] \tag{2.29}$$

式中 t_{cl}——着装人体表面平均温度,$t_{cl}=T_{cl}-273.15$,℃;

h_c——对流换热系数,W/(m^2 · ℃),见式(2.22);

H——人体净得热, W/m^2,$H=M(1-\eta)$;

M——人体新陈代谢率, W/m^2;

η——人的机械效率,%;

I_{cl}——服装的基本热阻,clo;

f_{cl}——服装的面积系数,%,见式(2.20);

v——空气流速, m/s;

t_a——空气温度,℃;

p_a——空气水蒸气分压力,kPa,见式(2.30);

t_{mrt}——环境的平均辐射温度,$t_{mrt}=T_{mrt}-273.15$,℃。

$$p_a=\varphi_a\times\exp[16.6536-4030.183/(t_a+235)] \tag{2.30}$$

式中 φ_a——相对湿度,%。

式(2.24)可以简化为

$$f(M,I_{cl},t_a,t_{mrt},p_a,v)=0 \tag{2.31}$$

式(2.31)说明热舒适方程式中有两类变量:环境变量和个人变量。当人的活动量 M 和着装情况 I_{cl} 一定时,可以通过环境变量空气温度 t_a、平均辐射温度 t_{mrt}、空气水蒸气分压力 p_a 和空气流速 v 的合理组合得到一个热舒适环境。即热舒适方程反映了人体处于热平衡状态时,影响人体热感觉的变量 M,I_{cl},t_a,t_{mrt},p_a 和 v 之间的定量关系。

3. PMV-PPD 指标

Fanger 的热舒适方程只给出了创造热舒适环境的变量组合形式,不能预测在任意微气候环境下的人体热感觉。能否根据上述6个变量 $M, I_{cl}, t_a, t_{mrt}, p_a$ 和 v 对人体热感觉进行预测呢？为此必须建立用热感觉标度表示的人体热感觉和以上6个变量之间的联系。当满足热舒适方程时，人们希望大多数人的平均热感觉投票值为零，即热中性。如何从热舒适方程推导出用物理量表示的人体热感觉投票值呢？

人体能够通过血管收缩或舒张、汗液分泌或发抖等进行自身调节，在较大的环境变化范围内维持热平衡。偏离热舒适条件越远，不舒适程度越大，环境给人体的调节机能造成的负荷就越重。因此，假设在一定活动量下的人体热感觉是人体热负荷的函数。人体热负荷的定义是：在一定活动量下，为了保持皮肤平均温度 t_{sk} 及皮肤蒸发散热量 E_{sw} 在舒适范围内，人体内的产热与对环境的散热之差值，记作 L(W/m²)。根据定义，单位人体表面积的热负荷可以用数学公式表达为[36]

$$L=M(1-\eta)-3.054(5.765-0.007H-p_a)-0.42(H-58.15)-0.0173M(5.867-p_a)-0.0014M(34-t_a)-3.9\times10^{-8}f_{cl}(T_{cl}^4-T_{mrt}^4)-f_{cl}h_c(t_{cl}-t_a) \tag{2.32}$$

由式(2.32)可以看到，若 $L=0$，则满足热舒适条件，此时的式(2.32)就是热舒适方程(2.27)。在热舒适条件下，人体热负荷应该为零。否则，人体会通过改变皮肤平均温度和出汗散热以维持人体热平衡。因此，热负荷是作用于人体的生理应力。而一定活动水平的人体热感觉应与这种应力有关。故假设在一定活动量下的人体热感觉是人体热负荷与活动量的函数，即

$$Y=f(L,M) \tag{2.33}$$

1970年，Fanger对McNall等在堪萨斯州立大学所进行的实验得出的4种新陈代谢率下的热感觉数据进行曲线回归分析，得到曲线方程(2.34)[36]：

$$Y=(0.303e^{-0.036M}+0.0275)L \tag{2.34}$$

将式(2.32)代入式(2.34)中的 L 项，得到了至今被广泛使用的热舒适评价指标——预测平均投票值(PMV)，其计算过程见式(2.35)[36]。

$$\mathrm{PMV}=(0.303e^{-0.036M}+0.0275)[M(1-\eta)-3.054(5.765-0.007H-p_a)-0.42(H-58.15)-0.0173M(5.867-p_a)-0.0014M(34-t_a)-3.9\times10^{-8}f_{cl}(T_{cl}^4-T_{mrt}^4)-f_{cl}h_c(t_{cl}-t_a)] \tag{2.35}$$

早期的ASHRAE热感觉7级标度的数值从冷到热依次为1~7，PMV指标值在此基础上减4，变成了−3~+3的指标值，以0代表热中性（即热舒适），小于0的指标值表示冷感觉，大于0的指标值对应于热感觉。随后ASHRAE热感觉7级标度的数值也改为−3~+3的指标值，以0代表热中性（即热舒适）。

PMV指标与有效温度等环境指标有所不同，它给出的指标值不是某种当量温度值，而是以ASHRAE热感觉分级法确定的人群对热环境的平均投票值。PMV包括了人体新陈代谢率 M、服装热阻 I_{cl}、空气温度 t_a、空气流速 v、环境平均辐射温度 t_{mrt} 和空气水蒸气

分压力 p_a 在内的综合指标,即该指标综合了个人变量和环境变量共6个影响人体热舒适的因素,是迄今为止最全面的评价热环境的指标,显然它的适用范围更广。

PMV 指标代表了同一环境下绝大多数人的热感觉,即用 PMV 指标可以预测一定变量组合环境下的人体热感觉。但还不能完善地评价热环境,或者说,难以确切地说明某一特定的 PMV 值究竟意味着什么。例如,当 PMV 为-0.3 时,介于中性和稍凉之间,这样的环境能接受吗?由于 PMV 指标是对 1 396 名美国受试者通过实验得出的平均热感觉投票值,如果每个人的热感觉没有差别,即人体是"平均人",则上述热环境是可以接受的,且人人都感觉舒适,对其所处的热环境都无抱怨。但事实上,每个人都是不同的个体,人的热感觉是有差别的。即使一群人处于同样的热环境条件下,其热感觉也有所不同。人们会更关注对热环境感到不满意的人群,因为他们会对热环境抱怨。因此,给出一个对热环境感到不满意的百分数指标似乎更有实际意义。对热环境不满意的定义为热感觉投票值为-2,-3,+2,+3 的人。通过统计分析,Fanger 又提出了预测不满意百分数 PPD 指标,见式(2.36)[36]:

$$PPD=100-95e^{-(0.033\,53PMV^4+0.217\,9PMV^2)} \tag{2.36}$$

图 2.14 给出了 PMV 与 PPD 的关系曲线。由图 2.14 可见,当 PMV=0 时,PPD=5%。这说明即使室内热环境处于热中性状态,仍然有 5%的人感到不满意。即不可能创造一个让所有的人都感到满意的环境。因此,ISO Standard 7730—2005 标准推荐以 PPD≤10%作为设计依据,即允许有 10%的人对热环境感觉不满意,此时对应的 PMV 为-0.5~+0.5。

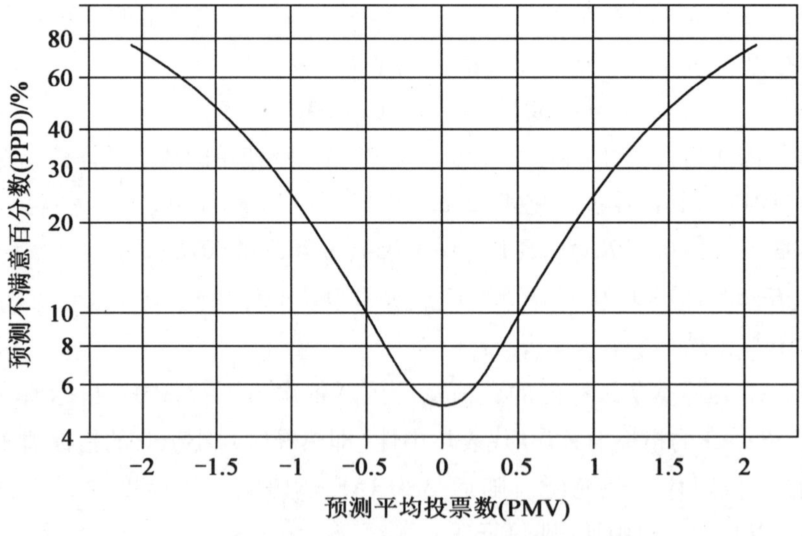

图 2.14 PMV 与 PPD 的关系曲线[36]

PMV-PPD 指标是在热舒适方程的基础上,通过对大量的美国及丹麦受试者的热感觉进行统计分析建立起来的一种环境评价指标,由于有大量的实验数据作为支撑,因此得到了世界的公认。1984 年,ISO Standard 7730 中引入了 PMV 和 PPD 指标对热环境进行描述和评价。2004 年,ASHRAE Standard 55 中也开始引用该指标评价热环境舒适性。

Fanger 还对影响人体热舒适的其他因素,如年龄、性别、种族和健康水平等,做了进一步的研究,Fanger 将他对 128 名丹麦大学生进行的实验结果与 Nevins 等对 1 600 名美国大学生进行的实验结果相比较,并没有发现两个种族之间具有显著的热反应差别。Fanger 对 128 名丹麦大学生(平均年龄 23 岁)和 128 名老年人(平均年龄 68 岁)进行了暴露于同样环境条件下的人体热感觉实验。不同年龄段的受试者中男性和女性都各占 50%。实验结果表明,人体热舒适不受上述因素影响,但有些学者对此表示怀疑。

需要注意的是,$-2.0<\text{PMV}<+2.0$ 是比较可信的,如果超出此范围,必须谨慎使用,尤其在 $\text{PMV}>2.0$ 的热区域,由于蒸发散热量的增加,可能有明显的误差。

用 PMV 指标可以对稳态、均匀的室内热环境的热舒适性进行预测和评价;根据 M,I_{cl} 和 t_{mrt},确定适宜的 t_a,p_a 和 v;之后用热舒适传感器进行空调房间的室内环境控制。丹麦技术大学热阻实验室依据 Fanger 的热舒适理论已经研制出热舒适仪,可以测定环境的物理参数并计算 PMV 和 PPD 值,使用这一仪器可使环境检测和评价大为方便。

2.5.2　有效温度和 ASHRAE 舒适区

1. 有效温度

在美国的人工环境实验室,Houghten 和 Yaglou 做了大量实验研究,以确定不同温度、湿度组合的舒适状况,并于 1923 年提出了有效温度(ET)。由于该指标具有大量的实验根据,因此得到了普遍的认可。1967 年以前,美国 ASHRAE 一直推荐使用有效温度作为热环境评价指标。

有效温度是指干球温度、湿度和空气流速对人体热感觉影响的一个综合数值,该数值等效于产生相同热感觉的静止饱和空气的温度。ET 的另一个定义是:在相对湿度为 100%的假想封闭环境中起相同作用的温度,人在此环境中与在实际环境中一样,在相同的皮肤温度和皮肤湿度条件下,通过辐射、对流和蒸发方式与环境进行同等数量的热交换[37]。

有效温度是在实验室用真人对热环境进行主观评价得到的指标,并将相同有效温度的点作为等舒适线系绘制在湿空气焓湿图上或绘成诺模图的形式。诺模图中涉及 3 个变量,即干球温度、湿球温度和空气流速。诺模图给出了两种温标形式,基本温标适用于半裸体的人,标准温标适用于穿轻薄衣服的人。

1972 年,Ellis 等给出了标准温标下的修正有效温度的诺模图,如图 2.15 所示。在该图上画一条线,将干、湿球温度连接起来,例如,干球温度为 25 ℃、湿球温度为 20 ℃,二者的连线与空气流速的交点所对应的等效温度即为修正有效温度。由图 2.15 可知,当空气流速不同时,其修正有效温度具有不同的数值。如当干球温度为 25 ℃、湿球温度为

20 ℃、空气流速为 0.5 m/s 时,修正有效温度为 22 ℃;而当干球温度为 25 ℃、湿球温度为 20 ℃、空气流速为 0.1 m/s 时,修正有效温度为 22.8 ℃。

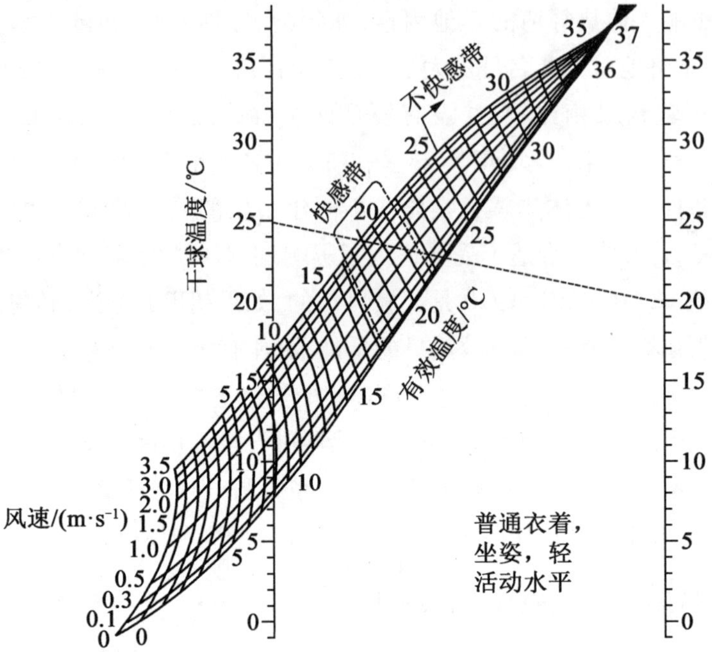

图 2.15　修正有效温度的诺模图

但这一有效温度过高地估计了湿度在低温下对冷感和热舒适的影响。因此,美国 ASHRAE 推荐用新有效温度(ET*)代替有效温度(ET)。

2. 新有效温度

1971 年,Gagge 等在皮肤湿润度的概念基础上提出了新有效温度(ET*)指标。该指标综合了温度和湿度对人体热舒适的影响,适用于穿标准服装和坐着工作的人群,并已为 ASHRAE Standard 55—1974 所采用。

ET* 的定义是:在相对湿度为 50%的假想封闭环境中起相同作用的温度,人在此环境中与在实际环境中一样,在相同的皮肤温度和皮肤湿润度条件下,通过辐射、对流和蒸发方式与环境进行同等数量的热交换[37]。

新有效温度是室内空气流速为 0.15 m/s 时,通过对身着 0.6 clo 服装、静坐的受试者的热感觉实验得到的。采用相对湿度为 50%时的空气温度作为与其冷热感相同环境的有效温度,即同样服装和活动的人在某环境中的冷热感与其在相对湿度为 50%的空气环境中的冷热感相同,则后者所处环境的空气干球温度就是前者的 ET*。该指标只适用于着装轻薄、活动量小、风速低的环境。

图 2.16 所示为 ASHRAE 在 1977 年版手册基础篇中给出的新有效温度图和 ASHRAE Standard 55—1974 的舒适区。图中斜画的一组虚线即为等效温度线,其数值是

在相对湿度为 50%的曲线上标注的。例如,通过空气温度为 25 ℃、相对湿度为 50%的两条曲线交点的虚线即为 25 ℃等效温度线。该线上每个点所表示的空气温度和相对湿度都不同,但给人的冷热感觉却相同,即都相当于空气温度为 25 ℃、相对湿度为 50%的感觉。

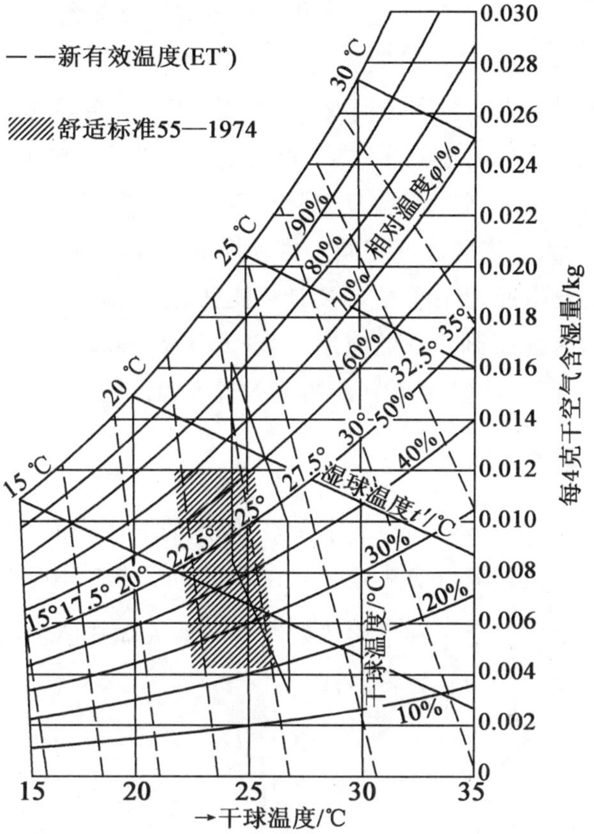

图 2.16　新有效温度和 ASHRAE 舒适区

图 2.16 中的菱形面积是在美国堪萨斯州立大学通过对 1 600 名受试者进行实验得到的舒适区,其适用于服装热阻为 0.6~0.8 clo 坐着的人,而 ASHRAE Standard 55—1974 舒适区适用于服装热阻为 0.8~1.0 clo 坐着但是活动量稍大的人。两个舒适区的重叠范围是推荐的室内设计条件,而 25 ℃等效温度线正通过重叠区的中心。

3. 标准有效温度

Gagge 又综合考虑了不同的活动水平和服装热阻的影响,对新有效温度做了进一步发展,提出了众所周知的标准有效温度(Standard Effective Temperature,SET)。该指标被称为合理的导出指标,因为它是由传热的物理过程分析得到的。而早期的有效温度指标是直接从主观评价得到的,属于由经验推导而得到的指标。

标准有效温度包含平均皮肤温度和皮肤湿润度,以便确定某个人的热状态。SET 的定义是:当受试者着标准服装处于相对湿度为 50%的空气环境中,与其处于空气温度等于平均辐射温度、相对湿度为50%、空气静止不动的假想环境具有相同的皮肤湿润度和皮肤温度时,与环境的换热量相同。这个假想的空气干球温度就是人所处的实际环境的标准有效温度(SET)[37]。

只要给定活动量、服装和空气流速,就可以在湿空气焓湿图上画出等标准有效温度线。对于坐着工作、穿轻薄服装和较低空气流速的标准状况,其SET就等于ET*。

标准有效温度值是个人变量和环境变量的函数,当一个穿轻薄服装的人坐在24 ℃、相对湿度为50%和较低空气流速的房间里,根据定义其是处于标准有效温度为24 ℃的环境中。如果他脱去衣服,标准有效温度就降至20 ℃,因为其皮肤温度与一个穿轻薄服装坐在20 ℃空气中的人的皮肤温度相同。尽管标准有效温度反映了人的热感觉,且是迄今为止最为全面的热指标,但由于它需要计算皮肤温度和皮肤湿润度,计算复杂,故在相当长的一段时间内未能得到广泛的应用。ASHRAE Standard 55—2013标准中推荐使用标准有效温度,为了便于计算,给出了标准有效温度的计算程序。

2.5.3 操作温度

操作温度(Operative Temperature)的定义是:假想的黑体表面均匀一致的温度,在该环境下人体与环境的对流和辐射换热量与其在真实的非均匀环境中的换热量一致。操作温度是综合考虑了空气温度 t_a 和平均辐射温度 $\overline{t_r}$ 对人体热感觉的影响而得出的合成温度。操作温度可由式(2.37)计算得出,即

$$t_o = \frac{h_c t_a + h_r \overline{t_r}}{h_c + h_r} \tag{2.37}$$

式中 t_o——操作温度,℃;

h_c——对流换热系数,W/(m^2·℃);

h_r——辐射换热系数,W/(m^2·℃)。

Missenard曾证明人在静止空气中辐射与对流换热系数之比为1:0.9,将这一结果代入式(2.37)中,可得出式(2.38),即

$$t_o = 0.47 t_a + 0.53 \overline{t_r} \tag{2.38}$$

式(2.38)说明:当空气静止时,辐射换热对人体的影响要大于对流换热对人体的影响。

当空气流动时,对流换热系数增加,对流换热对人体的影响加剧。当对流换热系数与辐射换热系数相等时,式(2.38)变成式(2.39),即

$$t_o = 0.5 t_a + 0.5 \overline{t_r} \tag{2.39}$$

在大多数情况下,室内空气流速都低于0.2 m/s或平均辐射温度与空气温度之差小于4 ℃。此时,操作温度可近似按照上式计算,即操作温度是空气温度和平均辐射温度的算术平均值[1]。

当计算精度要求较高或用于其他环境（如室内空气流速不低于 0.2 m/s 或平均辐射温度与空气温度之差不小于 4 ℃）时，操作温度可按照下式计算[1]，即

$$t_o = xt_a + (1-x)\overline{t_r} \tag{2.40}$$

式中　x——空气温度对人体热感觉影响的权重系数。

表 2.8 为较低风速下坐着的人体权重系数 x 的实验研究结果。可见，权重系数皆大于 0.5，说明空气温度比平均辐射温度对人体热感觉的影响更重要。当人体活动或空气流速加大时，对流放热系数增大，空气温度对人体热感觉的影响更为显著，即相应地减少了平均辐射温度的效应。

表 2.8　较低风速下坐着的人体权重系数 x 的实验研究结果

研究者	x	备注
Bedford(1936)	0.55	现场调查
Koch(1962)	0.58	实验室研究
McNall 和 Schlegel(1968)	0.54	实验室研究
McIntyre 和 Griffiths(1972)	0.59	实验室研究
Fanger(1972)	0.52	热舒适方程
McIntyre(1976)	0.56	主观温度

ASHRAE Standard 55—2013 中推荐：当空气流速 $v<0.2$ m/s 时，权重系数 $x=0.5$；当 $0.2\leqslant v\leqslant 0.6$ m/s 时，权重系数 $x=0.6$；当 $0.6<v<1.0$ m/s 时，权重系数 $x=0.7$。

2.6　热适应理论及自由运行建筑热环境评价

热适应概念的起源可以追溯到 19 世纪 60 年代，Webb 最先提出了热适应的概念。19 世纪 60 年代，Webb 在新加坡、巴格达、印度北部和伦敦北部开展了纵向现场研究，发现建筑的使用者似乎对于其经常暴露的平均空气温度感到最舒适，认为人们已经适应了他们经常暴露的室内气候。

1972 年，Nicol 和 Humphreys 提出：建筑的使用者和其经常暴露的室内气候构成了一个完整的自我调节反馈系统，当室内环境的变化使人感到热不舒适时，人们会通过主动的行为调节来维持其热舒适状态。这可以解释热适应原理。

20 世纪 70 年代末，Humphreys 提出了人体对室温的适应性假说，Auliciems 认为热适应性的驱动力既来自室内气候也来自室外气候。

1981 年，de Dear 采用现场调查方法进一步阐述了热适应理论，提出了适应性假说，包括生理适应（气候适应、体温调节设定点），行为适应（热平衡参数调节），心理适应（热

期望)，文化适应(习俗、技术等)。

随着近年来人们对全球气候变化的普遍关注，热适应理论已经被引入 ASHRAE Standard 55—2004 中，并被应用于实践中。

“适应性模型”的定义是[1]：室内设计温度或可接受的温度范围与室外气候参数相关的模型。“适应性模型”认为室内人员是建筑舒适“系统”中不可或缺的组成部分。

迄今为止，世界各地的研究者开展了大量的实际建筑环境热舒适现场调研。在现场研究中发现了人体实际热感觉与 PMV 预测结果存在偏差的现象，并提出了若干热适应模型以求合理解释出现偏差的原因。本节将主要介绍该领域具有代表性的 3 个模型。

2.6.1 Humphreys 的热适应模型(Adaptation Models)

Humphreys(1976)对 1975 年以前近 50 年中在世界各地所进行的 36 个现场调查结果进行总结，得出热中性温度与室内平均温度的回归方程，见式(2.41)，其相关系数为 0.96[2]。

$$t_n = 2.56 + 0.83t_a \tag{2.41}$$

式中 t_n——热中性温度，℃；

t_a——室内平均温度，℃。

式(2.41)表明，人们的热中性温度与室内平均温度有很强的相关性，故 Humphreys 认为这与人对室内微气候环境的行为调节和生理适应性有关。由此，Humphreys 提出了“适应性假说”(Adaptation Hypothesis)，即人们对环境温度的生理适应性会影响人体热中性温度。

人们对热环境的适应性很强，其中一组受试者的热中性温度为 17～32 ℃，远远超出了热舒适标准规定的温度范围。这可以由人的行为调节和生理适应性解释。因为这些现场调查主要是在办公室内进行的，人们在工作中并不穿标准服装，而是可以根据实际热环境状况随意增减衣服，其服装热阻的变化范围是 0.3～1.2 clo，相应的温度变化调节范围约为 6 ℃。

由于室内微气候环境经常会受室外气候条件的影响，尤其是在自然调节的建筑内的人们，其近期内的热经历应该与其在室外环境的热暴露情况及室内环境参数有关。Humphreys(1976)假设人们的热中性温度与室外气候条件有关，故对室内热环境能否控制的建筑物进行了对比分析，给出了热中性温度与室外月平均温度的回归方程。对于自由运行的建筑，如室内既不供暖也不供冷，则热中性温度与室外月平均温度之间有很高的相关性，其相关系数为 0.97，回归方程[2]为

$$t_n = 11.9 + 0.534t_w \tag{2.42}$$

式中 t_n——热中性温度，℃；

t_w——室外月平均温度，℃。

对于室内环境可控制的建筑，其热中性温度与室外平均温度的相关性不大，其相关

系数为 0.56。这说明自由运行建筑的室内微气候环境受到室外气候的影响较大，而可控制的建筑环境的室内微气候环境基本上不受室外气候的影响。式(2.42)进一步验证了 Humphreys 的“适应性假说”。

生活在自然环境中的人们的热中性温度与室外平均温度关系密切，这也进一步证明了人对气候的生理适应性和心理期望值。自由运行建筑内的人员预先知道不能进行温度控制，故对热环境的心理期望值不高，人们通过调节着衣量等方法来适应热环境，故可以接受的热中性温度范围很大，对热环境的热接受率高于可控制的建筑环境内的受试者。

Humphreys 指出，采用适应性方法很有可能研究出全球各地的热舒适新标准。新标准的制定将把气候和文化习俗考虑在内，以降低建筑能耗。适应性方法强调人与热环境之间存在动态热平衡，热环境变化对热舒适的影响可以被人体着衣量或活动量的改变抵消。相反，人体的这些行为调节的作用也会被对热环境的调节所抵消。建筑的设计和建造，甚至热舒适现场调查本身都包含在人们维持热舒适的过程中。

Humphreys 和 Nicol 认为建筑环境中人们进行主动调节的机会越多，人们对周围的环境就越容易适应。一般来说，在自然通风环境中，人们最常采取也是最为有效的行为调节手段，一是开窗通风或使用电风扇来改变气流速度，二是通过调整着衣量来改变服装热阻。

尽管人们可以通过行为调节如增减衣服尽可能地适应热环境，但并不意味着温度对热舒适的影响很小。当人们在室内穿着较厚的衣服时，尽管其热感觉可以达到中性，但人们因活动不便并不感到舒适。研究表明，生活在寒冷气候条件下的人们喜欢较高的温度；而在炎热条件下，人们更偏爱较低的温度。在过去的 20 年中，哈尔滨住宅的平均室温增加了 3.7 ℃。这反映了随着人们生活水平的提高，人们更趋向于在室内穿比较轻薄的服装。

Auliciems(1983)对 Humphreys 的回归结果进行了修改，将其中对小学生的现场调查数据用 1975 年后在澳大利亚的现场研究数据替代，得出了热中性温度与室内平均温度以及室外月平均温度的回归关系式，见式(2.43)：

$$t_n = 9.22 + 0.48t_a + 0.14t_w \tag{2.43}$$

式中　t_n——热中性温度，℃；

t_a——室内平均温度，℃；

t_w——室外月平均温度，℃。

Auliciems(1984)还重新分析了 Humphreys 的统计数据，给出了适用于办公建筑的热中性温度与室内平均温度的回归方程，见式(2.44)。

$$t_n = 5.41 + 0.73t_a \tag{2.44}$$

式中　t_n——热中性温度，℃；

t_a——室内平均温度，℃。

人体并不是一个只与环境进行热交换的“热机”，而是能随着气候、生活习惯、社会条件变化等主动适应环境。

Nicol 和 Auliciems(1993)提出的热适应模型,不仅考虑了人体与环境之间的热交换,而且注意到了人体为了适应环境以获得理想的热舒适而采取的一系列行为调节活动。提出了人们的基本行为调节方式可引起对人体产热的修正、散热的修正、对热环境的修正和不同环境的选择。人体与环境之间的动态平衡关系取决于人体适应环境调节行为的实现,而维持这种平衡关系的约束条件是气候、费用、生活习惯和社会需求。

Humphreys(1995)讨论了人们的行为调节,指出人们倾向于寻求舒适的条件,如遮阳或日照、迎风或避风,以及寻求调节他们的姿势、活动量和着衣量以获得舒适感。Humphreys 还进一步指出,当热环境可以预测时,人们更容易获得热舒适感。

2000 年,Humphreys 与 Nicol 在进一步分析了 ASHRAE RP-884 中的数据后,也给出了热适应模型,见式(2.45)。其形式与 de Dear 和 Brager 的模型一致,也是反映室内舒适温度与室外月平均温度的线性关系,只是模型的回归系数与前者有所区别。

$$t_{comf}=0.54t_{out,m}+13.5 \tag{2.45}$$

式中 t_{comf}——室内舒适温度(热中性温度),℃;

$t_{out,m}$——室外月平均温度,℃。

由于人们会通过行为调节等适应其所处的热环境,因此现场研究中得到的人对环境的适应温度范围远远大于实验室研究得到的热舒适温度范围。

2.6.2 de Dear 和 Brager 的热适应模型

de Dear 和 Brager(1998)认为,在建筑环境中人不再是给定热环境的被动接受者,人与环境是相互作用的,人是其中的主动参与者。“适应”是指在重复冷热刺激下人体反应的逐渐削弱。

de Dear 和 Brager(1998)将人对环境的适应性分为 3 种方式,即行为调节、生理适应和心理适应。人们可以通过这 3 种方式的反馈循环,在某种程度上减弱感觉到的热不舒适。

行为调节是人体有意识或无意识地调节人体产热和散热以保持人体热平衡。行为调节可以分为个人行为调节、技术调节和文化背景,如增减衣服属于个人行为调节,开空调属于技术调节,而午睡则属于个人的生活习惯,与文化背景有关。

生理适应是指由于人们暴露于热环境中而引起的生理反应的改变,并导致人体再次暴露于同一环境时,人体对热应力作用的反应程度逐渐降低。生理适应性可以分为两代的遗传因素和人一生对气候、水土的适应。

心理适应是指由于过去的热经历与对环境的期望值使人体热感受器所获得热感觉信息的改变和反应。因此,个人的热舒适点会偏离恒温器设定的温度值。较低的心理期望值会使人们对重复热暴露的热刺激的反应程度降低。

根据实验室实验中偏好温度的实验结果,生理适应的作用被否定,心理适应和行为调节的作用得到了证明。de Dear 和 Brager 认为，以往的热经历和对当前热环境的感知控制是形成热期望和心理适应的重要原因，但这只是基于定义解释，没提出热期望、感知控制和热经历的具体量化方法。

1998 年，ASHRAE 组织发起了世界各主要气候区的热舒适现场研究，de Dear 和 Brager 共收集了四大洲、160 栋建筑中 21 000 组数据，建立了热舒适数据库 ASHRAE RP－884，并在此基础上提出了热适应模型，将室内最优的舒适温度（中性温度）和室外月平均温度联系起来，得到线性回归公式为

$$t_{comf} = 0.31 t_{out,m} + 17.8 \tag{2.46}$$

式中　t_{comf}——室内最优舒适温度，℃；

$t_{out,m}$——室外月平均温度，℃。

在此基础上，模型还分别给出了 90%和 80%人群可以接受的舒适温度上下限，与之相对应的热感觉投票值分别为±0.5 和±0.85，如图 2.17 所示。

热适应模型可应用于建筑设计和室内环境控制标准的制定。在对室内环境进行设计或制定空调系统的运行策略时，可将利用建筑热环境模拟软件计算出的自然室温与通过热适应模型确定的舒适温度范围进行对比。若自然室温处于舒适温度范围内，则利用自然通风即可达到舒适要求，反之则需要使用空调系统。目前，该热适应模型已被 ASHRAE Standard 55—2004 标准所采用。

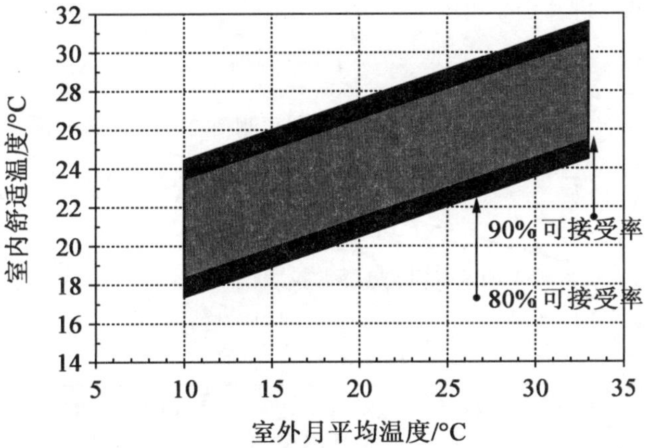

图 2.17　de Dear 和 Brager 的热适应模型中室内舒适温度（范围）与室外月平均温度的关系[38]

ASHRAE Standard 55—2004 中引入了“适应性设计方法”，鼓励自然通风建筑采用更加可持续的、高能效的、人居友好的设计方法。即对于自然通风建筑且开关窗户为主要调节方式、室内人员可根据室内外热环境自由增减服装的情况下，可根据室外月平均温度确定允许的室内操作温度范围。标准中给出的可接受度为 90%和 80%的温度范围宽度分别为 5 ℃和 7 ℃。这一方法正是源于 ASHRAE 发起的热舒适现场调查得到的全球数据库所建立的自然通风建筑的适应性热舒适模型。

2.6.3 Fanger 和 Toftum 的热适应模型

Fanger 于 2001 年汇总了国外研究者在曼谷、新加坡、雅典和布里斯班非空调建筑中的现场调查结果，如图 2.18 所示。研究发现，PMV 模型高估了人们在偏热环境下的热感觉，出现“剪刀差”现象：环境温度越高，人们的实际热感觉与 PMV 模型预测值的偏离就越大。当室内温度接近 32 ℃时，人们的实际热感觉投票为“稍暖”（+1）附近；而按照 PMV 预测模型计算得到的热感觉是“暖”（+2），已经明显超出了舒适范围，两者相差约 0.8。

对于非空调建筑偏热环境下 PMV 指标预测结果偏高的现象，Fanger 认为，主要是由于非空调建筑中人们对于环境的期望值较低造成的。在非空调环境下，人们认为自己注定要生活在偏热的环境中，因此对于环境的期望值不高；而空调建筑的使用者长期生活在接近中性的环境中，对环境的期望值较高。因此在相同的偏热环境中，与空调建筑人群相比，非空调建筑人群更容易感到满足，其热感觉投票值就会更低一些。

为了使 PMV 模型在非空调建筑中也能应用，Fanger 提出了 PMV 修正模型，引入了心理期望因子 e 的（Expectancy Factor）概念，并建立了适用于非空调偏热环境中的 PMVe 模型，即

$$\text{PMVe}=e\times\text{PMV} \tag{2.47}$$

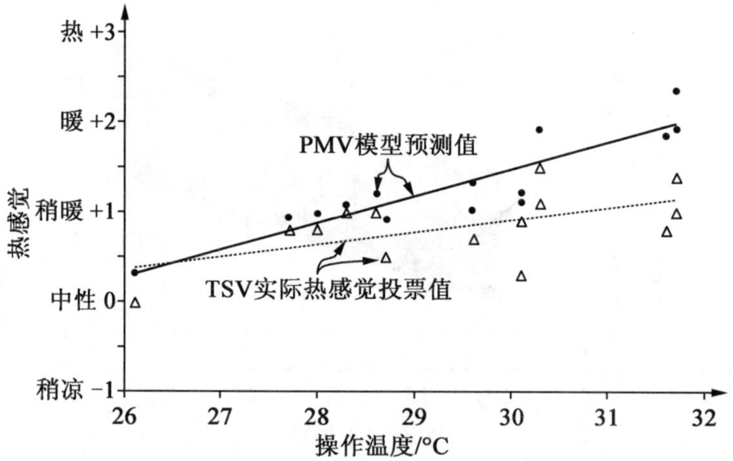

图 2.18　Fanger 对非空调建筑中的现场调查结果与预测值的比较[39]

期望因子 e 的范围为 0.5~1，具体取值由当地全年热天气的持续时间及自然通风建筑与空调建筑数量之比来确定。热天气持续时间较长、自然通风建筑较多的地区，人们更容易适应炎热的气候和自然通风环境，因此所对应的期望因子取值较低。偏热环境下无空调房间的期望因子见表 2.9。使用期望因子修正后，PMVe 修正模型的预测结果与热舒适实测结果的吻合程度有所提高，如图 2.19 所示。其他一些学者也通过对热气候下非空调建筑的现场调查数据进行分析比较，使该模型得到了部分验证。

表 2.9　偏热环境下无空调房间的期望因子[39]

期望值	炎热时段	空调普及程度	期望因子 e
高	夏季炎热,时间较短	空调建筑普及	0.9~1.0
中	夏季炎热	空调建筑有一定普及	0.7~0.9
低	全年炎热	空调建筑未普及	0.5~0.7

Fanger 和 Toftum 提出的热适应模型认为,热期望是解释 PMV 预测指标在预测非空调建筑的人体热感觉时出现偏差的原因,并通过实验研究否定了感知控制和生理习服的作用,认为行为调节的作用可完全由 PMV 预测模型解释。为了预测实际的热感觉,Fanger 等提出了期望因子,但期望因子的取值主观性较大。

综上所述,20 世纪 90 年代中期,ASHRAE 在世界主要气候区开展了热适应研究,共收集了四大洲、160 栋建筑中 21 000 组数据,并建立了热舒适数据库 ASHRAE RP-884,以期通过解释适应性热舒适模型来探索热适应理论的内在机理。

几年后,欧盟在欧洲的 5 个国家开展了 SCATs 项目,也开始了对适应性热舒适的研究。最终,在 ASHRAE Standard 55—2004 和 EN15251 两大标准中确立和认可了“适应性热舒适”的观点。

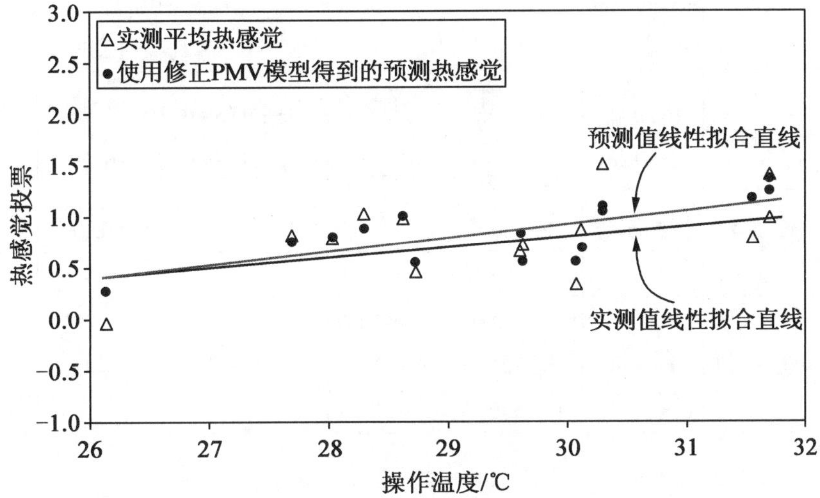

图 2.19　PMVe 修正模型的预测结果与热舒适实测结果比较[39]

2.6.4　其他热适应模型

随着调查的逐渐深入,越来越多的学者发现不同热环境中人体的热反应特征不同,尤其是自然通风环境与空调环境中热反应差别较大,出现了“剪刀差”现象。自然通风建筑与空调建筑相比,其热舒适温度范围更宽,这是因为在自然通风建筑环境中,室内人员被赋予了更多的控制机会,如开窗等。此外,对空调建筑的现场研究也发现,在有足够的适应机会的空调环境中,适应性热舒适理论同样适用。表 2. 10 为近年来国外典型的热舒适现场研究结果统计表。

表 2. 10 国外典型的热舒适现场研究结果统计表[27]

调查时间	调查地点	主要研究者	室内温度 / ℃	回归方程	中性温度 / ℃
1987—1988 年	美国	Schiller,Arens 等	范围 平均值 冬:17. 5~29. 8, 22. 8 夏:20. 7~29. 5, 23. 3	冬:MTS=0. 328ET* −7. 20 夏:MTS=0. 308ET* −7. 04	冬:ET* =22. 0 夏:ET* =22. 6
1993 年	澳大利亚	de Dear 和 Foutain	范围 平均值 干: 20. 1~25. 7, 23. 3 湿: 21. 3~37. 6, 23. 6	MTS=0. 522t_o−12. 67	干季:24. 4 湿季:24. 6
1994—1995 年	加拿大	Donnini 等	冬: 20. 3~36. 3	MTS=0. 493t_o−11. 69	t_o=23. 7
1993—1994 年	巴基斯坦	Nicol 等	13. 3~45. 9	T_c=0. 70t_g+7. 8	舒适温度: 21~31
1993—1996 年	欧洲	McCartney 等	—	T_{MR80}<10,T_c=22. 8 T_{MR80}>10, T_c=0. 302T_{MR80}+19. 39	—
1997 年	澳大利亚	Cena 和 de Dear	范围 平均值 冬:16~24. 5 22 夏:9. 1~30. 5, 23. 4	冬:MTS=0. 21t_o−4. 28 夏:MTS=0. 27t_o−6. 29	冬: 20. 3 夏: 23. 3
2003 年	新加坡	Wong	—	TC=0. 560 5MTS+0. 18	—
2003 年	新加坡	Wong	t_o:27~31. 9	—	28. 8
2004 年	印度尼西亚	Feriadi	范围 平均值 干季:26~32. 6, 29. 2 雨季:26. 2~32. 6,29. 8	MTS=0. 59t_o−17. 21	29. 2
2007 年	日本	Goto	20. 9~25	—	期望 SET* =26
2013 年	丹麦	Andersen	自然通风:14. 1~31. 2 机械通风: 9. 8~28. 8	—	—

注:①表中 ET* 为有效温度,SET* 为标准有效温度,t_o 为操作温度;②MTS 为平均热感觉投票,T_c 为热舒适温度,t_g 为黑球温度,TC 为热舒适投票,T_{MR80} 为指数权重室外平均温度。

由表 2. 10 的统计结果可以看出,不同气候区、不同季节人体的热舒适温度均有差异,这就为人体适应气候提供了有力证据。

上述热适应模型主要用于确定自然通风建筑室内舒适的温度范围。目前,热适应模型被世界各地很多学者所接受,逐渐成为热舒适领域的研究热点。但对于该模型仍然存在着一定的争议,主要集中在认为该模型目前的形式缺乏对于热适应机理的体现。

与稳态人体热平衡理论相比,热适应理论最大的特点在于其强调了人与建筑环境二者之间的交互性,而这种交互性是以多种形式、通过一系列复杂的反馈循环过程来实现的,其中主要包括心理期望、感知控制、行为调节,以及人体自身的生理习服过程等。然而,热适应模型中唯一的变量是室外温度,而对于已经被公认的对于人体热感觉有明显影响的室内环境因素(温度、风速等)及人体自身因素(着衣量、活动量等),模型中却没有体现。

此外,热适应模型仅给出了最优舒适温度与80%和90%人群可接受的温度范围,而对于在偏离中性状态较远的环境下的人体热感觉,该模型并没有给出预测评价方法,也使其应用受到一定的限制。

ASHRAE Standard 55 和 EN 15251 两大国际标准的制定分别是基于 RP-884 项目和 SCATs 项目的一系列热舒适现场调查数据,其中 RP-884 数据库中仅涵盖了极少数亚洲热带地区国家的调查结果,EN15251 则是针对欧洲国家的标准,两大数据库中均没有中国地区的调研数据。由于生活习惯、文化背景、经济水平等差异,不能直接照搬国外的热舒适标准,而应研究适用于我国不同气候区的热舒适和热适应标准。因此,近年来我国很多学者在不同气候区也开展了大量的热舒适现场调查,主要结果见表2.11。

表2.11 国内典型的热舒适现场研究统计结果[20-29, 41-46]

调研时间	调研地点	主要研究者	回归方程	中性温度/℃
1998年	北京	夏一哉,赵荣义等	$MTS=-8.068+0.319t_a$	夏季:25.3
1998年	香港	Mui, Chan	$t_n=0.158t_{out}+18.303$	夏季:23.7 冬季:21.2
2000年	哈尔滨	王昭俊	$MTS=0.302t_o-6.506$	冬季:21.5
2005—2006年	重庆	刘晶,李百战,姚润明	冬:$MTS=0.1637t_a-3.2089$ 夏:$MTS=0.2389t_a-6.1558$ $t_n=0.23t_{out}+16.9$	冬季:19.6 夏季:25.7
2006年	长沙	韩杰,张国强	$MTS=0.21t_o-2.93$	冬季:14
2008—2009年	西安	杨茜,杨柳	冬:$MTS==0.0644t_o-1.0942$ 夏:$MTS==0.1086t_o-2.9319$	冬季:17 夏季:27

续表 2.11

调研时间	调研地点	主要研究者	回归方程	中性温度/℃
2008—2009 年	北京	黄莉，朱颖心	MTS = 0.067 t_o − 1.224	18.4
2008—2009 年	广州	张宇峰等	春：MTS = 0.184SET − 4.654 夏：MTS = 0.196SET − 5.223 秋：MTS = 0.290SET − 7.376	25.4
2007—2009 年	北京	曹彬，朱颖心	冬：MTS = 0.134t_o − 2.75 夏：MTS = 0.176t_o − 4.73	冬季：20.7 夏季：26.8
2011 年	北京 上海	曹彬，朱颖心	北京：MTS = 0.201 9t_a − 4.435 2 上海：MTS = 0.163 9t_a − 3.406 6	北京冬季：22.0 上海冬季：20.9
2009—2010 年	哈尔滨	王昭俊 张琳	供暖开始前：MTS = 0.092t_a − 2.298 供暖期：MTS = 0.107t_a − 2.189	供暖开始前：25.1 供暖期：20.4
2011—2012 年	哈尔滨	王昭俊 李爱雪	冬季办公建筑：MTS = 0.275t_a − 5.423 冬季教室：MTS = 0.240t_a − 5.432 春季教室：MTS = 0.153t_a − 3.323	冬季办公建筑：19.7 冬季教室：22.6 春季教室：21.7
2011—2012 年	哈尔滨	王昭俊 绳晓会	MTS = 0.161t_o − 1.145	冬季：23.5
2013—2014 年	哈尔滨	王昭俊 任静、 张雪香等	MTS = 0.192 8t_a − 4.410 2 MTS = 0.228 6t_a − 4.817 0 MTS = 0.176 9t_a − 3.867 4 MTS = 0.156 6t_a − 3.021 6	22.9（住宅） 21.1（办公建筑） 21.9（宿舍） 19.3（教室）

注：①t_n 为热中性温度，t_o 为操作温度，t_a 为空气温度，SET 为标准有效温度，t_{out} 为室外空气温度，MTS 为平均热感觉；②最后一行为供暖中期的数据。

目前世界范围内热舒适和热适应现场研究主要集中在热带、亚热带和温带地区，而针对严寒和寒冷地区的研究相对较少。

近年来国内外的热舒适研究机构也在展开合作，2015 年悉尼大学 de Dear 教授和清华大学朱颖心教授主持了国际能源署 Annex 69 项目——低能耗建筑中适应性热舒适的策略与实践项目。该项目联合了包括美国加州大学伯克利分校、澳大利亚悉尼大学、我国清华大学和哈尔滨工业大学等十几个国家著名高校热舒适领域专家共同合作，开展了继美国 ASHRAE RP-884 和欧洲 SCATS 两大现场调查后的第三次全球性热适应现场调查，为深入揭示人体热适应机理、推动适应性热舒适模型的应用、制定建筑节能减排政策提供科学依据。本书作者带领的科研团队代表哈尔滨工业大学参与了该项目。

2.7　极端环境热暴露评价

极端热环境是指人体所处的极端高温或低温环境。这些环境可能具有潜在的危险，从而对人体产生强烈的刺激，称为热应力。对极端热环境的研究和评价涉及劳动安全和工作的可靠性。

2.7.1　极端环境对人体健康的影响

炎热的环境不仅会使人们中暑，而且还会引发其他疾病，如热昏厥、汗闭性热衰竭、缺盐性热衰竭等。

人体对热应力的响应之一就是血管扩张。血管扩张有可能使血液集中在下肢，并随之出现血压降低的情况，从而引起头昏或眩晕，医学上称为热昏厥。

当环境温度过高时，人体为了保持热平衡，排汗率就会增加。如果排汗量过大，而又不能及时地补充水分，就会感到极度干渴和疲劳，由此引发汗闭性热衰竭。当环境温度适中时，人可以不喝水而生存大约 7 d。但在炎热的环境中，人体每天的排汗量可达 1 L 以上，因此人体很快就会发生脱水现象。人体正常的失水量为每人每天 1.5 L。如果缺水 1.5 L，人就会感到口干；缺水 4 L，人就会感到非常干渴、口干舌燥和缺尿。缺水 5 L 以上，就会出现严重缺水；而当缺水大约 10 L 时，即缺水量为体重的 15%时，人就会死亡。

当人体排汗、排尿时，人体内的盐分也会随之排出体外。一般每人每天摄入的盐量约为 10 g，因此人体每天通过正常排汗、排尿而失去的盐分大约也为 10 g。当环境温度适宜时，人体通过汗液蒸发而失去的盐分约为 1 g/L，因此人体可以保持体内盐分平衡。而当环境温度过高时，人体的汗液含盐量可高达 4 g/L。当人体处于高温环境中从事剧烈运动时，就会失去大量的盐分，造成缺盐。其症状主要为极度疲劳、浑身乏力。常会引发肌肉麻痹、恶心和呕吐等，医学上称为缺盐性热衰竭。缺盐严重时可致残，但一般不会造成死亡，可以大量摄入含盐饮料。对于能较好适应炎热环境者，通过正常的饮食就可以补充人体所必需的盐分；而不适应炎热环境者若从事剧烈活动，每天大约要补充 10 g 盐。

与热应力相比，冷应力对人体健康造成的危害要小。因为低温环境缓慢地影响人体健康，而且人们更容易采取一些积极的措施防止过冷环境对人体的危害。如原始人使用火、掩蔽所为人们驱寒遮风，因纽特人用雪屋、动物皮毛抵御严寒。

但如果空气温度过低，人体的散热过多，就会破坏人体正常的生理平衡状态。如果人体比正常热平衡时多散热 87 W，则睡眠者会被冻醒，这时人体皮肤平均温度相当于下降了 2.8 ℃，人会感到不适，甚至会生病。当体温下降到 35 ℃以下，称为体温过低。在 32~35 ℃的温度范围内，人体通过打冷战增加体内产热量。当体温低于 32 ℃时，冷战停止，同时人体的呼吸和心率都将减弱。当体温下降到 28 ℃以下就会有严重心室纤颤并引发心率衰竭以致死亡。当体温下降到 20 ℃时,一般就不能复苏。当体温开始下降时,由于人会感到惊慌失措和疲惫不堪,最终导致新陈代谢率下降,人不能采取有效措施挽救自己,因此可能很快发生虚脱,失去知觉。研究表明,四肢剧烈冷却会降低神经的传导速度,以致削弱中枢神经系统的控制机能,从而加速身体的虚脱。一般体温过低常发生于老年人和婴儿。防止体温过低的最有效方法就是提高环境温度,增加衣服虽然也可以起到保暖、提高体温的作用,但不能从根本上解决问题,因为随着新陈代谢率的降低,服装的热阻会随之明显降低。

2.7.2 热应力指标

第二次世界大战期间,由于军事上的需要,一些学者对环境生理学进行了大量的研究,由此产生了评价过热、过冷环境的指标。热应力对减少战斗力的重要影响已被人们普遍接受。

建立热应力指标的目的在于把环境变量综合成一个单一的指数,以便定量表示热环境对人体的作用应力。前面介绍的热舒适指标旨在预测热感觉或热舒适,但在具有热失调危险的环境中,用感觉作为生理应变的指标往往是不够的。

应力指数应具有以下作用:具有相同指数值的不同环境条件作用于某个人所产生的热应变均相同。例如,A 和 B 是两个不同的环境,A 环境空气温度高但相对湿度低,B 环境空气温度低但相对湿度高;如果两个环境具有相同的热应力指数值,则对人应产生相同的热应变。

1. 预测 4 h 排汗量(P4SR)

第二次世界大战期间,英国皇家海军舰队上的热环境异常恶劣,引起了有关部门的高度重视,并开始对此进行调查研究。在此以前,英国海军一直沿用 CET 指标。1944 年,Bedford 提出 CET 的"可容忍的上限为 38.6 ℃"。随后的研究工作证实了 CET 有严重的缺陷,因为它未考虑新陈代谢率较高时及长时间的工作情况。

1947 年,McArdle 提出了预测 4 h 排汗量(Predicted Four Hour Sweat Rate,P4SR)。其研究是基于适应环境的受试者排汗量的测量。P4SR 是一个热应力指数,其值等于适应环境的健康年轻人暴露在热环境中 4 h 的排汗量。该指数综合了空气温度、平均辐射温度、空气流速、空气湿度、新陈代谢率及服装热阻等 6 个因素,是个实验性指标,可利用诺模图求出其指数值。

P4SR 可反映在某个 4 h 班次中所经历的应变,因此该指标最适用于进行持续工作的场合。用该指数可以确定在特殊工业或军事情况下的可容忍的应力强度。McArdle 等(1974)建议取 4.5 L 作为 P4SR 的值。在新加坡的研究表明,当 P4SR 值低于 4.5 L 时,没有一个适应环境的健康年轻人失去工作能力。但该指数不适用于非常炎热环境的评价。

由于该指数无解析式,只能用诺模图估算,费时费力,故难以将其推广应用于环境变量变化时的情况。

2. 热应力指数(HSI)

1955 年,美国匹兹堡大学的 Belding 和 Hatch 提出了热应力指数(Heat Stress Index, HSI)的概念。

HSI 是根据在给定的热环境中作用于人体的外部热应力、不同活动量下的新陈代谢产热率及环境蒸发率等的理论计算而提出的。HSI 广泛应用于实验室及热应力研究领域。它是建立在假定皮肤温度为 35 ℃的热交换理论模型基础上的一个导出指标,因此可以方便地用它来估算热环境变量发生变化时所产生的作用。该指数最初是以诺模图的形式给出的,只适用于裸体男子。

该指标反映了 8 h 暴露于 HSI 值范围内的情况。它假定对健康的工人无身体伤害的情况下,在 8 h 的工作日内平均每人的排汗量为 1.0 L/h。当已知环境的空气温度、空气湿度、气流速度和平均辐射温度以及人体新陈代谢率时,便可按相关线解图求出热应力指标。

Belding 和 Hatch(1955)给出了 HSI 的说明,见表 2.12。1963 年,Hatch 等对其进行了传热系数、着衣量等方面的修正。1972 年,Belding 给出了 HSI 的计算方法为

$$HSI = E_{req}/E_{max} \times 100 \tag{2.48}$$

式中　E_{req}——人体所需要的排汗率,W/m^2;

E_{max}——人体最大排汗率,W/m^2。

热应力指数与皮肤湿润度的概念相同,规定 E_{max} 的上限值为 390 W/m^2。

表 2.12　热应力指数的意义[2]

HSI 值	暴露 8 h 的生理和健康情况的描述
-20	轻度冷应变
0	没有热应变
10~30	轻度至中度的热应变。对体力工作几乎没有影响,但可能降低技术性工作的效率
40~60	严重的热应变,除非身体健壮,否则就会危及健康。需要适应环境的能力
70~90	非常严重的热应变。必须经体格检查以挑选工作人员。应保证摄入充足的水和盐分
100	适应环境的健康年轻人所能容忍的最大应变
>100	暴露时间受体内温度升高的限制

HSI 是一个简单从理论出发的导出指数,因此可以方便地用环境变量表示。其优点是便于估算任何环境变量变化时的影响,但 HSI 不适用于热应力很高的条件。

3. 湿球黑球温度(WBGT)

第二次世界大战期间,美国海军在军事训练中频繁发生热伤亡事故。为了减少热伤亡事故的发生,急需研究一个用来判断在热负荷较高时是否应对军事训练加以限制的指标,由此产生了湿球黑球温度(Wet-bulb Globe Temperature, WBGT)。WBGT 是表示人体

接触生产环境热强度的一个经验指数，又称为湿球黑球温度计指数。

1957 年，Yaglou 和 Minard 将修正后的 CET 用作热应力指数，由于 CET 的测量和计算比较烦琐，后来他们通过自然湿球温度 t_{nw}、空气温度 t_a、直径为 150 mm 的黑球温度 t_g 成功地导出了 CET 的近似值，即湿球黑球温度。其定义式为

$$WBGT = 0.7t_{nw} + 0.2t_a + 0.1t_g \tag{2.49}$$

1976 年，Gagge 和 Nishi 在低风速下直接测量了温度范围为 20~42 ℃的 42 种环境条件，并将实验结果回归成一条 WBGT 对于空气温度 t_a 和水蒸气分压力 p_a 的曲线，见式(2.50)，该式适用于空气流速 $v \leqslant 0.15$ m/s 的情况。

$$WBGT = 0.567t_a + 0.261p_a + 3.38 \tag{2.50}$$

在分析了热伤亡事故记录后，Yaglou 提出了 WBGT 最大值表，见表 2.13。当达到这些值时，不同训练小组应减少或停止训练。

表 2.13　超过表中的 WBGT，受限制的军事训练[2]

WBGT/℃	受限制的军事训练
27	第一星期新兵训练限制在每天 3 h，不做长途行军
29	暂停新兵训练，减少受过训练的人的训练；取消室外太阳底下的课程
31	停止所有体力训练活动
32.2	对适应环境的部队的活动加以限制，每天不超过 6 h

工业中已经广泛采用 WBGT 测量炎热工作环境，1972 年美国国家职业安全与健康研究所(NIOSH)建议热应力阈值采用 WBGT 作为热应力指数，并由下列公式计算而获得。

室内作业：

$$WBGT = 0.7t_{nw} + 0.3t_g \tag{2.51}$$

室外作业：

$$WBGT = 0.7t_{nw} + 0.2t_g + 0.1t_a \tag{2.52}$$

对上述参数的测量，一般站姿作业的测量高度为 1.5 m，坐姿作业为 1.1 m。如作业人员实际受热不均匀，应测量脚踝部、腹部和头部位置的参数。站姿时测量点距离地面垂直高度分别为 0.1 m，1.1 m 和 1.7 m 处；坐姿时测量点距离地面垂直高度分别为 0.1 m，0.6 m 和 1.1 m。WBGT 的平均值计算公式为

$$WBGT = \frac{WBGT_{头部} + 2 \times WBGT_{腹部} + WBGT_{脚踝}}{4} \tag{2.53}$$

在生产环境热强度变化较大的工作场所，或者因生产需要作业人员在车间内不同工作地点操作，且热强度不均匀时，应采用时间加权平均公式计算 WBGT，即

$$WBGT = \frac{(WBGT_1)t_1 + (WBGT_2)t_2 + \cdots + (WBGT_n)t_n}{t_1 + t_2 + \cdots + t_n} \tag{2.54}$$

式中　$WBGT_1$——第 1 个工作地点实测 WBGT；

$WBGT_2$——第 2 个工作地点实测 WBGT；

$WBGT_n$——第 n 个工作地点实测 WBGT；

$t_1, t_2, \cdots, t_n$——作业人员在第 1,2,…,n 个工作地点实际停留的时间。

为保证在极端热环境中人体的健康，人体的核心温度（直肠温度）通常不能高于 38 ℃。在此前提下，ISO Standard 7243—2017 给出了热环境中 WBGT 指数的参考值，见表 2.14。不同劳动与休息时间的 WBGT 参考值的曲线如图 2.20 所示。

表 2.14　ISO Standard 7243—2017 提供的 WBGT 指数的参考值

新陈代谢率 M /(W·m^{-2})	WBGT 参考值/℃			
	热适应人群		非热适应人群	
休息状态 M<65	33		32	
65<M<130	30		29	
130<M<200	28		26	
	无空气流动感	有空气流动感	无空气流动感	有空气流动感
200<M<260	25	26	22	23
M>260	23	25	18	20

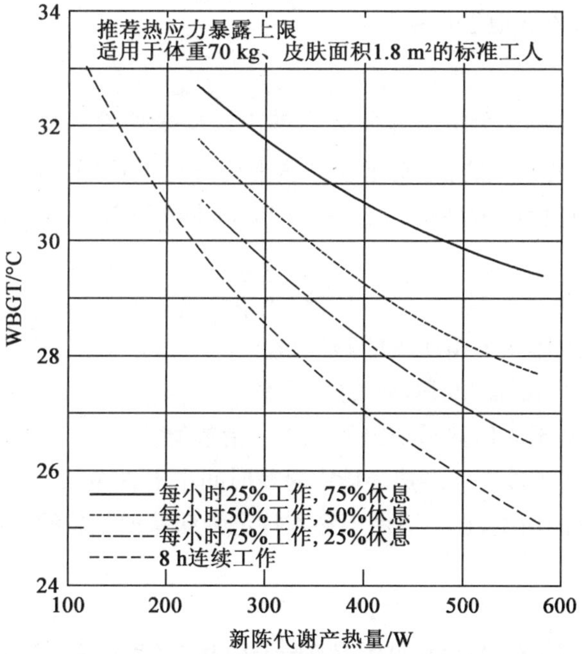

图 2.20　不同劳动与休息时间的 WBGT 参考值的曲线

表 2.15 为美国工业卫生协会(AIHA)推荐的以 WBGT 为单位的工业热暴露极限。

表 2.15 AIHA 推荐的以 WBGT 为单位的工业热暴露极限[2]

工作类别	平均 M /($W\cdot m^{-2}$)	在下列工作期间的最大 WBGT 参考值/℃				
		连续	3 h	2 h	1 h	0.5 h
轻(坐着)	65	32	34	36	38	42
中等(钳工)	130	30	32	33	35	38
重(间歇工作)	195	27	29	30	32	35

WBGT 指数的优点是简单、易于测量和有效地减少了美国军事训练中的热伤亡事故。但 WBGT 指标适用于穿着轻质、透汗性好的服装情况。该指标用于穿着劳动保护服装的人群和高辐射温度作用时有一定的局限性。

4. 热应力指标(ITS)

1963 年,吉沃尼提出了热应力指标(Index of Thermal Stress,ITS)。该指标综合了 P4SR 和 HSI 的优点,有解析表达式,便于计算。1976 年,吉沃尼又将其推广应用到较广的环境条件中。

ITS 用排汗量度量环境应力对人体的影响,该指数可在很宽的环境变量和服装变量组合范围内对排汗量较好地进行预测。

5. S_{req} 指数

S_{req} 指数是通过计算和分析人体所必需的出汗率来评价其所在的热环境。S_{req} 指数是由 HSI 和 ITS 等发展起来的,是基于人体热平衡方程计算得到的。国际标准组织推荐 S_{req} 指标作为热应力评价的合理指标之一(ISO Standard 7933—1989),计算公式为

$$S_{req}=\frac{E_{req}}{r_{req}} \tag{2.55}$$

式中 E_{req}——保持人体热平衡所需的蒸发量;

r_{req}——人体达到必需出汗率时的蒸发率。

表 2.16 给出了基于人体热适应差别的 S_{req} 指数值。

S_{req} 指数不适用于人体在极端热环境中暴露时间小于 30 min,或其他超出 ISO Standard 7933—1989 标准范围的情况,也不适用于穿着特定劳动保护服装的人群和高辐射温度作业情况。

表 2.16 ISO Standard 7933—1989 标准给出的 S_{req} 指数值

	非热适应人群		热适应人群	
	警告值	危险值	警告值	危险值
皮肤湿度最大极限值 w_{max}	0.85	0.85	1	1

续表 2.16

		非热适应人群		热适应人群	
		警告值	危险值	警告值	危险值
出汗率最大极限值	休息状态：$M<65\ W/m^2$ $S_{w_{max}}/(g\cdot h^{-1})$	260	390	520	780
	工作状态：$M>65\ W/m^2$ $S_{w_{max}}/(g\cdot h^{-1})$	520	650	780	1 040
	最大热储存量 $Q_{max}/(W\cdot h\cdot m^{-2})$	50	60	50	60
最大出汗量 D_{max}/g		2 600	3 250	3 900	5 200

6. 有效温度(ET)

有效温度是目前为止使用最广泛的热应力指标。当有效温度过低或过高时，机体不仅耗氧量增加，体温调节中枢也处于紧张状态。若长期处于紧张状态，则机体的神经系统、消化系统、呼吸系统和循环系统的功能以及机体抵抗力均将受到影响。世界卫生组织建议在轻度劳动、中等强度劳动和重体力劳动情况下的有效温度极限值分别为 30 ℃，28 ℃和 26.5 ℃。对于热适应人群，容忍极限可以分别增加 2 ℃。研究表明，在南非热湿的矿井中，当 ET 达到 27.7 ℃时，从事重度劳动强度的工人的生产率开始降低，这与在重度劳动强度工作时发生致命中暑的极限值大致相等。

2.7.3　风冷却指数(WCI)

在非常寒冷的气候中，影响人体热损失的主要因素是风速和空气温度。Siple 和 Passel(1945)提出了风冷却指数(Wind Chill Index，WCI)。该指数综合了空气温度和风速对人体热感觉的影响，表示皮肤温度为 33 ℃时某一皮肤表面的冷却速率，即[2]

$$WCI=(10.45+10\sqrt{v_a}-v_a)(33-t_a) \tag{2.56}$$

式中　v_a——风速，m/s；

t_a——环境空气温度，℃；

WCI——风冷却指数，kcal/($m^2\cdot h$)。

表 2.17 把风冷却指数与人体的生理效应联系起来。表中描述热感觉的词由 Siple 提出，适合于穿合适衣服的北极探险者，因此不能认为表中的“凉”与 ASHRAE 热感觉 7 级标度中的“凉”是一致的。

表 2.17　风冷却指数与人体的生理效应

风冷却指数/($kcal\cdot m^{-2}\cdot h^{-1}$)	生理效应	风冷却指数/($kcal\cdot m^{-2}\cdot h^{-1}$)	生理效应
200	愉快	1 200	剧冷
400	凉	1 400	肌肉冻僵

续表 2.17

风冷却指数/(kcal · m^{-2} · h^{-1})	生理效应	风冷却指数/(kcal · m^{-2} · h^{-1})	生理效应
800	冷	2 500	不能忍受
1 000	很冷		

因为服装的保温性越好,风速的作用就越小,所以用该指数预测着装人体的热损失有严重的缺陷。因为身体的关键表面就是暴露于空气中的表面,虽然风冷却指数不能令人满意地预测出人体总的冷却效应,但却能很好地预测裸露皮肤的冷却效应。所以,美国气象局用风冷却指数表示冬季气候条件的寒冷程度。

2.8　热湿环境对工作效率的影响

关于温度对工作效率的影响的研究是很困难的,因为人的工作效率与温度之间的关系不是直接的关系。相同的环境应力可能会提高某些工作的工作效率(Performance),但却会降低另一些工作的效率。而且对于不同的人,环境应力对工作效率的影响不仅可能数量不同,而且有时符号也会相反,从而使问题进一步复杂化。

2.8.1　引发热效应的机理

许多调查结果可以用激发(Arousal)的概念来解释。即环境温度会影响受试者的体温,体温又影响其激发,而激发又会影响工作效率。

激发与工作需要注意力集中的程度有关。在高激发水平,注意力的范围很窄;而在低激发水平,注意力的范围则很宽。不同的任务要求不同程度的注意力。对于每个任务,都有一个最佳的激发水平。低于或高于这个水平都会降低工作效率。大量研究结果表明,中等激发时工作效率最高,低激发会导致人不清醒,高激发将使人不能全神贯注地工作。

类似于对数学和电脑编程的要求,基于规则的逻辑思考的最佳激发水平很高,记忆和创新思考的最佳激发水平则较低。热环境影响激发水平,所以不同的热环境适宜不同的工作。不同人也有不同习惯的激发水平,并且对于给定的工作,为了追求最佳工作效率,不同人会要求不同的环境条件。噪声、强光和眩光会提高激发水平,所以就最终对工作效率的影响而言,噪声、强光和眩光与热环境相互影响。

由于必须处理视觉或听觉干扰信号,在提高激发水平并最终导致疲劳的同时,这项额外的工作负担降低了一般工作的效率,为了维持工作效率需付出更多努力。

在开放的、多人的办公室里,有许多分散注意力的因素,如(听觉)电话信号、(视觉和听觉)运动、(听觉)交谈。在这些情况下,涉及联想或连续思考的脑力工作几乎是不可能完成的。逻辑论证、解决数学问题、电脑编程以及写合乎逻辑、语法的散文都涉及连续思考,记忆、想象以及创新思考都涉及联想。一旦被干扰、打断,就可能需要几分钟甚至几个小时来恢复思路。在易分散注意力的环境下,人们更容易犯错,以致工作质量受到影响,并且工作效率会降低。由于开放式办公室降低生产效率而增加的费用,应与通过单位面积容纳更多的人所节省的费用,以及理论的、但未证实的团队合作水平的提高、更加密切的监督等好处相比较。开放式办公室会减少人的隐私,而缺少隐私会给某些人带来压力,进而会提高他们的激发水平。

在大部分工作时间,大多数办公人员都在使用电脑。使用电脑是一项很特别的工作,它需要对细节和很小的视觉符号予以密切的关注。因此,使用电脑的最佳激发水平很高。现代电脑反应很快,它们几乎时刻准备好来自用户的下一次输入。而对一些人来说,这本身就是一种压力因素。时刻盯着屏幕会导致眨眼频率的降低。因此,电脑使用者的眼睛会比在相同环境下做其他工作时更加干涩。所以,他们对空气中的颗粒物、空气污染、较低湿度、空气流速、温度梯度以及升高的空气温度更加敏感。除非他们和电脑有效地隔离开,否则在人与电脑之间通常会有静电荷,这可以将空气中的污染物集中在面部区域,并会增加眼睛的不舒适感和热敏感性。使用电脑迫使人们保持特殊(固定)的姿势,因此为了改变自身的姿势,电脑使用者比在相同环境下做其他工作的人要更受拘束。这会减少他们改变新陈代谢率的适应能力,所以他们的热敏感性增加。只要遵循程序员规定的协议规则,高效地使用电脑就只涉及基于规则的逻辑思考。因此,电脑工作者也有很高的最佳激发水平。在不适宜的环境条件下,他们很努力维持最佳激发水平,并更易疲劳。这些影响导致工作效率对热环境尤其敏感。

热刺激不同于噪声,因为其具有双向性。即热刺激能在冷热两个方向上增加刺激。假设热中性温度与最小激发相对应,此时热刺激对神经系统的感觉输入最小,但温暖似乎也可以减少激发,如温暖的环境会使人昏昏欲睡。因此,图 2.21 中的最小激发温度应稍高于热中性温度,只要温度偏离热中性温度都将使激发增大。过度激发会使人不舒服、焦虑不安和注意力不集中。

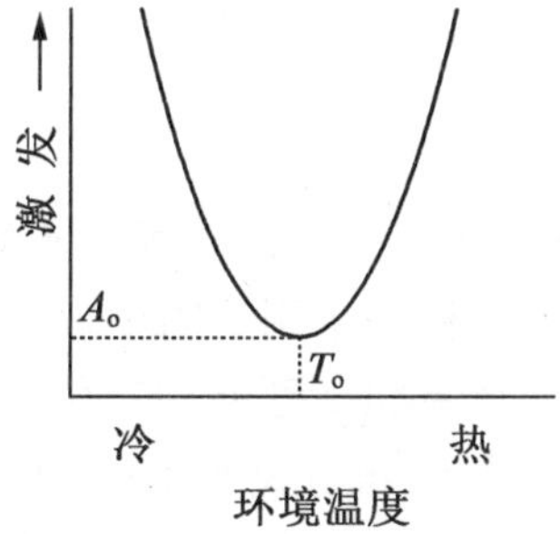

图 2.21　激发与温度的关系曲线[2]

由于目前尚无直接测量激发的方法,因此只能根据实验结果间接导出激发与温度的关系。Provins(1966)发现中等热应力会降低激发水平,而更高的热应力水平(如出汗临界值)会提高激发水平。没有相应的证据证明热中性以下的适度冷环境会提高激发水平。Wilkinson 等(1964)研究发现,低激发会降低警戒性工作的效能,而噪声等外界刺激则会提高其工作效率。在低激发松弛的精神状态下,人们有可能接收到意想不到的信息。高度激发可能使人高度集中精力关注其正在进行的主要工作,从而降低对其他信息的感知能力。Bursill(1958)让受试者在炎热环境中进行一项跟踪工作,同时还要对偶然出现的光信号做出反应。结果发现,在炎热环境中,受试者觉察外部信号的能力大大降低。这说明热应力对工作效率可能影响并不大,但却可以分散人的注意力,且会显著降低人对危险信号的反应能力。

2.8.2　温度对工作效率的影响

人们在实验室和现场对温度与工作效率之间的关系进行了大量的研究。图 2.22 和图 2.23 为简单工作和复杂工作的理论效能与温度的关系曲线。图中 T_o 为最小激发温度,其值接近、略高于热中性温度。对简单工作而言,最佳效率出现在最小激发的上方。一般复杂工作很难达到最大效率,只可能在最小激发强度时得到。工作越复杂,则效率随温度变化的程度越大。Griffiths 和 Boyce(1971)在实验中让受试者一边听 3 个 1 组数字一边跟踪移动点,并按要求用脚踏板做出反应。结果发现,工作效率是温度的灵敏函数,最大效率出现在接近热舒适温度水平处。

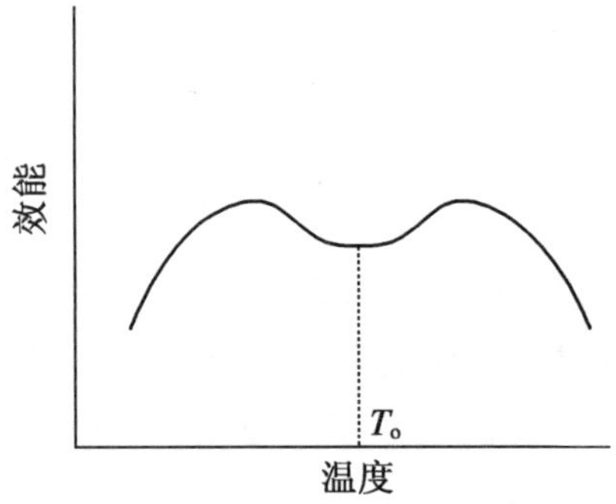

图 2.22　简单工作的理论效能与温度的关系曲线[2]

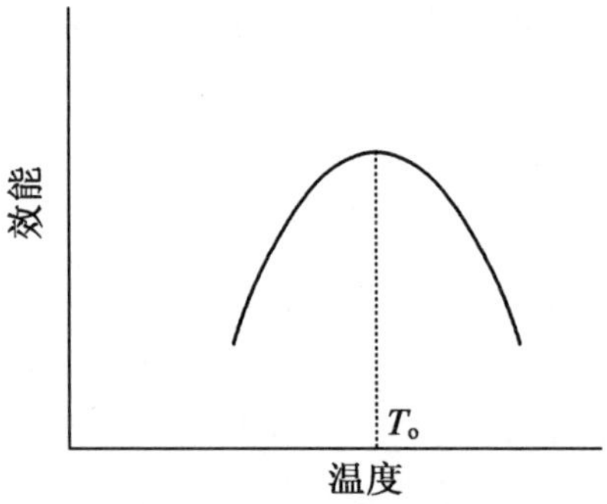

图 2.23　复杂工作的理论效能与温度的关系曲线[2]

1. 温度对体力工作的影响

人在过热或过冷环境中工作都会降低工作效率。图 2.24 为马口铁厂平均产量随季节变化的情况(Warner,1919)。室外温度采用反向坐标,以表明产量与温度之间的关系。可以认为,室外温度和室内温度变化相同。可见,平均产量随空气温度的提高而降低。

一般认为,高温高湿环境有利于棉麻纺织的生产,因为在此环境中纤维性能好且不容易断纱。但对工厂的调查发现,当相对湿度为 80%而空气温度超过 24 ℃时,棉麻纺织的总产量却降低了(Wyatt,1926)。同样,当湿球温度超过 23 ℃时,棉麻产量就会降低(Weston,1922)。因此,许多实验都表明在高温下会降低重体力劳动的效率。当温度偏离最佳值时,还会发生生产事故。

图 2.25 为第一次世界大战期间一个军火工厂中的事故发生率(Warner,1919)。在温带地区,工业事故发生率在 20 ℃时最低,并在低于 12 ℃或高于 24 ℃时增加 30%。在不利的工作条件下,工作效率下降导致事故增加,因此可以假定不利的工作条件致使工作效率下降。在这些研究中,中性热应力对男性有负面的影响,但对女性的影响小很多。

假定男性和女性完成相似的工作,冷环境对事故发生率的影响对于男性和女性是相似的。在以年轻成年人为受试者的实验室研究中,中等水平的热应力下,男性受试者比女性受试者在精神表现方面受到更多的负面影响(Wyon 等,1979)。

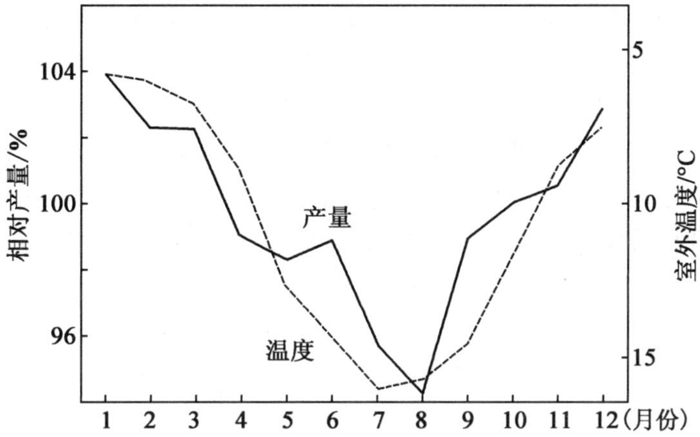

图 2.24　马口铁厂平均产量随季节变化的情况[2]

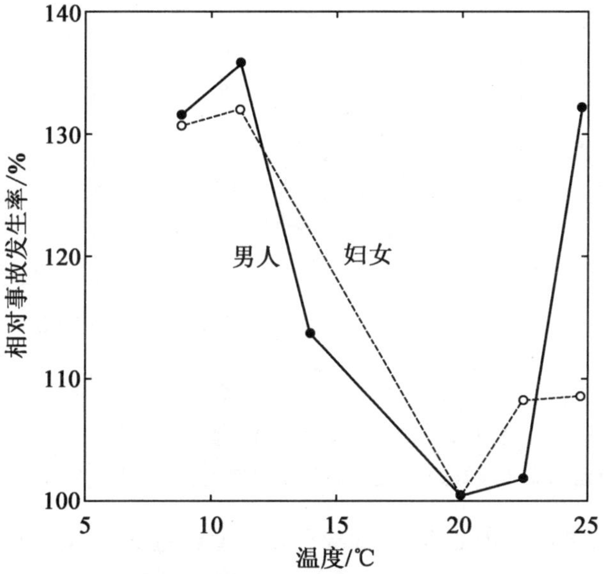

图 2.25　军火工厂中的事故发生率[2]

Vernon(1936)对 18 455 名英国煤矿工人的研究发现,事故次数一般随着第一班 6 h 内工作时间的增加而增加,并在 25 ℃时比在 18 ℃时增加更快,在 28 ℃时比在 25 ℃时增加更快。6 h 之后,由于要维持工作效率而承担的风险对于矿工来说十分明显,所以可以观察到事故次数和工作效率在 25 ℃和 28 ℃下降。对煤矿的现场调查也表明,事故发生率随着温度的上升而增加。

快速熟练的手臂运动实验室测试表明,与在 21 ℃的工作效率相比,在 13 ℃和 29 ℃下工作效率下降。在 29 ℃和 38 ℃之间下降更明显(Teichner 和 Wehrkamp,1954)。这与现场事故数据也十分相符。在轻体力工作中,完成快速熟练的手臂运动的能力降低是造成事故的一个很重要的因素。

Mackworth(1952)曾对莫尔斯电码操作员的出错率进行了研究,11 名受试者皆为经过训练的、有经验的操作员,A 组包括 3 名最好的,B 组包括 5 名中等的,C 组包括 3 名最差的。发现当标准有效温度超过 33 ℃时,莫尔斯电码操作员的工作效率就开始下降。但同一组中技术较差的操作员在高温下的出错率明显偏高,如图 2.26 所示。该现象说明,技术不熟练者比有经验者更容易受到环境热应力的影响,因此其工作效率降低得更快。但也有人认为热应力可以提高工作效率,因为温度升高会加快体内的化学反应速度,从而激发对环境的反应速度和提高警戒性,因此有利于提高工作效率和降低事故发生率。

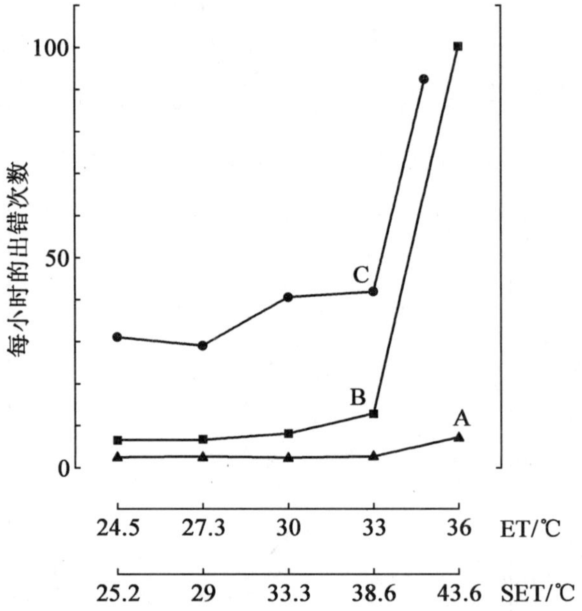

图 2.26　莫尔斯电码操作员的错误率[2]

(A 组包括 3 名最好的,B 组包括 5 名中等的,C 组包括 3 名最差的)

一些实验研究结果进一步证实,当标准有效温度超过 33 ℃时,脑力工作和重体力劳动的效率开始下降。工作效率还受热暴露时间的影响。Wing(1965)给出了工作效率显著下降所需的热暴露时间。

一般认为,人们在炎热气候中的工作效率和健康状况将下降。对新加坡海军的调查结果显示,80%的人认为炎热的气候是造成工作效率下降的主要原因。对英国皇家海军舰队的调查表明,请病假的人数随着温度的升高而增加。但对新加坡居民的调查结果表明,仅有 30%的人认为气候会严重影响工作效率,更多的抱怨是不能全神贯注和精力不充沛。对 1 800 名澳大利亚空军的调查发现,炎热气候下其身体健康状况有所下降且皮肤病发病率增加了。但这些调查结果还不足以证明健康恶化的原因,因此可以断定这一健康水平下降在很大程度上是孤独、厌倦等心理原因造成的。工作效率的降低不仅与高温环境有关,而且还与移居热带人员的社会和文化环境有关。

人体处于非常寒冷的环境中,体力工作效率也会降低。因为手被冷却到 12 ℃时,关节处的润滑液变得黏稠,手会变得僵硬、麻木,其灵活性降低,从而影响手工操作能力。

Clark(1961)曾在实验中要求受试者将手插入一个冰盒内打一连串结。当手的皮肤温度降到 16 ℃时,打结的效率不受影响。但是当温度降到 13 ℃时,打结的效率随时间明显降低。一般当手的皮肤温度为 13~16 ℃时,手的灵敏性将明显变差。对手部进行辐射加热,可以使手工工作的效率接近正常水平。

在一项研究中(Meese 等,1982),600 名南美工人穿着相同的整套服装,并被随机分配在 24 ℃,18 ℃,12 ℃,6 ℃环境下工作 6.5 h。涉及手指力量和速度、手的灵巧性、手的稳定性的各种模拟工业任务以及多种操作技巧的工作效率随着低于热中性温度的室内温度下降而单调下降。与手指温度最高时的空气温度(24 ℃)相比,在热舒适的空气温度(18 ℃)下,手指速度和指尖敏感度明显地受到削弱。当温度为 18 ℃和 12 ℃时,手指力量保持不变。但当温度为 6 ℃时,手指力量明显降低。

2. 温度对脑力工作的影响

Easterbrook(1959)总结了很多证据来证明激发水平对脑力工作效率的影响,认为无论外部或内部驱动因素是什么,提高激发水平都会降低注意力集中的程度。Bursill(1958)指出高热应力水平会降低注意力集中的程度。Wyon(1970)调查发现,瑞典学校儿童在下午比在上午更加疲倦,认为中性热应力对工作效率有着负面影响。Wyon(1978)在人工环境室中完成了一系列(高热应力水平、很大的背景声音、强照明)的实验,并验证了室内环境因素影响脑力工作效率的激发模型。

为了对不同温度下实验组和对照组的受试者的学习效率进行比较,Mayo(1955)从美国海军中选择了两组学习标准电子学课程的学员,其中一组在 24 ℃的空调房间中授课,另一组在仅有风扇降温、中午空气温度为 33.6 ℃的室内授课。结果发现,两组人员的测验成绩并无差别。尽管其中 79%的人认为温度对他们的学习成绩有不利的影响。但多数研究结果说明,温度控制有利于提高工作效率。一般认为,人们在空气温度为 22~23 ℃的环境中的工作效率要高于其在 26 ℃以上的环境。

Pepler 和 Warner(1968)在美国堪萨斯州立大学的实验室里进行了实验研究,以便把温度对工作效率的影响从其他因素中分离出来。72 名学生在实验室内自学编程的课本。每个学生参加 6 次实验,在相对湿度为 45%的条件下经历了 16.7~33.3 ℃下的 6 种不同温度环境。实验结果如图 2.27 所示。图 2.27 可见,学生在 27.6 ℃时的工作速度最慢,但是其出错率也最低,自己感到费力的程度也最低。因此,27.6 ℃被认为是最佳学习温度。学生们感到在高温和低温情况下需要花更大的力气。

Holmberg 和 Wyon(1967)等在教室的空气温度分别为 20 ℃,27 ℃和 30 ℃时对 9 岁的孩子们进行了一些标准测验。图 2.28 给出了理解力和阅读速度测验成绩随温度的变化。两者在较高温度时的成绩都比在 20 ℃时明显降低了。其中 27 ℃时的成绩最差,因为此时的激发对最佳成绩而言实在太低了。Wyon(1970)的另一研究结果表明,英国小学生在温和的热环境中测验成绩提高了。说明温和的热环境会减小激发。

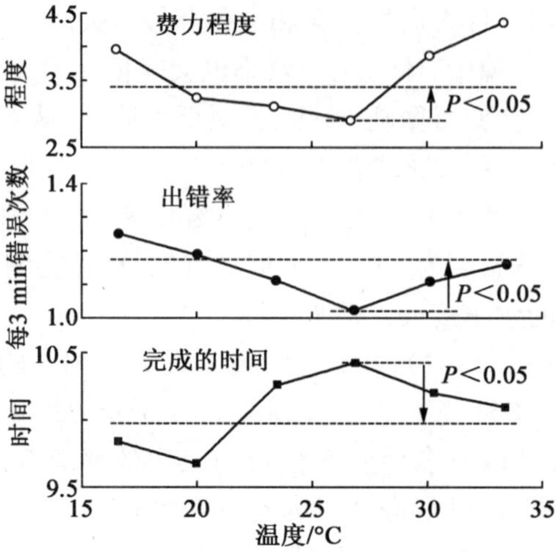

图 2.27　学习编程课本时作为室温函数的测试结果[2]

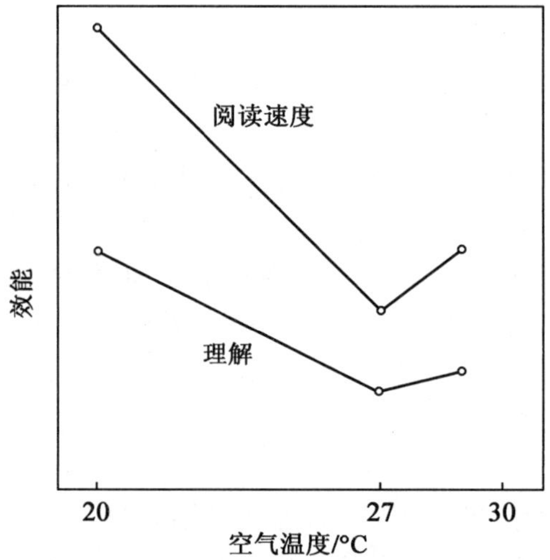

图 2.28　理解力和阅读速度测验成绩随温度的变化[2]

对 27 ℃时的小学生(Holmberg 和 Wyon,1969;Wyon,1969)和 27 ℃时的大学生(Pepler 和 Warner,1968;Wyon 等,1979),以及 24 ℃时的办公人员(Wyon,1974)所做的实验结果都表明注意力下降了,并且对于静坐的工作,当处在稍低于出汗临界值的温度时,对注意力有要求的任务工作效率降低 30%～50%。在低激发水平下,记忆力(Wyon 等,1979)和创新思维(Wyon,1996)在稍高于热中性温度的环境下都提高了,但在更高的温度(接近或高于出汗临界温度)环境中,记忆力和创新思维能力也会降低。

较冷的室内条件对眼睛没有不利影响,但会导致血管收缩以及降低皮肤温度。甚至在热中性下,指尖敏感度和手指的移动速度低于最大值,并且在热中性温度以下,在更低的温度或长期的暴露下,随着皮肤温度降低,手眼协调能力和肌肉强度会逐渐降低。

冷应力也会降低复杂脑力工作的效率。当冷气侵入人的肌体内部后,会使肌肉的收缩力度降低。此外,由于过冷环境给人体造成的不舒适感和冷应力强烈地刺激神经系统，使人变得过度激发，也会降低工作效率。

低于热中性的热环境条件对脑力工作效率不会有任何直接的负面影响，但通常存在分散注意力和使人消极的影响。Langkilde 等(1973)发现当房间温度低于人体热中性温度 4 K 时，对精神表现不会有负面影响。因此认为呼吸冷空气会提高激发水平，并在最佳激发水平下提高工作效率，身体的热状态可能决定了激发水平和工作效率。在两个不同的热中性条件(服装热阻和空气温度完全不同)下，如 23 ℃时服装热阻为 0.6 clo，而 19 ℃时服装热阻为 1.15 clo，不同任务的工作效率之间并无差异。也就是说，对于工作效率和热舒适，薄衣服和热空气组合与厚衣服和冷空气组合的作用相同。

Wyon 等(1971，1973，1979)将脑力工作效率作为以最高 60 min 为周期的动态温度波动的函数。Wyon(1979)汇总了 3 个实验结果，发现受试者在工作时比在休息时对温度变化的主观忍受能力更强。由于存在小而相对快速的温度波动(峰间幅值达到 4 K，周期达到 16 min)，需要注意力集中的日常工作的效率下降。在这种条件下，对冷环境的生理响应要比对温暖环境的生理响应更快。因此，就温度上升对身体热损失率的效果而言，这种温度波动的净效果与房间温度小幅度上升相同。较大的温度波动(峰间幅值达到 8 K，周期达到 32 min)有提高工作效率的激励作用，但在波峰和波谷会产生热不舒适。对于 60 min 或更长的周期，生理热调节足够快以便与温度波动同步，并且在任何特定时间，工作效率都是温度的函数。因此，在为脑力工作设计的室内环境中，温度波动没有益处。为了达到最佳工作效率，对热环境进行个性化控制则可提高工作效率。

提供最佳热舒适的热环境参数可能不会使最大工作效率提高。在一项实验(Pepler 和 Waner，1968)中，普通穿着的美国年轻受试者在不同的温度下完成脑力工作。他们在 27 ℃时热感觉最佳，在这个温度下，他们付出最少的努力、完成最少的工作；而在 20 ℃下，尽管他们在这个温度下感到不舒服的冷，但是完成的工作最多。

上述现场调查表明，热应力和冷应力都会影响工作效率，但其影响方式却随着环境的不同而变化。在寒冷环境中，人们的工作效率下降主要是由生理原因造成的；如手指变得麻木、关节不易弯曲及从事技巧性工作的能力下降等。在炎热环境中从事重体力工作一般受到由环境产生的生理应变的限制。因此，过热或过冷环境都会降低人的工作效率，必须采取预防措施以保证工作人员的健康和安全。

2.8.3　温湿度、病态建筑综合征与工作效率[47]

前面介绍的体力劳动和脑力劳动的工作效率可以简单地用产品数量或出错率等来计算，但近年来办公人员的工作更加复杂、工作效率很难量化。热不舒适分散人们对工作的注意力，并会引起人们的抱怨，而这又将导致维护费用的增加。因此，近年来有人开始用成本效益计算法研究室内环境与工作效率的关系，即通过研究室内温湿度引起的病态建筑综合征和相关不舒适的症状所导致的工作人员的病假率，来间接评估对工作效率的影响。

生产效率必须能够支付与建筑相关的所有花费——基础投资费用、维护费用、清洁费用、通风与空调费用、能耗费用以及薪水和福利。病假和不达标的工作效率会降低生产效率。成本效益计算必须将提高室内环境质量的成本与利润比较，或将减少的病假率和提高工作效率所要求的成本和利润做比较。

Jaakkola 等(1989)对芬兰 2 150 名办公人员进行了研究，建立了干燥感和病态建筑综合征之间的联系。当温度为 20~24 ℃时，干燥感和病态建筑综合征症状随温度升高而明显地增加。

在寒冷地区，冬季室内最普遍的抱怨之一是空气干燥。由于这种感觉和病态建筑综合征有关，干燥感可以被用来评价对生产率的影响。实验室研究表明，人们缺少设备来检测湿度的影响。当湿度升高时，一般人们的抱怨会下降；反之亦然(Rasmassen，1971)。但安装和运行加湿系统需要花费很多资金，并且建筑外墙和室内材料会有凝结水，易产生霉菌，经常会导致健康问题。在荷兰加湿的办公室中，由病态建筑综合征引起病假率的升高被认为是上述原因导致的(Preller 等，1990)。

Federspiel(1998)发现如果办公室温度范围维持在 21 ~ 24 ℃，70%的人是不会抱怨的，而这将会减少大概 20%的维护费用。毫无疑问，减少热不舒适会使工作效率提高。此外，这项费用的减少也意味着工作效率的提高。感到不舒适的人们失去工作的动力，并往往更频繁地休息，这些影响都会降低生产率；病态建筑综合征的症状会更明显，如皮肤干燥、眼睛发炎，并随着空气温度上升到 21 ℃以上，会影响大部分建筑使用者(Krogstad 等，1991)。热不舒适的人们的工作效率会降低(Nunes 等，1993)。冬季过高的温度和空气流速、较低的室内湿度会提高眼睛表面的蒸发率，这会使眼睛对空气传播的颗粒物和其他形式的空气污染物更加敏感，人们会频繁眨眼以缓解眼部不适症状，但刺激性、疼痛、眼睛发红、慢性眼睛疼痛仍可能会发生(Franck，1986；Wyon，1987；Wyon，1992)。和热不舒适一样，眼睛的不舒适也会分散人们的注意力。

Andersson 等(1975)在瑞典的办公建筑中进行了现场研究，发现当室温从 23 ℃降到 21 ℃时，尽管相对湿度从 20%仅仅升高到 40%，但却减少了人们对空气干燥的抱怨。虽然对空气干燥的抱怨减少了一半，却导致人们对空气潮湿的抱怨增加了很多。因此，对湿度满意的比例没有改变。在医院的病房中进行的一项干预实验(Wyon，1992)中，房间温度仅降低 1.5 K，病态建筑综合征症状就会显著降低。这些研究表明，稍微降低室内温度对工作效率有积极的作用。

2.8.4　由工作效率预估生产效率[47]

随着电脑等办公设备占据了人们日常重复性工作的大部分时间，办公人员也有能力完成更多样的工作——涉及判断力、经验、主动性(创新思维)这些电脑所不具备的能力。以前对于除了管理者以外的办公人员来说，计算办公室生产率(就打字行数、输入或检查的数据量、复写的副本量而言)至少在理论上是可能的。如今，办公人员完成的高级任务很难量化。

1998 年，加州大学伯克利分校环境研究中心进行了一项调查，得出了管理人员量化办公室生产率的指标，这些指标被用于环境影响的后评估。研究发现不存在衡量高级任务的度量指标。管理人员更喜欢依靠对工作效率的主观评价，而不是客观的测量和分析。这与他们解决经济问题的方式形成强烈的对比：或是他们不清楚员工工资是最大支出项目，或是他们无法量化投入到商业运营的现金价值，这是因为员工不再做日常重复性工作。

无论工作性质变化多大，办公人员仍使用前面所提到的组合技能——阅读速度、记忆力、创新能力、逻辑思维等。研究的关键是运用特定热环境对组合技能的已知作用来预测总的生产率，这就要求分析目前还未完成的活动。因此，有必要了解每个员工花在各项组合技能上的时间比例。同时，确定每项任务的工作效率的经济价值也是必要的。可以将时间比例和经济价值当作衡量因素，与特定热环境导致的工作效率下降值结合，从而整体预估对个人生产率的总体影响。假定人的热中性温度与一群人的平均热中性温度总体分布一致，可计算出热环境变化引起的生产率下降。

Wyon(1996)预测了个性化控制对生产率的预期效果(假设不同组合技能都很重要)，但并没有分析办公室工作的效率。在计算机应用程序中，关于任务价值、时间衡量和组合技能重要性的基础假设可以不同。该程序可帮助理解对环境质量的投入，同时也是有用的决策工具。程序结果应当被表述为最接近最低值或工作净价值的生产率结果指标。一旦得出在不同假设下的生产率预估值，就有必要验证这些数据，可以通过现场干预实验有效地证实这些数据。

2.8.5　个性化控制对工作效率的影响[47]

由于人们的服装、新陈代谢率以及工作要求等不同，导致人们的冷热感觉是有差异的。

对于时间紧张的团队项目工作来说，开放式办公室有以下优点：节省费用和时间、高密度占用率下降低人均设备费用、提高生产率。这些优点必须抵消对大部分其他办公室任务的负面影响。隔间屏蔽了视觉干扰，但很少屏蔽听觉干扰，比如电话铃声、谈话声等。任何打扰都会在某种程度上影响所有人，因此工作效率会明显降低，但这种影响有多大呢？就生产率而言，有必要量化现实环境中的总成本。

Preller 等(1990)对荷兰某办公建筑中办公人员的调查表明，温度的个性化控制有重要、积极的作用——与集中控制的环境相比较，在个性化可控热环境中由病态建筑综合征引起的病假率要减少 30%。Raw 等(1990)的研究表明，在英国办公室当个体可以控制其热环境、通风、照明水平时，工作效率的自我评估要明显高于个体不可控制的办公室中的自我评估。

Wyon(1996)发现，预计调节范围为±3 K 的个性化控制可使需要注意力集中的脑力工作效率提高 2.7%。Kroner 等(1992)指出，当保险公司里的个性化微气候控制设备临时出故障时，保险索赔处理速率下降 2.8%。同时表明，调节范围为±3 K 的个性化控制将使日常办公效率提高 7%，使手指快速活动的手工任务工作效率提高 3%，使要求触觉敏感的手工任务工作效率提高 8%。尽管高于平均热中性温度时会降低脑力工作的效率，但在高于最佳工作温度 5 K 的环境下，由个性化控制所带来的预期效益要大于在最佳工作温度下的效益。

上述研究表明,个性化控制可以减少病态建筑综合征,从而减少病假带来的损失,提高生产率。

2.9 热舒适标准

2.9.1 ASHRAE 热舒适标准简介

目前国际上流行的热舒适标准有 ISO Standard 7730 和 ASHRAE Standard 55,在此主要介绍 ASHRAE Standard 55。该标准最早出版于 1966 年(ASHRAE Standard 55—1966),此后于 1974 年,1981 年和 1992 年不断进行修订再版。从 2004 年开始,ASHRAE Standard 55 采用了连续维护方式,即在 ASHRAE 网站上出版和发布公告,广泛征求相关领域专家、学者和工程师的意见,再经过 ASHRAE 委员会和美国国家标准学会(ANSI)批准通过,并对上一版内容进行修订和补充后进行再版发布,并于 2004、2010、2013、2017 和 2020 年先后发布了修订版本。

ASHRAE 自 2004 年后发布的热舒适标准中综合了自 1992 年热舒适标准发布以来的相关的研究和实验成果,增加了 PMV-PPD 计算模型和热适应的概念。2004 年后发布的标准可用于建筑和其他活动区的空间环境以及暖通空调系统的设计、运行调节和测试,还可用于热环境评价。

制定热舒适标准的目的是规定室内热环境变量和个人变量组合,以便创造一个多数人可接受的热环境条件。在早期发布的标准中,规定了至少 90%的人可接受的热环境条件。在 2004 年发布的标准中,室内气候可以控制的空间环境可分别用典型室内环境下热舒适区图或室内热环境 PMV-PPD 计算结果规定热可接受环境和热舒适条件。要求对热环境的不满意率低于 10%,PMV 的范围在±0.5 之间。而对自然调节的空间环境则给出了热接受率为 80%和 90%的两个热可接受温度范围,目的在于自然通风建筑中扩大热可接受温度范围,以节约能源。ASHRAE Standard 55—2010 中增加了空气流速随温度的变化范围,详细分析了不同风速下人体热舒适满意率,并对不满意的人群再进行调查分析。该研究方法具有很大的参考价值,阐述了在偏暖的环境中提高风速以增加热舒适的潜力,并介绍了空气流速对空气质量的影响。这一变化既反映了近 20 年来人们对生存环境质量要求的不断提高,又体现了以人为本的热舒适环境控制的理念。

2004 年后发布的标准的适用范围如下:①环境变量指温度、热辐射、湿度和空气流速;个人变量指活动量和着衣量。②标准中各项参数的规定应同时执行,因为室内环境中的人体热舒适是复杂的,且热舒适是人体对上述所有因素交互作用的反应。③标准规定的热环境条件适用于海拔 3 000 m 以下的大气压力环境中身体健康的成年人,且在室内停留时间不少于 15 min。④该标准既未涉及非热环境因素如空气质量、噪声和照明对人体热舒适的影响,也未涉及其他物理的、化学的或者生物的空间污染物对人体热舒适或人体健康的影响。

2004 年后发布的标准中保留了早期版本中原有的一些定义,如热舒适、热环境、热感觉、吹风、不对称辐射温度、平均辐射温度、操作温度等；补充和完善了一些原有定义，如可接受的热环境、服装热阻、新陈代谢率和居住区等；增加了一些新概念如适应性模型、吹风率、自然调节和可控制的空间、热中性、不满意率、预测平均投票数和预测不满意百分数、主导平均室外空气温度、空气流速、平均空气流速和空气流速标准偏差等。这些变化反映了近 20 年在热舒适领域的最新研究成果，如动态热环境研究中常用的与空气流速相关的一些概念；现场研究中体现人们对环境采取的行为适应性、生理适应性和心理适应性的新概念——适应性模型、自然调节和可控制的空间以及月平均室外温度等。此外，最明显的变化还是增加了 Fanger 提出的预测平均投票数（PMV）和预测不满意百分数（PPD），这说明 PMV 和 PPD 指标不仅被编入欧洲广泛采用的 ISO Standard 7730 中，而且在美国的热舒适标准中也被推荐使用。

2004 年后发布的标准适用于人们活动的空间环境。具体应用该标准时，必须明确规定所应用的空间或局部空间中的位置，且应规定人在该空间停留时间不能少于 15 min，还必须考虑人的活动量和着衣量。由于人的个体之间的差异，不可能创造一个让每个人都感到满意的热环境，比如人们在同一环境下的活动量和着衣量不同，对环境条件的要求也有所差别。

现场研究结果表明，在可以通过开关窗户进行自然调节的空间，人们的热舒适概念不同于空调环境。因为人们的热经历和对环境的可控制程度不同，从而导致人们对环境的心理期望值的变化。因此，2004 年后发布的标准在关于提供热舒适的条件中将环境空间分为可以控制的空间和自然调节的空间。而在早期发布的标准中关于可接受的热环境条件是按照人们在室内的活动水平，分为在室内着典型服装从事静坐的轻体力活动和活动水平较高两部分。即 2004 年后发布的标准中增加了自然调节的空间环境热舒适条件的相关内容。

热舒适是人们对热环境表示满意的意识状态。由于人和人之间的生理和心理的差异，很难在同一环境条件下使每个人都满意，即每个人所要求的热舒适环境条件不同。因此必须通过数理统计方法来确定人的热舒适条件。2004 年后发布的标准主要依据所搜集的大量的实验室和现场的研究数据来修订标准，并且不断引进该领域内的最新研究成果，同时仍规定了大多数建筑使用者可接受的室内热环境条件范围，并为不断增加的新的建筑设计问题提供解决方案，使之不但持续地关注建筑的热舒适性，同时也满足可持续建筑理念的迫切需求。

当定义热舒适条件时，必须考虑 6 个主要因素，即新陈代谢率、服装热阻、空气温度、辐射温度、空气流速和湿度。上述 6 个变量可随时间变化。然而，2004 年后发布的标准只适用于稳态下的热舒适，不适用于具有不同环境热暴露经历（这种热暴露对人体热舒适的影响大约持续 1 h）的人刚进入某一空间环境。在确定热舒适条件时应考虑由于环境非均匀性造成的人体局部不舒适。

2004 年后发布的标准主要适用于坐姿或接近坐姿活动水平、从事典型的办公室工作的人，也可用于活动水平适当提高的情况，但不适用于睡眠或在床上休息的条件，也不适用于儿童、残疾人和年老体弱者；但该标准可能适用于教室环境。

2017 年发布的标准在 2013 年版的基础上进行了 7 处增编,使用了清晰且可执行的语言,侧重于标准的实际应用。标准的核心部分第 4 章和第 5 章规定了确定建筑物和其他空间的热环境参数(温度、湿度、空气速度和辐射影响)的方法,这是在一定的新陈代谢率和服装水平下大部分使用者可以接受的。确定这些参数的综合分析方法使用了标准和附录中的计算算法,这些方法都被应用于 ASHRAE 热舒适工具中。

该标准包含了已被许多用户所熟悉的图形方法,但只允许在有限情况下使用。鉴于计算能力的提高,预计更多的用户将倾向于综合分析方法而不是图形方法。标准的第 6 章包含了使用空间或建筑物的设计应符合第 4 章和第 5 章中的舒适需求的要求;第 7 章为对现有热环境的测量和评估的要求,也适用于对热环境的调试。由于使用者的个人变量(新陈代谢率和服装水平)是不同的,所以本标准没有强制规定建筑物的运行工况设定值。

ASHRAE Standard 55—2017 在 2013 年版的基础上进行的 7 处增编主要如下:①第 5.3.3 节"提高空气流速"中阐述了 3 种热舒适计算方法,包括新的适用性表,以及修订的提高空气流速舒适区的方法。②简化了附录 A"确定操作温度的方法",提出了简化的计算操作温度的程序。③删除了标准中的非强制性语言(不包括标题、第 1~3 章和第 7 章,以及所有信息性附录)。④修改了第 2 章"范围",以确保该标准不凌驾于任何安全、健康或关键工艺要求之上。⑤增加了一项新的要求,即计算直接太阳辐射对使用者热舒适的影响。在新的规范性附录 C 中增加了计算太阳得热对人体热舒适影响的程序。

ASHRAE Standard 55—2020 在 2017 年版的基础上,增编了 8 处,主要变化如下:①增加了一种新的方法,以避免脚踝区域的吹风感风险。②在第 6 章中增加了热环境控制分类等级,作为要求文件的一部分,这些级别记录了在特定空间中使用者对其热环境条件的控制程度。③删除了图形法,取而代之的是使用分析法和提高空气流速方法的规范图例,以前的图形法与分析法相比不准确,在某些情况下可能会有很大的误差。④扩大了适应性模型用于自然调节空间的适用性。只要机械供冷系统未运行,该模型也适用于安装有机械供冷系统的建筑物。

该标准首次出版于 1966 年,并在 1974 年、1981 年和 1992 年再版。从 2004 年开始,使用 ASHRAE 的持续维护程序进行更新。根据这些程序,标准 55 通过公开评审不断修订,并在 ASHRAE 网站上免费发布。

下面将对 ASHRAE Standard 55—2004 以及后续版本的修订和新增内容做具体介绍。

2.9.2 ASHRAE Standard 55—2004

ASHRAE Standard 55—2004 融合了 ASHRAE Standard 55—1992 版本以后的相关研究成果和经验,主要变化为:

(1)增加了 Fanger 提出的预测平均投票数(PMV)和预测不满意百分数(PPD)计算模型;

(2)对于可控制的空间,增加了热舒适区图;

(3)对于自然调节的空间,增加了基于热适应的热可接受温度范围。

1. 可控制的空间可接受的热环境条件

对于给定的湿度、空气流速、新陈代谢率和服装热阻,就可以确定热舒适区。热舒适区被定义为:人们可接受的热环境条件的操作温度范围或者由空气温度和平均辐射温度的组合确定的范围。

2004 标准中给出了 80%的人可接受的操作温度范围——热舒适区图,如图 2.29 所示。热舒适区图是基于 PMV-PPD 指标、考虑人体不满意率为 10%和局部不舒适引起的平均不满意率为 10%得到的结果。热舒适区图适用于一些典型的空间环境(新陈代谢率为 1.0~1.3 met,服装热阻为 0.5~1.0 clo)、空气流速不超过 0.2 m/s。热舒适区图包括两个区域,分别适用于服装热阻为 0.5 clo 和 1.0 clo 两种情况。服装热阻介于 0.5 clo 和 1.0 clo 之间的操作温度范围可用插值法得到。当空气流速大于 0.2 m/s 时,可以适当提高舒适区中的操作温度的上限值。图中规定了可接受热环境的含湿量上限为每千克干空气中含水 0.012 kg,相应的标准大气压下水蒸气分压力为 1.910 kPa 或露点温度为 16.8 ℃。图中没有给出热舒适湿度的下限值。标准的附录中给出了 PMV-PPD 计算程序。

当新陈代谢率不大于 1.2 met、相对湿度为 50%、平均风速不超过 0.15 m/s 时,早期发布的标准中给出了不满意率低于 10%的热舒适温度范围为:冬季操作温度为 20~23.5 ℃,夏季操作温度为 23~26℃。早期发布的标准适用于从事轻体力劳动、以坐姿为主的人,夏季服装热阻为 0.5 clo,冬季服装热阻为 0.9 clo。

相比早期发布的标准,2004 标准对湿度的要求降低了,尤其是未规定湿度的下限值;对热环境的不满意率由早期版本的 10%变为 2004 年后发布的标准的 10%~20%,因此 2004 年后发布的标准给出的热舒适区域更宽,适用范围更广。

当新陈代谢率为 1.0~2.0 met 且服装热阻不大于 1.5 clo 时,可用 PMV 和 PPD 指标确定热舒适范围。当采用 PMV 模型计算热舒适范围时,空气流速不应大于 0.2 m/s。如果空气流速大于 0.2 m/s,则在一定条件下应当相应提高热舒适温度的上限值。

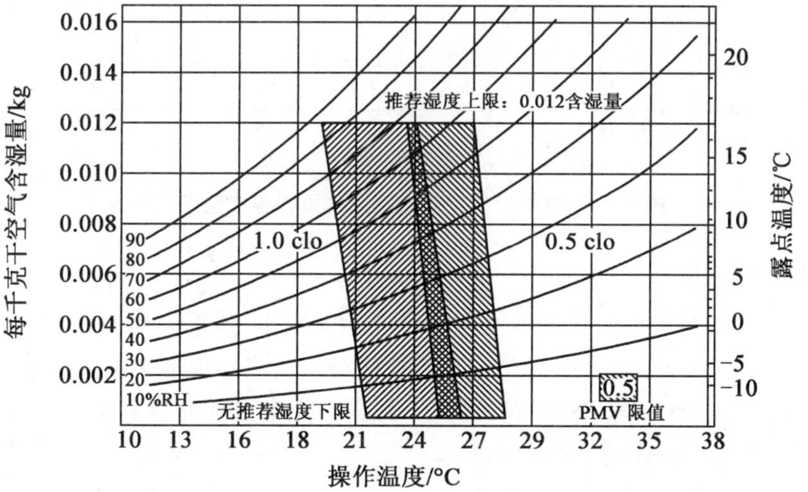

图 2.29　典型室内环境下可接受的操作温度和含湿量范围[48]

2. 自然调节空间可接受的热环境条件

所谓可控制的自然调节的空间指热环境条件主要由人员通过开关窗户进行调节的空间。现场研究结果表明,在这些空间中的受试者的热反应部分依赖于室外气候,可能不同于集中空调建筑内的人体热反应。这主要是由于人们不同的热经历、服装的变化、控制的可行性和人的心理期望值的变化。

本部分内容适用于无机械供冷系统的空间或无空调的机械通风房间,但开关窗户是调节热环境条件的主要方式。空间可以使用供暖空调系统,但当供暖空调系统运行时不适用。2004 标准中给出了基于热适应模型的室内操作温度的允许值范围——热可接受温度区图,如图 2.30 所示。图中分别给出了热可接受率为 80%和 90%的两个热可接受温度区。图中数据取自全球热舒适数据库 ASHRAE RP-884 中 21 000 个测试值,这些数据主要是在办公建筑中获得的。标准中未限制湿度和空气流速。

图 2.30 中的允许操作温度区不能在室外温度高于或者低于曲线端点时进行插值,如果月平均室外温度低于 10 ℃或者高于 33.5 ℃时,则不能使用本方法。2004 年发布的标准中并没有与此类自然调节空间相对应的指导原则。图 2.30 中已经考虑了典型建筑内的局部热不舒适影响,因此无须再考虑人体局部热不舒适因素。同时,也考虑了人在自然调节空间中根据室内温度和室外气候条件下调节衣服的情况,因此也无须考虑服装热阻;在使用时也无须考虑湿度和空气流速。

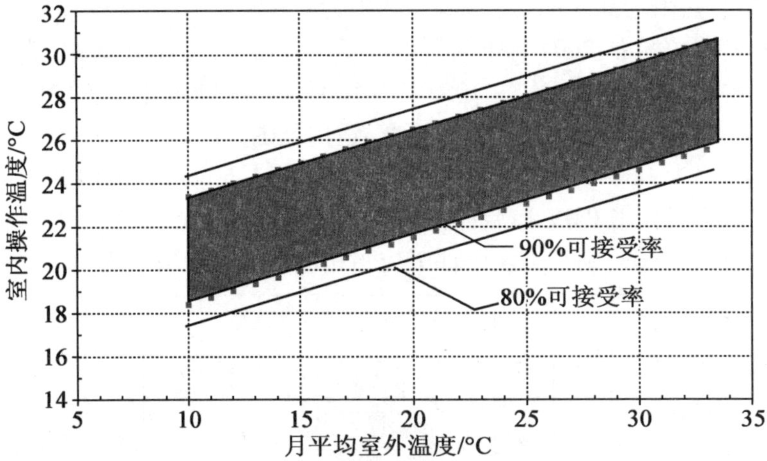

图 2.30　自然调节空间可接受的操作温度范围[48]

3. 局部热不舒适

在确定可接受的热舒适条件时必须考虑头和脚之间的垂直空气温差、不对称辐射场、局部对流冷却(吹风)或直接与热或冷地板接触所造成的局部热不舒适的影响。

ASHRAE Standard 55—2004 对局部热不舒适的规定更加完善和全面。表 2.18 给出了由于局部热不舒适造成的不满意率。

表 2.18　由于局部热不舒适造成的不满意率[48]

吹风/%	垂直空气温差/%	热或冷地板/%	不对称辐射/%
<20	<5	<10	<5

2004 标准适用于新陈代谢率为 1.0～1.3 met，服装热阻为 0.5～0.7 clo 的条件。随着新陈代谢率和服装热阻的增加，人体对热的敏感性下降，局部热不舒适率降低。因此，2004 标准用于新陈代谢率大于 1.3 met 和服装热阻大于 0.7 clo 的情况时数据较保守。当人体处于中性偏冷时，人们对局部热不舒适更敏感。反之，当人体处于中性偏热时，人们对局部热不舒适的敏感程度下降。

(1)不对称辐射温度。

不对称辐射温度是相对方向的辐射温度之差。冷热表面和直射的太阳光都会造成人体周围辐射温度场的非均匀性，这种不对称性会引起局部热不舒适和减少热环境的可接受性。通常人们对热顶棚对人体造成的热不舒适比冷热垂直表面辐射的影响更敏感。允许的不对称辐射温度差限值见表 2.19。

表 2.19　允许的不对称辐射温度差限值[48]

允许的不对称辐射温度差/℃			
热顶棚	冷墙	冷顶棚	热墙
<5	<10	<14	<23

(2)吹风。

吹风是由于空气流动所造成的人体所不希望的局部降温。空气流速除了影响人体与环境的显热和潜热交换速率以外，还影响人体皮肤的触觉感受。气流所造成的不舒适的感觉被称为“吹风感(Draft)”。吹风感取决于空气流速、空气温度、湍流强度、活动量和着衣量。当人体的皮肤裸露时，尤其是头部区域(包括头部、颈部和肩膀)和腿部区域(包括脚踝、脚和腿)，人体对吹风会更加敏感。标准中给出的数据是基于从人体后面吹风时头部区域的敏感性，对于吹向身体其他部位和来自其他方向气流的数据则偏保守。

标准规定了最大允许空气流速与空气温度、湍流强度之间的函数关系，如图 2.31 所示。同时也给出了确定吹风引起的不满意率(DR)的公式，即

$$DR=(34-t_a)(v-0.05)^{0.62}(0.37v\cdot T_u+3.14) \tag{2.57}$$

式中　DR——由于吹风引起的不满意率，%；

t_a——局部空气温度，℃；

v——局部平均空气流速，m/s；

T_u——局部湍流强度，%。

如果空气流速 $v<0.05$ m/s，取 $v=0.05$ m/s；如果 DR>100%，取 DR=100%。

用式(2.57)预测 DR 时，必须满足表 2.19 的限值。区域内大部分空间的平均湍流强

度在35%左右,在置换通风或无机械通风时在20%左右。当无法测量湍流强度时,可使用上述值。

在舒适的环境中局部空气流动会引起吹风感,冷辐射也会造成吹风感。在较凉的环境下,吹风会加剧人体的冷感觉,破坏人体的热平衡,因此"吹风感"相当于一种冷感觉。虽然在较暖的环境下,吹风不会破坏人体热平衡,但不适当的气流仍然会引起皮肤紧绷、眼睛干涩、受气流干扰、呼吸受阻甚至头晕的感觉。因此在较暖的环境下,"吹风感"是一种气流增大引起皮肤及黏膜蒸发量增加以及气流冲力产生的不愉快的感觉。吹风感是人们对环境抱怨的最常见的问题之一,但当人体处于"中性-热"状态时,吹风是令人感到愉快的。此外,寒冷时冷战的出现也是使人感到不愉快的原因。

吹风感的舒适范围很难确定,因为人体对吹风感的敏感程度差别很大。另外,吹风速度、温度以及吹风的面积可能是变化的。一般22 ℃的舒适温度下,空气流速应低于0.2 m/s。空气流速的允许值是随吹风温度变化的,即空气温度越高,允许的空气流速越大。

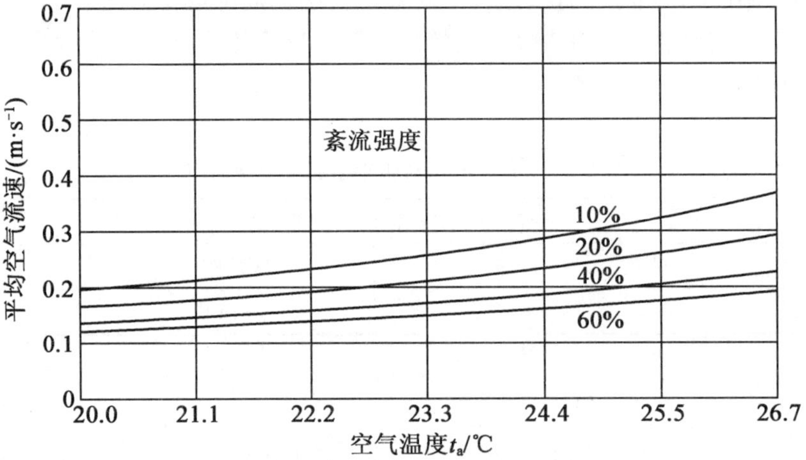

图2.31 允许的平均空气流速与空气温度和湍流强度之间的关系[48]

(3)垂直空气温差。

人体头部比脚部空气温度高的热力分层现象也会引起局部热不舒适。图2.32给出了热不满意率与头足温差的关系曲线。标准要求所允许的头足空气温差应该小于3 ℃,也可通过图2.32来确定头部和脚部允许的垂直空气温差。

(4)地板表面温度。

当人直接与过热或过冷的地板接触时,会感觉不舒适。地板的温度是影响人穿鞋时足部不舒适的最重要的因素。2004年后发布的标准适用于穿着质地较薄的室内鞋的人。与早期版本标准不同的是,2004年后发布的标准未考虑不穿鞋的人所要求的地板温度,也不考虑人坐在地板上的情况。标准规定地板表面温度限值为19~29 ℃。图2.33给出了热不满意率与地板温度之间的关系曲线。可使用图2.33来确定地板温度的范围。

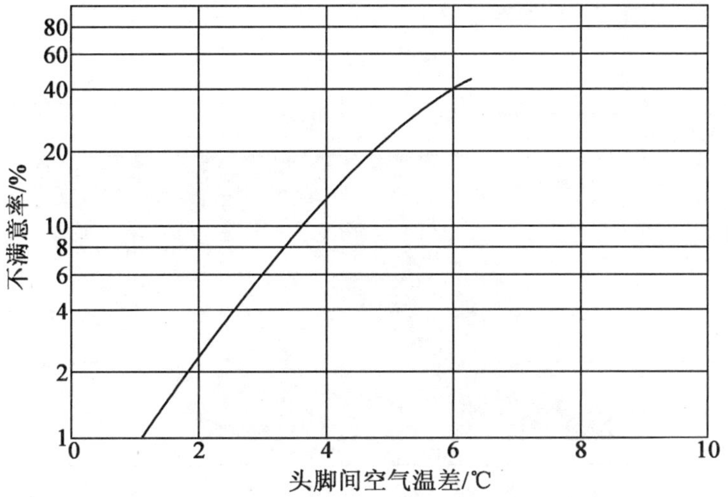

图 2.32　热不满意率与头足温差之间的关系[48]

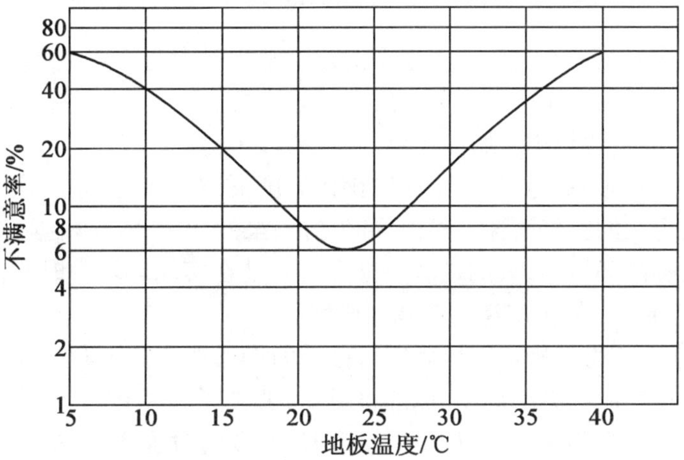

图 2.33　热不满意率与地板温度之间的关系曲线[48]

2.9.3　ASHRAE Standard 55—2010

ASHRAE Standard 55—2010 在 ASHRAE Standard 55—2004 的基础上将空气流速对人体热舒适的影响进行了修正和补充，在人体可接受热环境范围内，更高的空气流速被引入标准并进行了重新定义。

2004 标准中，当空气流速超出 0.2 m/s 时，允许适当增加 PMV-PPD 计算模型中热舒适区的操作温度上限值。但近些年的大量现场调查发现，建筑的使用者偏好比以前标准规定的更高的空气流速，特别是当人处在中性和稍暖环境中时。

2010 标准对于热环境中的空气流速，根据建筑使用者有无对风速的局部控制能力，分两种情况进行了规定，并将标准有效温度 SET 模型重新引入到 2010 标准中，但为了使 SET 计算更简单，取消了湍流度和吹风感的计算。2010 标准中增加了热舒适区内可接受的操作温度和空气流速范围,如图 2. 34 所示。

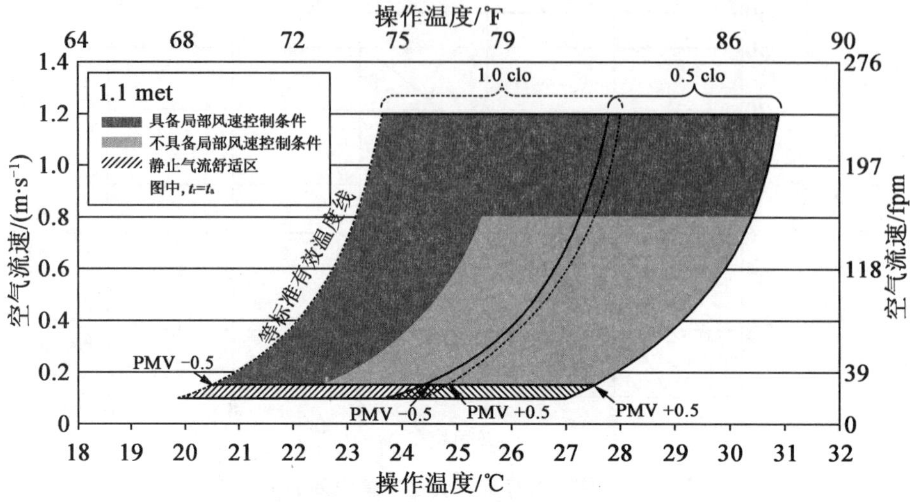

图 2. 34　热舒适区内可接受的操作温度和空气流速范围[49]

可接受的操作温度和空气流速关系图的建立首先是通过 PMV 模型计算操作温度范围(PMV=±0. 5,风速为 0. 15 m/s)来定义热舒适区的上边界,再通过计算 SET 确定风速大于 0. 15 m/s 时的其他封闭区域的边界。

由图 2. 34 可知,对应于热环境中相同操作温度下,对所处空间风速有控制能力的人理论上能够接受更高的空气流速。标准同时指出,虽然图 2. 34 是根据 SET 确定的,即人处在一个假想的标准环境中,人的皮肤热损失与其处在实际环境中时相同,但图 2. 34 却可以在 SET 假想环境以外更广泛的范围内应用。

图 2. 34 的建立使得热舒适区内确定可接受的操作温度范围时的风速限值由不超过 0. 1 m/s 扩大到 1. 2 m/s 以下(2010 标准将图 2. 34 热舒适区 PMV 计算时的风速限值由不超过 0. 2 m/s 更改为不超过 0. 1 m/s)。2010 标准同时提供了热舒适工具(ASHRAE Thermal Comfort Tool)用来计算 SET 的数值。

2010 标准还增加了针对有空间送风时气流控制设备的规定,对于 6 人以内空间或者面积小于 84 m^2 的房间,要求对空间使用者提供气流控制装置。气流控制装置要求能够连续调节,且规定使用者附近的最大风速为 0. 25 m/s。对于容纳多人的公共活动空间,例如教室和会议室等,无论房间面积大小,至少要安装一个气流控制装置。

2010 标准还强调了环境可接受含湿量上限值 0. 012 只适用于热舒适区图。而当使用 PMV-PPD 计算方法进行热环境评估时允许更高的环境湿度水平。

另一点值得关注的是,2010 标准中,针对热环境现场调查的规定中增加了对建筑使用者的总体满意度调查,用来评估人们活动空间的热舒适性。而在 2004 标准中针对热环境的现场调查规定只是基于受试者填写问卷时刻的热舒适评价。这一变化使得建筑环境的热舒适调查更加接近建筑使用和运行的实际情况,可帮助建筑管理者发现引起建筑使用者不舒适的原因,帮助设计者更好地改进建筑环境设计。

此外,标准在强制性章节更加明确规定了在设计阶段针对建筑环境分析和建档时的强制性最低要求。并在附录中提供了强制性的设计表格,以便于设计阶段的建档和保存。

2.9.4 ASHRAE Standard 55—2013

ASHRAE Standard 55—2013 继承了 2004 标准以来注重实际应用的风格。标准中新增了两个关键的热舒适环境参数的定义——平均空气温度和平均空气流速,并规定环境中对于人员附近这两个参数取值时,必须分别对应受试者坐姿或站姿时规定的 3 个垂直高度,分别计算其测试的平均值。

2013 标准更加详细地规定了对建筑热舒适的评价,包括物理参数测量方法和热舒适调查的相关规定,所在章的标题也更加明确地更正为既有建筑的舒适性评价。标准中增加了对环境测量设备量程和精度的具体要求。以前的标准则是要求参考 ISO Standard 7726—2001 和 ASHRAE Standard 70 等相关标准。

同时,2013 标准增加了对热环境测量参数和问卷调查的评价方法的规定。对于热环境测量参数,2013 标准规定在预测瞬时热环境是否可接受时,对于有 HVAC 系统运行的建筑,建筑使用空间应该采用 PMV 计算模型和 SET 模型来定义热舒适区,分别对应 2013 标准中的 5.3.1 节和 5.3.3 节;在评价局部热不舒适时,应符合 5.3.4 节不对称环境的限定要求。对于建筑使用者可自由开启外窗的建筑,应根据 5.4 节中的热适应模型采用操作温度进行评价。当平均风速大于 0.3 m/s 时,可适当提高操作温度的上限值。对于评价热环境随时间变化的热可接受度,标准中要求确定当环境工况超出热舒适要求时的总小时数来评价,小时数应是在建筑被正常使用时计算得到的。

2013 标准更加全面地介绍了服装热阻的计算方法,同时增加了基于室外温度变化时的服装热阻预测模型,如图 2.35 所示。该模型主要基于对空调建筑的现场调查数据。调查发现,建筑使用者会根据室内外温度变化选择着装,但主要受室外空气温度影响。虽然模型的建立是依据大量的现场调查数据,但标准中也说明了该模型并不一定适用于所有文化背景和建筑类型。模型可以用来预测设计条件下的服装热阻水平,作为服装输入变量,进行逐年动态热舒适模拟或热舒适控制系统的输入变量。

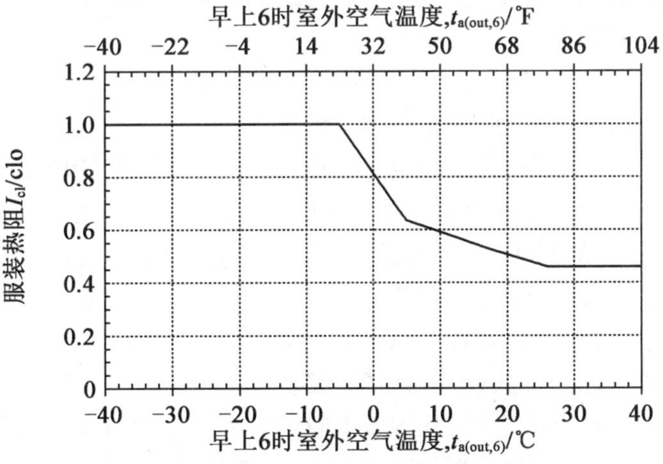

图 2.35　典型的服装热阻随室外空气温度的变化关系[1]

图 2.35 中的曲线可以用以下方程进行描述：

当 $t_{a(out,6)}<-5$ ℃时，　$I_{cl}=1.00$　(2.58)

当 -5 ℃ $\leqslant t_{a(out,6)}<5$ ℃时，　$I_{cl}=0.818-0.0364\times t_{a(out,6)}$　(2.59)

当 5 ℃ $\leqslant t_{a(out,6)}<26$ ℃时，　$I_{cl}=10^{(-0.1635-0.0066\times t_{a(out,6)})}$　(2.60)

当 $t_{a(out,6)}\geqslant 26$ ℃时，　$I_{cl}=0.46$　(2.61)

2013 标准在热适应模型中应用了主导平均室外空气温度（Prevailing Mean Outdoor Air Temperature）代替了原标准中的月平均室外温度。主导平均室外空气温度是基于某一时期日平均室外温度的算术平均值得到的。对于已经从生理、行为和心理上适应了室外气候的建筑使用者来说，它能更好地反映室外气候环境。

标准规定主导平均室外空气温度应是计算日之前的 7~30 个序列天的室外空气温度平均值。主导平均室外空气温度也可简单地通过气象学上的标准月平均空气温度进行估算，也可使用动态热模拟软件在室外温度数据的基础上以典型气象年的形式进行计算。其计算形式为计算日之前一段时期的日平均室外温度进行连续的指数加权计算。过去的每一天距离计算日越远，对建筑使用者感到热舒适的温度的影响就会越弱，这种影响主要体现在计算日平均室外温度序列的指数权重上。其计算公式为

$$t_{pma(out)}=(1-\alpha)[t_{e(d-1)}+\alpha t_{e(d-2)}+\alpha^2 t_{e(d-3)}+\alpha^3 t_{e(d-4)}+\cdots] \tag{2.62}$$

式中　$t_{pma(out)}$——连续指数加权温度（即主导平均室外空气温度），℃；

α——常数（介于 0~1 之间，反映了连续 7~30 d 中的室外温度对人体热舒适温度影响衰减的快慢）；

$t_{e(d-1)}$——计算日前一天的日平均温度，℃；

$t_{e(d-2)}$——计算日前两天的日平均温度，℃。

标准中推荐 α 值为 0.6~0.9，分别对应慢速和快速的滑动平均。根据适应性热舒适理论，标准建议 α 的取值在气象尺度上室外温度波动较小的地区取 0.9 更为适宜，例如湿热气候区；而在气象尺度上室外温度波动较大的地区，人们更加了解天气的变化，因此建议降低 α 的取值，例如中纬度气候区（指南北纬 30°~60°之间的纬度带）。

式(2.62)也可以简化为

$$t_{pma(out)}=(1-\alpha)t_{e(d-1)}+\alpha t_{rm(d-1)} \tag{2.63}$$

式中　$t_{rm(d-1)}$——$t_{e(d-1)}$ 前一天的滑动平均温度，℃。

例如，如果 $\alpha=0.7$，则所计算日的主导室外日平均温度等于 30%的前一日的日平均室外温度，加上 70%的前一日的滑动平均室外日平均温度。这种方程形式推进了滑动平均值从计算日到前一日的累加计算，无论是对计算机算法还是人工计算均提供了便利。实际计算时，滑动平均值也可以按计算日之前 7 d 的日平均空气温度的平均值计算。

2013 标准中对于自然通风条件下 80%可接受温度上下限的规定除了可以在图中确定外，还可以应用式(2.64)和式(2.65)计算得到。

$$80\%\text{可接受操作温度上限}=0.31t_{pma(out)}+21.3 \tag{2.64}$$

$$80\%\text{可接受操作温度下限}=0.31t_{pma(out)}+14.3 \tag{2.65}$$

2013 标准中同时规定当自然通风条件下，在环境操作温度大于 25 ℃时，允许环境中

空气流速大于 0.3 m/s,并根据表 2.20 对热适应模型和相应公式计算得到的可接受操作温度上限进行附加。

表 2.20　自然条件下当空气流速大于 0.3 m/s 时可接受操作温度附加值[1]

平均空气流速为 0.6 m/s	平均空气流速为 0.9 m/s	平均空气流速为 1.2 m/s
1.2 ℃	1.8 ℃	2.2 ℃

值得注意的是,在改进的自然调节热适应模型中,当主导平均室外温度小于 10 ℃或者大于 33.5 ℃时,热适应模型计算的温度同样超出了 2004 年后发布的标准的适用范围。

同时,2013 标准在附录中详细介绍了用 SET 模型计算较高空气流速(>0.15 m/s)对人体冷却效果的影响,包括如何应用 SET 模型计算较高风速下的 PMV。主要思想包括以下几点:

(1)输入平均空气温度、辐射温度、相对湿度、服装热阻和新陈代谢率;

(2)对高风速进行设定(风速范围满足在 0.15~3 m/s 内);

(3)计算得到 SET 值;

(4)减小平均空气流速至 0.15 m/s;

(5)逐渐减小平均空气温度输入值,并重新计算 SET,直到计算结果等于第三步的计算结果;

(6)得到调整后的平均空气温度值,即在接近静风状态下(0.15 m/s)产生相同 SET 效果的平均空气温度;

(7)计算两平均空气温度的差值,即提高的空气流速对人体冷却产生的温度效果;

(8)输入原始的平均辐射温度、相对湿度、服装热阻、新陈代谢率、平均空气流速 0.15 m/s 和接近静风状态下的等效平均空气温度计算 PMV。即得到热环境在高空气流速时的 PMV 值。

以上过程可用热舒适工具或相似的计算软件来完成。在应用上述方法时应注意,SET 模型是基于人体处在均匀空气流速场的假想环境,但对于应用主动和被动式系统的建筑来说,使用空间通常处在较强的非均匀空气流速场中,这会导致皮肤热损失和均匀空气流速场不一致。因此,设计者在使用图表法或上述方法时应充分考虑以上因素,从而确定合适的平均空气流速值。如需要兼顾确定的平均空气流速可能会对建筑使用者裸露的身体部位产生较强的冷却效果或局部热不舒适等因素。

2013 标准也对新增的服装热阻计算方程和调整后的新陈代谢率修正了 SET 的计算模型,并重新生成了图 2.35 中的曲线。另外,用于评价空气流动对供冷效果影响的 SET 模型也被扩展应用到自然通风条件下确定可接受操作温度区的方法中。

2.9.5　ASHRAE Standard 55—2017

ASHRAE Standard 55—2017[50]的主要变化为:增加了一项新的要求,即计算直接太阳辐射对使用者热舒适的影响。详细内容如下。

1. 计算程序

人体的太阳得热可通过有效辐射场(ERF)来计算,这是衡量净辐射量进出人体的方法。ERF 的单位是 W/m^2,其中“面积”指的是人体表面积。空间周围表面的温度以平均辐射温度 $\overline{t}_r$ 来表示,当没有太阳辐射时,平均辐射温度等于平均长波辐射温度t_{rlw}。作用于人体的长波有效辐射场与平均长波辐射温度有关,可以用以下公式计算,即

$$ERF = f_{eff} h_r (t_{rlw} - t_a) \tag{2.66}$$

式中 f_{eff}——暴露于辐射环境的身体表面比例(对于坐姿者为 0.696,站姿者为 0.725);

h_r——辐射传热系数,$W/(m^2 \cdot K)$;

t_a——空气温度,℃。

身体实际吸收的能量为 ERF 乘以皮肤和服装的长波吸收率(α_{LW}),默认值为 0.95。

身体表面吸收的太阳辐射相当于长波辐射量,即 ERF_{solar}:

$$\alpha_{LW} ERF_{solar} = \alpha_{SW} E_{solar} \tag{2.67}$$

式中 E_{solar}——人体表面的短波太阳辐射量,W/m^2;

α_{SW}——短波吸收率。

E_{solar}是透过窗户的 3 种热量之和,分布在建筑使用者身体表面,分别为:来自天空穹顶的散射太阳能(E_{diff}),从地板反射向上的太阳能(E_{refl}),以及由阳光直射的直接太阳能(E_{dir}),定义如下:

$$E_{diff} = 0.5 f_{eff} f_{svv} T_{sol} I_{diff} \tag{2.68}$$

式中 f_{svv}——建筑使用者视野中天空穹顶的比例;

I_{diff}——水平表面接收到的漫射天空辐射照度,W/m^2;

T_{sol}——总太阳透射率,即透过窗户和遮阳的短波辐射总量与入射短波辐射之比。

假定建筑物水平面上突出部分的反射辐射等于它们所阻挡的散射辐射 I_{diff},则水平面上的总太阳辐射受到 T_{sol} 和 f_{svv} 的共同过滤,并乘以地板和家具的反射率 R_{floor},即

$$E_{refl} = 0.5 f_{eff} f_{svv} T_{sol} I_{TH} R_{floor} \tag{2.69}$$

式中 I_{TH}——室外水平方向总直接和散射辐射照度之和,W/m^2;

R_{floor}——地板和家具的反射率,$R_{floor} = 0.6$。

直接辐射仅照射在身体投影的部分f_p 上,其取决于太阳高度角β、太阳相对于人体正面的水平角度(SHARP)及姿势(坐姿、站姿)等因素。f_p 值见标准附录的列表。直接辐射还会受到室内环境中人体遮挡的影响,可由身体暴露比例f_{bes} 进行量化,即

$$E_{dir} = f_p f_{eff} f_{bes} T_{sol} I_{dir} \tag{2.70}$$

式中 I_{dir}——直接太阳辐射(法线方向),W/m^2。其与气象辐射参数的关系为

$$I_{TH} = I_{dir} \sin \beta + I_{diff} \times I_{diff} \tag{2.71}$$

I_{TH} 近似为 $0.17 I_{dir} \sin \beta$。

式中,ERF_{solar} 可由以下公式计算:

$$ERF_{solar} = [0.5 f_{svv} (I_{diff} + 0.6 I_{TH}) + f_p f_{bes} I_{dir}] \times f_{eff} T_{sol} (\alpha_{SW} / \alpha_{LW}) \tag{2.72}$$

使用上述公式(2.71)和固定默认值即可获得 ERF_{solar},所需的输入值包括 f_{svv}、I_{dir}、

f_{bes}、T_{sol}、α_{SW}、β、坐姿或站姿，以及太阳相对于人体的水平角度(SHARP)。这些参数在标准附录中有进一步描述。然后，使用公式(2.66)将 ERF_{solar} 转换为短波平均辐射温度。

2. 计算过程输入参数

计算需要输入以下 8 个参数，见表 2.21，解释如下：

表 2.21　计算过程输入变量及范围[50]

符号	描述	单位	默认值	范围
α_{SW}	短波辐射吸收率	—	0.7	0.2~0.9
f_{svv}	暴露在身体上的天空穹顶比例	—	N/A	0~1
T_{sol}	窗户中玻璃及遮阳措施的太阳透射率	—	N/A	0~1
I_{dir}	直射太阳辐射强度	W/m²	900	200~1 000
f_{bes}	可能被太阳照射的身体表面比例	—	N/A	0~1
β	太阳高度角	(°)	N/A	0~90
SHARP	相对于人体的太阳水平角	(°)	N/A	0~180
	姿势(坐姿、站姿)	—	N/A	坐姿/站姿

(1)短波吸收率 α_{SW}。建筑使用者的短波吸收率会因皮肤颜色以及服装颜色和数量而有很大的差异。除非有更具体的关于建筑使用者服装或皮肤颜色的信息，否则可取值为 0.7。

补充说明：短波吸收率通常为 0.57~0.84，取决于皮肤和服装的颜色。

(2)天空穹顶视野比例 f_{svv}。天空穹顶视野比例在 0~1 之间，见表 2.22。对于一侧有窗户的情况，可通过公式(2.73)计算得出。该值取决于窗户的尺寸(宽度 w，高度 h)以及建筑使用者与窗户之间的距离 d。

$$f_{svv}=\frac{\arctan\left(\frac{h}{2d}\right)\arctan\left(\frac{w}{2d}\right)}{90\times180} \tag{2.73}$$

式中，arc tan 函数返回值，单位为度。在计算多个窗户的 f_{svv} 时，可以计算每个窗户的 f_{svv} 并求和以获得总 f_{svv}；不应考虑阻挡天空穹顶的室外物体，因为它们具有与天空穹顶类似的漫反射特性。

表 2.22　单侧窗口几何尺寸和建筑使用者位置的天空穹顶视野比例 F_{svv}[50]

窗户宽度/m	9.1	45.5	9.1	45.5	9.1	45.5	9.1	45.5	1.8	1.8	1.8	1.2	1.2
窗户长度/m	3	3	1.8	1.8	3	3	1.8	1.8	2.7	1.8	1.8	1.2	1.2
人到窗户的距离/m	1	1	1	1	1.8	1.8	1.8	1.8	1	1	1.8	1	1.8
F_{svv}	27%	31%	20%	23%	17%	21%	11%	14%	14%	11%	4%	6%	2%

(3)总太阳透射率 T_{sol}。窗户系统的总太阳透射率(包括玻璃单元、百叶和其他立面),可使用以下方法之一来确定:①由制造商提供的玻璃参数 T_{sol},也可从国家窗户评级委员会批准的劳伦斯伯克利国家实验室国际玻璃数据库中获得。②玻璃单元加上室内织物遮阳措施,可计算为玻璃单元 T_{sol} 与打开遮阳因子的乘积。③玻璃单元加上百叶或其他复杂或独特的遮阳措施,可使用国家窗户评级委员会批准的软件或劳伦斯伯克利国家实验室复杂玻璃数据库进行计算。

当直射太阳辐射通过多个具有不同太阳透射率的窗户系统传递到建筑使用者身上时,作用于建筑使用者的太阳透射率 T_{sol} 可计算为每个窗户系统太阳透射率的面积加权平均值。

(4)直射太阳辐射 I_{dir}。标准天空无云情况下的直射太阳辐射数据见表 2.23。注:I_{dir} 是基于海拔为 900 m 给出的。超过 900 m,参数取值增加 12%;超过 1 200 m,参数取值增加 15%;超过 1 500 m,参数取值增加 18%;超过 1 800 m,参数取值增加 21%。

表 2.23 标准天空无云情况下不同太阳高度角对应的太阳直射辐射值[50]

太阳高度角 β/(°)	5	10	20	30	40	50	60	70	80	90
直射太阳辐射 I_{dir}/(W · m^{-2})	210	390	620	740	810	860	890	910	920	925

(5)被太阳直射辐射照射的身体部分比例 f_{bes}。即身体投影面积因子 f_p 中不被窗框、室内或室外遮阳以及室内家具遮挡的部分。

(6)太阳高度角 β。太阳高度角范围从 0°(地平线)到 90°(天顶),也称为“太阳仰角”。

(7)人体正面的太阳水平角度(SHARP)。相对于人体正面,太阳水平角度范围从 0°到 180°,两侧对称;0°代表来自前方的直射辐射,90°代表来自侧面的直射辐射,180°代表来自背后的直射辐射。SHARP 是太阳与人体之间的角度。

(8)姿势。输入值为“坐姿”或“站姿”。

2.9.6 ASHRAE Standard 55—2020

ASHRAE Standard 55—2020[51]的主要变化如下:

(1)增加了一种新的方法,以避免脚踝处的吹风感。

(2)增加了热环境控制分类等级。

1. 脚踝处的吹风感预测不满意率

小腿区域的吹风感可能发生在采用热分层系统的建筑物中,如置换通风和地板送风,或者沿外墙和/或窗户的冷的下降气流。用于分层系统的制造商一般会提供散流器的性能数据,以帮助设计者预测脚踝处的空气流速。制造商们采用不同的方法得出了性能数据,目前还没有一个标准的测试方法。

脚踝处的最大空气流速是由脚踝处的吹风感预测不满意率 PPD_{AD} 推导出来的。PPD_{AD} 为对脚踝处的吹风感不满意人群百分数的定量预测指数,根据以下公式计算[51]:

$$PPD_{AD}=\frac{\exp(-2.58+3.05V_{ankle}-1.06TS)}{1+\exp(-2.58+3.05V_{ankle}-1.06TS)} \tag{2.74}$$

式中　PPD_{AD}——脚踝处吹风感预测不满意率,%;

TS——全身热感觉,等于采用两个高度的空气温度和空气流速的平均值计算得到的 PMV(坐姿为 0.6 m 和 1.1 m;站姿为 1.1 m 和 1.7 m);

V_{ankle}——地面上 0.1 m 处的空气流速,m/s。

标准中规定的 0.1 m 处的空气流速限值是通过设置 PPD_{AD} 等于 20%计算得到的。

PPD_{AD} 提供了一个简单估计脚踝和小腿处的吹风感的方法。在该模型中,全身的热感觉可以用 PMV 来近似计算,输入的是两个高度的空气温度和空气流速的平均值,而不是其他标准中规定的 3 个高度。两个高度对于坐着的人是 0.6 m 和 1.1 m,对于站着的人是 1.1 m 和 1.7 m。

2. 热环境控制分类等级

在本标准第 6 章中增加了热环境控制分类等级作为要求文件的一部分。这些等级记录了在特定空间中使用者对其热环境条件的控制程度。

设计热环境控制等级:

对于所有满足标准中 5.3.1、5.3.2 或 5.3.3 条款的项目,应根据表 2.24 的建筑内的空间类型设计热环境控制分类等级。对环境参数的每种控制措施应便于人员使用,当人员在室内且符合以下规定:有可调节的恒温器,用户可以将设定点调整±3 ℃;能在 15 min 内将空间的热环境改变到下文①和②的规定,并保持新陈代谢率和服装热阻不变。对于多人使用空间的控制措施,其变化必须满足在室人员的要求。

表 2.24　热环境控制分类等级[51]

等级	所需的环境参数控制措施	满足热环境控制分类等级的信息性示例
1	为每人提供两个以上的环境控制措施	私人办公室配备吊顶风扇和人员可调节的恒温器; 共享办公室为每人配备台式风扇和足部取暖器
2	为每人提供一个环境控制措施	私人办公室配备人员可调节的恒温器; 共享办公室为每人配备台式风扇
3	为多人提供至少 2 个房间或在共享环境热区的控制措施	共享办公室配备人员可调节的恒温器和吊顶风扇
4	为多人提供 1 个房间或在共享环境热区的控制措施	共享办公室配备人员可调节的恒温器
5	不能对任何环境参数进行控制	共享或私人办公室无可调节的恒温器或没有恒温器

①对于供冷工况，在设计供冷工况时，控制措施应使 PMV 减小 0.5 或平均空气温度减小 3 ℃；或者平均空气速度增加 0.3 m/s；或者平均辐射温度减小 3 ℃；或者对于个性化舒适系统，控制措施见表 2.25，具有最小减小 2 ℃的矫正能力。

②对于供暖工况，在设计供暖工况时，该措施应使 PMV 增加 0.5 或平均空气温度增加 3 ℃；或者平均辐射温度增加 3 ℃；或者对于个性化舒适系统，控制措施见表 2.25，或具有最小增加 2 ℃的矫正能力。

说明：能够在两个方向改变 PMV 的单一设备可当作一项控制措施。例如，一个恒温器可以减小 0.5 和增加 0.5 的 PMV 来影响温度，算作一项控制措施，而不是两项。

表 2.25　要求的个性化控制系统[51]

描述		要求
供冷	向头部/脸部/上半身吹风的台式风扇	能吹向人体头部/脸部/上半身，空气流速为 0.36~0.8 m/s
	冷却座椅	能从人体取热 20 W
供暖	暖脚器	能给人体加热 6 W
	加热座椅	能给人体加热 14 W

2.9.7　ISO Standard 7730—2005

ISO Standard 7730 是由国际标准化组织技术委员会（ISO/TC 159）与欧洲标准化委员会技术委员会联合制定的关于热舒适的国际标准。该标准共有 ISO Standard 7730—1984、ISO Standard 7730—1994 和 ISO Standard 7730—2005 3 个版本，目前最新的版本是 ISO Standard 7730—2005。最新版的标准将名称由“中等热环境——PMV 和 PPD 指数的测定及热舒适条件的规定”（Moderate thermal environments—Determination of the PMV and PPD indices and specification of the conditions for thermal comfort）更改为“热环境人体工效学——应用 PMV 和 PPD 指数计算热舒适的分析确定和说明及局部热舒适标准”（Ergonomics of the thermal environment—Analytical determination and interpretation of thermal comfort using calculation of the PMV and PPD indices and local thermal comfort criteria）。

下面将详细介绍最新版本 ISO Standard 7730—2005。2005 版本是在 ISO Standard 7730 早期版本的基础上吸收了最新的研究成果后形成的，它与 ISO Standard 7730—1994 相比，增加了以下内容：

1. 总体热舒适的长期评价

在标准的附录部分，对总体热舒适环境的长期评价进行了说明。为了进行热舒适的长期评价（按季节或年），所有参数必须是基于对建筑进行实测或计算机模拟的数据，针对不同的目的，给出了 5 种方法。

（1）方法 A：计算在建筑的使用时数内，PMV 和操作温度在规定范围之外的小时数或所占百分比。

(2)方法 B:对实际操作温度超过规定范围的小时数进行加权,权重系数是超过规定范围的度数的函数。

(3)方法 C:对实际 PMV 超过舒适区的时间进行加权,权重系数根据每年 PMV 的分布以及 PMV 和 PPD 的关系计算。

(4)方法 D:计算建筑在整个使用时间内的平均 PPD。

(5)方法 E:计算建筑在整个使用时间内的 PPD 总和。

2. 局部热不舒适

2005 版本在 1994 版本对吹风造成局部热不舒适的基础上增加了局部热不舒适条件的相关规定,有关图表与 ASHARE Standard—2004 基本相同;但对不同等级热环境中局部热不舒适给出了相应的规定值,见表 2. 26。

表 2. 26　热环境分类表[52]

等级	人体全身热状态		局部热不舒适			
	PPD/%	PMV	吹风不适率/%	热不满意率/%		
				垂直温差	冷热地板	不对称辐射温差
A	<6	-0. 2<PMV<+0. 2	<10	<3	<10	<5
B	<10	-0. 5<PMV<+0. 5	<20	<5	<10	<5
C	<15	-0. 7<PMV<+0. 7	<30	<10	<15	<10

同时,也对不同等级的头脚垂直温差、地板表面温度范围和不对称辐射温差分别进行了规定,见表 2. 27~2. 29。

表 2. 27　头脚垂直温差[52]

等级	垂直温差[a]/℃
A	<2
B	<3
C	<4

注:距离地面 0. 1 m 和 1. 1 m 处。

表 2. 28　地板表面温度范围[52]

等级	地板表面温度范围/℃
A	19~29
B	19~29
C	17~31

表 2.29　不对称辐射温差[52]

等级	不对称辐射温差/℃			
	热顶棚	冷墙	冷顶棚	热墙
A	<5	<10	<14	<23
B	<5	<10	<14	<23
C	<7	<13	<18	<35

3. 非稳态环境

ISO Standard 7730—2005 增加了非稳态环境的相关规定,包括温度的周期性波动、温度的漂移或陡降、温度的瞬变。其中,温度的周期性波动、温度的漂移或陡降在 ASHARE Standard 55—2004 中也有相关的规定,但规定的内容有所不同。

ISO Standard 7730—2005 规定,在可控制的热环境中当温度周期波动不超过 1 K 时,可视为稳态环境。温度的漂移或者陡降不超过 2 K/h,可视为稳态环境,如果操作温度的变化是瞬时的,当操作温度突然增加时,立刻会产生新的稳态热感觉,可以用 PMV-PPD 进行预测;当操作温度骤降时,热感觉会低于 PMV-PPD 预测值,均 30 min 后达到稳态(在 30 min 内,PMV-PPD 预测值会比实际热感觉偏高)。温度的漂移和陡降极限见表 2.30。

表 2.30　温度的漂移和陡降极限[52]

时间间隔/h	0.25	0.50	1	2	4
最大允许操作温度变化/℃	1.1	1.7	2.2	2.8	3.3

4. 热适应性

ISO Standard 7730—2005 增加了热适应的说明性条文。标准指出,由于服装热阻与当地人们的着装习惯及气候密切相关,在确定可接受的温度范围时必须考虑。在温暖或寒冷的环境中,由于热适应,服装热阻会成为重要的影响因素。除了服装热阻外,其他形式的热适应如身体姿势、活动量都难以量化,而这些都会导致较高温度也可以被接受。生活和工作在热带气候下的人们比生活在较冷气候下的人们更容易适应高温环境。

扩展的可接受热环境适用于热带气候区或者气候较热的季节,并且为自由运行的建筑和自然通风建筑,在这类建筑中人们主要通过开关窗户控制热环境。现场调查结果表明,这类建筑中的人们可以接受比 PMV 预测值更高的温度。在这种情况下,热环境设计时应采用更高的 PMV 值。

5. 热环境等级分类

ISO Standard 7730—2005 根据 PMV-PPD、局部热舒适要求的不同进行了热环境等级划分,见表 2.26~2.29。这种等级划分方法不同于 ASHRAE Standard 55 标准。同时,ISO Standard 7730—2005 对不同建筑空间的热环境设计参数给出了示范,见表 2.31。图 2.36

给出了不同等级环境操作温度与服装热阻和新陈代谢率的关系。

表 2.31　不同建筑空间的设计标准实例[52]

空间类别	活动水平/(W·m^{-2})	等级	操作温度/℃		最大平均空气流速[a]/(m·s^{-1})	
			夏季(供冷季)	冬季(供暖季)	夏季(供冷季)	冬季(供暖季)
开放办公空间、单间办公室、会议室、礼堂、自助餐厅、饭店、教室	70	A	24.5±1.0	22.0±1.0	0.12	0.10
		B	24.5±1.5	22.0±2.0	0.19	0.16
		C	24.5±2.5	22.0±3.0	0.24	0.21[b]
幼儿园	81	A	23.5±1.0	20.0±1.0	0.11	0.10[b]
		B	23.5±2.0	22.0±2.5	0.18	0.15[b]
		C	23.5±2.5	22.0±3.5	0.23	0.19[b]
购物商场	93	A	23.0±1.0	19.0±1.5	0.16	0.13[b]
		B	23.0±2.0	19.0±3.0	0.20	0.15[b]
		C	23.0±3.0	19.0±4.0	0.23	0.18[b]

注：[a]湍流强度为 40%，空气温度等于操作温度；夏季和冬季的相对湿度分别为 60%和 40%；夏季和冬季较低的温度对应较高的平均空气流速。

[b]低于 20 ℃的下限，详见原标准 ISO 7730—2005。

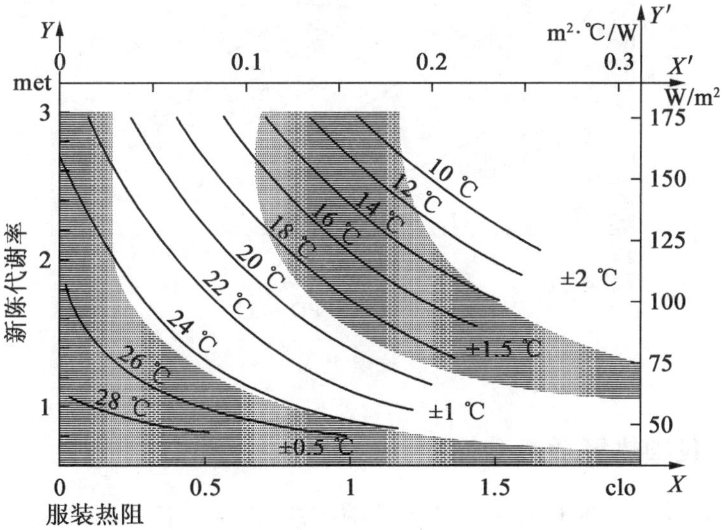

(a)等级A:PPD＜6%

图 2.36　不同等级环境操作温度与服装热阻和新陈代谢率的关系[51]

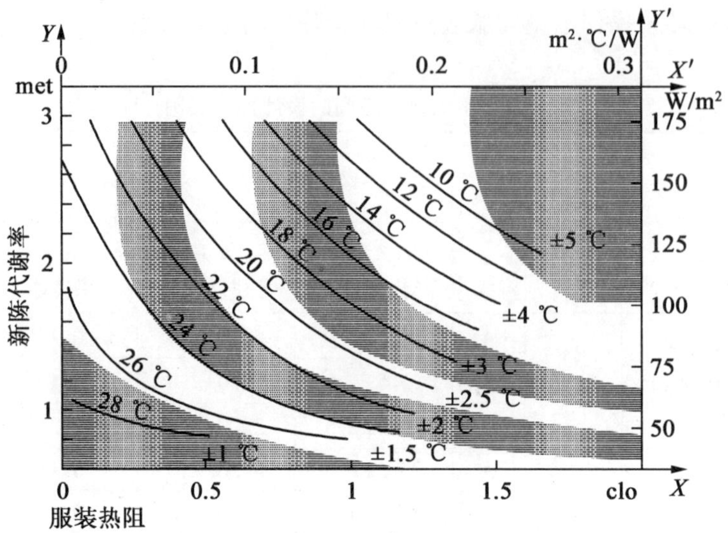

(b)等级 B:PPD＜10%

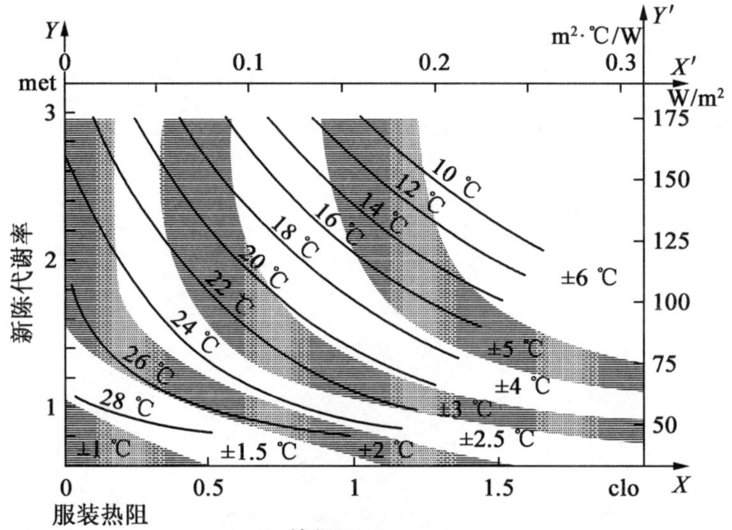

(c)等级C:PPD ＜15%

续图 2.36

2.9.8　我国热舒适标准简介

随着我国经济的发展和人民生活水平的提高,空调设备不断普及,需要有相应的热舒适标准进行指导。在此背景下,全国人类工效学标准技术委员会和卫生部在 1981 年分别制订了相应标准的研制计划。在现场调查和相关实验研究的基础上,1984 年底经过全国人类工效学标准技术委员会讨论通过并由国家标准总局批准公布,我国诞生了第一部热舒适标准 GB/T 5701—1985《室内空调至适温度》。它的编制和出版填补了我国热舒适标准的空白,在很长的时期内发挥了重要的作用。但是随着社会的发展,该标准中的许多内容需要结合最新的研究成果进行修订。在参考美国 ANSI/ASHRAE Standard 55—2004《室内热环境条件》标准基础上，全国人类工效学标准化技术委员会发布了 GB/T 5701—2008《室内热环境条件》并替代了 GB/T 5701—1985《室内空调至适温度》。2008 年后发布的标准扩大了标准范围，使其既适用于原标准规定的条件，即空调环境，也适用于其他复杂情况，其技术内容也更加详细。

同时，我国在 2000 年参考国际标准 ISO Standard 7730—1994，制定了标准 GB/T 18049—2000《中等热环境 PMV 和 PPD 指数的测定及热舒适条件的规定》，规定了预测处于中等环境中的人体对热感觉和不舒适程度的方法及可接受的热舒适条件。适用于室内工作环境的设计或对现有室内工作环境进行评价，其中规定值与 ISO Standard 7730—1994 完全相同。同时，我国也在有关的设计规范和标准中，如 GB 50736—2012《民用建筑供暖通风与空气调节设计规范》中，新增了对室内热舒适的要求。

我国目前正在执行的热舒适标准 GB/T 18049—2000《中等热环境 PMV 和 PPD 指数的测定及热舒适条件的规定》和 GB/T 5701—2008 基本参考先进的国际标准 ISO Standard 7730—1994 和美国标准 ANSI/ASHRAE Standard 55—2004 制定的，主要的标准值也均引用以上两个国外标准。但是由于我国的气候特点、人们的生活习惯和适应性等与国外存在差异，尚需研究适用于我国的热舒适标准。近年来我国也开展了相关标准的研究和编制的工作，并发布了国家标准 GB/T 50785—2012《民用建筑室内热湿环境评价标准》[53]。

2.10 热湿环境参数检测方法

2.10.1 热湿环境测试参数[1,54]

建筑室内热湿环境的基本测试参数应包括空气干球温度、空气相对湿度、空气流速、黑球温度、定向辐射热和表面温度。

通过以上测试参数间接计算的参数有：平均空气温度、平均空气流速、平均辐射温度、平面辐射温度和操作温度，其定义如下。

1. 平均空气温度

平均空气温度是在脚踝、腰部和头部水平上的空气温度数值的平均值。对于坐姿工作的人，3 个对应高度分别为 0.1 m，0.6 m 和 1.1 m；对于站姿工作的人，3 个对应高度分别为 0.1 m，1.1 m 和 1.7 m，且测量时间间隔要符合要求，测试时间不少于 3 min 且不大于 15 min。

2. 平均空气流速

平均空气流速是在脚踝、腰部和头部水平上的空气流速数值的平均值。对于坐姿工作的人，3 个对应高度分别为 0.1 m，0.6 m 和 1.1 m；对于站姿工作的人，3 个对应高度分别为 0.1 m，1.1 m 和 1.7 m，且测量时间间隔要符合要求，测试时间不少于 1 min 且不大于 3 min。

3. 黑球温度

黑球温度是指黑色薄壁球体在环境中达到热平衡时,球内中心处的空气干球温度。

4. 平均辐射温度

平均辐射温度是假想的黑色包围体均匀表面的温度,人在该包围体中的辐射换热量与在实际非均匀空间的换热量相同。

5. 平面辐射温度

平面辐射温度是包围体的均匀温度,在该包围体中某一小平面单元一侧的入射辐射热流量与实际环境中的相同。

6. 定向辐射热

定向辐射热是指某一小平面单元接收到的来自某一方向的半球辐射热流量。

7. 操作温度

操作温度是假想的黑色包围体均匀的内部温度,人在该包围体中的辐射和对流换热量与在实际非均匀空间的换热量相同。

2.10.2　热湿环境参数测试和计算方法[54]

1. 空气干球温度

空气干球温度宜采用热电偶、铂电阻、热敏电阻的数字式温度计或水银温度计进行测试。

温度计的测头应设置辐射热防护罩,辐射热防护罩应符合下列规定:

(1)辐射热防护罩应为两端开口的圆筒,圆筒的内径尺寸应满足当圆筒内置入测头时的通风过流面积不小于圆筒内径面积的 50%,圆筒长度应为其内径的 2~4 倍;

(2)辐射热防护罩内、外表面应采用半球发射率不大于 0.04 且太阳辐射吸收系数不大于 0.15 的光面金属箔;

(3)测试时,应将测头置于辐射热防护罩中部,辐射热防护罩的开口不得朝向房间的冷热源。

2. 空气相对湿度

空气相对湿度宜采用通风干湿球温度计、露点湿度计或电子式湿度计进行测试。

当采用通风干湿球温度计测试时,应符合下列规定:

(1)应采用符合现行行业标准 QX/T 35—2005《气象用湿球纱布》规定的纱布完全包裹测头并固定,纱布包裹层数应为 2~3 层,纱布下端应浸入蒸馏水水壶,测头至壶口的距离应为 30~50 mm;

(2)测头应设置辐射热防护罩;

(3)辐射热防护罩内应设置强制通风装置,罩内过流风速不应低于 2.5 m/s;

(4)测试时,辐射热防护罩的开口不得朝向房间的冷、热源。

当采用通风干湿球温度计测试时,辐射防护罩的强制通风不得对附近的空气流速测试产生干扰。

3. 空气流速

空气流速宜采用热电风速计进行测试。当使用有方向性的风速计时，应保证测头正对来流方向。测试时，每次数据记录应连续读数 3 min，读数的时间间隔不应大于 0.5 s。测试应避免人员或其他测试仪器对测点附近的气流产生干扰。

4. 黑球温度

黑球温度应采用黑球温度计进行测试。

当测点处有太阳直射时，应采用球体外表面太阳辐射吸收系数为 0.65~0.75 且直径为 40~50 mm 的黑球温度计。

测试时，应避免测点附近人员或其他测试仪器产生的风速或辐射热干扰。

5. 定向辐射热

定向辐射热应采用辐射热计进行测试。

每处测点应测试上下、前后、左右共 6 个方向的定向辐射热，各方向的定向方法应符合下列规定：

(1) 当确定上下方向时，应将辐射热计水平放置，并应以测头面向上者为“上”，测头面向下者为“下”；

(2) 当确定前后或左右方向时，应将辐射热计竖直放置，按顺时针方向旋转并每隔 15°读取辐射热值；应将辐射热值的绝对值最大者对应的方向定为“前”，其相反的方向定为“后”，其逆时针旋转 90°的方向定为“左”，其顺时针旋转 90°的方向定为“右”。

测试时，应避免测点附近人员或其他测试仪器产生的辐射热干扰。

6. 表面温度

表面温度宜采用热电偶、铂电阻或热敏电阻的数字式温度计进行测试。

当测试非透明表面的表面温度时，应符合下列规定：

(1) 应对测头及其引出的 80~100 mm 长导线做绝缘处理；

(2) 应将测头及其引出的 80~100 mm 长导线埋入或贴附于被测表面，当采用埋入做法时，埋入深度不应大于 1.0 mm，并应保证测头和导线与表面紧密接触；当采用贴附做法时，应确保测头和导线与被测表面粘贴密实，粘贴面不应残留气泡；

(3) 应对布置测头和导线的部位做表面处理，应使该表面的发射率与被测表面的发射率相差不大于 10%。

当测试透明表面温度时，应符合下列规定：

(1) 应采用热电偶测试，测头直径不应大于 1.0 mm，引出导线直径不应大于 0.3 mm；

(2) 应对热电偶测头及其引出的 80~100 mm 长导线做绝缘处理；

(3) 应采用透明材料将测头和导线与被测表面粘贴密实，粘贴面不应残留气泡。

7. 平均辐射温度

平均辐射温度为黑球温度、空气干球温度和空气流速的导出参数。某测点逐时刻平

均辐射温度的计算公式为

$$\overline{t_{ri}}=\left[(t_{gi}+273)^4+\frac{0.25\times10^8}{\varepsilon_g}\left(\frac{|t_{gi}-t_{ai}|}{D}\right)^{\frac{1}{4}}\times(t_{gi}-t_{ai})\right]^{\frac{1}{4}}-273\ (\text{自然对流}) \tag{2.75}$$

$$\overline{t_{ri}}=\left[(t_{gi}+273)^4+\frac{1.1\times10^8\times v_{ai}^{0.6}}{\varepsilon_g\times D^{0.4}}(t_{gi}-t_{ai})\right]^{\frac{1}{4}}-273\ (\text{强制对流}) \tag{2.76}$$

式中　$\overline{t_{ri}}$——某测点的逐时刻平均辐射温度,℃;

t_{gi}——该测点某时刻的黑球温度,℃;

t_{ai}——该测点某时刻的空气干球温度,℃;

v_{ai}——该测点某时刻的空气流速,m/s;

i——对应数据记录时刻的序号;

ε_g——黑球的发射率;

D——黑球直径,m。

某测点的平均辐射温度应为该测点在测试时段上逐时刻平均辐射温度的平均值,房间的平均辐射温度应为房间各测点的平均辐射温度平均值。

8. 平面辐射温度

测点某方向的逐时刻平面辐射温度的计算公式为

$$t_{pri}=\left[\frac{E_i}{\sigma}+(t_{ci}+273)^4\right]^{\frac{1}{4}}-273 \tag{2.77}$$

式中　t_{pri}——某测点某方向的逐时刻平面辐射温度,℃;

E_i——该测点该方向的某时刻定向辐射热,W/m^2;

t_{ci}——该测点该时刻该方向的辐射热传感器温度,℃;

i——对应数据记录时刻的序号;

σ——斯蒂芬-玻耳兹曼常数,W/(m^2·K^4),$\sigma=5.67\times10^{-8}$ W/(m^2·K^4)。

9. 操作温度

用平均空气温度计算操作温度:

(1)当直接使用平均空气温度替代操作温度时,应满足以下3个要求:

①环境中不存在辐射与辐射平板供暖和供冷系统。

②外窗的面积加权平均后的U值满足不等式:

$$U_W<\frac{50}{t_{d,i}-t_{d,e}} \tag{2.78}$$

式中　U_W——平均玻璃热传导系数,W/(m^2·K);

$t_{d,i}$——室内设计温度,℃;

$t_{d,e}$——室外设计温度,℃。

③太阳能总透射比小于0.48。

(2)操作温度的计算公式为

$$t_o = At_a + (1-A)\bar{t}_r \tag{2.79}$$

式中　t_o——操作温度,℃;

t_a——平均空气温度,℃;

$\bar{t}_r$——平均辐射温度,℃。

方程(2.79)中权重系数 A 值可根据表 2.32 选取。

表 2.32　权重系数 A 值

相对空气流速	<0.2 m/s	0.2~0.6 m/s	0.6~1.0 m/s
A	0.5	0.6	0.7

(3)对于新陈代谢率为 1.0~1.3 met 的建筑使用者,没有直接受到太阳辐射,平均空气流速小于 0.2 m/s,且平均辐射温度和平均空气温度的差值小于 4 ℃,操作温度可以取二者的平均值来计算。

2.10.3　热湿环境参数测试仪器[1,54]

JGJ/T 347—2014《建筑热环境测试方法标准》中对建筑室内热环境测试仪器量程和精度的基本要求见表 2.33。

表 2.33　建筑室内热环境测试仪器性能的基本要求

测试参数	量程	测试精度
空气干球温度	-10~50 ℃	±0.5 ℃
空气相对湿度	10%~100%	±5%
空气流速	0~5 m/s	±((0.05+5)%读数)m/s
黑球温度	0~60 ℃	±0.5 ℃
定向辐射热	-2~2 kW/m^2	±5%
表面温度	-10~60 ℃	±1 ℃

ASHRAE Standard 55—2013 标准中增加了对环境测量设备量程和精度的具体要求,见表 2.34。

表 2.34　仪器测量范围和精度要求[1]

项目	量程	精度
空气温度	10~40 ℃	±0.2 ℃
平均辐射温度	10~40 ℃	±1 ℃
平面辐射温度	0~50 ℃	±0.5 ℃

续表 2.34

项目	量程	精度
表面温度	0~50 ℃	±1 ℃
相对湿度	25%~95% RH	±5% RH
空气流速	0.05~2 m/s	±0.05 m/s
定向辐射热	$-35\sim35\ W/m^2$	$\pm5\ W/m^2$

1. 空气温度

为了避免空气温度传感器受周围辐射热源(如太阳光、冷窗、墙、散热器等)的辐射而影响传感器的测温效果,应对传感器进行遮挡。可以采用以下方法减小误差:使用较小直径的传感器;使用装有通风装置的传感器;用具有高反射性的圆盘或圆筒屏蔽传感器,以阻挡辐射而又不影响传感器周围的空气流动。

常见的传感器有:玻璃温度计(酒精或水银)、电阻温度计(铂、电热调节器)、热电偶和金属温度计。

2. 平均辐射温度

采用以下方法可以估算具有合理精度的平均辐射温度:干球温度计法、计算有效辐射场、6个方向的辐射温度并测量表面温度和角系数。

平均辐射温度可以通过空气干球温度、黑球温度和空气流速计算得出,故可以通过测试上述参数确定,可采用以下仪器:干球温度计、黑球温度计和风速仪。

3. 空气流速

测量空气流速的设备应是全方位的或者经过精确定向、能在任何测点测试真实的空气流速。优先选用全方位的风速仪。当使用加热的传感器测量低空气流速时,一定要考虑到传感器引起的自然对流。传感器必须能够快速地探测出频率为1 Hz的空气波动以评价湍流空气的影响。

测量低空气流速度和湍流强度的常用设备有:热线风速仪、热球风速仪、热阻风速仪、叶轮式风速仪和杯式风速仪。

4. 操作温度

操作温度可以通过空气温度和平均辐射温度计算得出,故可以通过测试空气温度和平均辐射温度来确定操作温度。

操作温度也可以用直径为5~10 cm的温度传感器直接测量,如干球温度计。因为黑球传感器会过高估计直接太阳辐射的影响,所以推荐使用灰色或粉色的传感器。

5. 湿度

湿度可以用若干种方法来测量,各参数(露点、相对湿度、湿球、蒸汽压力)之间可以通过表格或者焓湿图进行换算。

测量湿度的仪器有:干湿计、露点湿度计和电导干湿计或容积干湿计。

6. 不对称辐射温度

估算具有合理准确度的平面辐射温度的方法有：测量表面温度和角系数、定向辐射计或净辐射计。

测量不对称辐射温度的仪器有：净辐射计和定向辐射计。

7. 表面温度

表面温度可以利用与物体表面相连接的传感器（接触式温度计）或红外线传感器测量。使用接触式温度计会改变物体表面与环境的热交换。当传热率较低时这个问题尤其严重。使用红外线传感器测量时会受到物体表面发射率的影响。

测量表面温度的仪器有：接触式传感器和红外线传感器。

ASHRAE Standard 55—2013 对办公建筑的测试要求如下。

（1）测试房间：建筑中人们活动区内有代表性的地点。

（2）采用一些典型的测点，如外窗附近、散流器出入口、转角等处。

（3）测点位置：一般距墙 0.6 m（如果无法估计人们的活动区域，则距墙 1.0 m），两内墙之间的中点以及房间的中心。

（4）湿度测量：如果已知房间的湿度变化不大，则仅在房间的中心测量；否则应在需要的位置多点测量。

（5）温度变化测量：在房间的中心位置。

（6）测试时的室外气象条件：测试期间室内外温差不应低于设计温差的 50%，从阴天到部分有云的天气均可。

ISO Standard 7726—2001 对环境物理参数的测量高度要求见表 2.35。

表 2.35　环境物理参数的测量高度[55]

传感器位置	计算平均值的权系数				推荐高度/m	
	均匀环境		非均匀环境		坐姿	站姿
	适中热环境	热应力较大或极端热环境	适中热环境	热应力较大或极端热环境		
头部			1	1	1.1	1.7
腰部	1	1	1	2	0.6	1.1
脚踝			1	1	0.1	0.1

本章参考文献

[1] Thermal environmental conditions for human occupancy：ANSI/ASHRAE Standard 55：2013[S]. Atlanta：American Society of Heating, Refrigerating, and Air-Conditioning Engineers, Inc. ,2013.

[2] MCINTYRE D A. Indoor climate[M]. London:Applied Science Published LTD,1980.
[3] GAGGE A P, STOLWIJK J A J, HARDY J D. Comfort and thermal sensations and associated physiological responses at various ambient temperatures[J]. Environmental Research,1967,1(1):1-20.
[4] 赵荣义. 关于"热舒适"的讨论[J]. 暖通空调,2000,30(3):25-26.
[5] 王昭俊. 严寒地区居室热环境与热舒适性研究[D]. 哈尔滨:哈尔滨工业大学,2002.
[6] 王昭俊. 关于"热感觉"与"热舒适"的讨论[J]. 建筑热能通风空调,2005,24(2):93-94,102.
[7] 何亚男. 冷辐射环境中人体生理与心理响应的实验研究[D]. 哈尔滨:哈尔滨工业大学,2012.
[8] WANG Z J, HE Y N, HOU J, et al. Human skin temperature and thermal responses in asymmetrical cold radiation environments[J]. Building and Environment,2013,67(9):217-223.
[9] 侯娟. 不对称辐射热环境中人体热舒适的实验研究[D]. 哈尔滨:哈尔滨工业大学,2013.
[10] WANG Z J, NING H R, JI Y C, et al. Human thermal physiological and psychological responses under different heating environments[J]. Journal of Thermal Biology, 2015,52(8):177-186.
[11] 康诚祖. 严寒地区冬季人体热适应实验研究[D]. 哈尔滨:哈尔滨工业大学,2014.
[12] 王昭俊, 康诚祖, 宁浩然, 等. 严寒地区人体热适应性研究(3):散热器供暖环境下热反应实验研究[J]. 暖通空调, 2016, 46(3): 79-83.
[13] 周翔. 偏热环境下人体热感觉影响因素及评价指标研究[D]. 北京:清华大学,2008.
[14] 余娟. 不同室内热经历下人体生理热适应对热反应的影响研究[D]. 上海:东华大学,2012.
[15] 王昭俊, 赵加宁, 刘京. 室内空气环境[M]. 北京:化学工业出版社,2006.
[16] DE DEAR R J, AULICIEMS A. Validation of the Predicted Mean Vote model of thermal comfort in six Australian field studies[J]. ASHRAE Trans., 1985, 91(2B): 452-468.
[17] SCHILLER G E, ARENS E A, BAUMAN F S, et al. A field study of thermal environment in office buildings[J]. ASHRAE Trans.,1988,94(2):280-308.
[18] DE DEAR R J, FOUNTAIN M E. Field experiments on occupant comfort and office thermal environments in a hot-humid climate[J]. ASHRAE Trans., 1994, 100(2): 457-475.
[19] DONNINI G, MOLINA J, MARTELLO C, et al. Field study of occupant comfort and

office thermal environments in a cold climate[J]. ASHRAE Trans. ,1996,102(2): 795-802.

[20] 夏一哉，赵荣义，江亿. 北京市住宅环境热舒适研究[J]. 暖通空调,1999,29(2):1-5.

[21] 王昭俊，方修睦，廉乐明. 哈尔滨市冬季居民热舒适现场研究[J]. 哈尔滨工业大学学报,2002,34(4):500-504.

[22] WANG Z J, WANG G, LIAN L M. A field study of the thermal environment in residential buildings in Harbin[J]. ASHRAE Trans. ,2003,109(2):350-355.

[23] WANG Z J. A field study of the thermal comfort in residential buildings in Harbin[J]. Building and Environment,2006,41(8):1034-1039.

[24] 曹彬，朱颖心，欧阳沁，等. 不同气候区住宅建筑冬季室内热环境及人体热适应性对比[J]. 清华大学学报,2012, 52(4):499-503.

[25] 陈慧梅. 湿热地区混合通风建筑环境人体热适应研究[D]. 广州:华南理工大学,2010.

[26] 张宇峰，王进勇，陈慧梅. 我国湿热地区自然通风建筑热舒适与热适应现场研究[J]. 暖通空调,2011,41(9):91-99.

[27] 任静. 严寒地区住宅和办公建筑人体热适应现场研究[D]. 哈尔滨:哈尔滨工业大学,2014.

[28] 张雪香. 严寒地区高校教室和宿舍人体热适应现场研究[D]. 哈尔滨:哈尔滨工业大学,2015.

[29] 曹彬. 气候与建筑环境对人体热适应性的影响研究[D]. 北京:清华大学,2012.

[30] BRAGER G S, DE DEAR R J. Thermal adaptation in the built environment: a literature review[J]. Energy and Buildings, 1998,27(1):83-106.

[31] 王昭俊. 现场研究中“热舒适指标”的选取问题[J]. 暖通空调, 2004, 34(12):39-42.

[32] 曹彬，朱颖心，侯雨晨，等. 建筑环境人因工程学: 人体热舒适研究的展望[J]. 科学通报,2022,67(16):1757-1770.

[33] YANG B, LI X J, HOU Y Z, et al. Non-invasive (non-contact) measurements of human thermal physiology signals and thermal comfort/discomfort poses-A review[J]. Energy and Buildings,2020,224: 110261.

[34] 李潇婧,刘一航,刘朋举,等. 计算机视觉视频图像处理在暖通空调控制信号采集领域的应用[J]. 暖通空调,2021,51(6):1-12.

[35] 邓悦,曹彬. 寒冷环境下冰雪运动观赛人员热舒适需求分析[J]. 暖通空调,2022, 52(6):17-23.

[36] FANGER P O. Thermal comfort[M]. Copenhagen:Danish Technical Press,1970.

[37] 朱颖心. 建筑环境学[M]. 3 版. 北京:中国建筑工业出版社,2010.

[38] DE DEAR R J, BRAGER G S. Developing an adaptive model of thermal comfort and

preference[J]. ASHRAE Trans. ,2004,104(1):145-167.

[39] FANGER P O, TOFTUM J. Extension of the PMV model to non-air-conditioned buildings in warm climates[J]. Energy and Buildings,2002,34(6):533-536.

[40] CEN. Indoor environmental input parameters for design and assesment of energy performance of buildings: adressing indoor air quality, thermal environment, lighting and acoustics:EN15251:2007 [S]. Brussels:Comite Europe de Normalisation,2007.

[41] WANG Z J, ZHANG L, ZHAO J N, et al. Thermal responses to different residential environments in Harbin[J]. Building and Environment,2011,46(11):2170-2178.

[42] WANG Z J, LI A X, REN J. Thermal adaptation and thermal environment in heated university classrooms and offices in Harbin[J]. Energy and Buildings,2014,77(7):192-196.

[43] 绳晓会. 严寒地区农村和城市住宅热舒适现场测试与分析[D]. 哈尔滨:哈尔滨工业大学,2013.

[44] 王昭俊,绳晓会,任静,等. 哈尔滨地区冬季农宅热舒适现场调查[J]. 暖通空调,2014,44(12): 71-75.

[45] 王昭俊,宁浩然,任静,等. 严寒地区人体热适应性研究(1):住宅热环境与热适应现场研究[J]. 暖通空调,2015,45(11):73-79.

[46] 王昭俊,宁浩然,张雪香,等. 严寒地区人体热适应性研究(2):宿舍热环境与热适应现场研究[J]. 暖通空调,2015,45(12):57-62.

[47] SPENGLER J D, SAMET J M, MCCARTHY J F. Indoor air quality handbook[M]. New York:McGraw-Hill Companies, Inc. ,2001.

[48] Thermal environmental conditions for human occupancy: ANSI/ASHRAE Standard 55:2004[S]. Atlanta:American Society of Heating, Refrigerating, and Air-Conditioning Engineers, Inc. ,2004.

[49] Thermal environmental conditions for human occupancy: ANSI/ASHRAE Standard 55:2010[S]. Atlanta:American Society of Heating, Refrigerating, and Air-Conditioning Engineers, Inc. ,2010.

[50] Thermal environmental conditions for human occupancy: ANSI/ASHRAE Standard 55:2017[S]. Atlanta:American Society of Heating, Refrigerating, and Air-Conditioning Engineers, Inc. 2017.

[51] Thermal environmental conditions for human occupancy: ANSI/ASHRAE Standard 55:2020[S]. Atlanta:American Society of Heating, Refrigerating, and Air-Conditioning Engineers, Inc. 2020.

[52] Ergonomics of the thermal environment—Analytical determination and interpretation of thermal comfort using calculation of the PMV and PPD indices and local thermal comfort criteria:ISO 7730:2005[S]. Geneva:International Standard Organization,2005.

[53] 中华人民共和国住房和城乡建设部, 国家质量监督检验检疫总局. 民用建筑室内

热湿环境评价标准:GB/T 50785—2012[S].北京:中国建筑工业出版社,2012.
[54] 中华人民共和国住房和城乡建设部.建筑热环境测试方法标准:JGJ/T 347—2014[S].北京:中国建筑工业出版社,2014.
[55] Ergonomics of the thermal environment-Instruments for measuring physical quantities: ISO 7726:2001[S]. Geneva: International Standard Organization,2001.

第3章　室内空气质量研究与评价

随着生活水平的不断提高，人们对建筑室内环境的舒适性、美观性等要求越来越高，但随之而来的室内空气质量问题也日趋严重。大量新型建筑材料、装潢材料、新型涂料及黏结剂的使用，清洁剂、杀虫剂、除臭剂的广泛使用，使得室内空气中出现了成千上万种前所未有的挥发性化学污染物，如甲苯、甲醛、甲醇、三氯甲烷、三氯乙烯、苯及氨气等，严重危害人体健康。

在我国北方地区，冬季寒冷而漫长，供暖期长。由于北方城市采用燃煤集中供暖，农村居民采用秸秆分散供暖，大量燃烧产物如 CO_2，SO_2，NO_x 等释放到大气中，空气中的颗粒物 PM10，PM2.5 浓度超标严重，造成长期空气污染。我国东北最大的城市之一——哈尔滨市在 2013 年 10 月遭遇历史上最强雾霾的袭击。此次雾霾持续多日，能见度最差时不足 10 m，为居民生活带来了诸多不便。近年来，我国许多城市雾霾天气增加。而恶劣的室外空气环境对室内空气质量影响很大，严重威胁着人们的身体健康。

近 30 年来，应用空调系统的建筑越来越多。空调系统是为了给人们提供良好的室内空气环境，在为人们提供舒适热环境的同时，也能够为室内人员提供新鲜宜人的高质量空气，以满足人体舒适和健康的需要。但空调系统在改善人们工作和生活环境的同时，却加剧了人类所面临的资源匮乏、环境污染和能源短缺等全球性问题。

1973 年国际石油危机爆发后，为了节能，提高了建筑物的密闭性，相应地减少了空调新风量。由此严重恶化了室内空气质量，并出现了多种与建筑有关的不适症状，称为病态建筑综合征（Sick Building Syndrom，SBS）。

室内空气质量差不仅会使人们的身心健康和工作效率受到很大影响，同时导致病休和医疗费用增加等社会问题。因此，人们越来越认识到解决室内空气质量问题的重要性与迫切性，室内空气质量问题已成为当前建筑环境领域的研究热点。

本章将主要介绍室内空气质量概述、空气污染物对人体健康的影响、室内空气质量的研究方法、室内污染物的散发及传播机理、室内空气质量评价、室内空气污染的人员暴露评价、室内空气质量对人体健康和工作效率的影响、室内空气质量标准以及室内空气污染的控制方法等。

3.1　室内空气质量概述

半个世纪以来，人们终于认识到高质量的空气是室内人员健康的保障。涉及室内空气质量的健康问题范围非常广泛，仅一小部分污染物被人们了解，而现代化的居室还在不断产生新的室内空气质量问题。相比之下，人类有效处理室内空气质量和解决病态建筑综合征的能力提升速度过于缓慢了。热环境可以靠人的机体调节作用去抵御，而对于室内长期低浓度污染，人的机体是没有抵御能力的，甚至对大部分污染物不具有感受能力。人们每天吸入 10 000 L 空气，同时不知不觉地、被动地、无奈地吸入这些污染物。人的健康受空气污染物损害往往要比冷热、噪声等因素大得多。随着人们对环境要求的提高和自我保护意识的加强，对室内空气质量的要求也日益加强。

室内空气污染物对人体健康的影响是很复杂的，一般具有以下几个特性。

(1)影响范围大。室内空气污染不同于特定的工矿企业的环境污染，涉及的人群数量很大，几乎包括了整个年龄组。

(2)接触时间长。人的一生中有 80%以上的时间是在室内度过的，长期持续地暴露在污染的室内空气环境中，室内空气污染物对人体的作用时间很长。

(3)污染物浓度低。室内空气污染物一般不会超标，短期内人体不会有明显的表现。

(4)污染物种类多。成千上万种空气污染物同时作用于人体，可发生复杂的作用，甚至可能是协同作用。

(5)健康危害不清。这些低浓度室内空气污染对人体的长期影响作用机理及阈值计量不清楚。

3.1.1　室内空气质量重要性及特点

据统计，人一生中 80%以上的时间在室内度过，人体摄入空气的质量占摄入物质(食物、水和空气)总质量的 75%以上，因此室内空气质量直接关系着人体健康。

随着经济的发展和生活水平的提高，人们对健康越来越重视。人们对人居环境的要求，也已经不仅限于对室内空气的温度、湿度和流速的要求，而提升到与室内各类污染物如可挥发有机物、颗粒物等密切相关的室内空气质量(Indoor Air Quality, IAQ)的要求上来。室内是现代人生活、工作、学习、休息、娱乐、社交的重要场所，尤其对于婴儿和老年人，在室内停留的时间更长，因此室内环境是否污染、室内空气质量好坏和如何采取有效措施及时排除各种污染物等相关问题显得尤为重要。

室内空气质量与室内空气污染紧密相关。建筑的室内空气污染，是指室内的物理、化学、生物污染物在室内积聚、扩散，导致室内空气质量下降，威胁人体健康，影响人类生活、工作的现象。

近年来，随着生活水平和环保意识的提高，人们对室内空气环境愈加重视，但室内空气环境并没有得到明显改善，由家装、家具和日化品带来的污染愈加严重。

人们绝大部分时间在室内度过，而室内空气污染不仅与室外空气质量相关，也与室内空气特有的污染源、生活方式、通风条件等相关。2017 年全球疾病负担研究报告显示，全球范围内疾病负担最重的因素中，烟草和空气污染分别排在第四位和第七位。在我国，上述两个因素分别排在第二位和第四位[1]。且我国因烟草和空气污染造成的伤残调整生命年(Disability-adjusted Life Years，DALYs)高于全球平均值。

室内污染不仅仅是室内污染源导致的。20 世纪 70 年代石油危机爆发后，建筑节能引起各国重视。新建建筑的围护结构气密性不断加强，同时更加依赖于机械通风，很多长期生活在这些建筑中的人出现了眼睛红肿、头晕恶心、皮肤过敏、记忆力衰退等不良反应。这些由建筑使用而产生的症状在 1980 年被联合国世界卫生组织（WHO）定名为“病态建筑综合征”（SBS）。室内空气质量下降造成的建筑相关病症（Building Related Illness，BRI）、化学物质过敏症（Multiple Chemical Sensitivity，MCS）也相继受到关注。化学物质过敏症发生的环境，其室内污染物含量可能并未超标，甚至没有污染，可能是通风降低后的一种心理过敏反应，造成人的主观不适。针对 SBS、BRI、MCS 等新现象，室内空气污染也被定义为：由于室内存在可释放有害物质的污染源或室内环境通风不佳而导致室内空气中有害物质数量或种类增加。

20 世纪 70 年代，一些发达国家出现大量的室内空气质量问题[2]，引发的健康危害开始被关注。美国环境保护署（EPA）的调研结果显示：许多民用和商用建筑中的空气污染程度是室外空气污染的数倍至逾百倍，美国每年因室内空气质量问题造成的经济损失高达 400 亿美元。世界卫生组织公布的报告显示，人们的空气污染暴露主要来自室内。国际著名期刊《柳叶刀》[3]刊文指出，全球每年归因于大气 PM2.5 污染的早死人数达到 420 万人。由于室内外 PM2.5 浓度比（I/O 比）接近 1，人在室内外逗留时间之比约为 10，室内 PM2.5 污染是造成上述早死人数的主要原因。美国劳伦斯伯克利国家实验室研究者 Logue 等[4]研究了美国室内空气污染引发的慢性健康危害导致的伤残调整生命年（DALYs）损失，发现每 10 万人的健康损失约为 400～1 100 DALYs/年，其中 PM2.5、丙烯醛、甲醛的贡献率排名前三。

我国近 20 年来经历了快速的城镇化进程和经济发展，发达国家半个多世纪先后出现的大气污染（外患）和室内空气污染（内忧）问题在我国几乎同时集中式出现。此外，我国室内空气质量问题还存在一些和发达国家不一样的独特原因，导致问题更为复杂和严重，相应的健康危害也更大，具体体现在：我国能源主要依赖煤炭，工业用能、建筑用能排放大量颗粒物和气态污染物进入大气，造成我国很多地区雾霾频发，年均 PM2.5 浓度远高于世界卫生组织标准值 10 $\mu g/m^3$；我国城市每年新建建筑逾 10 亿 m^2，室内环境大量使用人工复合材料及制品（包括家具），相关污染物测评控标准与技术不健全，甚至存在严重缺陷；我国饭店和百姓烹饪常采用油煎、油炸和爆炒，散发大量颗粒物和多环芳烃；室内空气净化器缺乏科学评价标准，导致鱼龙混杂、良莠难辨，一些空气净化器使用过程中产生有害副产物，加剧室内空气质量恶化。考虑到我国室内 PM2.5、甲醛以及许多其他挥发性有机化合物的浓度比美国等发达国家高很多，因此可以预计我国这些污染物造成的健康损失会更大[2]，譬如，我国每年归因于大气 PM2.5 污染的早死人数约 126 万人，约占全球总数的 1/3。

近年来，增塑剂、阻燃剂等含有半挥发性有机物（Semi-volatile Organic Compounds，SVOC）的健康危害引起了一些研究者的关注。研究发现，一些 SVOC 如增塑剂（邻苯二甲酸酯）会导致多种“现代疾病”：儿童哮喘、男性生殖系统疾病、免疫功能损害和女童乳房发育早熟等。

历史上，很多传染性疾病如流感、肺结核等被发现主要通过空气传播等方式传播。2003 年严重急性呼吸综合征（Severe Acute Respiratory Syndrome，SARS）在世界许多国家肆虐，对我国人民的日常生活和工作造成了灾害性影响，Li 等的研究发现其可通过空气传播。2004 年我国发生了禽流感，2009 年全球很多国家发生了 H1N1 病毒感染。2020 年全球新冠疫情(COVID-19)大爆发，更给全世界带来巨大危害。上述传染病在给社会带来巨大危害的同时，也不断引发人们对传染病空气传播的高度关注以及对室内空气安全问题的深入思考。

与室外空气污染相比，室内空气污染有积累性、长期性和多样性的特点。

(1)积累性。

建筑室内是相对封闭的空间环境，如室内通风不畅，污染物进入室内后会不断积聚，造成污染物浓度上升，构成对人体的危害。

(2)长期性。

现代人平均每天有 70%~90%的时间是在室内度过的。即使污染物浓度较低，但因为暴露时间较长，人体健康在污染物长期作用下也会受到影响。由于老人、孕妇、儿童、病人在室内活动时间较长，而这些群体的身体相对较弱和敏感，遭受室内空气污染的威胁更大。一些污染物的扩散周期长或无法去除，也是室内空气污染长期存在的主要因素。

(3)多样性。

室内空气污染的多样性是指污染物种类和来源的多样性。

3.1.2　室内空气质量的定义

室内空气质量(Indoor Air Quality，IAQ)的定义在近 30 年中经历了许多变化。最初，人们将室内空气质量几乎完全等同于一系列污染物浓度的指标。近年来，人们认识到这种纯客观的定义已不能完全涵盖室内空气质量的内容，于是对室内空气质量的定义进行了不断发展。

在 1989 年室内空气质量国际会议上，Fanger 提出：质量反映了满足人们要求的程度，如果人们对空气满意，就是高质量；反之，就是低质量。

英国特许建筑设备工程师学会(Chartered Institute of Building Services Engineers，CIBSE)认为：如果少于 50%的室内人员感觉有异味，少于 20%的人感觉不舒服，少于 10%的人感觉黏膜刺激，并且少于 5%的人在不到 2%的时间内感觉烦躁，则可认为此时的室内空气质量是可接受的。该定义与舒适有关，并未考虑对人体健康有潜在危险却无异味的物质，如氡等。

以上两种定义的共同点是都将室内空气质量完全变成了人们的主观感受。

美国 ASHRAE 学会颁布的标准 ASHRAE Standard 62—1989《满足可接受室内空气质量的通风》[5](以下简称旧标准)中将“良好的室内空气质量”定义为：空气中没有已知的污染物达到公认的权威机构所确定的有害浓度指标，并且处于这种空气中的绝大多数人(≥80%)对此没有表示不满意。这一定义将室内空气质量的客观评价和主观评价结合起来，体现了人们认识上的飞跃。

不久，该组织在修订版 ASHRAE Standard 62—1989R 中，又提出了“可接受的室内空气质量”(Acceptable Indoor Air Quality)和“可接受的感知的室内空气质量”(Acceptable Perceived Indoor Air Quality)等概念。“可接受的室内空气质量”的定义如下:空调空间中绝大多数人没有对室内空气表示不满意,并且空气中没有已知的污染物达到了可能对人体健康产生严重威胁的浓度。“可接受的感知的室内空气质量”定义如下:空调空间中绝大多数人没有因为气味或刺激性而表示不满。它是达到可接受的室内空气质量的必要而非充分条件。由于有些气体,如氡、一氧化碳等没有气味,对人也没有刺激作用,不会被人感受到,但却对人危害很大,因而仅用感知的室内空气质量是不够的,必须同时引入可接受的室内空气质量。

在 ASHRAE Standard 62—1999《满足可接受室内空气质量的通风》[6] 中对“可接受的室内空气质量”的定义为:空气中没有已知的污染物达到公认的权威机构所确定的有害浓度指标,并且处于这种空气中的绝大多数人(≥80%)对此没有表示不满意。这一定义同 ASHRAE Standard 62—1989 中“良好的室内空气质量”的定义一致。这一定义将客观评价和主观评价结合起来,根据该标准中给出的室内污染物指标限值,通过对室内各种污染物进行现场测定,即可进行客观评价,同时结合人们的主观感受即可完成主观评价。与 ASHRAE Standard 62—1989R 中“可接受的感知的室内空气质量”定义相比,新标准中“可接受的室内空气质量”定义的可操作性强,且相对于其他定义比较科学和全面。故新标准中未给出“可接受的感知的室内空气质量”的定义。

在 ASHRAE Standard 62—2007[7] 中保留了“可接受的室内空气质量”的定义。

室内空气中有多种污染物,且这些低浓度的污染物对人体健康的影响是深远的。因此,必须确定有关污染物在室内空气中的允许浓度标准。一般用阈值 TLV(Threshold Limit Values)来表示污染物的允许浓度。

所谓阈值就是空气中传播的物质的最大浓度,该浓度对日复一日地停留在这种环境中的所有工作人员几乎均无有害影响。因为人们的敏感性存在差异,即使是浓度处在阈值以下,也会有少数人由于某种物质的存在而感到不舒适。

阈值一般有以下 3 种定义。①时间加权平均阈值。它表示正常的 8 h 工作日或 35 h 工作周的时间加权平均浓度值,对长期处于该浓度下的所有工作人员几乎均无有害影响。②短期暴露极限阈值。它表示工作人员暴露时间为 15 min 以内的最大允许浓度。③最高限度阈值。它表示即使是瞬间也不应超过的浓度。

短期暴露极限阈值和最高极限阈值特别适用于短时间的工业暴露。而本章所涉及的允许浓度标准值均系时间加权平均阈值。

3.1.3 室内空气质量的主要研究方向

室内空气质量研究是一个跨学科的研究领域,涉及多学科的交叉和融合,它不仅包括与建筑工程相关的建筑设计、建筑环境、规划管理、暖通空调,还涉及计算流体力学、传热传质学、材料科学、临床医学、流行病学、公共卫生、心理学、气象学、环境监测、环境化学、生物安全、毒理学、空气净化与室内环境治理等众多学科。

根据室内空气污染的形成、传播和影响阶段,关于室内空气质量的研究可分为三大类：①研究室内污染源及其特性；②研究污染物在空气中的传播与控制；③研究污染暴露效应对人体和环境造成的影响。具体见表 3.1。

表 3.1　室内空气质量的研究分类

研究分类	研究内容举例	主要涉及学科
各类污染源及其特性	物理污染及其特性、化学污染及其特性、微生物污染及其特性、污染物的消除吸附机制、污染物的监测鉴定方法等	物理、化学、生物、材料、环境监测等
污染物的传播与控制	空气污染物的传播扩散机制、建筑气流组织净化、自然通风与室内空气质量关系等	暖通空调、建筑设计、传热传质学、计算流体力学、空气净化与室内环境治理等
污染暴露效应	室内空气污染对人体的毒副作用、室内空气污染对环境的影响评估、病态建筑综合征相关研究等	临床医学、公共卫生、心理学、生物学、毒理学、化学等

什么是优良的室内空气环境[1]？学术界基本形成以下共识。一方面是主观因素，要使得室内人员感到神清气爽、精力充沛、心情愉悦，工作效率高；另一方面是客观因素，污染物的浓度要低于一定阈值，从而避免给人的健康造成损害。近些年以下具体问题受到国内外学者的关注：

(1)什么样的居住或工作环境会使人主观感受舒适，心情愉悦，工作效率高？舒适的室内环境与温度、湿度、污染物浓度、新风等存在什么样的关联？

(2)污染物采用什么方法进行检测？检测和监测的精度和成本该如何平衡？

(3)不同的污染物浓度和健康存在什么样的关系？对人体健康的损害是否存在一定的阈值？不同污染物浓度会造成多大的损伤？不同污染物的浓度对健康的损害的权重是多少？

(4)针对不同的室外污染水平和气候特征，营造优良室内空气环境的技术手段如何实现？需要付出的代价有多大？是否存在优化的方法从而使得营造优良室内空气环境的代价最低？

(5)传染病的空气传播问题及其带来的室内空气安全问题。

(6)采用大数据和人工智能，实现研究方法创新[2]。需要发展新的分析方法，如概率关系、关联关系，以在更大的跨学科范围揭示相关规律。例如，量子力学中的基于概率的分析方法、热力学中的品位分析方法、分析力学中的基于最小作用量的变分分析方法、公共卫生流行病学中的关联性分析方法会在大数据分析中得到广泛应用并不断发展，一些伴随大数据出现的新分析方法也会应运而生并长足发展，使研究方法论产生从量的变化到质的飞跃，从更高的层次更全面高效地认识问题和解决问题。

3.2　空气污染物对人体健康的影响

3.2.1　室内空气污染物对人体健康的影响

人的一生有80%以上的时间是在室内度过的，尤其是老、幼、弱、病者在室内活动的时间更长。近期的一些调查研究结果表明，室内空气污染程度高于室外。故室内空气污染与人体健康的关系更为直接和密切。据相关资料统计显示：人类有70%的病征与室内环境有关，我国每年有12万人死于室内污染，90%以上的幼儿白血病患者都是住进新装修房一年内患病的。

1. 室内空气致癌物污染

建筑材料释放的氡、吸烟排放的烟雾、燃料不完全燃烧释放的苯并芘等，都与呼吸道癌的发病有关。具体阐述如下：

(1)氡。

氡是一种惰性放射性气体，由镭衰变而成。它易扩散，能溶于水和脂肪。在体温条件下，极易进入人体组织。

氡靠发射α粒子而衰变，其衰变产物统称为氡的子体。氡的子体也会发射α粒子。α粒子的射程很短，一般不会影响人体健康。但如果氡或其子体被人体所吸入，那么放出的α粒子就可能伤害肺膜，从而导致肺癌。由于氡是惰性放射性气体，大多数被人体吸入的氡气随后又被排出体外，故不会危害人体健康。但是，氡的子体是具有化学活性的带电离子。这些氡的子体会依附于空气中的灰尘粒子上，被人体吸入后可能会沉积于肺部。因此，氡的子体对人体所造成的危害要大于氡本身所产生的危害性。

Jacobi(1976)对铀矿工人死亡率的流行病学研究结果表明，每百万肺癌病人中，由长期在放射性气体下暴露所致的有200例。因此认为氡是肺癌的主要诱因之一，其潜伏期为15~40年。Cliff(1978)研究发现住宅中氡的浓度一般超过了最大允许浓度。有关专家认为除吸烟以外，氡比其他任何物质都更能引起肺癌。美国估计每年约有2万例肺癌患者是与室内氡的暴露有关。

(2)吸烟的烟气。

香烟的烟气可以向室内空气中释放大量的CO，CO_2，NO_x等有害气体和丙烯醛、尼古丁以及多环芳烃等有害物。其中的多环芳烃是造成肺癌的主要污染物。

2. 甲醛

甲醛具有较高毒性，已经被世界卫生组织(WHO)确定为致癌和致畸形物质，是公认的变态反应源，也是潜在的强致突变物之一。

甲醛对人体健康的影响主要是刺激作用，如嗅觉异常，刺激眼和呼吸道黏膜，过敏，产生变态反应如肺功能异常、肝功能异常和免疫功能异常等。甲醛的嗅觉阈为0.06~1.2 mg/m^3，眼和上呼吸道刺激阈为0.01~1.9 mg/m^3。1978—1979年对美国威斯康星州的 100 幢住宅的调查结果为：甲醛质量浓度范围为 0.131～4.93 mg/m^3。在所调查的 261 名居民中，许多人经常出现眼红、眼痒、流泪、咽喉干燥发痒等症状。离开该住宅后，多数人的症状能消退。

长期接触低剂量甲醛可引起慢性呼吸道疾病，引起鼻咽癌、结肠癌、脑瘤、月经紊乱、细胞核基因突变、DNA 单链内交连、DNA 与蛋白质交连、DNA 损伤的修复抑制、妊娠综合征、新生儿染色体异常、白血病、青少年记忆力和智力下降。在所有接触者中，儿童和孕妇对甲醛尤为敏感，受到的危害也就更大。当室内空气中的甲醛质量浓度达到 0.06～0.07 mg/m^3 时，儿童就会发生轻微气喘。当室内空气中甲醛质量浓度为 0.1 mg/m^3 时，就能闻到异味和出现不适感；质量浓度达到 0.5 mg/m^3 时，可刺激眼睛，引起流泪；质量浓度达到 0.6 mg/m^3 时，可引起咽喉不适或疼痛。浓度更高时，可引起恶心呕吐、咳嗽胸闷、气喘甚至肺水肿；质量浓度达到 30 mg/m^3 时，会立即致人死亡。我国国家标准规定室内甲醛的 1 h 均值为 0.1 mg/m^3。

3. 挥发性有机化合物（VOCs）

随着经济的发展和人民生活水平的提高，工业排放的挥发性有机废气、室内装修及家具散发出的有毒有害废气量也快速增加，严重污染空气和危害人们的身体健康。VOCs 被视为继粉尘之后的第二类量大、面广的气体污染物。

虽然室内 VOCs 各自的浓度一般较低，但多种微量 VOCs 的共同作用却不可低估。VOCs 长期处于低剂量释放，对人体危害很大。其毒性能引起中枢神经系统、呼吸系统、生殖系统、循环系统和免疫系统功能异常，损伤 DNA，有致癌、致畸、致突变作用，是引发人们患病态建筑综合征（SBS）和建筑关联症（BRI）等疾病的主要原因。

影响室内空气质量的 VOCs 主要是沸点为 50～100 ℃ 的易挥发性有机化合物（VVOC）和沸点为 100～260 ℃ 的挥发性有机化合物（VOCs）。

由于 VOC 种类很多，难以检测和分类，世界卫生组织（WHO）在 1987 年给出：室内总 VOC（TVOC）的质量分数不能超过 300 $\mu g/m^3$ 的上限值。我国国家标准规定室内 TVOC 的 8 h 均值为 0.6 mg/m^3。

甲苯、二甲苯蒸汽主要经呼吸道进入体内，液体也可经皮肤侵入。高浓度甲苯、二甲苯后经人体吸入后具有中枢神经系统麻醉作用，并对黏膜有刺激作用。其轻度中毒的临床表现为：头晕、头痛、恶心、呕吐、胸闷、憋气、四肢无力、黏膜刺激、意识模糊等。重度中毒的临床表现为：在轻度中毒的基础上，出现躁动、抽搐或昏迷。长期吸入甲苯或二甲苯可出现不同程度的神经衰弱综合征，并可导致黏膜刺激、皮肤刺激及炎症。

有些苯的氨基和硝基化合物对皮肤有刺激或致敏作用，如对苯二胺、二硝基氯苯、对亚硝基二甲基苯胺等可引起接触性皮炎和过敏性皮炎。而氨基和硝基苯衍生物 α-萘胺、β-萘胺、联苯胺等是目前公认的致癌物质。三硝基甲苯、二硝基酚等可引起中毒性白内障，毒物经血液进入晶状体后，使晶状体发生浑浊。如人体接触高浓度的三硝基甲苯，可发生明显的肝部损害，重者会造成肝硬化，还会引发再生障碍性贫血。

4. 半挥发性有机物（SVOC）

在过去对室内污染物的研究中，挥发性有机物得到了足够的重视和有效的控制，然而室内污染物中,半挥发性有机物(Semi-volatile Organic Compounds,SVOC)的浓度也在不断增加[8]。根据世界卫生组织的分类原则,半挥发性有机物 SVOC 是指沸点在 240 ~ 400 ℃的一类有机物。具体来说,这类物质包括燃烧产物多环芳烃(Polycyclic Aromatic Hydrocarbons,PAH)、塑料中的增塑剂——邻苯二甲酸酯(Phthalic Acid Esters,PAE)和电子电器产品中的阻燃剂——多溴联苯醚(Polybrominated Diphenyl Ethers,PBDE)等。这些物质的饱和蒸汽压低,极易吸附在颗粒物、灰尘以及各种物体表面(包括人体皮肤表面),不易降解,在室内环境中存在时间长,具有生物累积效应。与 VOCs 相比,SVOC 在环境中不易降解,可在室内环境中存在数十年,并具有生物累积效应。

SVOC 进入人体后可造成比 VOC 更严重的健康危害,主要表现在[9]:

(1)致癌效应。PAH 是一种强致癌物,何兴舟等在云南宣威地区经过多年研究,发现室内苯并芘(一种 PAH)浓度的增加与肺癌发病率的升高存在显著的相关性。国外研究者在瑞典对 163 名受试者做了对比研究,发现对含增塑剂的塑料产品的暴露与患睾丸癌的风险之间存在显著的相关性。Macdonald 指出 PBDE 的致癌性是今后研究的重点。

(2)呼吸系统疾病。Bornehage 等对 PAE 暴露与哮喘和过敏等气道疾病之间关联性的流行病学和实验研究进行了综述,流行病学的研究指出,对于儿童,该关联性存在,而实验研究发现的佐剂效应也支持这一结论。其他多项研究也指出 PAE 暴露与哮喘等呼吸系统疾病关联性较高。

(3)生殖系统损害。Swan 等的研究表明产前 PAE 的暴露可以对男性生殖器官的发育造成不可逆的影响。Ren 等对中国 130 个新生婴儿(50 个健康,80 个患有神经管缺陷)的胎盘 PAH 浓度进行了分析,发现 PAH 浓度与婴儿神经管缺陷存在剂量-效应关系。此外,多篇综述文章也指出 SVOC 暴露对人类生殖系统的危害,如 PAE 暴露与男性精子质量下降有关。

(4)内分泌系统紊乱。因为与人类体内多种荷尔蒙结构相似,PAE 和 PBDE 被视为内分泌干扰物质。Macdonald 和 Darnerud 综述了 PBDE 的健康危害,指出其对甲状腺激素可能存在严重的干扰;Yang 等发现 PBDE 存在抗雄激素毒性。Stahlhut 等研究发现人体内 PAE 的浓度水平与美国男性成人的胰岛素抗性等存在显著相关性;Meeker 等的研究表明邻苯二甲酸二(2-乙基己)酯(PAE 的一种,英文全称 di-(2-ethylhexyl) phthalate,简称 DEHP)会改变男性体内甲状腺激素的浓度水平;Ma 等发现吸入的 DEHP 会提前大鼠的青春期。

近年来瑞典、美国等发达国家的研究者发现,人群对 SVOC 的暴露是引发肺癌、哮喘过敏症等疾病的重要原因。研究发现,许多 SVOC 成分(如邻苯二甲酸酯)和人的荷尔蒙成分很相似,人体摄入后会影响内分泌,对人体发育、生殖和遗传系统造成伤害,产生持续性的跨代危害,影响人类的长期健康繁衍和生存。现在欧美国家哮喘患病率高达 10%~38%,SVOC 暴露可能是重要原因。

我国的 SVOC 污染情况尤为严重。这是因为我国是世界上最大的增塑剂消费国,2006 年占世界消费量的 1/4;我国阻燃剂消费量的年均增长率是世界平均水平的 4 倍;我国杭州 26 户城市家庭的室内 PAH 浓度,比美国芝加哥 100 余户城市家庭的室内 PAH 浓度要高出 10 倍以上。而且,我国与 SVOC 暴露相关的疾病发病情况也令人担忧。1973 年至 2005 年,我国肺癌死亡率的增长超过 4 倍,已在癌症死亡率中排名第一。Zhang 等针对我国 10 个城市的儿童调查研究表明,我国 2~5 岁儿童的哮喘发病率已经从 1999 年的 0.91%和 2000 年的 1.5%增长到 2010 年的 6.8%。

总体来说,世界各国的 SVOC 污染形势都很严峻,但目前对室内 SVOC 污染尚缺乏相关的控制策略和治理手段,标准、法规也不健全。美国、欧盟和我国都仅规定了部分 SVOC 在源头产品如塑料包装中的含量限值,大部分空气中的 SVOC 浓度限值均未作规定。很多学者在 SVOC 的源散发特性、传输特性、干预特性和健康效应等方面进行了研究。

5. 一氧化碳(CO)

CO 是无色、无臭、无味、无刺激性但有毒的气体。CO 被人体吸入后,经肺泡进入血液循环,与血液中的血红蛋白(Hb)和血液外的其他某些含铁蛋白质(如肌红蛋白、二价铁的细胞色素等)进行可逆的结合。由于 CO 与血红蛋白的亲和力比氧与血红蛋白的亲和力大 200~300 倍,故当人体内有 CO 存在时,CO 就排挤了氧与血红蛋白的结合,而形成碳氧血红蛋白(COHb)。碳氧血红蛋白的离解比氧合血红蛋白(HbO_2)慢 3 600 倍,而且碳氧血红蛋白的存在还影响到氧合血红蛋白的正常离解,阻碍氧的释放和传递,导致低氧血症和组织缺氧。

当人体吸入 CO 时,可引起 CO 中毒。CO 急性中毒的临床表现可以分为三级:①轻度中毒:患者出现剧烈的头痛、头昏、四肢无力、恶心、呕吐,可出现轻度至中度意识障碍,但无昏迷,血液中碳氧血红蛋白的质量分数可以达到甚至超过 10%。②中度中毒:除有轻度中毒的症状外,还出现意识障碍,表现为浅至中度昏迷,血液中碳氧血红蛋白的质量分数可高于 30%。③重度中毒:迅速出现意识障碍,严重者处于深昏迷或去大脑皮层状态,可并发脑水肿、休克或严重的心肌损害、肺水肿、呼吸衰竭、上消化道出血、脑局部损害等,血液中碳氧血红蛋白的质量分数可高于 50%。人体长期接触 CO 能否引起慢性中毒,至今尚有争议。据调查,接触者可出现神经衰弱综合征和自主神经功能障碍,血清胆固醇、脂蛋白、葡萄糖增高以及心电图异常。此外,CO 还与动脉粥样硬化、心肌梗死、心绞痛等疾病关系密切。调查资料显示,室内 CO 污染水平与居民血液中碳氧血红蛋白(COHb)含量呈正相关,COHb 的增加会促进心肌缺氧的发展。

人体对 CO 的敏感性是有差异的,在老年人、年轻人,以及在具有慢性呼吸器官疾病的人中的差别是很大的。表 3.2 为在不同的 CO 体积分数下暴露 8 h 后所受的影响,表中同时给出了碳氧血红蛋白的质量分数。我国国家标准规定 CO 的 1 h 均值为 10 mg/m^3。

表 3.2　在不同的 CO 质量分数下暴露 8 h 所受的影响

CO 体积分数/%	碳氧血红蛋白质量分数/%	症状
0.005	0~10	无症状

续表 3.2

CO 体积分数/%	碳氧血红蛋白质量分数/%	症状
0.01	10~20	前额有紧绷感,轻微头痛
0.02	20~30	头痛且太阳穴跳动
0.03	30~40	严重头痛、晕眩、呕吐及虚脱
0.2	80~90	1 h 内死亡

6. 二氧化碳(CO_2)

CO_2 在低浓度下是无毒的。正常情况下室外空气中 CO_2 的体积分数为 0.03%~0.04%。当环境中 CO_2 的体积分数达到 0.07%,且体内排出的其他气体也相应达到一定浓度时,少数气味敏感者将有所感觉;当 CO_2 的体积分数达到 0.1%时,则有较多人感到不舒适;当 CO_2 的体积分数继续增加,达到 1%左右时,人体呼吸的深度略有增加;当 CO_2 的体积分数增加到 3%时,人体呼吸的深度已增加 1 倍;当 CO_2 的体积分数为 3%~5%时,由于人体呼吸作用的加强而引起人体不舒适和严重的头痛;若在 5%的体积分数下停留 30 min,人体就会产生中毒症状,并引起精神抑郁;在 10%的体积分数下停留几分钟即会失去知觉。如果持续在 1%的低体积分数下停留数日就会产生酸中毒。我国国家标准规定 CO_2 日平均值为 0.1%。

7. 氨(NH_3)

NH_3 在常温常压下是一种无色、有强烈刺激性气味的气体。NH_3 溶于水后呈碱性,人体可感觉的最低体积分数为 0.000 53%。

冬季施工过程中会在混凝土中添加氨水作为防冻剂,防冻剂中 NH_3 的释放期较长,对人体造成的危害较大。装饰材料中的添加剂和增白剂中 NH_3 的释放期较短,对人体造成的危害较小。因此应该禁止使用氨作为防冻剂。

NH_3 对皮肤组织、上呼吸道有腐蚀作用,使人流泪、咳嗽、呼吸困难,严重时可发生呼吸窘迫综合征;NH_3 通过三叉神经末梢反射作用引起心脏停搏和呼吸停止;通过肺泡进入血液,破坏血红蛋白的运氧功能。我国国家标准规定 NH_3 的 1 h 均值为 0.2 mg/m^3。

8. 病原微生物

病原微生物污染对呼吸道传染病的传播有重要意义。如流行性感冒、麻疹、流行性腮腺炎、百日咳、猩红热及肺结核等,均可经空气传播。

9. 其他污染物

(1)臭氧。

大气中的臭氧层是有益处的。上层大气中的臭氧层可阻挡会引发晒伤及皮肤癌的紫外线。但是臭氧具有毒性,对眼睛黏膜和肺组织都具有刺激作用,能破坏肺的表面活性物质,并能引起肺水肿、哮喘等。

人们对臭氧的敏感性差异很大。一般的嗅知质量浓度为 0.01~0.02 mg/L。当臭氧的质量浓度达到 1 mg/L 时，即可引起人们呼吸加速、胸闷等症状。当臭氧的质量浓度达到 2.5~5.0 mg/L 时，会引起脉搏加速、疲倦、头疼。停留 1 h 以上会引起肺气肿，以致死亡。

我国国家标准规定臭氧的 1 h 均值为 0.16 mg/m^3。

(2)军团菌。

人一旦吸入军团菌，轻者在体内产生血清学反应，重者则引起军团菌病，简称军团病。

(3)尘螨。

尘螨可引发哮喘、过敏性鼻炎和过敏性皮炎等。尘螨能在室温 20~30 ℃环境中生存，其适宜湿度为 75%~85%。由于尘螨蛹在不良气候条件下易死亡，因此只要加强室内通风换气，经常清扫易滋生场所，尘螨即能得到控制。

10. 高频电磁场和微波

高频电流通过电路时，其周围伴随着频率相同的交变电磁场。电磁场能量以波的形式在空间向四周发射的过程称为电磁辐射。电磁辐射的波谱很宽，量子能量在 12 eV 时，可引起物质产生电离，称为电离辐射，如 X 射线、γ 射线等；量子能量在 12 eV 以下时，不足以引起物质产生电离，统称为非电离辐射(频率 $3.0\times10^{11}\sim4.0\times10^{14}$ Hz、波长 $7.6\times10^{-7}\sim1.0\times10^{-3}$ m)，包括紫外线、可见光、激光、红外线和射频辐射(无线电波)，具体见表 3.3。

表 3.3　电磁辐射谱

<table>
<tr><th colspan="4">辐射类型</th><th>频率/Hz</th><th>波长/m</th></tr>
<tr><td colspan="4">电离辐射</td><td>73.0×10^{15}</td><td>1.0×10^{-7}</td></tr>
<tr><td rowspan="11">非电离辐射</td><td colspan="3">紫外线</td><td>$4.0\times10^{14}\sim7.5\times10^{14}$</td><td>$4.0\times10^{-7}\sim7.6\times10^{-7}$</td></tr>
<tr><td colspan="3">可见光</td><td>$3.0\times10^{11}\sim4.0\times10^{14}$</td><td>$7.6\times10^{-7}\sim1.0\times10^{-3}$</td></tr>
<tr><td rowspan="7">射频辐射</td><td rowspan="3">微波</td><td>毫米波</td><td>$3.0\times10^{13}\sim3.0\times10^{14}$</td><td>$1.0\times10^{-4}\sim1.0\times10^{-3}$</td></tr>
<tr><td>厘米波</td><td>$3.0\times10^{8}\sim3.0\times10^{13}$</td><td>$1.0\times10^{-3}\sim1.0\times10^{-2}$</td></tr>
<tr><td>分米波</td><td>$3.0\times10^{7}\sim3.0\times10^{8}$</td><td>$1.0\times10^{-2}\sim1.0$</td></tr>
<tr><td rowspan="4">高频电磁场</td><td>超短波</td><td>$3.0\times10^{6}\sim3.0\times10^{7}$</td><td>1.0 ~10.0</td></tr>
<tr><td>短波</td><td>$1.5\times10^{5}\sim3.0\times10^{6}$</td><td>$10.0\sim2\times10^{2}$</td></tr>
<tr><td>中波</td><td>$0.5\times10^{5}\sim1.5\times10^{5}$</td><td>$2\times10^{2}\sim6\times10^{2}$</td></tr>
<tr><td>长波</td><td>$1\times10^{5}\sim5\times10^{5}$</td><td>$6\times10^{2}\sim3\times10^{3}$</td></tr>
</table>

高频电磁场与微波统称为射频辐射或无线电波。

高频电流周围发生的交变电磁场可相对地划分为两个作用带：近区场(感应场)和远区场(辐射场)，两者以波长的 1/6 为界。在感应场内对人体的影响是电磁场在起作用，场内电场和磁场强度不一定成比例关系，因而应该分别测量电场强度和磁场强度。在感应场中电场强度与辐射源的立方成反比，磁场强度与辐射源的平方成反比。在辐射场内人体受辐射波能的影响。

通常将波长为 1 mm ~ 1 m 的电磁波称为微波，其强度以功率密度表示，单位为 mW/cm^2 或 $\mu W/cm^2$。

高频电磁场和微波的主要生物学作用是致热效应，可能还具有非致热效应，目前其作用机制尚不十分清楚。一般来说，高频电磁场和微波的生物学活性随波长变短而递增；但在微波波段，以厘米波对人体造成的危害最大。场强越大，作用时间越长，对机体的影响就越严重；脉冲波比连续波影响严重；辐射强度随着与辐射源的距离加大而显著递减。

在高频电磁场的作用下，主要临床表现为神经衰弱综合征：头昏、头痛、乏力、白天嗜睡或夜间失眠、多梦、记忆力减退等。常伴有自主神经系统功能紊乱症状：手足多汗、口干、心动过缓、血压下降等，副交感神经反应占优势为其特点。但在大强度作用的后期，有时可出现心动过速、血压波动及偏高、脑血流图检查有两侧波幅不对称及脑血管扩张等症状。还可导致女性月经紊乱，但未见影响生育功能。

在微波作用下，神经衰弱综合征比高频电磁场的作用明显，甚至会导致急剧的智力衰退、脱发等。脑电图可见慢波显著增加、脑血流减少。心电图可见窄性心动徐缓或窄性心律不齐等。长期接触大强度微波辐射会加速晶状体正常老化的过程，甚至引发白内障。

可以采用屏蔽辐射源，如用铝铜等金属板或网包围辐射源，以吸收和反射电磁场能量；或者通过戴防护眼镜、防护衣帽等措施进行个人防护。此外，通过远距离操作或采取医疗预防措施也可有效进行预防。

我国 GB 10437—89《作业场所超高频辐射卫生标准》规定，作业场所超高频辐射 8 h 暴露的容许接触限值：连续波为 0.05 mW/cm^2(14 V/m)，脉冲波为 0.025 mW/cm^2(10 V/m)。

3.2.2　大气污染物对人体健康的影响

大气污染物可对人体健康直接产生危害。迄今为止，因大气污染而产生的公害事件已发生数十起，如 1954 年的伦敦烟雾事件，在短短的一周内造成上千人死亡，主要污染物为供暖煤烟与浓雾结合、烟尘质量分数达 4.5 mg/m^3，SO_2 质量分数也严重超标，达 3.8 mg/m^3。在 1930 年的马斯河谷烟雾事件中，因为含硫矿石冶炼厂、炼焦厂等排出的 SO_2 等有害气体蓄积在大气中，造成数千人上呼吸道感染。在美国洛杉矶(1943 年)和日本东京(1964 年和 1970 年)发生的光化学烟雾事件中，数千人得红眼病、喉咙痛、气喘、咳嗽及上呼吸道感染，主要原因就是汽车排出的大量废气在日光作用下形成光化学烟雾。流行病学调查显示，肺癌发病率及死亡率都与大气污染水平有关。大城市居民肺癌发病率比中小城市高，城市肺癌发病率比农村高。上海、沈阳等大城市中居民肺癌死亡率与大气中飘尘和苯并芘的浓度呈密切相关。工业排放的“三苯”废气能引起肝脏损伤，晚期可发展为再生障碍性贫血，甚至发展成为白血病，而且影响胚胎的生长发育。另外，部分 VOCs 易燃易爆，威胁企业的安全生产；部分 VOCs 对大气臭氧层具有破坏作用，威胁人类的生存环境。

大气污染物可通过通风空调系统、门窗孔洞或缝隙自然渗透而进入室内，从而影响室内人员的身体健康。下面简述大气中几种常见污染物对人体健康的损害。

1. 二氧化硫(SO_2)

SO_2 是一种具有刺激性、腐蚀性的气体，易溶于水，在潮湿或有雾的空气中，与水结合形成 H_2SO_3，继而氧化成 H_2SO_4，其刺激和腐蚀作用加强。当 SO_2 被吸入后，几乎全部被上呼吸道和支气管黏膜上的含水黏液所吸收并形成 H_2SO_3，所以 SO_2 主要作用于上呼吸道。SO_2 刺激上呼吸道平滑肌内的末梢神经感受器而产生反射性收缩，使呼吸道管腔变窄，通气阻力增大，分泌物增多，甚至形成局部炎症或腐蚀性坏死。人体长期吸入质量浓度为 10 mg/m^3 的 SO_2，呼吸道的黏膜分泌功能和纤毛运动受到抑制，引起慢性支气管炎、慢性鼻炎；质量浓度为 20 mg/m^3 以上时，可引起眼结膜炎、急性支气管炎；质量浓度为 100 mg/m^3 时，每日吸入 8 h，可使肺组织受损；质量浓度为 400～500 mg/m^3 时，可立即危及生命。亚硫酸气溶胶可进入肺的深部，引起慢性支气管炎、支气管哮喘和肺气肿，这些疾病统称为慢性呼吸道阻塞性疾病。

SO_2 与烟气共存时，可产生联合作用，比 SO_2 单独存在时的危害作用大。SO_2 吸附在含有三氯化铁等金属氧化物的飘尘上，可被催化形成硫酸雾，其刺激作用比 SO_2 大 10 倍。吸附 SO_2 的飘尘被认为是一种变态反应原，能引起支气管哮喘，如日本的四日市哮喘病即为其例。SO_2 与苯并芘联合作用时，可能对后者有促癌作用。

SO_2 进入大气中遇水溶解而形成 H_2SO_3 和 H_2SO_4，随雨水降落而形成酸雨，可使水质酸化，导致湖泊的水生生态系统发生变化，影响浮游生物、鱼类的繁殖。酸雨还可危害大片森林、植被，使土壤酸化，农作物产量降低。酸雨还可腐蚀石刻建筑物等，我国辽宁、北京、上海、重庆等地都曾出现过不同程度的酸雨。

我国卫生标准规定居住区大气中 SO_2 一次最高容许质量浓度为 0.50 mg/m^3，日平均最高容许质量浓度为 0.15 mg/m^3。

2. 氮氧化物(NO_x)

氮氧化物是 NO，NO_2，N_2O_5 等的总称。煤油、重油燃烧时产生 NO，NO 在空气中易被氧化为 NO_2，大气中的氮氧化物多以 NO_2 的形式存在。NO 无刺激性，被氧化为 NO_2 后才产生刺激作用。NO_2 的生物活性大，毒性为 NO 的 4～5 倍，急性吸入可引起肺水肿而致死；慢性毒作用可引起肺水肿。

氮氧化物主要作用于呼吸道深部细支气管及肺泡。因其在水中溶解度小，故对上呼吸道和眼睛黏膜的刺激作用较小。进入深部呼吸道的氮氧化物能缓慢地溶解于肺泡表面的液体中，逐渐形成亚硝酸和硝酸，对肺组织产生剧烈的刺激与腐蚀作用，使肺毛细血管通透性增加，导致肺水肿。亚硝酸根进入血液后，可引起高铁血红蛋白症和血管扩张，使组织缺氧，出现紫绀、呼吸困难、血压下降及中枢神经损害。中毒症状依氮氧化物的种类、浓度、暴露时间而不同。一般以 NO_2 为主时，以肺部损害明显；若以 NO 为主时，以中枢神经损害明显。NO_2 与支气管哮喘的发病也有一定的关系，其慢性毒作用主要表现为神经衰弱症候群。

氮氧化物还可与烃类化合物在紫外线作用下发生光化学反应，形成光化学烟雾。经光化学反应可形成二次污染物，如 O_3、甲醛、丙烯醛、过氧乙酰硝酸酯等光化学氧化剂。

光化学烟雾对人体最突出的危害是刺激眼睛和上呼吸道黏膜,引发眼睛红肿和喉炎。甲醛又是一种带有刺激性的致敏物,能造成上呼吸道刺激及变态反应性疾病。臭氧对呼吸道以至肺泡都有刺激作用,可引发肺水肿;对眼睛黏膜也有轻度刺激作用。

我国卫生标准规定居住区大气中 NO_2 一次最高容许质量浓度为 0.15 mg/m^3。

3. 悬浮颗粒物

粒径小于 10 μm 的悬浮颗粒物能长时间悬浮于空气中,经呼吸道进入人体的颗粒物称为可吸入颗粒物(Inhalable Particulates,IP)。不同粒径的可吸入颗粒物滞留在呼吸道的部位不同。大于 5 μm 的尘粒多滞留在上呼吸道;小于 5 μm 的尘粒多滞留在细支气管和肺泡。滞留在上呼吸道的粉尘对黏膜产生刺激和腐蚀作用,常引发慢性鼻咽炎、慢性支气管炎;滞留在细支气管和肺泡内的粉尘,可与 NO_2 协同作用,损伤肺泡和黏膜,引起支气管和肺部炎症。长期持续作用下,可诱发慢性阻塞性肺部疾患,出现继发感染,可导致严重后果。

悬浮颗粒物的成分复杂,可含有石棉、苯并芘等致癌性强的化合物,还可能含有许多金属氧化物,后者具有催化作用,能促进尘粒吸附的 SO_2、氮氧化物等氧化成为硫酸雾或硝酸雾。据调查,悬浮颗粒物的质量浓度为 100 μg/m^3 时,儿童呼吸道感染率增加;随着悬浮颗粒物质量浓度的增加,呼吸道疾病死亡率也增高。悬浮颗粒物有时也可能吸附病原体,传播呼吸道疾病。

我国卫生标准规定,居住区大气中悬浮颗粒物一次最高容许质量浓度为 0.50 mg/m^3,日平均最高容许质量浓度为 0.15 mg/m^3。

3.3 室内空气质量的研究方法

室内空气质量研究主要有人工环境室实验研究和实际建筑现场调查研究两种方法。

3.3.1 实验室研究

为了研究室内污染源和通风量对人体健康和工作效率的影响,在丹麦技术大学 Fanger 领导的室内环境和能源国际研究中心的现场实验室——室内环境可控的办公室进行了一系列的对比实验研究。本节主要以丹麦技术大学室内环境和能源国际研究中心的实验研究为例,介绍实验室研究方法,以便读者掌握这些研究方法并能够具体应用。其中实验样本选择方法等内容与第 2 章的研究方法类似,这里不再赘述。下面仅介绍实验研究的目的和实验工况设计。

实验研究的目的:

(1)研究污染源对人体健康的影响。在实验室可以研究不同污染源、污染强度等对人体健康的影响,从而确定人们可接受的污染物强度,确定污染物的阈值,制定室内空气质量标准。

(2)研究污染源对工作效率的影响。研究不同污染源、污染强度等对工作效率的影响，如研究新旧过滤器、新旧地毯、不同电脑显示器等污染源对打字速度、接线员的工作效率的影响等，提出室内空气污染的控制策略。

(3)研究新风量对人体健康的影响。研究不同新风量对感知的空气质量和病态建筑综合征的影响等，制定通风量标准。

(4)研究新风量对工作效率的影响。如研究不同新风量对打字速度、接线员的工作效率的影响等，确定最佳通风量，制定通风量标准。

(5)研究室内环境参数对感知的空气质量的影响。如研究温度和湿度的不同组合对感知的空气质量的影响，提出室内环境参数的控制策略。

实验工况设计服务于实验目的。下面以丹麦技术大学室内环境和能源国际研究中心近年来开展的几个典型的实验室研究为例，介绍实验工况的设计方法。

(1)研究污染源对人体健康和工作效率的影响[11]。

Wargocki 等(1999 年)在丹麦技术大学现场实验室——环境参数等可精确控制的办公室进行了一项实验研究，其实验目的是研究污染源对感知的空气质量、病态建筑综合征以及办公人员的工作效率的影响。

实验中设计了2种不同水平的室内空气质量，通过放置或移除一块使用20年的地毯作为额外的污染源(采用单盲实验法，即受试者不知道是否有地毯)，这2种情况分别对应于低污染建筑和非低污染建筑。其他环境参数均相同，实验室内操作温度为24℃，相对湿度为50%，空气流速低于0.2 m/s，噪声为42 dB(A)，通风量为10 L/(s·人)。

30名女大学生参加了实验。受试者分成5组，每组6人。每个受试者参加2次实验，共计60人次实验。

每个工况持续265 min。在两种水平的室内空气质量下，受试者通过打字和计算模拟办公室工作。实验期间，受试者对感知的空气质量和病态建筑综合征(SBS)进行评估，填写主观问卷。根据受试者每分钟打字字符数和出错率评估他们的工作效率。

(2)研究新风量对人体健康和工作效率的影响[12]。

Wargocki 等(2000 年)在上述现场实验室进行了另一项实验研究，其目的是研究不同新风量对感知的空气质量、病态建筑综合征和工作效率的影响。

实验共设计3种不同的新风量，分别为3 L/(s·人)，10 L/(s·人)和30 L/(s·人)。室内温度为22 ℃，相对湿度为40%，其他环境参数均保持不变。

30名女性受试者参加了实验，分成5组，每组6人。每个受试者均参加3个工况的实验，共计90人次实验。

每个工况持续4.6 h。实验过程中，受试者对干预措施毫不知情，即为单盲实验。受试者可以改变自身服装，以保持热中性。受试者通过打字等模拟办公室工作。实验期间，受试者对感知的空气质量和病态建筑综合征(SBS)进行评估。根据受试者每分钟打字字符数和出错率评估他们的工作效率。

(3)研究新旧过滤器对人体健康和工作效率的影响[12]。

Wargocki 等(2004 年)在现场实验室——话务中心进行了实验研究。其目的是研究在不同新风量的情况下,新旧过滤器对感知的空气质量、病态建筑综合征和工作效率的影响。

该实验为 2×2 重复性实验。新风量可以调为总风量的 8%或 80%,送风过滤器分为新旧两种。因此,实验共设计 4 个工况,分别为旧过滤器和小送风量(工况 1),新过滤器和小送风量(工况 2),旧过滤器和大送风量(工况 3),以及新过滤器和大送风量(工况 4)。室内温度、相对湿度以及噪音水平均保持恒定。

本项实验共持续 9 周,按照工况 1~4 的顺序每周进行一个工况。受试者对每个工况的顺序毫不知情,即为单盲实验。

26 位接线员参与了实验,每周填写主观调查问卷。通过每 30 min 记录接线员的平均通话时间来评估他们的工作效率。

3.3.2　现场研究

现场研究的目的:

(1)研究室内空气污染现状,对室内空气质量进行评价,提出改善室内空气质量的措施。

(2)研究供暖方式、燃烧方式等对室内空气质量的影响。

(3)研究哮喘、过敏及部分空气传染病的患病率,并与其他研究结果进行比较。

(4)研究室内环境污染暴露对人体健康的影响。研究病态建筑综合征症状、哮喘等过敏性疾病与室内环境因素如潮湿、室内污染物的关联性,提出室内空气污染的控制策略。

(5)研究室内空气污染与主观评价的相关性。研究人们对室内空气质量的可接受度、空气清新度等感知程度,研究室内空气质量主观评价与室内污染物浓度的相关性。

下面介绍几个典型的现场研究中样本选择的方法和主要研究成果。

(1)室内环境污染暴露与儿童健康调研[13]。

2010—2012 年,我国 10 所大学的研究人员在 10 个重要城市对室内环境与儿童健康(China, Children, Homes, Health, 简称 CCHH)展开了调研,该研究旨在:①调查位于我国不同气候区、具有不同室外空气质量和经济水平的代表性城市的哮喘、过敏及部分空气传染病的患病率;②调查患病和健康儿童住宅室内环境因素的异同;③研究哮喘和过敏症状与室内环境因素的关联性;④比较我国不同城市对儿童健康有影响的危险性因素和保护性因素;⑤比较 CCHH 的研究发现与其他国家或地区相近研究发现的异同;⑥为我国儿童哮喘预防提供科学指导。

CCHH 研究在地理位置、经济水平和室外环境污染状况有所不同的 10 座城市开展。每座城市均包括城区,部分城市包括农村和郊区。每个城市的幼儿园、托儿中心或小学都是随机选择的。

阶段 I 对 10 个代表性城市随机选取的幼儿园或小学的 48 219 名 1~8 岁的儿童进行了问卷调查。问卷包含国际儿童哮喘过敏研究(ISAAC)问卷的关于健康效应的核心问题,并加上了考虑我国住宅、生活习惯和室外环境等特点的问题,对其中的 3~6 岁儿童的数据进行了分析研究。阶段Ⅱ是病例-对照研究,包含室内环境空气样本、灰尘和人体尿液中污染物及其代谢产物种类和浓度的检测。

CCHH 调查的城市中确诊哮喘患病率为 1.7%~9.8%(平均为 6.8%),相比于 1990 年的 0.91%和 2000 年的 1.50%有大幅增长。喘息、鼻炎和特应性湿疹(过去 12 个月)的患病率分别为 13.9%~23.7%,24.0%~50.8%和 4.8%~15.8%。在调研关注的儿童疾病中,太原儿童的患病率最低;除了乌鲁木齐儿童哮鸣音患病率最高外,上海儿童其余疾病和症状的患病率最高。图 3.1 给出了 10 个城市室外 PM10 与哮喘发病率之间的关系。分析显示:患病率和室外 PM10 浓度无显著相关性,和人均 GDP 为指标的经济条件的关联性值得进一步研究;患病率在湿润环境(主要指夏热冬冷且建筑无集中供暖的地区)中要高得多。

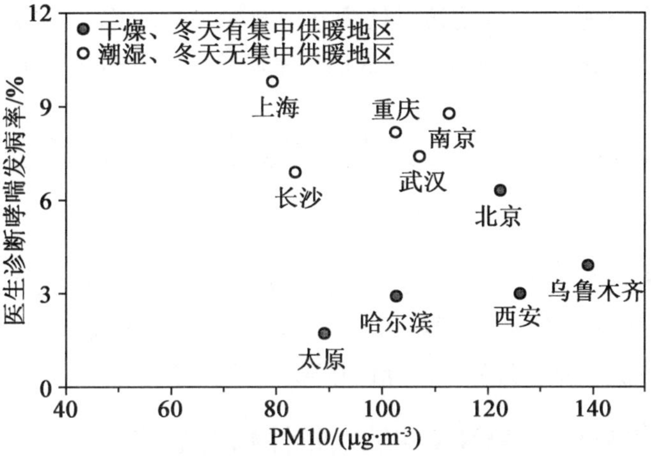

图 3.1　室外 PM10 与哮喘发病率的相关性

(2)我国城市住宅室内空气质量调查[14]。

为了研究我国不同气候区城市住宅室内空气质量,郝俊红对北京、上海、武汉、长沙 4 个城市共 40 户住宅进行了现场调研,共取得各种室内污染物有效样本数据 1 857 个。调查过程中采用现场问卷调查与室内污染物现场监测相结合的办法。

统计的信息包括:建筑类型、所在楼层、建筑面积、烹调用燃料、供暖方式、通风方式、夏季是否使用空调、室内吸烟状况等。

调研时考虑了季节变化、室外空气质量、环境烟草烟雾、烹调及供暖方式、空调方式、装修程度对室内空气质量的影响。

城市污染状况表明:冬季北京为重污染、长沙为未污染(室外亦属于未污染)、武汉为清洁;夏季上海为重污染、长沙为中污染。分类污染物超标状况显示:最严重的是甲醛,全国总超标率是 64%,其次是氨,全国总超标率高达 58.7%。

(3)哈尔滨市住宅和办公建筑室内空气质量研究[15]。

为了研究严寒地区冬季供暖期间住宅和办公建筑的室内空气质量现状,唐瑞采用现场跟踪测试与主观调查相结合的方法,对哈尔滨市住宅和办公建筑冬季室内主要污染物如可吸入颗粒物、二氧化碳、一氧化碳等进行了测试,同时对受访者进行了室内空气质量问卷调查。

住宅调查时,综合考虑建筑小区的绿化情况、建筑年代,被调查房间的楼层、朝向、供暖方式等因素,选取了 5 个住宅小区中的 9 栋住宅楼,调查了其中 10 户住宅客厅的室内空气质量。办公建筑调查时,选取了某高校的 6 栋办公楼中的 10 个办公室。住宅受访者为 16 人,收到有效问卷 154 份,办公建筑受访者为 12 人,收到有效问卷 126 份。

结果表明,哈尔滨供暖期间 PM2. 5 和 PM10 严重超标。住宅和办公建筑室内外 PM2. 5 与 PM10 质量浓度存在关联性。

在哈尔滨供暖期间,住宅和办公建筑室内空气质量污染较严重,50%以上的办公建筑受访人员感觉到身体因室内空气质量引起的不适症状,91%的人认为办公环境对工作效率有比较明显的影响,仅有少数受访者认为室内灰尘现象较为严重,并给出较差或者很差的室内空气质量评价。以上结果表明人们对室内空气质量的重视度不够。

3.4 室内污染物的散发及传播机理

本节将介绍气态(VOCs)和固态污染物(颗粒物)的散发和传播机理。室内 VOCs 的散发模型有经验模型和理论传质模型,经验模型形式简单,应用方便,但是使用限制较多,难于揭示污染物散发的物理本质,而理论传质模型较好地克服了上述不足。室内颗粒物分布的研究方法主要可分为理论分析和实验研究两类。

3.4.1 室内材料中 VOCs 的散发特性和模型[16,17]

室内材料中 VOCs 的散发特性受很多因素的影响,可以分为内因和外因。内因包括材料类型、VOCs 种类、材料使用年龄等。外因即环境参数,例如温度、湿度、风速、紊流强度、VOCs 浓度等。同时由于建筑材料本身种类繁多,不同材料中的 VOCs 的散发机理也各不相同,可分为化学、物理和机械等,因此完全掌握和分析其散发规律是比较困难的。

对材料中 VOCs 散发经验模型的研究开展较早,也比较成熟。经验模型主要是基于精确控制的环境舱内材料及目标污染物的测试数据的分析建立的。目前常用的经验模型有:吸附效应模型、双指数模型、单纯挥发模型、稀释模型、蒸汽压模型和综合效应模型等,模型的种类因研究对象和重点不同而不同。对于大多数湿材料,如油漆、涂料等,都适用经验模型。对于部分干多孔材料,经验模型也适用。

经验模型一般形式较简单,应用较方便。但由于经验模型中的各种参数均为经验参数,是基于大量的实验数据得到的,不仅实验费用高,而且适用范围限制较多。只能得到所测环境、条件和时间段下的散发速率,难以预测不同环境、条件和时间段下的散发特性。因此,也难于揭示污染物散发的物理本质。此外,基于环境舱实验得到的经验模型是否可直接应用到实际建筑中尚值得商榷。尤其是对流传质控制的散发过程非常依赖于散发源表面的风速,而实际建筑和环境舱中表面风速可能会很不一样,因此实际建筑中同样污染源的散发规律会和环境舱的有差异。

理论模型建立在质量传递理论基础之上，能够将各类影响因素直观反映出来，能较好地克服经验模型存在的一些不足。室内材料的 VOCs 的散发过程可从以下 3 方面考虑：①VOC 在材料内部的扩散，由浓度梯度和扩散系数控制，遵守斐克（Fick）第二定律；②材料表面到空气边界层的界面，其质量传递为分子扩散；③空气层对流扩散。

1. 经验模型

根据实验数据拟合，可得室内材料散发特性的经验模型。最常见的经验模型为一阶衰减模型[18]，即

$$R(t)=R_0e^{-kt} \tag{3.8}$$

式中　$R(t)$——污染物的逐时散发率，$mg/(m^2 \cdot h)$；

R_0——初始散发率，$mg/(m^2 \cdot h)$；

t——时间，h；

k——一阶衰减常数，h^{-1}。

很多污染源的散发规律都可以用上述模型表示。研究表明，散发常数 $k>0.2\ h^{-1}$ 的散发由对流传质控制，而 $k<0.01\ h^{-1}$ 的散发由材料内部扩散传质控制。通常木料的涂漆、清漆、地板蜡和液态的黏结剂等都是对流传质控制的散发源，而地毯、油布以及涂覆很久的涂料则是扩散控制的散发源。R_0 和 k 是一阶衰减方程中的两个表征常数，可通过环境舱散发测量数据拟合得到。表 3.4 是一些实际材料的 R_0 和 k 的测量值。

表 3.4　一些常见的污染源 TVOCs 的散发率常数[17]

散发源	$R_0/(mg \cdot m^{-2} \cdot h^{-1})$	k/h^{-1}
木材涂料	17 000	0.4
聚亚氨酯	20 000	0.25
木地板蜡	20 000	6.0
防腐晶体	14 000	0（常散发速率）
干的干净衣物	1.6	0.03
液态黏结剂	10 000	1.0

2. 传质模型[17]

实验方法虽不可替代，但也存在一些缺点或局限。为此，以传质机理为基础建立相关散发模型，了解室内材料污染物散发规律和特性就成了 10 年来室内材料散发领域的研究热点。这类模型的建立常常要借助于一些简化假定，并要求预知材料的物性。下面介绍一些典型的建材散发传质模型。

对人工复合材料，早期最有代表性的传质模型是 1994 年的 Little 模型，该模型考虑

的问题如图 3.2 所示。

将一块表面积为 A、厚度为 L、初始材料中 VOC 浓度为 C_0 的建材放入一个体积为 V、通风量为 Q 的小室内。进口空气 VOC 浓度为 $C_{a,in}$。

模型建立在以下几点假设基础上：①常物性，VOC 在建材内部的质量扩散系数 D、建材表面气相 VOC 浓度和材料相 VOC 浓度之间分离系数 K 是常数；②散发是扩散控制过程，建材表面的对流传质阻力可忽略；③小室内 VOC 充分混合，可视为单一浓度；④建材内 VOC 的初始浓度均一为 C_0。

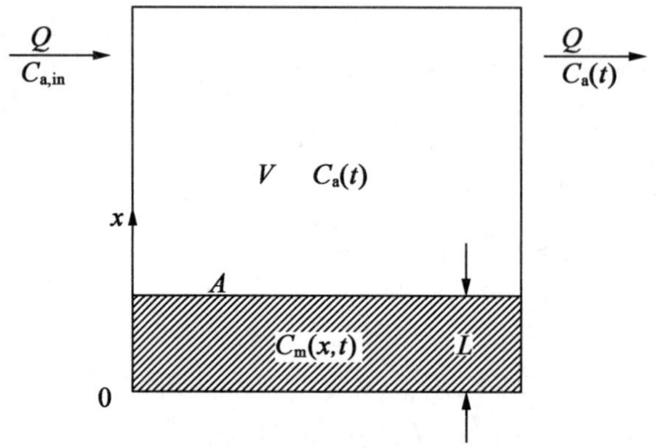

图 3.2　Little 模型中散发情况描述示意图

建材内部 VOC 的浓度 $C_m(x, t)$ 方程、边界条件和初始条件为

$$\begin{cases}\dfrac{\partial^2 C_m(x,t)}{\partial x^2}=\dfrac{1}{D_m}\cdot\dfrac{\partial C_m(x,t)}{\partial t},0<x<L,t>0\\ \dfrac{\partial C_m}{\partial x}=0,x=0,t>0\\ C_m=KC_a,x=L,t>0\\ C_m=C_0,0\leqslant x\leqslant L,t=0\end{cases}\tag{3.2}$$

小室内空气中 VOC 浓度方程为

$$\frac{\mathrm{d}C_a(t)}{\mathrm{d}t}V=-D_m\cdot A\frac{\partial C_m(x,t)}{\partial x}\bigg|_{x=L}-Q\cdot C_a(t)\tag{3.3}$$

上述方程的解析解为

$$C_m(x,t)=2C_0\sum_{n=1}^{\infty}\left\{\frac{\exp(-D\beta_n^2 t)(h-k\beta_n^2)\cos(\beta_n x)}{[L(h-k\beta_n^2)+\beta_n^2(L+k)+h]\cos(\beta_n L)}\right.\tag{3.4}$$

式中，$h=\dfrac{\left(\dfrac{Q}{A}\right)}{(D\cdot K)}$，$k=\dfrac{\left(\dfrac{V}{A}\right)}{K}$，$\beta_n$ 是下列超越方程的正根：

$$\beta_n\tan(\beta_n L)=h-k\beta_n^2\tag{3.5}$$

用上述模型预测得到的室内 VOCs 浓度与实测值基本吻合。只是该模型在散发的初始阶段经常低估，而在后期则高估小室内的 VOCs 浓度。上述模型的局限是，没有对假设②和④的可行性进行分析，为此一些研究者对此做了改进：不用此假设，取得方程的解。例如，许瑛等取消了 Little 模型中的假设②，考虑了对流传质阻力，得到了上述问题的解析解，使模型计算结果和实验结果更接近。

上述模型都只适用于单层材料的单面散发情况。Hu 等提出了更为普适的多层材料双面散发模型，可以讨论各层对散发特性的影响，并估算空间隔板和家具的散发特性。

当解析解难以得到时，还可采用数值方法。作为一般问题，数值方法具有很强的普适性，但其难以清晰描述散发影响因素间的联系。

人工复合材料散发有何共性规律？如何从实验结果预测使用条件下材料的散发情况？如何预测或测定材料散发特性参数（D,K,C_0），确定温度、材料结构等对他们的影响？如何控制室内材料散发，研制低散发建材？读者可参阅相关文献，在此不再赘述。

对油漆等涂层材料，早期最有代表性的传质模型是 1992 年的 VB 模型，该模型给出了湿材料中 TVOC 的散发速率的表达式，即

$$E=k_m\left(C_{v,0}\frac{M_T}{M_{T,0}}\right)-C_a \tag{3.6}$$

式中　k_m——气相传质系数，m/h；

$C_{v,0}$——界面处的气相 TVOC 质量浓度，mg/m^3；

M_T——每平米材料中剩余的 TVOC 质量，mg；

$M_{T,0}$——每平米初始材料中的 TVOC 质量，mg；

C_a——环境中的 TVOC 质量浓度，mg/m^3。

$$C_{v,0}=10^3\frac{P_0\bar{m}}{760v_m} \tag{3.7}$$

式中　P_0——VOC 的蒸汽压，mmHg；

$\bar{m}$——TVOC 的平均相对分子质量，g/mol；

v_m——1 标准大气压下每摩尔气体的体积，m^3。

用此模型估计湿材料中 TVOC 的短期散发行为符合得很好，但它低估了长期的 TVOC 的散发率，并且其中的常数 k_m 在缺乏实验数据的情况下难于确定。

3.4.2　室内 SVOC 散发特性及控制

1. SVOC 的来源和种类

室内 SVOC 的来源广泛[8]，包括为了改善材料的某些性能添加到材料中的各种助剂（增塑剂和阻燃剂等）；室内某些日常生活用品，如卫生杀虫剂、吸烟、熏香燃烧、烹饪等。

（1）助剂。

增塑剂主要用于添加到高分子聚合物中以增强材料的柔韧性和拉伸性，阻燃剂用于提高材料的抗燃性，阻止材料被引燃及抑制火焰传播。这两类助剂的产量和消费量巨

大,并且材料使用过程中这些助剂可发生迁移和散发,因此材料助剂是室内 SVOC 的重要来源。

①增塑剂。增塑剂被广泛用于玩具、建筑材料、汽车配件、电子与医疗部件等大量塑料制品中,是迄今为止产量和消费量最大的助剂。2006 年,全世界增塑剂的消费量高达 665 万吨,我国是最大的增塑剂生产和消费国。2006 年我国增塑剂消费量占世界总消费量的 1/4,含有增塑剂的塑料制品在我们日常生活中几乎无处不在;2007 年我国增塑剂的年产量为 145 万吨,其中以邻苯二甲酸酯类化合物为主。我国人群特别是婴幼儿的邻苯二甲酸酯的暴露水平已经超过发达国家。

②阻燃剂。阻燃剂被广泛用于化学建材、电子电器、交通运输、航空航天、日用家具、室内装饰、衣食住行等各个领域。在我国塑料助剂中,阻燃剂是仅次于增塑剂的第二大行业,产量逐年增加,2006 年总产量已达到 26 万吨。我国阻燃剂年均消费增长率是全球的 4 倍,超过 20%。

(2)卫生杀虫剂。

卫生杀虫剂主要应用于人类居住的生活环境。据统计,我国 2005 年卫生杀虫剂总销售产值达到 75.1 亿,其中蚊香 45.5%、气雾剂 31.9%、电热蚊香片 8.5%、电热蚊香液 2.7%、其他 11.4%。我国系卫生杀虫剂的生产和消费大国,卫生杀虫剂的产量非常大。卫生杀虫剂中的有效成分及燃烧产物绝大多数是 SVOC,因此卫生杀虫剂同样是室内 SVOC 的重要来源。

(3)燃烧产物。

室内的燃烧过程和高温加热过程可以产生大量 SVOC。燃烧产生 SVOC 的方式有两种:一是存于源中的 SVOC 受热散发至空气中,二是不完全燃烧过程产生新的 SVOC。燃烧过程的 SVOC 产物中最常见且危害最大的是多环芳烃(PAHs)。高温加热过程如中式烹饪法常用的爆炒煎炸等加热食物的方式同样可产生大量 PAHs。PAHs 是一类芳香族化合物的总称,其中大多数种类对人体有害,且有 16 种已被认定为可疑致癌物,在其中长期暴露会诱发肺癌。我国是世界第一的煤炭生产国和消费国,同时也是香烟的生产和消费大国,我国每年消费卷烟约占世界卷烟消费量的 1/3 左右。这些数据表明我国室内的 PAHs 污染十分严重。

2. 源-汇特性

SVOC 在室内以气相、颗粒相、降尘相、室内表面相甚至皮肤表面相等存在,但是各相之间并不是始终处于平衡状态。以 PAEs 为例进行分析,由于其吸附性强,散发速率低,短期内很难降解或者通风排除。PAEs 具有生物累积效应,在室内存留时间可长达数年或者数十年。15 种 PAEs 的基本参数见表 3.5[19]。

表 3.5　15 种 PAEs 的基本参数表

PAEs	简称	CAS#	分子式	分子量 /(g·mol^{-1})	沸点 /℃
邻苯二甲酸二甲酯	DMP	131-11-3	$C_{10}H_{10}O_4$	194	282
邻苯二甲酸二乙酯	DEP	84-66-2	$C_{12}H_{14}O_4$	222	298
邻苯二甲酸二异丁酯	DiBP	84-69-5	$C_{16}H_{22}O_4$	278	327
邻苯二甲酸二丁酯	DBP	84-74-2	$C_{16}H_{22}O_4$	278	340
邻苯二甲酸二(2-甲氧基乙基)酯	DMEP	117-82-8	$C_{14}H_{18}O_6$	282	230
邻苯二甲酸双-4-甲基-2-戊酯	DMPP	146-50-9	$C_{20}H_{30}O_4$	334	341
邻苯二甲酸双-2-乙氧基乙酯	DEEP	605-54-9	$C_{16}H_{22}O_6$	310	345
邻苯二甲酸二戊酯	DPP	131-18-0	$C_{18}H_{26}O_4$	306	342
邻苯二甲酸二己酯	DHP	84-75-3	$C_{20}H_{30}O_4$	334	185
邻苯二甲酸丁基苄酯	BBP	85-68-7	$C_{19}H_{20}O_4$	312	370
邻苯二甲酸二丁氧基乙酯	DBEP	117-83-9	$C_{20}H_{30}O_6$	366	270
邻苯二甲酸二环己酯	DCHP	84-61-7	$C_{20}H_{26}O_4$	330	200
邻苯二甲酸二(2-乙基己)酯	DEHP	117-81-7	$C_{24}H_{38}O_4$	390	384
邻苯二甲酸二辛酯	DnOP	117-84-0	$C_{24}H_{38}O_4$	390	340
邻苯二甲酸二正壬酯	DNP	84-76-4	$C_{26}H_{42}O_4$	418	279

在复杂的室内环境中的 SVOC 也会以空气、颗粒物、降尘为媒介进行各相的传播与分配。SVOC 的散发及传输分配过程如图 3.3 所示[8]。材料中的增塑剂和阻燃剂与聚合物分子之间是物理结合，因此材料在使用过程中，增塑剂和阻燃剂可发生迁移，进而散发出来。Xu 等[20]的研究表明，相对于外部对流传播阻力，SVOC 的内部扩散阻力可以忽略，因此其散发过程是“外部”控制过程（由气相分配系数、对流传质系数和各种表面吸附特性决定）。此外，环境参数如温度、相对湿度以及空气流速等也会影响 SVOC 的散发速率。由于散发出的 SVOC 吸附性很强，因此可很快吸附在室内颗粒物、降尘及各种室内材料和物品表面，当吸附达到一定量后，吸附的 SVOC 也会再散发到室内空气中。

通风可以带入 SVOC，进入室内的 SVOC 会在各个物体表面进行分配。除了室外污染源外，SVOC 也能通过室内各种散发源产生，例如：地板、家具、塑料制品、护肤品、化妆品、指甲油、香水等。空气中的气相颗粒相 SVOC 可以通过通风方式去除，少量的 SVOC 会被吸入人体，这两种过程都是单向、不可逆的。室内空气中的 SVOC 能吸附到各物体表面，包括降尘、颗粒物、房间围护结构表面，甚至会吸附到皮肤表面，这些表面的 SVOC 也能脱附到空气中。由于 SVOC 的散发速率慢，并且能够迅速分配到室内各个表面，因此一旦引入室内就会存留很长时间。且随着辛醇-空气的分配系数 K_{oa} 的增加，SVOC 的持久性增加，更不易去除。

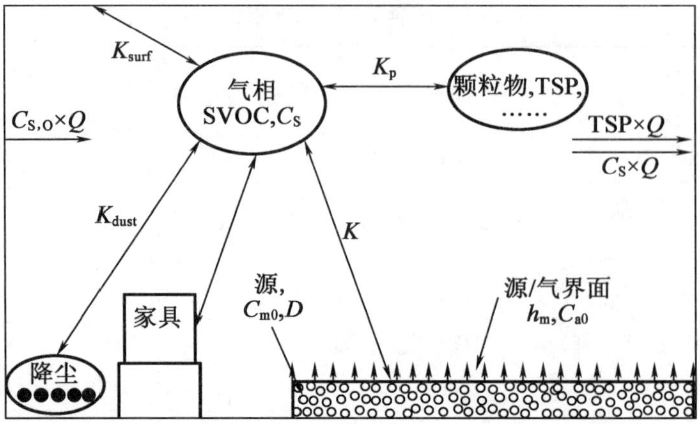

C_s—气相 SVOC 浓度(μg/m^3);C_{a0}—源/气界面靠近气相的 SVOC 浓度(μg/m^3);C_{m0}—源中 SVOC 的初始浓度(μg/m^3);$C_{s,o}$—户外气相 SVOC 浓度(μg/m^3);Q—空气流量(m^3/h);TSP—颗粒物浓度(μg/m^3);D—扩散系数(m^2/s);h_m—对流传质系数(m^2/h);K—SVOC 在源/气界面的分配系数;K_p—SVOC 在颗粒物表面的分配系数(m^3/g);K_{dust}—SVOC 在降尘表面的分配系数(m^3/g);K_{surf}—SVOC 在表面的分配系数(m)

图 3.3　SVOC 的散发及传输分配过程

目前国际上有关SVOC散发速率及其影响因素的研究正在进行。几项针对家装建材散发增塑剂的研究表明,多种室内家装材料可散发出多种增塑剂,散发时间较长,散发速率较低。Fujii 等[21]对 3 种材料(合成皮革、墙纸和塑料地板)进行了测试,结果表明,邻 DEP、DBP 和 DEHP 在 80 ℃时的散发速率是 20 ℃时的几倍至几百倍。由此可见温度显著影响 DEHP 的散发速率。Clausen 等[22]对塑料地板的研究发现,DEHP 的散发速率与相对湿度无关。

除了温度和相对湿度之外,空气流量以及空气流速等环境参数也会影响 SVOC 的散发速率。此外,环境参数对不同材料和不同 SVOC 散发特性的影响机理和共性规律还需要进行深入和系统研究。

3. 室内 SVOC 的传输及平衡分配

如前所述,SVOC 很容易吸附在室内各种介质的表面,如墙壁、家具和颗粒物等。基于质量守恒定律,可建立室内 SVOC 传播与分配方程[8]:

$$V\frac{dC_s}{dt}=Q_vC_{s,in}-Q_vC_s+Q_vC_{s,p,in}-Q_vC_{s,p}+P_sQ_pC_{s,o}-Q_pC_s+P_pQ_pC_{s,p,o}-Q_pC_{s,p}-A\frac{dq_s}{dt}-V\frac{dC_{s,p}}{dt}+S_s \tag{3.8}$$

式中　V——房间体积,m^3;

C_s——气相 SVOC 浓度,μg/m^3;

Q_v——机械通风量,m^3/h;

$C_{s,in}$——通风进口气相 SVOC 浓度,μg/m^3;

$C_{s,p,in}$——通风进口颗粒相 SVOC 浓度,μg/m^3;

$C_{s,p}$——室内颗粒相 SVOC 浓度，μg/m^3；

P_s——气相 SVOC 的渗风穿透率；

Q_p——自然通风量，m^3/h；

$C_{s,o}$——室外气相 SVOC 浓度，μg/m^3；

P_p——颗粒相 SVOC 的渗风穿透率；

$C_{s,p,o}$——室外颗粒相 SVOC 浓度，μg/m^3；

A——室内表面积，m^2；

q_s——表面 SVOC 的浓度，μg/m^3；

S_s——SVOC 的散发速率，μg/h。

在较低换气次数的情况下，可以假设 SVOC 在气相与颗粒相之间的分配符合线性瞬态可逆平衡关系，即

$$C_{s,p}=K_pC_s\mathrm{TSP} \tag{3.9}$$

式中　K_p——SVOC 在气相与颗粒相之间的分配系数，m^3/g；

TSP——颗粒物浓度，μg/m^3。

研究表明，线性瞬态平衡关系可以较为准确地描述 SVOC 在气相和墙壁、家具等表面之间的吸附关系，即

$$q_s=K_{surf}C_s \tag{3.10}$$

式中　K_{surf}——SVOC 在气相与表面之间的分配系数，m。

将式(3.9)和式(3.10)代入式(3.8)，得到稳态情况下室内 SVOC 的气相浓度为

$$C_s=\frac{Q_vC_{s,in}+Q_vC_{s,p,in}+P_sQ_pC_{s,o}+P_pQ_pC_{s,p,o}+S_s^0}{Q_v+Q_p+Q_vK_p\mathrm{TSP}+Q_pK_p\mathrm{TSP}} \tag{3.11}$$

式中　S_s^0——SVOC 源的稳态散发速率，μg/h。

若室内没有 SVOC 的源，则

$$C_s=\frac{Q_vC_{s,in}+Q_vC_{s,p,in}+P_sQ_pC_{s,o}+P_pQ_pC_{s,p,o}}{Q_v+Q_p+Q_vK_p\mathrm{TSP}+Q_pK_p\mathrm{TSP}} \tag{3.12}$$

3.4.3　颗粒物的散发传播机理[16]

1. 颗粒物在室内的沉降机理

重力沉降、惯性碰撞和布朗扩散等作用是颗粒物在室内环境中沉降的主要机理。颗粒物的沉积作用是室内环境中颗粒物浓度降低的重要方式之一。随着颗粒物直径的增大和室内气流速度的增大，惯性沉降作用会更明显；在重力作用下，较大颗粒的轨迹会偏离气体流线，在物体表面沉降；对于亚微米粒子，由于运动和沉积主要受扩散机理的控制，所以直径越小，颗粒物的布朗运动越明显。下面简要介绍影响颗粒物的作用力——布朗扩散力、曳力、重力，以及剪切引起的升力。

（1）布朗扩散。

颗粒物不受外力影响而以随机运动的方式在室内的迁移称为布朗扩散。粒径小于 1 μm 的颗粒物，即使在静止的空气介质中也是随机地做不规则运动。粒径越小，颗粒物的不规则运动越剧烈。

气体分子以“直线”行进，并频繁发生随机碰撞。分子具有弹性，并在与别的气体分子相碰撞时突然改变速率和方向。相对而言，粒子的质量比气体分子大得多，但是标准状态下的气体中以布朗运动的一个粒子与一个气体分子具有相等的平均动能，所以粒子速度远小于气体分子的平均速度。粒子经气体分子碰撞后方向和速度上只稍受影响，经多次碰撞后方向才能完全改变。

扩散速度除了受到速度梯度和内能影响外，还受浓度、压力、外力、温度等的差或梯度影响。布朗力被定义为

$$F_{bi}=G_i\sqrt{\frac{\pi S_0}{\Delta t}} \tag{3.13}$$

式中　G_i——零平均，单位变化独立高斯自由变量；

Δt——计算时用的时间步长；

S_0——光谱强度。

S_0 定义为

$$S_0=\frac{216\nu\sigma T}{\pi^2\rho d_p^5(\rho_p/\rho)^2C_c} \tag{3.14}$$

式中　T——流体的绝对温度，K；

ν——空气的运动黏度，m^2/s；

σ——斯蒂芬-玻耳兹曼常数，$\sigma=5.67\times10^{-8}$ W/($m^2\cdot K^4$)；

C_c——坎宁安修正系数；

d_p——颗粒物的粒径，m。

布朗运动一般看作是颗粒物和空气分子无规则相互作用的结果。由布朗扩散引起的颗粒物通量由扩散斐克（Fick）定律计算，对于一维的通量可写为

$$J_B=-D_B\frac{\partial C}{\partial y} \tag{3.15}$$

式中　J_B——在 y 方向上布朗扩散颗粒物通量；

$\partial C/\partial y$——y 方向上的颗粒物浓度梯度；

D_B——颗粒物布朗扩散率。

颗粒物在空气中的布朗扩散率用 Stokes-Einstein 关系计算，滑移修正：

$$D_B=\frac{C_ck_BT}{3\pi d_p\mu} \tag{3.16}$$

其中，$k_B=1.38\times10^{-23}$ J/K，是玻耳兹曼常数；T 为绝对温度。由布朗扩散产生的颗粒物净通量只存在于非零浓度梯度场。很小的颗粒物经过很小的距离，这时布朗扩散成为主导

机制;但是对大于 0.1 μm 的颗粒物,该机制的作用则很有限。

(2)曳力。

曳力是颗粒在静止的流体中做匀速运动时流体作用于颗粒上的力。如果来流是完全均匀的,那么颗粒在静止流体中运动所受的曳力和运动着的流体绕球流动作用在静止颗粒上的力是相等的。

由于流体有黏性,在颗粒表面有一黏性附面层,它在颗粒表面的压强和剪应力的分布是不对称的。颗粒一方面受到与来流方向一致压差形成的合力,称为压差曳力;另一方面,颗粒表面的摩擦剪应力,其合力也与来流方向一致,称为摩擦曳力。因此,颗粒在黏性流体中运动时,流体作用于球体上的曳力由压差和摩擦曳力组成。

当颗粒物和周围的空气有相对运动时,空气给颗粒物一个阻力,以减少它们之间的相对运动。在一般情况下,颗粒物上的阻力的计算公式为

$$F_d=\frac{\pi d_p^2\rho_a|u_a-v_p|(u_a-v_p)C_d}{8C_c} \tag{3.17}$$

式中　u_a——局部空气速度,m/s;

v_p——颗粒物速度,m/s;

C_d——阻力系数。

该力由空气和颗粒物的速度差决定。球形颗粒物的阻力系数的计算公式为

$$C_d=\frac{24}{Re_p},Re_p\leqslant 0.3 \tag{3.18}$$

$$C_d=\frac{24}{Re_p}(1+0.15Re_p^{0.687}),0.3<Re_p<800 \tag{3.19}$$

式中　Re_p——颗粒物的雷诺数。

$$Re_p=\frac{d_p|v_p-u_a|}{\nu} \tag{3.20}$$

(3)重力。

地球上的物体都会受到地心的吸引力。如果忽略浮力,颗粒物受到的重力为

$$F_g=\frac{\pi}{6}d_p^3\rho_a g \tag{3.21}$$

当空气阻力和重力相平衡时,颗粒物重力沉积速度表达式为

$$u_g=\tau_p g \tag{3.22}$$

重力沉积作用随颗粒物尺寸的增加而加大。但对粒径小于 0.1 μm 的颗粒物,重力不是主要机制。

(4)剪切引起的升力。

在剪切流场中的颗粒物可能受到一个垂直于主流方向的升力。在远离壁面的常剪切流场中的颗粒物受到的升力是由 Saffman(1965,1968)提出的。

$$F_t=\frac{1.62\mu d_p^2(\mathrm{d}u/\mathrm{d}y)}{\sqrt{v|\mathrm{d}u/\mathrm{d}y|}}(u-u_{px}) \tag{3.23}$$

式中 du/dy——垂直于壁面的空气速度梯度，s^{-1}；

u_{px}——轴向的颗粒物速度，m/s。

升力的方向由颗粒物和空气在 x 方向的相对速度决定。在壁面附近，颗粒物处于的速度梯度场 du/dy 为正，当颗粒物的轴向速度比空气速度大时，颗粒物将受到负的升力，方向朝向壁面。在轴向上，颗粒物滞后于空气流，将产生一个背离壁面的升力。

由 Saffman 得出的式(3.25)有如下限制条件：

$$\frac{d_p^2 |du/dy|}{v}<1, \quad Re_p<\frac{d_p^2 |du/dy|}{v} \tag{3.24}$$

2. 颗粒物在室内的迁移沉降模型

研究室内颗粒物的分布或运动规律的主要目的在于通过研究室内颗粒物的分布，评价室内空气质量 IAQ，控制室内颗粒物数量，并为控制室内颗粒物的迁移和沉积寻求理论依据和技术途径，以提高室内空气质量，减少颗粒物的危害。室内空气分布的研究方法主要分为理论研究和实验研究两类。

理论研究包括集总参数法和数值模拟的分布参数法。其中颗粒物的迁移沉降数值模拟常采用区域模型法，详见第 4 章。下面仅介绍集总参数法。

集总参数法是基于室内空气完全混合、颗粒浓度均匀的假设，从颗粒质量平衡的角度出发，建立室内颗粒物浓度的方程。对于最常见的通风房间而言，可得到的集总参数模型为

$$V\frac{dC_i}{dt}=aPVC_0+n(1-h)VC_0-V_{source}+RL_{fl}A_{fl}-(a+n)VC_i-KVC_i-h_rn_rVC_i \tag{3.25}$$

式中 a——渗风量对房间体积的换气次数，h^{-1}；

n——新风量对房间体积的换气次数，h^{-1}；

n_r——回风量对房间体积的换气次数，h^{-1}；

A_{fl}——地板面积，m^2；

C_i——室内颗粒物的质量浓度，$\mu g/m^3$；

C_o——室外颗粒物的质量浓度，$\mu g/m^3$；

K——颗粒沉降率，h^{-1}；

L_{fl}——地板单位面积颗粒质量，$\mu g/m^2$；

P——颗粒穿透系数；

R——颗粒的二次悬浮率，h^{-1}；

t——时间，h；

V——体积，m^3；

V_{source}——室内颗粒物发生源强度，$\mu g/h$；

h——送风过滤效率；

h_r——回风过滤效率。

集总参数法基于室内空气完全混合、颗粒物浓度均匀,并认为室内不存在新粒子的生成和粒子凝并过程的假设,从颗粒物质量平衡的角度出发,建立室内颗粒物浓度的方程。集总参数法多用于分析室内外的颗粒浓度比例(I/O Ratio)以及粗略评价室内空气质量。这种模型简单易用,物理意义清晰,便于分析各种因素对室内颗粒物浓度的影响。该方法耗时少,可用于长时间动态分析,适用于室内颗粒物含量初步分析及其动态特性分析。

集总参数模型不能考虑室内颗粒物的空间分布,因此不便于详细分析室内颗粒物的分布情况。另外,颗粒物的穿透率、沉降率以及二次悬浮率与颗粒粒径有着密切的关系,其取值范围在不同的研究条件下有所差别;而且对于室内颗粒物源强度较大以及颗粒物直径较大的情况还可能造成较大的误差。

3.5　室内空气质量评价

室内空气质量评价是人们认识室内环境的一种科学方法,是随着人们对室内环境重要性认识的不断加深而提出的新概念。由于室内空气质量涉及多学科的知识,其评价应由建筑技术、建筑设备工程、医学、环境监测、卫生学、社会心理学等多学科的研究人员来共同完成。当前,室内空气质量评价一般采用量化监测和主观调查相结合的方法进行。其中,量化监测是直接测量室内污染物浓度来客观了解、评价室内空气质量,称为客观评价。而主观评价是利用人的感觉器官进行描述与评判工作,即采用数量化的手段对室内环境诸要素进行分析,综合主、客观评价对室内空气质量进行定量的描述。人类要确定室内空气对生存和发展的适宜性,就必须进行室内空气质量评价。

室内空气质量评价的目的在于:①掌握室内空气质量状况,以预测室内空气质量的变化趋势;②评价室内空气污染对人体健康的影响以及室内人员的接受程度,为制定室内空气质量标准提供依据;③了解污染源(如建材、涂料)与室内空气质量的关系,为建筑设计、卫生防疫和污染控制提供依据。

如何评价长期低浓度污染一直是困惑人们的大问题。首先是定性问题,所谓定性是确定污染物的特性,或者说是对人体损伤、损坏或干扰的特性。定性可分为短期性和长期性。短期性后果比较容易观察,因此定性也比较容易。长期性损坏的定性就困难得多,尤其像对人这样复杂的生物系统来说,由于太多的因素在系统中不断地运转,很难明确地将因果关系分离出来。长期性后果有时很难判定是干扰、损坏或损伤。吸烟就是一个非常典型的例子。吸烟对人体的作用似乎很明显,但是科学家们经过几代人的研究努力,现在只把其中的部分影响总结出来。有些干扰性污染物,从毒理性来讲似乎对人体没有损坏能力。污染物对人的干扰(如敏感、反感、烦恼和厌恶等)往往会在人的心理上和精神上造成影响,导致自主神经紊乱、免疫功能减退,甚至引起病理反应,在实质上造成的损坏很难估计。

所谓定量是确定相应的污染物浓度,对于长期低浓度的污染,如果只局限于人们健康上的影响就很难定量。有人曾对数栋楼进行过测定，尽管室内人员抱怨频繁，室内污染物几乎没有一个超标的。因此有必要确定一种新概念，加大主观评价的力度，即所谓的社会认可度。既然室内污染物浓度远远低于健康上的要求，那就应该同时采用主观评价和客观评价两种方法对典型室内空气质量进行评价。主观评价的重复能力并非必然低于生理反应的重复能力。在许多情况下，特别是涉及建筑内部环境时，主观反应往往较某些客观的评价更具有重要意义。因此，主观评价规范化、标准化是目前最迫切的任务。由此得到社会认可程度（由主观评价得出）来确定相应的污染物浓度（由客观评价得出）更为合理。

为了描述和定量分析上述污染物对室内空气的污染程度，制定有关污染物允许浓度指标是十分必要的。这些指标也是客观评价室内空气质量的主要依据。

3.5.1　室内空气质量客观评价

客观评价就是直接用室内污染物指标来评价室内空气质量，即选择具有代表性的污染物作为评价指标，全面、公正地反映室内空气质量的状况。由于各国的国情不同，室内污染特点不一样。人种、文化传统与民族特性的不同，造成人们对室内环境的反应和接受程度上的差异，选取的评价指标理应有所不同。此外，这些作为评价指标的污染物应长期存在、稳定、容易检测到，且测试成本低廉。

国际上一般选用 CO_2、CO、甲醛、可吸入颗粒物 IP、NO_x、SO_2、室内细菌总数、温度、相对湿度、空气流速、照度以及噪声共 12 个指标来定量地反映室内环境质量。这些指标可根据具体对象适当增减。客观评价还需要测定背景指标，这是为了排除热环境、视觉环境、听觉环境以及工作活动环境因素的干扰。

CO_2 在以人为主要污染物的场合中可以作为评价指标，也可作为反映室内通风情况的评价指标。甲醛浓度是评价建筑材料挥发性有机化合物 VOC 对室内空气污染的主要指标。另外，因室内细菌总数也反映了室内人员密度、活动强度和通风状况，故室内细菌总数也作为室内空气细菌学的评价指标。

1. 室内空气污染物的检测评价方法

首先对室内空气污染物进行采样，采样目的主要是能准确检测出室内空气污染物的种类和浓度。因为室内空气污染物具有种类繁多、成分复杂、浓度低、受环境条件影响变化大等特点，目前能直接测定污染物浓度的专用仪器较少，大多数污染物需要将空气样品收集起来，再用一定的分析方法测定其污染物浓度，然后分析这些污染物浓度与室内空气质量的相关性。各种污染物指标的具体测定方法参见 GB/T 18883—2022《室内空气质量标准》。其次，污染物浓度检测出来以后，对照《室内空气质量标准》，给出检测报告，得出室内环境是否达标的结论。这种方法直观，从检测报告中可以看出室内污染物的分布情况和超标倍数。

2. 模糊评价方法

室内空气质量“好”与“坏”是一个模糊概念，因此室内空气质量等级的划分界限是模糊的。采用模糊数学方法研究室内空气质量问题，可以根据室内空气质量隶属于不同等级程度的大小，即隶属度确定室内空气质量的优劣。

一般是将影响室内空气质量的主要指标定为 7 种：CO_2、CO、可吸入颗粒物、菌落数、甲醛、NO_2、SO_2。室内空气质量的模糊评价就是利用模糊数学的处理方法，综合考虑影响对象总体性能的各个指标，通过引入隶属函数，同时考虑各指标在影响对象中的重要程度，即权重系数，经过模糊变换得到每一个被评价对象的隶属度，从而判定室内空气质量的优劣。

模糊评价方法需要建立各因素对每一级别的隶属函数，过程较烦琐。而且复合过程的基本运算规则是取最小值和取最大值，强调了权值的作用，丢失的信息较多，突出了严重污染物的影响，但忽视了各种污染因素的综合效应。

3. 灰色理论评价方法

灰色系统理论是 20 世纪 80 年代初由邓聚龙创立的一门系统科学，属于新学科。它以“部分信息已知、部分信息未知”的小样本，“贫信息”不确定性系统为研究对象，主要通过对部分已知信息的生成、开发，提取有价值的信息，实现对系统规律的正确描述和有效控制。根据灰色系统理论，可用时间序列来表示系统行为特征量和各影响因素的发展。灰色系统理论中的灰色关联分析的基本思想是根据序列曲线的相似程度来判断其联系是否紧密，曲线越接近，形状越相似，相应序列之间的关联就越大，反之就越小。序列曲线的相似程度用灰色关联度来衡量。

灰色关联分析方法简单、方便，实测得到的所有数据对评价结果均有影响，充分利用了获得的信息。根据灰色关联矩阵提供的丰富信息，不仅可确定样本的级别，而且能反映处于同一级别样本之间空气质量的差异，评价结果直观、可靠。但该方法没有与室内空气质量主观评价相联系，不够全面。

4. 人体模型评价方法

从大量已有的研究中发现，通风气流、体表对流气流以及呼出气流之间的相互关系对人体热舒适以及可接受的室内空气质量有很大影响。国外有学者用人体模型对室内空气质量进行评价，这种方法是通过模拟人的呼吸系统，并用一些仪器对人体所感知、所呼吸的空气质量进行综合评价。这种人体模型由 16 个部分组成，其中人工肺由 4 个系统组成：空气传输系统、空气加湿系统、示踪气体系统以及控制呼出空气温度系统。

4 个系统构造如图 3.4 所示，空气传输系统模拟人体肺部的通风（约为 13 L/min），由两个泵和两个阀组成，从而控制呼吸量；并通过两个相连的数字计时器控制肺的呼吸频率。空气加湿系统则由一个小型泵和一个加湿器组成，泵驱使水经过加湿器并得以加热蒸发。接着，热湿空气经过示踪气体系统并与示踪气体混合，压力阀和流量控制器将示踪气体释放。在呼吸过程中，人体产生 CO_2 气体，该气体量取决于人的体重和活动程度。

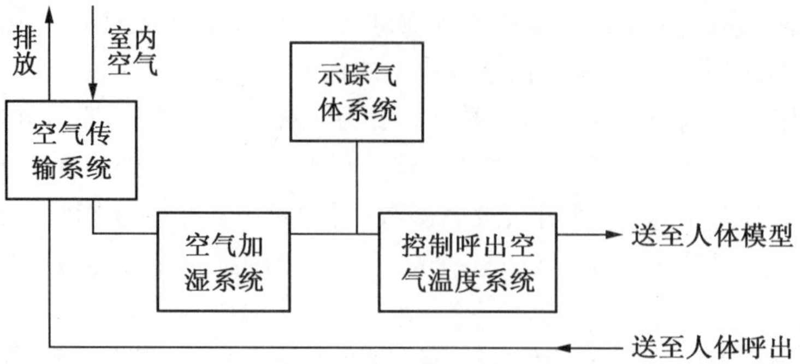

图 3.4　人工肺功能图[23]

在实验中,采用了 CO_2 和 NO_2 的混合气体,两种气体的密度相同,相互间不发生化学反应,比例为 9∶1。该混合物浓度与静坐的人排放的气体中 CO_2 浓度相同。最后,这种混合气体通过人工肺与人体模型相连的柔性管排向室内。这种人体模型评价方法所需的成本和技术水平较高,模拟条件要求苛刻,在国内一般很难实现,适用性差。

5. 计算流体动力学(CFD)模拟计算评价方法

应用计算流体动力学(CFD)对室内空气质量进行评价是利用室内空气流动的质量、动量和能量守恒原理,采用合适的模型,给出适当的边界条件和初始条件,用 CFD 方法求出室内各点的空气流速、温度和相对湿度;并根据室内各点的发热量及壁面处的边界条件,考虑墙面间的相互辐射以及空气间的对流换热,得到室内各点的辐射温度,综合人体的着衣量和活动量,求得室内各点的热舒适指标 PMV。

同时利用室内空气的流动形式和扩散特性,得到室内各点的空气龄,从而判断送风到达室内各点的时间长短,评估室内空气的新鲜度。这种方法要求具有很高的技术水平以及计算机应用能力。该方法的具体应用原理和案例分析详见第 5 章。

6. 大气质量评价法

有学者认为用“大气质量评价法”更为合理,该方法即对大量的测试数据首先进行统计分析,求得有代表性的统计值,然后对照客观评价准则,对室内空气质量进行评价。该评价方法包括以下几个指数。

(1)算术叠加指数 P。

$$P = \sum_{i=1}^{n} \frac{C_i}{S_i} \tag{3.26}$$

式中　P——各污染物分指数的叠加值;

C_i——各污染物浓度;

S_i——污染物标准上限值。

(2)算术平均指数 Q。

$$Q = \frac{1}{n} \sum_{i=1}^{n} \frac{C_i}{S_i} \tag{3.27}$$

式中　Q——各污染物分指数的算术平均值；

　　n——污染物种类。

(3)综合指数 I。

$$I=\sqrt{\left(\max\left|\frac{C_1}{S_1},\frac{C_2}{S_2},\cdots,\frac{C_n}{S_n}\right|\right)\cdot\left(\frac{1}{n}\sum_{i=1}^{n}\frac{C_i}{S_i}\right)} \tag{3.28}$$

式中　I——兼顾污染物最高分指数和平均分指数。

以上各分指数可以较为全面地反映室内的平均污染水平和各种污染物之间的污染程度上的差异,并可由此确定室内空气中的主要污染物。3 项指数能够明确地反映各个建筑物之间的差异。

其次是室内空气质量等级评价问题,这要与人体健康受环境污染影响的程度相联系,并考虑到不同等级的环境质量引起的环境效应(主要考虑主观评价)。我国将环境质量分为 5 级,等级划分基准见表 3.6。

表 3.6　环境质量分级基准

分级	特　点
清洁	适合人类生活
未污染	各环境要素的污染物均不超标,人类生活正常
轻污染	至少有一个环境要素的污染物超标,除了敏感者外,一般不会发生急慢性中毒
中污染	一般有 2~3 个环境要素的污染物超标,人群健康明显受害,敏感者受害严重
重污染	一般有 3~4 个环境要素的污染物超标,人群健康受害严重,敏感者可能死亡

由于室内环境中的污染物浓度很低,短期内对人体健康不会有明显作用。因此可以根据环境质量综合指数,将室内空气质量分为 5 级,见表 3.7。即认为综合指数在 0.5 以下是清洁环境,可获得室内人员最大的接受率;如达到 1 可认为是轻污染;达到 2 及以上则判为重污染。由此可判断出室内空气质量的等级。

表 3.7　室内空气质量的等级

综合指数	室内空气质量的等级	等级评语
≤0.49	Ⅰ	清洁
0.50~0.99	Ⅱ	未污染
1.00~1.49	Ⅲ	轻污染
1.50~1.99	Ⅳ	中污染
≥2.00	Ⅴ	重污染

3.5.2 室内空气质量主观评价

仅凭对室内空气质量的客观评价还不能全面、公正地反映室内空气质量的状况，因为人的个体间的差异，即使在相同的室内环境中，人们也会因所处的精神状态、工作压力、性别等因素不同而产生不同的反应。因此，还需结合主观评价。此外，有些污染物浓度目前还不能用客观评价确定其是否可接受，只能靠主观评价其可接受性。

主观评价主要是通过对室内人员的询问及问卷调查得到的，即利用人体的感觉器官对环境进行描述与评判工作。现代化建筑内的设施以及全空调的环境，室内人员常常并未真正意识到室内空气质量有问题，或觉察不到自己会接触到室内空气中的有害物，更不会认识到对健康的不利影响。因此要了解室内空气污染物在低浓度下对人群的长期影响，需对有关人群进行早期检测，这些主要靠主观评价。长期以来，人们就利用自身的感觉器官进行评价和判别工作。这种方法一般都依靠器官敏感及经验丰富的专家，如 Fanger 等。

这种方法的弊病是：①担任评价人员的专家往往不易召集；②由于专家人数少，如果评价结果差异太大，难以得到较为公正的统计结果；③人的感觉状态和环境条件的变化经常影响感官分析的结果；④人具有感情倾向和利益冲突，会使评价结果出现倾向性；⑤专家对空气质量的评价与普通室内人员有差异；⑥专家的选择与培养耗时长、评价组织的费用大。

主观评价主要有两方面的工作：一是表达对环境因素的感觉；二是表达环境对人体健康的影响。室内人员对室内环境接受的程度属于评判性评价，对室内空气质量感受的程度则属于描述性评价。

主观调查可分为对室内人员的“定群”调查和对外来人员的“对比”调查。由于人的个体之间的差别以及人体对环境的生理适应性，室内人员和外来人员的主观评价会有所不同，但依据科学制定的主观评价标准格式对室内空气质量进行定量描述，并进行数理统计分析，能合理有效地纠正误差带来的影响，并在一定程度上反映室内空气环境的现状。

感觉刺激的影响能根据自我感觉症状和不适感的程度而定。自我感觉的表达是很模糊的，为防止人员采用各自的评价基准和尺度而引起一些不必要的误差，需要一定的训练。对伴随着不同反应程度进行分级评估，则比较确定。因此，在实践中，有必要为受试者制定一种用数值表示不同反应程度的标准。

一般人能够不混淆地区分的感觉量级不超过 7 个，所以主观评价的等级标度往往根据不同的对象分为 5 个或 7 个。如评价室内热环境常采用 7 级标度，评价室内空气质量常采用 5 级标度。一般采用等级均分法，这将易于检验，有可能仅用内在的数据来验证某个等级标度并得出各个等级的心理学宽度。在心理学测试中，可靠性十分重要。它是指一个测验在相同的情况下产生同样答案的可信程度。

主观调查一般采用问卷调查的方法。问卷调查中关于主观评价的内容一般包括：

①职业状况,如工作满意程度、工作压力、工作环境等;②病态建筑综合征症状,如困倦、头痛、眼睛发红、流鼻涕、嗓子疼、恶心、头晕、皮肤瘙痒、过敏等。

为了能提取最大的信息量以及取得最大的可靠度,主观评价还包括背景调查。背景调查可分为两部分,即个人资料调查和排他性调查。个人资料调查包括年龄、性别、是否抽烟、是否有过敏史等。排他性调查包括温度、湿度、灯光、噪声、吹风感、异味、灰尘、静电和电脑使用情况调查,是为了排除热环境、视觉环境、听觉环境和人体功效活动环境对主观评价的影响。例如室内有人头痛,就要排除照明、噪声和操作电脑的影响,并得到本人的认可,才能确定是由室内空气质量所引起的。当背景指标的测试结果在舒适范围内时,评价指标数据才有效。

另外,要提高评价质量以及可比程度,主观评价规范化和标准化是目前最迫切的任务。

由于室内大多数空气污染物可能会有气味,有的具有不可接受的强度或难以容忍的特性,有的能刺激眼睛、鼻子或咽喉,有的会引起过敏反应,这需要室内人员以自己的感受来表述环境对健康的影响。这同样也需要室内人员能够以相同的感觉量级来表达对各自的工作环境的感受,以公正、客观地确定这类症状的普遍程度。标准的主观评价调查表提供了这种可能性。

一般引用国际通用的主观评价调查表并结合个人背景资料,主要包括以下几个方面:在室者和来访者对室内空气不接受率,对室内空气的感受程度,在室者受环境影响而出现的症状及其程度。然后,室内空气质量专家通过相关视觉调查做出判断,最后综合分析给出结论,同时根据要求,提出仲裁、咨询或整改对策。

为了研究方便,Fanger 定义了两个新的单位,采用人的嗅觉器官来评价室内空气质量。定义一个标准人的污染物散发量作为污染源强度单位,称为 1 olf。标准人是指处于热舒适状态静坐的成年人,平均每天洗澡 0.7 次,每天更换内衣,年龄为 18~30 岁,体表面积 1.7 m^2,职业为白领阶层或大学生。在 10 L/s 未污染空气通风的前提下,一个标准人引起的空气污染定义为 1 decipol,即 1 decipol = 0.1 olf/(L · s^{-1})。采用室内空气质量指标,即关于室内空气质量的预测不满意百分比(Predicted Dissatisfied Air Quality,PDA)来评价室内空气质量。其计算公式为

$$PDA = \exp(5.98 - \sqrt[4]{112/C}) \tag{3.29}$$

$$C = C_o + 10G/Q \tag{3.30}$$

式中 C——室内空气质量的感知值,decipol;

C_o——室外空气质量的感知值,decipol;

G——室内空气及通风系统的污染物源强,olf;

Q——新风量,L/s。

PDA 与 IAQ 的关系如图 3.5 所示。从图 3.5 中可见,在低污染浓度尤其是在 5 decipol 以下时,室内空气质量的微小恶化也会导致 PDA 的急剧增大,当空气质量为 5 decipol 以下时,PDA 竟达 45%左右,即约一半的人不满意。由于室内空气质量的感知值还无法

直接用仪器进行测量得到，所以 Fanger 提供了一些污染源强度数据作为参考：室内人员（人员密度为 1 人/10 m^2）的生理污染为 0.1 olf/m^2，每 20%的人吸烟增加 0.1 olf/m^2，现有建筑物的材料和通风系统平均为 0.4 olf/m^2，低污染建筑为 0.1 olf/m^2。

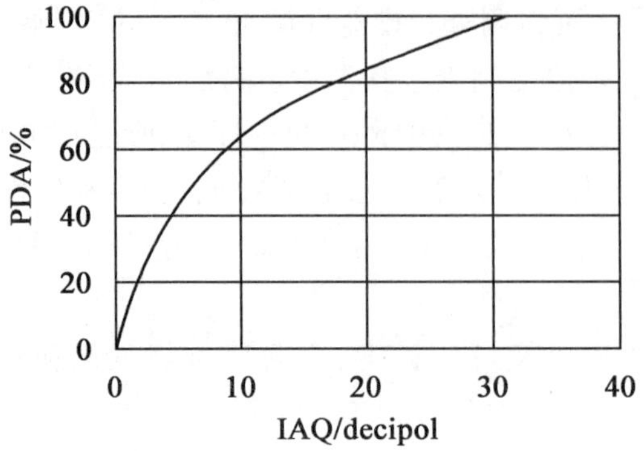

图 3.5　PDA 与 IAQ 的关系[23]

美国通风标准 ASHRAE Standard 62—2007 中规定：考虑到大多数污染物是有气味或有刺激性的，认为至少要由 20 位未经训练的人员组成室内空气质量评定小组，以一般访问者的形式进入室内，在 15 s 内做出相关判断。每人必须独立做出判断，不应受到他人或评定小组领导的影响。当评定小组中有 80%的人员（即此时 PDA≤20%，相应的室内空气质量的感知值为 1.4 decipol）认为室内没有引起烦恼的污染物，并未对一些典型设备的使用或居住状态提出异议，可以认为该室内环境的空气质量是可以接受的，否则就认为室内空气质量是不可接受的。

这种嗅觉评价方法简单，历时较短，但由于完全依据人体的主观感觉进行评价，评价标准较为模糊，具有很大的局限性，不能全面、正确地评价室内空气质量，同时这种评价方法不能用于无气味的污染物，例如 CO 和氡等。

由于居室是人们主要的生活环境，室内空气质量的好坏直接关系到人的舒适和健康状况，所以某些健康状况可作为室内空气质量问题的指示器，特别是这些症状如果是在迁入新居，或者是重新装修的房子，或者在家里使用了杀虫剂产品后出现的。如果认为某种疾病可能与家居环境有关，可以找当地的医生或者有关的健康部门进行咨询，看看这些症状是否是由于室内空气污染引起的。如果出现的某种症状随着人离开房间而减弱或消失，随着人返回房间而又出现，应该可以判断室内空气污染是产生这种症状最直接、最有可能的原因。

另一种判断居室是否已经出现或者可能会出现空气质量问题的方法，是识别潜在的室内空气污染源。尽管这些污染源的存在并不一定意味着就会出现室内空气质量问题，但知道潜在污染源种类和数量，却是评价室内空气质量的重要步骤。

还有一种判断室内空气质量的方法，即观察人的生活方式和活动情况，因为人类的活动也是室内空气污染的来源之一。可寻找居室内通风不良的征兆，如窗户或墙体上潮湿、空气有异味或发臭、放书或鞋子的地方发霉等。为了辨别家里的气味，可到室外待一会儿,然后再进入室内,看看两者是否有明显的差别。室内空气质量的主观评价方法主要是以人的感觉器官作为评价工具和手段,因为人长期处于建筑物内,直接感受室内的环境状况,最能反映室内空气质量的优劣。这种方法简单方便,无须专业仪器测量,但是往往会不够全面,具有一定的局限性。

3.5.3　室内环境质量综合评价

大量研究证明,引起病态建筑综合征的并非某一种室内污染物的单独作用,也并非完全由室内空气中的污染物所致,而是多种因素的综合作用,包括不良的室内空气质量、水系统结露或泄漏造成微生物的繁衍、长久地坐在电脑前接收到大剂量辐射等生理上的因素,也包括工作压力、工作满意度、人事关系等心理上的因素。由此可见,仅用室内空气质量这一概念不能完全解释与多种综合原因相联系的病态建筑综合征,因而国外学者引进了室内环境质量(Indoor Environment Quality,IEQ)的概念。

由美国国家职业安全与卫生研究所提出的室内环境质量的概念比室内空气质量的内涵更广,它是指室内空气质量、舒适度、噪声、照明、社会心理压力、工作压力、工作区背景等因素对室内人员生理和心理上的单独和综合的作用。

室内环境质量对人的影响分为直接影响和间接影响。直接影响指环境的直接因素对人体健康与舒适的直接作用,如室内良好的照明,特别是利用自然光可以促进人们的健康;人们喜欢的室内布局和色彩可以缓解工作时的紧张情绪;室内适宜的温、湿度和清新的空气能提高人们的工作效率等。间接影响指间接因素对人员产生的积极或消极作用,如情绪稳定时适宜的环境使人精神振奋,萎靡不振时不适宜的环境使人更加烦躁不安等。由此可见,提高室内环境质量,可以改善室内人员的热舒适,避免病态建筑综合征,从心理和生理两方面提高人员对环境的满意率。因此,在评价和分析一栋建筑物时,应考虑使用室内环境质量这一概念。

室内环境质量涉及的因素有:热舒适、室内空气质量、噪声、照明等。因此,室内环境质量的评价应为综合评价。可采用的方法有多级指标评价法和层次分析法。

国外常用的综合评价方法多采用问卷调查与现场测试相结合的方式。问卷调查的内容一般包括:①周围环境状况,如温度、湿度、灯光、噪声、吹风感、异味、灰尘、静电等;②职业状况,如工作满意程度、工作压力、工作环境等;③病态建筑综合征症状,如困倦、头痛、眼睛发红、流鼻涕、嗓子疼、恶心、头晕、皮肤瘙痒、过敏等;④个人资料,如性别、年龄、是否吸烟、是否有过敏史等。现场测试内容一般包括:CO_2、VOC、微生物、悬浮颗粒物、温度、相对湿度以及暖通空调系统运行维护情况等。

3.5.4　室内空气质量评价案例

由于严寒地区冬季农宅主要以秸秆等为燃料烧炕和用土暖气分散供暖,而且供暖时间长达 6 个月以上,农宅室内空气质量堪忧。而目前关于该地区农宅室内空气质量的研究较少。

1. 测试样本选择及测试方法

王昭俊等于 2012—2013 年冬季对严寒地区代表性城市哈尔滨市附近 2 个村 10 户典型农宅的室内空气污染物进行了测试。其基本信息见表 3.8。

表 3.8　农宅基本信息[24]

编号	房间面积/m^2	供暖方式	燃料形式
1	21	土暖气、火炕	秸秆、煤
2	21	土暖气、火炕	秸秆、煤
3	22	土暖气、火炕	煤
4	24	土暖气、地炕	稻草、煤
5	15	土暖气、火炕	秸秆、煤
6	15	土暖气、火炕	秸秆、煤
7	40	土暖气、火炕	秸秆、煤
8	34	土暖气、火炕	秸秆、煤
9	22	土暖气、火炕、火墙	秸秆、煤
10	8	土暖气、火炕	秸秆、煤

由表 3.8 可知，大多数农宅冬季采用火炕和土暖气供暖，秸秆和煤是农宅供暖主要的燃料形式。根据农宅室内污染物的来源及危害，选择 PM2.5，PM10，CO，CO_2，SO_2，NO_x，TVOC 和 NH_3 作为测试参数。

本次现场测试的仪器为：TSI 8532 粉尘测试仪，测量参数为 PM2.5 和 PM10；TEL 7001 型 CO_2 检测仪；GT901、MIC 系列便携式气体检测仪。仪器采用电化学或 PID 原理，其测量范围、分辨率等与农宅室内空气污染物的特点相对应。室内空气污染物测试仪器及主要参数见表 3.9。

由于农民一般在卧室内停留时间较长，且卧室面积一般为 20 m^2 左右，故在卧室中央设置 1 个测点；测点的高度与人的呼吸区高度一致，距地面高度约为 1.0 m。分别于 12 月份、1 月份、2 月份、3 月份对 10 户农宅进行了跟踪测试。

表 3.9　室内空气污染物测试仪器及主要参数[24]

序号	参数	仪器	量程/($mg \cdot m^{-3}$)	分辨率/($mg \cdot m^{-3}$)
1	PM2.5，PM10	TSI 8532 粉尘仪	0.01~150	0.001
2	CO_2	TEL 7001 CO_2 分析仪	39.3~1 964.3	1.96
3	CO	GT901 CO 检测仪	0~1 250	0.125

续表 3.9

序号	参数	仪器	量程/($mg \cdot m^{-3}$)	分辨率/($mg \cdot m^{-3}$)
4	SO_2	GT901 SO_2 检测仪	0~285.7	0.03
5	NO_x	GT901 NO_x 检测仪	0~200	0.02
6	NH_3	MIC 氨气检测仪	0~80.65	0.008
7	TVOC	GT901 TVOC 检测仪	0~12	0.012

2. 测试结果与分析

冬季农宅室内污染物的测试结果见表 3.10。

表 3.10　冬季农宅室内污染物的测试结果[25]

测试参数	PM2.5 /($mg \cdot m^{-3}$)	PM10 /($mg \cdot m^{-3}$)	CO /($mg \cdot m^{-3}$)	CO_2 /($mg \cdot m^{-3}$)	SO_2 /($mg \cdot m^{-3}$)	NO_x /($mg \cdot m^{-3}$)	NH_3 /($mg \cdot m^{-3}$)	TVOC /($mg \cdot m^{-3}$)
平均值	0.369	0.414	15.86	2 677.3	1.83	0.49	0.02	0.35
标准差	0.323	0.399	17.4	649	0.13	0.17	0.06	0.34
最大值	1.963	2.570	123.38	6 945.8	2.62	1.41	0.24	2.02
标准值	0.075	0.15	10	1 964.3	0.5	0.3	0.2	0.6

将测试结果与转换后的污染物标准限值进行比较，PM2.5，PM10，CO_2，CO，SO_2 和 NO_x 超标率分别为 93%，75%，62%，23%，99%和 64%；超标倍数分别为 3.9，1.8，0.4，0.6，2.6 和 0.6。可见我国严寒地区冬季农宅室内 PM2.5，PM10，CO_2，CO，SO_2 和 NO_x 污染严重。

NH_3 和 TVOC 的平均质量浓度均未超标，其超标率与其他污染物相比也较小。说明严寒地区冬季农宅室内 NH_3 和 TVOC 污染较轻。

燃料燃烧是影响农宅室内空气质量的主要因素，固体燃料特别是秸秆等生物质燃料的燃烧会释放大量的污染物，致使 PM10，PM2.5，CO_2，CO，NO_x 和 SO_2 污染比较严重。由于农村住宅室内装修较少，TVOC 和 NH_3 主要来源于室外家禽、牲畜及粪便。而冬季较低的室外温度不利于 TVOC 和 NH_3 的挥发，因而 TVOC 和 NH_3 质量浓度处于较低水平，在绝大多数样本中均未超标。

PM2.5，PM10 的平均质量浓度分别为 0.369 mg/m^3，0.414 mg/m^3。由此可见，PM2.5（粒径小于 2.5 μm）的质量浓度占 PM10（粒径小于 10 μm）的质量浓度的比例超过 89%。由于小于 2.5 μm 的粒子会直接进入支气管，对人体健康影响更大，因此村镇住宅内 PM2.5 污染严重的问题应引起人们足够的重视。

综上所述，PM2.5，PM10，CO，CO_2，SO_2 和 NO_x 是我国严寒地区冬季农宅室内主要的污染物，建议作为冬季农宅室内污染物测试指标。

3.6 室内空气污染的人员暴露评价

3.6.1 室内空气污染暴露评价方法

风险评价一般包括健康风险评价和环境风险评价。风险评价的应用范围不断扩展，从原来致癌物的评价到现在对其他系统有害效应的评价。风险评价以揭示人类暴露于环境有害因子的潜在不良健康效应为特征[16]。

致癌物和非致癌物的风险评价程序一般包括以下 4 个步骤。

(1)危害鉴定：基于流行病学、临床医学、毒理学和环境研究结果，描述有害因素对健康的潜在危害；

(2)剂量-反应关系评价：评价某物质的剂量和人类不良健康效应发生率之间的关系；

(3)暴露评价：评价内容包括暴露方式(接触途径、媒介物)、强度、时间、实际或预期的暴露期限和暴露剂量、可能暴露于特定不良环境因素的人数等；

(4)风险评价特征分析：总结和阐明由暴露和健康效应评价所获得的信息，确定在风险评价过程中的不确定性。

健康风险评价要求首先确定所要评价的有毒化学物质是致癌物还是非致癌物。一般认为致癌物的暴露-反应关系没有阈值，并建议使用线性多阶段模型；相反，非致癌物则是有阈值的，因此有多种确定阈值的模型，如未观察到有害作用剂量(NOAEL)或观察到有害作用最低剂量(LOAEL)模型。

风险评价的前两个部分：危害鉴定、剂量-反应关系评价属于流行病学的范畴。故本书仅介绍暴露评价方法。

1. 暴露评价[17]

根据世界卫生组织(WHO)推荐的定义，暴露是指人体与一种或一种以上的物理、化学或生物因素在时间和空间上的接触。

暴露可分为外暴露和内暴露。外暴露是指人体直接接触的外环境污染物的水平，是通过空气、水、土壤或食品等环境样品的测定所得的污染物浓度，或者用模型预测等手段，推算出人体接触到的外环境污染物的水平。内暴露是指这些污染物通过各界面被人体吸收后在体内的实际接触水平，可通过检测人的血液、呼出气、乳汁、头发、尿液、汗液、脂肪、指甲等生物材料样品得到污染物或其他生物标志物的浓度。内暴露剂量比外暴露剂量更能反映人体暴露的真实性，将为精确计算剂量-反应(效应)提供更为科学的基础资料。

暴露评价就是对暴露人群中发生或预期将发生的人体危害进行分析和评估。暴露测量的方法可分为询问调查、环境测量和生物测量。

暴露评价的基本要素包括暴露源的分布、暴露浓度和时间、暴露人群的数量等。暴露评价的基本内容和要素如下。

(1)剂量水平:主要包括人群和暴露的联系、人群分布和个体状况。

(2)污染来源:调查污染源、污染物传输途径与速率、污染物传输介质、污染物进入人体方式等。

(3)暴露特征:指污染物进入机体的方式和频率。

(4)暴露差异性:主要是指个体内的暴露差异、个体间的暴露差异、不同人群间的暴露差异、不同时间的暴露差异和暴露空间分布的差异。

(5)不确定性分析:主要指资料缺乏或不准确,暴露测量或模型参数的统计误差,危害确认和因果判定的不准确等构成的不确定性分析。

通常在进行上述分析的同时还需要人群或个体的“时间-活动”模式资料,这类资料主要记录研究对象每天的日常活动内容、方式与时间安排规律。国内外的研究普遍认为,通过问卷、日记、访视、观察和某些技术手段获得准确的“时间-活动”模式资料对于建立准确合理的室内暴露模型、分析不同人群的室内活动特征,从而对其暴露特征进行评估和研究具有非常重要的意义。

在上述暴露评价的基础上通过对以下指标进行测量、观察,可以评价室内空气质量。

(1)主观不良反应发生率。

由于室内空气污染物种类繁多、浓度较低,这些污染对人体健康的影响通常是长期和缓慢的。在这种污染危害的早期,人群不会立刻出现明显的疾病状态,而是以轻度的机体不良反应的方式表现出来。因此,人体不良反应发生率和室内空气质量的好坏有着定性的对应关系,可以作为评价室内空气质量的一个指标。

(2)临床症状和体征。

许多室内污染物长期作用于人体,就可能引发机体出现一系列的临床症状和体征,例如,由于室内装修而造成的甲醛浓度过高可使得暴露人群早期眼痒、眼干、嗜睡、记忆力减退等,长期暴露后可能出现嗓子疼痛、急性或慢性咽炎、喉炎、眼结膜炎和失眠等,还可出现过敏性皮炎、哮喘等症状和体征。

(3)效应生物标志。

很多室内污染物对于健康的影响,在早期由于暴露剂量低、人群的不良反应和临床表现不明显,不易被察觉,此时可采用效应生物标志,这对于确定室内污染物对人体健康的“暴露-反应”关系,评价室内空气质量具有很多优越性。

(4)相关疾病发生率。

人群长期暴露在低劣的室内空气质量环境中,除发生主观不良反应和临床症状外,还可能使暴露人群发生各种相关疾病,比如过敏性哮喘、过敏性鼻炎和儿童白血病等。因此该指标也可用来评价室内空气质量。

2. 计算暴露量[16]

在一定时期内,人体接触某一种污染物的总量称为暴露量。暴露量可以分为潜在暴露量、可应用暴露量和内部暴露量。

对空气污染物而言，潜在暴露量是指在一定的时间内，人体所吸入的污染物量；可应用暴露量是指能被呼吸系统所吸收的污染物量；内部暴露量是指被吸收且通过物理、生物过程进入人体内部的污染物量。一般来说，潜在暴露量大于可应用暴露量，可应用暴露量大于内部暴露量。但由于可应用暴露量和内部暴露量难以测定，因此在实际暴露评价过程中，一般都采用潜在暴露量作为计算风险的暴露量。

潜在暴露量计算公式为

$$D_{pot} = \int_{t_1}^{t_2} C(t) \cdot \mathrm{IR}(t) \cdot \mathrm{d}t \tag{3.31}$$

式中　D_{pot}——某时间段内的潜在暴露量，mg；

$C(t)$——空气中某种污染物的质量浓度，$\mathrm{mg/m^3}$；

$\mathrm{IR}(t)$——单位时间呼吸率，$\mathrm{m^3/h}$ 或 $\mathrm{m^3/d}$；

$\mathrm{d}t$——从 t_1 到 t_2 的时间增量，h 或 d。

实际上，使用上式计算潜在暴露量可能无法实现，因为在操作中并不能确定其函数关系。所以，人们一般对式(3.31)进行离散处理，即

$$D_{pot} = \mathrm{CA} \times \mathrm{IR} \times \mathrm{ET} \times \mathrm{EF} \tag{3.32}$$

式中　D_{pot}——某时间段内的潜在暴露量，mg；

CA——空气中的污染物浓度，$\mathrm{mg/m^3}$；

IR——呼吸速率，$\mathrm{m^3/h}$ 或 $\mathrm{m^3/d}$；

ET——暴露时间，h/d；

EF——暴露频率，d/a。

暴露评价是评价人体接触的环境空气中污染物的强度、频率及持续时间的过程，暴露评价可提供暴露人数、暴露水平、暴露途径、各小环境中暴露的贡献率及污染物的种类、强度等信息，并可用于污染物的现状和发展趋势预测以及流行病学调查和风险评价等研究中。

3. 暴露评价方法[16]

暴露评价方法可分为直接暴露评价方法和间接暴露评价方法两大类。

(1)直接暴露评价方法。

①被动采样法。

被动采样法是基于气体被动扩散理论及费克(Fick)扩散定理来检测污染物浓度。被动采样器较轻巧，能够直接固定在暴露人员的身上或置于室内环境中，长时间实时地检测暴露量，无须其他动力。被动采样器具有成本低、方便、精密度高等特点，广泛应用于暴露评价。被动采样器可用来检测二氧化氮、一氧化碳、二氧化硫、臭氧、甲醛及氨等。但对于其他空气污染物，被动采样法的准确性较差，使用不太方便。

②实时个体检测器。

实时个体检测器需要电源，一般都比较轻便，便于暴露人员携带，也可称为便携式检

测仪。和被动采样器一样,实时个体检测器反映的也是一段时间内污染物的平均浓度。此方法可用来检测一氧化碳、颗粒物、苯、芳香烃、VOCs 等污染物的暴露量。实时个体检测器能较为准确地反映实际暴露浓度,但对环境空气中的一些微量气体较难检测。

③生物标靶法。

生物标靶法是一种检测内部暴露量的较好途径。空气污染物随呼吸系统进入人体,经过一系列的物理化学反应,使污染物本身的浓度、结构发生变化,或使人体一些器官组织发生变异,这些污染物及代谢变异产物称为生物标靶。生物体内标靶浓度和环境中污染物浓度之间的相关性是评价此方法有效性的关键。如果污染物在生物体内的清除速度较慢且生物标靶物在体内能够积累,那么生物标靶法将是一种非常有效的方法。

通常选用的生物标靶有母乳、唾液、血液、尿液、头发及呼出气体等物质中的污染物,蛋白质或 DNA 的加合物,血清蛋白化合物,嗜曙红细胞及变异染色体等。生物标靶法可用来评价空气中苯、甲苯、二甲苯、多环芳烃、二氧化氮、臭氧等污染物。此方法能够反映一段时间内通过皮肤、饮食、呼吸等各种途径进入人体的污染物综合暴露量,但很难区分各种不同途径的暴露量;对于急性健康反应,生物标靶法评价结果比较准确,但对于长期慢性健康反应,生物标靶法则反映不出相关的暴露量。所以,这些方法更适合用于污染物的急性暴露。

(2)间接暴露评价方法。

①环境检测网站。

假定在某一环境检测站周围的各种空气污染物浓度均匀,周围人群暴露方式相同,应用环境检测网站所检测的数据,可评价周围地区人群的暴露水平。此方法一般应用于较大范围内的人群暴露,不适合于个人暴露量的评价,而且环境检测网络运行费用较高。这种方法的准确度及精密度相当高,室外空气污染物浓度一般都能较准确地反映出来。

②微环境法。

微环境法综合了各种小环境中污染物的浓度及暴露人员在不同的小环境中所花的时间,可用来评价相关人员的暴露水平。微环境法一般同问卷调查法相结合,可用于大范围内的暴露评价,与其他方法相比,此方法费用较低,可操作性强,而且结果准确度高。

③模型法及问卷调查法。

模型法是指运用数学的描述来预测个体或人群的污染物暴露水平的方法,模型通常可分为物理模型和统计模型。物理模型基于一些数学等式来描述相关物理化学机理;统计模型基于观测的大量数据及各种变量的解析;另一些模型则依靠相关的物理化学知识和统计方法,称之为混合模型。问卷调查法是进行暴露评价的重要工具,可用于统计人群的日常行为、相关污染源的情况等,对暴露量的评价具有重要意义。

有的研究用的是单一的方法,如 Adams 等采用统计模型分析交通工具内人员 PM2.5 的暴露,但通常各种直接和间接的方法都综合使用,并通过相互比较来校正。如 Kousa 等曾用被动采样法、回归模型及微环境法来对比分析个体二氧化氮的暴露;Ellgen 等采用被动采样器及微环境法来对照评价德国汉诺威地区居民芳香烃的暴露水平。

3.6.2 室内空气中 VOC 的暴露水平[18]

1. 室内 VOC 浓度水平

在荷兰、德国和美国分别进行了关于 VOC 的研究,共涉及 300~800 个家庭。在意大利北部进行了一项研究,涉及 15 个家庭。测试结果表明,大多数污染物浓度相近。这说明在这些国家,污染源是类似的。其中一个特例是氯仿,在美国,氯仿的质量浓度一般为 1~4 μg/m^3,但在欧洲国家并没有发现这种污染物。这可能是氯化水挥发的气体所导致的(Wallace 等,1982;Andelman,1985)。欧洲国家不氯化自来水。主要结论如下:

(1)住宅和既有建筑(大于 1 年)室内 VOC 浓度水平一般比室外高几倍。这些建筑内的污染源包括干净的衣物、化妆品、空气清新剂以及清洁用品。

(2)在新建建筑(小于 1 个月)中,某些 VOC(脂肪烃和芳香族化合物)浓度比室外浓度高 100 倍。2~3 个月之后,这些 VOC 浓度降低为室外浓度的 10 倍。主要污染源为油漆和黏合剂。

(3)对美国 750 个家庭的研究发现,在一半左右的家庭中 TVOC 质量浓度水平高于 1 mg/m^3,而室外样本中只有 10%超过 1 mg/m^3。

在华盛顿和三角研究园区的 4 栋建筑中,检测出超过 500 种 VOC(Sheldon 等,1988)。

Wallace 在 1989 年对人员活动与 VOC 暴露之间的关系进行了研究。有 7 名志愿者参加,进行了 25 项可能会增加 VOC 暴露的活动。其中一些活动(使用卫生间除臭剂、洗盘子、清洗汽车的汽化器)使特定 VOC 的 8 h 暴露增加 10~1 000 倍。

这些对住宅的研究在办公建筑中也得到了验证。1994 年 Daisy 等发现在加拿大的 12 栋办公建筑中,某些物质主要是由室内污染源(清洁剂、建筑材料以及生物散发的污染物)释放的。

2. 室内 VOC 污染源

20 世纪 70 年代,在北欧国家进行了室内有机物的早期研究(Johansson,1978;Mφlhave 和 Mφller 1979;Berglund 等人 1982a,1982b)。Mφlhave(1982)发现在北欧许多常见的建筑材料释放有机气体。Seifert 和 Abraham(1982)发现在德国家庭中苯和甲苯的高浓度水平与存放的报纸和杂志有关。

在吸烟产生的烟雾中,检测出数百种 VOC(Higgins,1987;Guerin 等,1987;Jermini 等,1976;Löfroth 等,1989;Hodgson 等,1996;Gundel 等,1997),而这些物质污染了 60%的美国家庭和办公场所(Repace 和 Lowrey,1980,1985)。这些 VOC 中有集中致癌物质,包括苯。吸烟者呼出的气体中的苯比不吸烟的人高出 10 倍(Wallace 等,1987)。在烟气主流中的苯含量与香烟中焦油和尼古丁的含量成正比关系(Higgins 等,1983)。在美国,5 000 万吸烟者对苯的暴露量占全国暴露总量的一半左右(Wallace,1990)。其他室内燃烧设备会释放挥发性和半挥发性有机物,例如煤油加热器(Traynor 等,1990)和柴火炉(Highsmith

等,1988)。随后人们还研究了清洁用品和人员活动(如使用氯漂白剂、杀虫剂以及黏合剂或除漆剂)对暴露水平的影响。

Berglund 等在 1987 年对旧的建筑材料进行了 41 d 的实验室研究。这些建筑材料取自“病态”的幼儿园。研究发现,这些材料已经吸收了约 30 种 VOC,在实验室中的前 30 d 又释放出来。只有 13 种 VOC 在实验期间一直释放,说明这 13 种 VOC 是这些建筑材料中的真正组成部分。这项发现对于改善病态建筑有很重要的意义。

一般新材料的散发速率是最大的。对于液体材料(如油漆和黏合剂),大多数总挥发物会在使用后的最初几小时或几天内释放出来(Tichenor 和 Mason,1987;Tichenor 等,1990)。美国环保署的研究表明,当建筑建造完成后的几天内,32 种目标化学物质中有 8 种物质的浓度升高到室外的 100 倍。这些物质的半衰期为 2~6 周,而主要污染源就是油漆和黏合剂。因此,新建建筑应当在建完半年到一年后再使用,以使 VOC 浓度水平降低到旧建筑的水平。

对于干燥的建筑材料,例如地毯和压合板产品,释放过程会在较低水平下持续更长时间。压合板产品中的甲醛会缓慢地释放出来,其半衰期为几年(Breysse,1984)。根据这些研究,地毯的丁苯橡胶背衬产生的 4-苯基环己烯(4-PC)是地毯在最初使用几天的主要污染物。4-PC 是新地毯所产生异味的主要原因。

欧盟委员会联合研究中心环境研究所(1997)发表了多篇关于室内空气质量的文章。其中大部分是关于 VOC 的研究,包括甲醛、建筑产品释放的 VOC、病态建筑综合征、VOC 采样方法、TVOC。

一项关于建筑材料释放 VOC 的研究涉及 3 种常见的材料,包括油漆、地毯、乙烯基地板(Hodgson,1998)。油漆中的 VOC 来自溶剂(乙二醇和丙二醇)、2,2,4-三甲基-1 和 3-戊二醇单异丁酸酯(成膜助剂 Texanol)。地毯释放的 VOC 浓度较低,但都释放 4-PC。乙烯基地板释放正十三烷和苯酚。

研究人员还检测了减少暴露的几个措施的有效性。在使用油漆后增加通风量仅可以降低几天 VOC 浓度,随后又上升到更高的浓度水平。与之相似,给房间加热(供暖)也只能暂时降低 VOC 浓度。清理地毯可以减少某些 VOC 的总暴露量,但 4-PC 或二丁基羟基甲苯(BHT)并没有减少。油漆中长期释放的 Texanol 显著降低,但地毯释放的 BHT 随时间呈增加趋势。乙烯基地板释放的 BHT 和增塑剂 TXIB 在研究过程中保持不变。大部分措施只能有限地减少 VOC 浓度,而选择低释放率的材料可有效降低 VOC 暴露。

有毒、致癌的 VOC 暴露主要来自空气清新剂和卫生间除臭剂。由于这些产品可长期维持室内(家里或办公室)较高的 VOC 浓度水平,因此大多数不吸烟的人 VOC 暴露的增加来自这些产品中。

人们越来越意识到大部分的暴露都来自于这些身边的小的污染源。加利福尼亚 65 号提案要求生产厂商列出日用消费品的致癌成分。美国环保署开展了一项关于含有 6 种 VOC 的溶剂的货架调查,发现数千种日用消费品都含有目标物质。环境烟草烟雾(ETS)被美国环保署在 1991 年确定为致癌物,并且自 20 世纪 90 年代后期禁止在公共场所和许多私人工作场所吸烟。

人们对于建筑材料散发 VOC 的关注可能会导致一些易挥发、有异味的材料被换成不易挥发的材料,但这些材料释放的 VOC 持续时间更长,并且可能会存在未知的有毒物质。

3.6.3 室内空气中 SVOC 的暴露评价

1. SVOC 的暴露评价

现在普遍存在的半挥发性有机物的暴露水平评估分为累计暴露量和累计风险值方法。累计暴露量可以分为外部剂量、沉积剂量、效应剂量、内部剂量。一般用外部剂量和内部剂量来评估暴露,外部剂量可以根据污染物数据和人体参数(体重、吸入和灰尘摄入率)计算得到,并且外部剂量可以转化为内部剂量。内部剂量优先使用生物监测评估,生物监测数据可以用生理药物代谢动力学模型(PBPK 模型)直接反应内暴露[19]。图 3.6 为累计暴露量的分类以及计算方法。

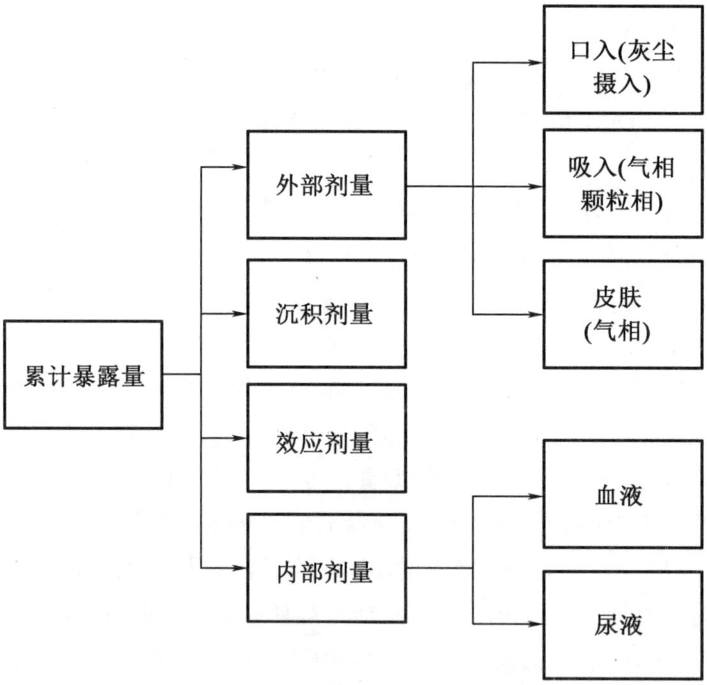

图 3.6　累计暴露量的分类以及计算方法

Ginsberg 等[26]研究儿童的 DEHP 暴露评估,通过生物监测的方法计算总的累计暴露量,但是对风险评估只简单描述而没有进一步研究。Gaspar 等[27]测试了加利福尼亚幼儿园降尘相和气相 PAEs 浓度,用测出的浓度进行概率性的健康风险评估,并与估算的暴露量进行比较。风险评估结果显示:加利福尼亚幼儿园 82%~89%的儿童 DBP 的暴露水平超出了生殖健康基准，并且 8%~11%小于 2 岁的儿童 DEHP 的暴露量超出了致癌风险限制。Pelletier 等[28]大范围搜集具有代表性的法国居民楼室内降尘和空气中 32 种 SVOC 的浓度数据，并用稳态模型来估算降尘摄入、吸入和皮肤接触累计日剂量，结果显示：对于 2~3 岁儿童，累计日剂量跨越几个数量级，BDE 85 的中值浓度为 8.7 pg/kg，而 DiBP 的中值浓度为 1.3 μg/kg。

国内关于室内暴露的研究还不成熟，主要是根据剂量公式计算外暴露量。Gong 等[29]检测皮肤擦拭下的 6 种 PAEs 浓度水平，估计皮肤吸附暴露。结果显示：DEHP、DiBP 和 DnBP 是最常被检出的 PAEs，并且三者浓度依次降低。DiBP、DnBP 和 DEHP 从手掌、手背、手臂等位置皮肤表面油脂层吸附的中值量分别为 0.48 μg/(kg · d)、0.68 μg/(kg · d)、0.66 μg/(kg · d)。皮肤吸附量与其他途径吸附量相比，我国青少年皮肤吸附 PAEs 量大约占总摄取 PAEs 量的 10%~20%。王立鑫等[30]研究表明：我国儿童 PAEs 的总暴露量高于成人，其中 30%家庭 2~3 岁儿童 DEHP 暴露量超过美国 EPA 限定剂量。刘聪等[31]研究了吸入的颗粒相 SVOC 在体内脱附引起的暴露，通过建立传质模型量化了头部、支气管和肺泡三个区域 SVOC 的脱附，该模型能够更细化地估计吸入暴露量。

SVOC 通过口入、吸入和皮肤接触三种途径进入人体，经过体内消化循环系统的传输，沉积在各组织器官，在特定的器官产生代谢产物，进而危害人体健康。VOCs 在吸入过程中极易与呼吸道内壁直接作用，产生急性的炎症反应。而 SVOC 在吸入过程中，化学性质相对稳定，不能产生直接的作用，主要是通过各种途径进入血液后产生一系列的健康效应[32]。

通常情况下，室内空气中的 SVOC 的暴露途径主要有吸入和皮肤接触。挥发性较强的气相 SVOC 主要通过吸入到达肺泡，最终进入血液对人体产生危害。分子量较大、难以挥发的 SVOC 主要通过皮肤接触直接进入血液危害人体的健康。室内空气中的气相、颗粒相都可以通过吸入进入人体。气相可以通过皮肤暴露直接进入血液，并且气相与皮肤的接触是全方位的，而颗粒相则需要先脱附再通过皮肤进入血液，并且颗粒相与皮肤的接触面积有限，因此一般忽略皮肤暴露中颗粒相引起的暴露。但这并不能说明皮肤暴露不重要，Weschler 等[33]研究表明：相对于吸入的某些 SVOC，可能皮肤吸附的 SVOC 对人体危害更大。

对于室内空气中的皮肤暴露，SVOC 经过三个步骤进入到人体血液中产生影响。SVOC 从周围环境到达皮肤表面；部分 SVOC 溶解于皮肤表面油脂层；部分 SVOC 从皮肤表面油脂层到达角质层和活性表皮，进而到达血液对人体产生危害。

公式(3.33)~(3.37)给出了口入、吸入、气相-皮肤、降尘-皮肤摄入和累计日剂量的计算方法[34]，其中下标 oral，inhale，dermal-gas 和 dermal-dust 分别表示口入、吸入、气体-皮肤摄入和降尘-皮肤摄入。其中口入日剂量主要取决于室内降尘相浓度；吸入日剂量主要取决于室内空气中气相和颗粒相浓度；而皮肤摄入日剂量主要取决于室内气相浓度。

$$DD_{oral}=\frac{C_{dust}\times DI\times f_{oral}\times f_{dust}\times T_p}{BW} \tag{3.33}$$

$$DD_{inhale}=\frac{(C_g+C_{sp})\times f_{pulm}\times IR\times T_p}{BW} \tag{3.34}$$

$$DD_{dermal\text{-}gas}=\frac{C_g\times k_{p\_g}\times BSA\times T_p}{BW} \tag{3.35}$$

$$DD_{dermal\text{-}dust}=\frac{C_{dust}\times\frac{BSA}{4}\times M_s\times f_1\times 0.15\times T_p}{BW} \tag{3.36}$$

$$ADD=DD_{oral}+DD_{inhale}+DD_{dermal\text{-}gas}+DD_{dermal\text{-}dust} \tag{3.37}$$

式中　ADD——累计日暴露量，μg/kg；

DD——日剂量，μg/kg；

C_g——气相 PAEs 浓度，μg/m^3；

C_{sp}——颗粒相 PAEs 浓度，μg/m^3；

C_{dust}——降尘相 SVOC 浓度，μg/g；

DI——降尘摄入率，g/d；

f_{oral}——口服生物利用度，无量纲；

f_{dust}——降尘生物利用度，无量纲；

T_p——在室内时间所占的比例，无量纲；

BW——体重，kg；

f_{pulm}——肺生物利用度，无量纲；

IR——呼吸速率，m^3/d；

k_{p_g}——空气-皮肤渗透系数，m/h；

BSA——人体皮肤表面积，m^2；

M_s——皮肤上降尘的量，g/m^2；

f_1——通过皮肤转移到身体中的 SVOC 的分数，无量纲；

0.15——附着在皮肤上的降尘中可供吸收的 SVOC 比例，无量纲。

通过估算室内人员不同种类 SVOC 暴露量发现：与其他三种途径相比，降尘-皮肤摄入的贡献非常低（<1%），很多学者研究中不考虑由于降尘引起的皮肤暴露量，着重考虑口入、吸入和皮肤摄入量。

室内空气中 PAEs 较多，下文主要以 PAEs 为例对 SVOC 的暴露研究进行介绍。PAEs 是一类内分泌干扰物，可通过干扰生物体的激素合成过程影响生物体的生殖系统，美国 EPA 将 PAEs 归类为 B2 类（人类可能致癌物）物质。PAEs 在环境中残留时间长，并且动物和人对 PAEs 有较强的富集作用。

PAEs 具有致癌、致畸、致突变的作用。PAEs 对雄性动物具有较强的生殖毒性，亦可干扰人的内分泌系统，致使生殖机能失常。PAEs 可对动物卵巢颗粒细胞、卵泡和子宫造成影响。PAEs 毒性对动物的影响见表 3.11。

表 3.11　PAEs 毒性对动物的影响

PAEs	PAEs 毒性对动物的影响
BBP	雄性胚胎中睾酮的浓度下降,抗雄性作用随着剂量的增加而增加,对雄性生殖系统的影响具有累积性
DOP	精子畸形率明显增加
DBP	代谢产物会导致胚胎生长缓慢,对胚胎有致畸作用; 高剂量暴露导致大鼠胚胎睾酮合成的减少,影响雄性生殖系统发育; 孕期暴露会导致新生雄性小鼠睾丸中有异常细胞聚积,可能会导致睾丸病变
DEHP	动物肝癌和睾丸间质细胞肿瘤; 雄鼠睾丸组织病理改变,睾丸萎缩,精子量减少,精子畸形率和死亡率增大; 在妊娠早期影响胚胎着床,并在妊娠中晚期影响胚胎及胎盘发育,造成胚胎丢失、活胎数降低、胎儿发育不良、胎儿畸形数增加; 上调子宫内膜雌激素受体和孕激素受体水平,使着床期子宫内膜容受性降低

20 世纪以来,研究者们加强了有关 PAEs 毒性的人群流行病学研究。研究表明卧室降尘中 DEHP 的浓度与儿童哮喘病存在剂量相关性。PAEs 暴露还会导致成年男性肺和甲状腺功能减退、肥胖人数增加、胰岛素抗性和相关的临床疾病。

PAEs 的暴露对孕妇和儿童的影响更为严重。胎儿期暴露于 PAEs 可引起男性婴儿生殖系统畸形;PAEs 的暴露与女童乳房发育早熟症可能有一定的关联性;在性早熟女童体内 DBP 和 DEHP 比例比正常女童高。Cobellis 等[35]研究发现:血浆中 DEHP 及其代谢产物水平较高的妇女,子宫内膜异位症的患病率较高,PAEs 类物质可能对女性生殖系统产生一定影响。

2. SVOC 的致癌风险率

目前国际上普遍采用健康风险评价四段法的步骤进行健康风险分析,即风险辨识、剂量-反应评价、暴露评价、风险表征和风险管理等。其中风险辨识是指鉴别可能对健康产生有害影响的活动或暴露,以及可观察的有害影响的可能原因,对潜在致癌风险进行识别和判别。剂量-反应评价是指通过对流行病学资料进行分析研究,阐明不同暴露水平致癌效应的强度和频率,确定暴露量与人群特定健康效应出现频率之间的关系。暴露评价是指通过询问调查、环境监测、生物监测等方法,对有害因素进行定性和定量评价。风险表征是指通过对前三个阶段的评价结果进行综合、分析和判断,获得暴露人群的化学物质致癌风险概率,即该人群由于接触某种致癌因素可能导致癌症的风险,并指出在分析过程中的各种不确定因素。风险管理是指根据所提供资料与数据的性质、可靠程度、所存在的不确定因素,以及在推导和估计中所作各种假设进行分析和权衡;进行风险是否可接受的判定，即风险控制决策分析，决定采取什么行动控制风险，实行风险管理。

定量风险分析技术主要包括两方面内容，一是化学致癌物致癌风险的定量估算与表达，二是对评价结果的解释与对评价过程的讨论，特别是对评价过程中各个环节不确定性的分析，即对风险评价结果本身风险的评价。

欧美等发达国家对污染物的毒性性质和理化性质已开展了长期而系统的研究，所获得的大多数毒性性质参数和理化性质参数经过了实践检验，在国内外研究中应用广泛。污染物的毒性参数值和理化参数值可参考美国环保局的综合风险信息系统（Integrated Risk Information System，IRIS）和风险评价信息系统（The Risk Assessment Information System，RAIS）数据库中的信息[19]。

学者常用致癌风险计算公式估算建筑物室内空气中 PAEs 暴露对人体造成的致癌风险，致癌风险值表达式为

$$R=q\times E \tag{3.38}$$

式中 R——DEHP 致癌风险值；

q——致癌斜率因子，(kg · d)/mg；对于 DEHP 其值为 0.014。

E——DEHP 暴露量，mg/(kg · d)。

以 DEHP 为例，卜素贝[19]研究发现，哈尔滨市住宅 1~3 月、3~6 月、6~9 月、9~12 月婴儿致癌风险率分别为 3.56×10^{-5}、3.54×10^{-5}、3.44×10^{-5} 和 3.44×10^{-5}。住宅中 18~21 岁、21~31 岁、31~41 岁、41~51 岁成年人致癌风险率分别为 6.58×10^{-6}、6.16×10^{-6}、5.04×10^{-6} 和 4.9×10^{-6}。从计算结果可以看出婴儿的致癌风险率远大于成年人的致癌风险率。美国环保署推荐的可接受致癌风险下限为 1.0×10^{-6}，致癌风险上限为 1.0×10^{-4}。若风险小于 1.0×10^{-6}，则可以接受；若风险大于 1.0×10^{-4}，则潜在风险较大，需引起重视并采取相应的措施。上述研究发现，哈尔滨市住宅内婴儿 DEHP 的暴露在 1~3 月的影响最大，其致癌风险率为 3.56×10^{-5}，是人体致癌风险限值 1×10^{-6} 的近 36 倍。其主要原因是住宅内婴儿的暴露时间特别长，导致暴露量较大，并且婴儿对污染物更敏感，最终导致致癌风险率偏高。裴小强[36]研究结果显示杭州市新装修家庭中 DEHP 暴露对 1~2 岁儿童影响最大，其致癌风险为 3.912×10^{-5}，是人体致癌风险限值的近 39 倍。可见室内 PAEs 造成的健康风险需要引起人们足够的重视，并采取有效的措施控制邻苯二甲酸酯的污染。

3.7 室内空气质量对人体健康和工作效率的影响

据世界卫生组织（WHO）统计，在发展中国家，每天有 5 000 人由于呼吸被污染的空气而死亡。室内空气污染主要由于烹饪时通风不良，或者使用了木头和肥料作为燃料造成。

在发达地区，哮喘病正严重威胁着人们的身体健康，已成为主要的公共健康问题之一。在很多工业化国家，有 50%的小学生受到哮喘和过敏症的侵扰，而这一数据在过去

的 20 年里增长了一倍。丹麦技术大学的研究表明,这些症状与不良的室内空气质量有关,即与家庭内使用塑料材料所散发的邻苯二甲酸盐及室内通风不良有直接关系。

在办公室中,有 20%~60%的人患有病态建筑综合征,表现为头痛、乏力和黏膜刺激。即使满足通风标准,仍然有 10%~60%的人认为室内空气质量不能接受。丹麦技术大学的研究表明,较差的室内空气质量易引发病态建筑综合征,从而导致人们工作效率降低。

3.7.1　哮喘和 IAQ

在工业化国家,哮喘和过敏症患者在过去的 20 年里增加了一倍,由此造成的医疗费用、病休等问题已成为当今公共健康的重大问题之一。在许多工业国家,近一半学生遭受了这些疾病的困扰,并因此而被迫缺课休假。

在美国,过敏症患者有 5 000 万人,哮喘患者有 3 000 万人。在瑞典,每 10 个在学儿童就有 4 个过敏症患者。哮喘与过敏是紧密联系的,美国人很多是在儿童时期就患哮喘,在学校因慢性病请假者中,哮喘为首位。

大部分公寓室内空气污染都是来自建筑本身围护结构、装饰材料和固定的全室地毯以及宠物,后两者的情况在发达国家的住宅中相当普遍。住宅对儿童过敏和哮喘的威胁很大。国外住宅公寓中,室内多铺有全室地毯,并用胶黏剂将地板固定在贴地一侧的水泥上,易于蓄积灰尘,而地毯下滋生尘螨,能引发哮喘。此外,国外多养宠物,极易传播各类疾病。瑞典现已建议人们在室内不养宠物,采用活动地毯等,以预防儿童过敏。

Fanger 领导的室内环境和能源国际研究中心的研究者们认为,工业国家住宅室内空气质量恶化是哮喘和过敏症的罪魁祸首。室内空气质量下降的部分原因来自当今世界范围内的综合节能的趋势;另一部分原因是能源价格上涨,使得住宅建筑密闭性提高并且通风率减少,因此很多住宅建筑的换气率达到历史上的最低点。引起住宅室内空气质量恶化的其他因素是大量新的材料,尤其是大量聚合物的使用以及电子产品的日益普及,使得大量的污染物散发到室内。在儿童的房间里情况尤为严重,由于使用了塑料制品、地毯等材料,儿童更易患过敏症与哮喘病。

室内环境和能源国际研究中心开展了一项世界上最大规模的有关哮喘病与室内空气质量的关系的研究。研究人员调查了斯堪的纳维亚(Scandinavian)地区的 11 000 个儿童所在的 400 个家庭(包括患有哮喘病的儿童所在的 200 个家庭和健康儿童所在的 200 个家庭)的室内化学、物理、生物以及医学上采取的措施。这些建筑皆位于室外空气质量良好的区域,从而排除了室外环境的影响。实验中采用了 4 种不同的通风换气次数:0.17 次/h、0.26 次/h、0.38 次/h、0.62 次/h。每种实验工况下约 90 个家庭参与了实验。儿童患过敏症与住宅室内平均换气次数的关系如图 3.7 所示。其中每个柱形图代表约 90 个家庭。由图 3.7 可见,当通风率增加 3 倍时,过敏症减少了一半。

为了研究哮喘病与聚氯乙烯(儿童房间里的塑料制品)中散发的邻苯二甲酸盐的关联性,研究人员又对上述家庭进行了邻苯二甲酸盐浓度测试,并对孩子哮喘病的相对发病率进行了主观调查。

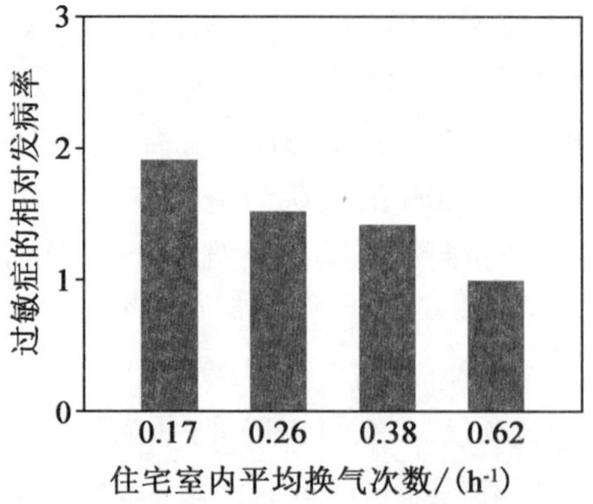

图 3.7　儿童患过敏症与住宅室内平均换气次数的关系[37]

图 3.8 所示为哮喘病与邻苯二甲酸盐质量浓度的关系。可见,邻苯二甲酸盐质量浓度从每克灰尘中含 0.3 mg 增加到 2.1 mg 时,即邻苯二甲酸盐质量浓度增加 6 倍,哮喘病的相对发病率增加了将近 2 倍。因此将家庭内的室内空气质量提高 3~6 倍,会明显减少哮喘和过敏症的发病率。

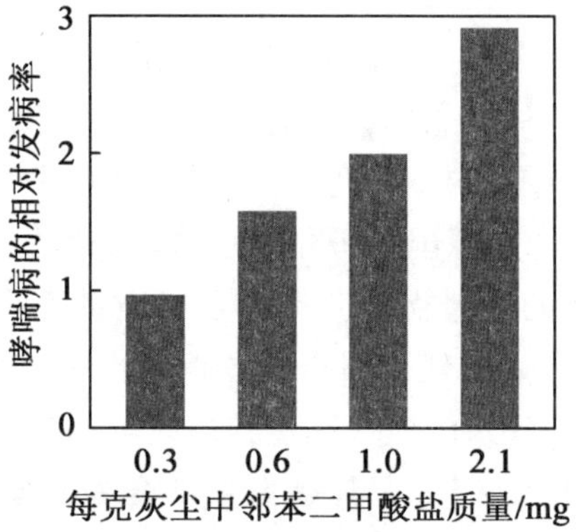

图 3.8　哮喘病与邻苯二甲酸盐质量浓度的关系[37]

研究结果表明,较低的通风率会极大地增加患过敏症的危险,聚氯乙烯(儿童房间里的塑料制品)中散发的邻苯二甲酸盐与哮喘病有很大的关联。而近年来全球范围内塑料制品的应用越来越多,这大大增加了儿童患过敏症和哮喘病的风险。

3.7.2　病态建筑综合征与 IAQ

美国伯克利加州大学劳伦斯实验室和明尼苏达大学研究了校园室内空气质量对人体健康的影响,认为教室内新风量不足,CO_2 浓度值过高,有的超过 2 500×10^{-6}。VOC、可吸入颗粒物和细菌也污染了室内空气。美国国家职业安全与卫生学会(National Institute for Occupational Safety and Health,NIOSH)对上千所学校(中、小学为主)调查评估的 77 份报告中有 49 份列出了以上与病态建筑综合征有关的建筑因素,其中主要是室内污染源问题、通风相关问题、建筑围护结构以及暖通空调系统疏于维护和管理问题,造成 IAQ 的恶化，导致普遍存在于学校的过敏和哮喘等症状。

在公共建筑与办公建筑中，普遍存在的症状是头痛、胸闷、神经衰弱与恶心，特别是眼炎和鼻炎等。这些症状大部分起因于过敏。这类建筑中主要是围护结构表面装修材料和办公用具（计算机、复印机等）散发的 VOC 蒸气、NO_x 和 CO_x，甲醛与细菌以及可吸入颗粒物和其他悬浮微粒等污染了空气，使室内的有机物浓度比室外高几倍。至于肺病、肺炎主要是由潮湿所引发，这与建筑外围护结构漏水使室内受潮有关，室内常处于相对湿度为 70%以上时即可滋生细菌。此外，空气处理设备湿表面或积水容器中也容易滋生细菌、真菌和生物污染物，这些污染物是不易消散和稀释的，致使室内污染程度有时可高出允许上限的 2~5 倍。尽管室内空气中的污染物浓度一般较低，但这些污染物种类很多，人体长期与这些污染物接触导致许多人患病。

3.7.3　室内空气质量对工作效率的影响

已有学者对世界各地范围内的上百个大型办公建筑的室内环境进行了现场调查，结果表明室内空气质量问题相当普遍，会引起人们的不满意，使人们遭受病态建筑综合征的困扰。然而，丹麦技术大学室内环境与能源国际研究中心的科学家们还发现，较差的室内空气质量还会降低人们的工作效率。

为了研究室内污染源和通风量对办公人员工作效率的影响，在丹麦技术大学室内环境和能源国际研究中心的现场实验室——室内环境可控的办公室进行了一系列的对比实验研究。

新的研究结果第一次书面证实了室内空气质量对办公人员的工作效率有重要的和正相关的影响。该实验在室内环境可控制的办公室中，研究办公人员在是否有不可见的附加污染源的两种不同的空气质量环境中的工作效率。污染源为使用了一段时间的地毯，通过有无附加污染源来设置两种不同空气质量的室内环境。这两种情况分别对应于欧洲室内环境设计指南规定的低污染建筑和非低污染建筑。同一组受试者在模拟现场实验室的两种空气质量环境中分别打字 4.5 h，通风率皆为 10 L/(s · 人)，且其他环境因素均相同。

图 3.9 所示为室内污染源与打字速度的关系。研究发现无污染源时受试者的工作效率比有污染源时的工作效率提高了 6.5%，并且出错较少，病态建筑综合征症状也较少。

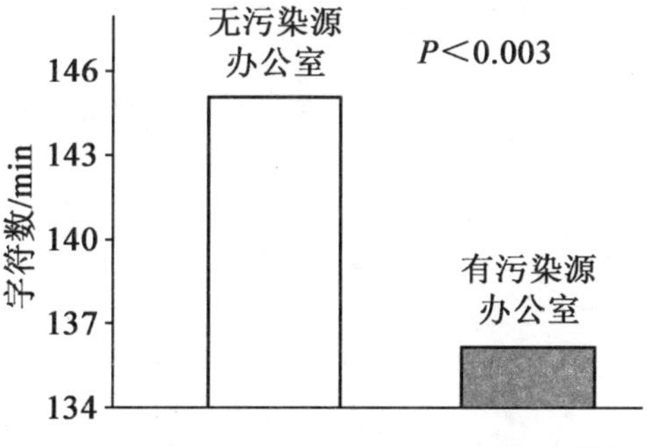

图 3.9　室内污染源与打字速度的关系[37]

在瑞典所做的重复性实验研究的结果是相似的。这些单盲法研究结果表明,改善室内空气质量可以明显提高工作效率。这种生产率的增加应与改善室内环境的成本相比较,在发达国家的办公楼中,这一成本一般不到人工成本的 1%。因此,这应该成为改善室内空气质量的强烈的经济动机。

在另一个单盲法实验中,研究人员采用类似的方法,用使用了 3 个月的个人电脑(PC)作为空气污染源,替换掉旧地毯,重复上述实验。研究发现有电脑时工作效率降低了 9%,同时人们对室内空气质量的不满意率增加了 2 倍。接着对使用阴极射线管(CRT)显示器和液晶(TFT)显示器对工作效率的影响做了对比实验研究,结果与前面的类似,也证明了使用 TFT 显示器对室内空气污染较轻。

在该现场实验室内还实验研究了具有同样污染源的 3 种不同通风率[3 L/(s · 人)、10 L/(s · 人)和 30 L/(s · 人)]的情况下的工作效率。结果表明,随着通风率的增加,工作效率明显提高。

图 3.10 为打字速度与室外新风量的关系。由此可见,提高新风量可以提高打字速度。图 3.11 为工作效率与通风量的关系曲线。

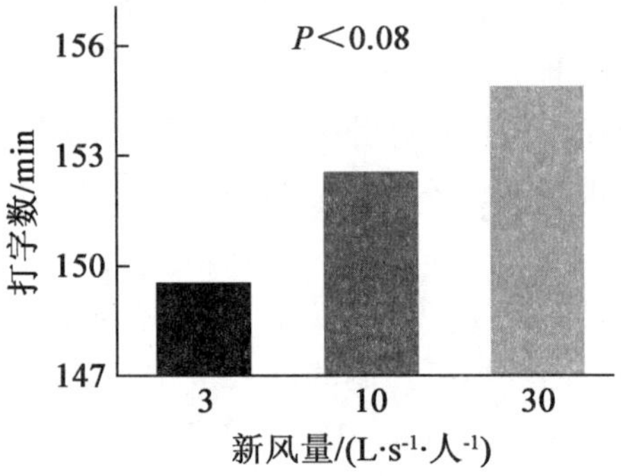

图 3.10　打字速度与室外新风量的关系[37]

研究人员将该现场实验室改造为话务中心,每周改变室内空气质量,所研究的工作效率可以被精确地测量。其中一个实验是将使用了 6 个月的旧过滤器更换为新过滤器,研究使用新旧两种过滤器接线员的工作效率。图 3.12 为平均谈话时间与新旧过滤器的关系。可见,采用新过滤器后,平均谈话时间缩短了 9%,工作效率明显提高。

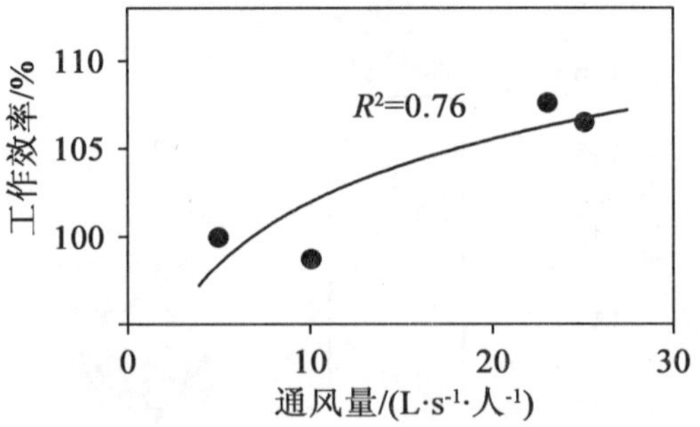

图 3.11　工作效率与通风量的关系曲线[37]

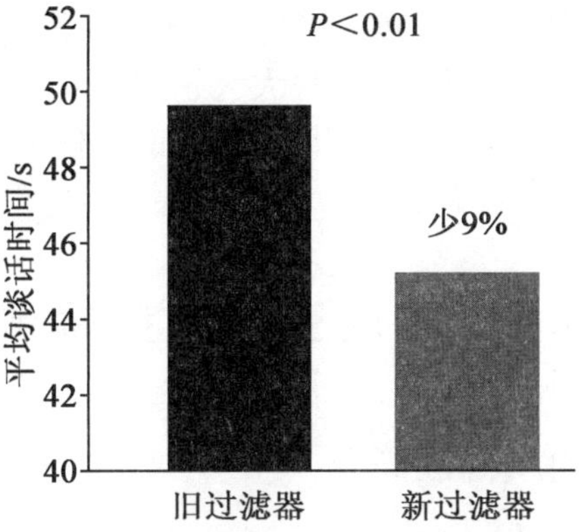

图 3.12　平均谈话时间与新旧过滤器的关系[37]

另一个实验是采用新过滤器后，将通风量从 2.5 L/(s · 人)提高到 25 L/(s · 人)，研究不同通风量下接线员的工作效率。图 3.13 为平均谈话时间与通风量的关系。可见，通风量提高 10 倍后，平均谈话时间缩短了 6%。

此外，又对提高通风量但都采用旧过滤器的情况做了对比研究，结果表明此时提高通风量，对提高工作效率影响不明显，这说明暖通空调系统中过滤器是严重的污染源。

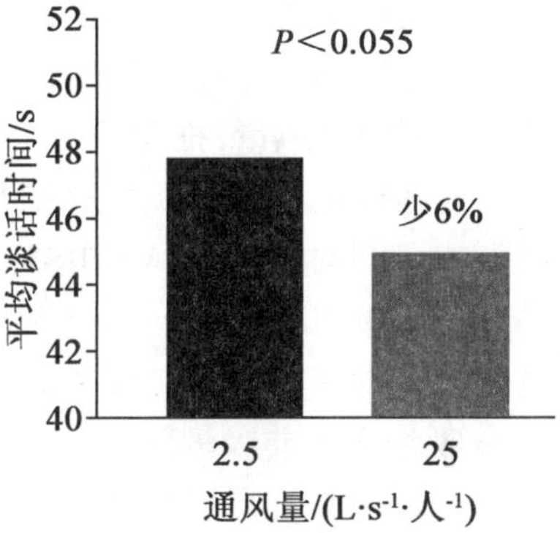

图 3.13　平均谈话时间与通风量的关系[37]

上述单盲法研究结果表明，改善室内空气质量可以明显提高工作效率。在许多既有办公建筑中将室内空气质量提高 4 倍，工作效率可提高 5%~10%。

在新加坡所做的重复性实验研究结果与此项研究结果类似。研究发现，提高新风量可以提高打字速度。

在学校的研究表明，将通风量从 5 L/(s · 人)提高到 10 L/(s · 人)，即室内空气质量提高 1 倍，学习效率提高了 15%。

Fisk 和 Rosenfeld 在文献资料调查的基础上曾估计了在美国因不良室内空气质量引起的疾病、病休和无效生产而造成的经济损失，Seppnen 对北欧做了类似的估计。这两项研究的结论都是所估计的经济损失高于暖通空调(HVAC)系统运行的成本。

通过实验室和现场的对比实验，研究者发现高质量的室内空气环境会极大提高人们的工作效率并能减少病态建筑综合征的产生。采用现行最低标准规定建立的室内空气环境中,人们的工作效率会降低大约 5%~10%,这样的损失应包括在今后的建筑全生命周期分析中。由工作效率降低所造成的损失大大超过了商业建筑运行的其他费用,为保证较高的室内空气质量所需的投资,比采用现行最低标准拥有更高的回报率,而且不需要额外消耗更多的能源。

3.8 室内空气质量标准

3.8.1 ASHRAE 通风标准简介

ASHRAE 学会颁布的第一个通风标准是 ASHRAE Standard 62—1973《自然和机械通风标准》。该标准指出,通风是为了人体要求,并规定和推荐了为保证人体健康和安全所需的通风量。为了满足不同空间可接受的室内空气质量,该标准中给出了新风量的最小值和推荐值。

1981 年,ASHRAE 学会颁布了通风标准的修订版 ASHRAE Standard 62—1981《满足可接受的室内空气质量的通风》。在这一标准中推荐了吸烟区和非吸烟区的最小新风量,并介绍了可以选择的提高室内空气质量的方法,提倡将创新、节能的通风方法应用于工程实践中。这些可以选择的方法没有严格限制最小新风量,故工程师们可以根据实际需要设计新风量,以保证室内空气污染物低于标准推荐值。但是在该标准的应用中,设计者容易混淆吸烟区和非吸烟区的不同通风量,推荐的甲醛的最大浓度也令人质疑。

ASHRAE Standard 62—1989 重新规定了最小新风量和人体可接受的室内空气质量,以减少对人体健康潜在的不利影响。同时保留了 ASHRAE Standard 62—1981 中通风设计的两种方法,即通风量法(Ventilation Rate Procesure)和室内空气质量法(Indoor Air Quality Procesure),以利于满足可接受的室内空气质量和减少能源消耗。ASHRAE Standard 62—1989 除吸烟室外,不区分吸烟区与非吸烟区。

修订版 ASHRAE Standard 62—1989R 与原标准 ASHRAE Standard 62—1989 的主要区别是:确定新风量时不仅考虑稀释人员污染所需的新风量,而且考虑稀释建筑污染所需的新风量;并考虑到污染物危害作用具有叠加效应,将二者相加。虽然修订版比原标准多考虑了建筑污染,但不吸烟假定和以适应者为基准这两点却使得人员密集区所需要的最小新风量远远低于 ASHRAE Standard 62—1989 的推荐值。

1999 年,ASHRAE 学会颁布了 ASHRAE Standard 62—1999,并做了以下修改:①删除了有关热舒适要求的部分内容,考虑已有热舒适标准 ASHRAE Standard 55—1992。即在执行该标准后,认为已经满足热舒适标准中空气温度和湿度的要求。当满足热舒适的温度和湿度条件时,通常会提高空气质量的可接受程度,但也有例外。②在该标准的适用范围中增加了注释内容。提示人们会由于某些原因导致不满足可接受的室内空气质量标准。因为室内环境对人体舒适与健康的影响是很复杂的,至今尚有些问题不清楚,不可能一次就制定出使同一环境中所有人都可接受的室内空气质量标准。③删除了“适当吸烟时建议的通风量”的内容。因为很多权威机构如美国环保署、世界卫生组织、美国医学会、美国肺病学会、美国国家职业安全与卫生研究所等都明确了吸烟对人体健康的危害性,故 ASHRAE Standard 62—1999 标准中的通风量是以不吸烟为基础的。④删除了关于“CO_2 浓度被广泛用于室内空气质量的指示剂”的描述,以免被人误以为 CO_2 浓度是室内空气质量的综合指标。

在通风标准 ASHRAE Standard 62.1—2004 中删除了 CO_2 作为推荐限值。在新标准中的 6.2.7 节的注释中提到了以 CO_2 检测为例来确定室内人员的变化的方法。以 CO_2 作为室内空气质量指示剂的变化并不是新标准最明显的改变,而是以此为例说明标准是怎样随着时间变化的。新标准合并了 17 条附录,这些附录删除或者取代了以前版本的许多章节。2004 年颁布的标准对以前的版本进行了大量的修改,详见 3.8.3 节内容。

ASHRAE Standard 62.1—2007 结合了 ASHRAE Standard 62.1—2004 和 2004 版已经通过和发布的 8 项附录,因此能够提供简单实用并且统一的标准。ASHRAE Standard 62.1—2007 保留了通风设计的两种方法——室内空气质量法和通风量法。2007 版本的通风标准主要在以下几个方面进行了更新和修订,但没有改变最小新风量:①阐明了除湿分析要求,并且提供了不受相对湿度为 65%的限制要求和净通风量要求的例外。②修改了空间类别不统一的问题并且提供了不同空间类别的附加信息。③更新了参考文献,特别是与空气质量主观评价有关的文献。④更新了空气质量标准的相关信息,使其与美国环保署国家环境空气质量标准一致,其中增加了 PM2.5 作为一项标准污染物,增加了臭氧 8 h 标准。⑤增加了一个附录 H,总结了标准建档的要求,因此能为用户提供单独的参考。⑥更新了标准的目的和范围,使其与标准主体的变化一致。特别是删除了单户住宅和 3 层或低于 3 层的多户住宅的内容,对于吸烟区或环境烟草烟雾(ETS)删除了最小新风量的要求,删除了热舒适要求。⑦对于同时具有吸烟区和非吸烟区的建筑需要进行合理的设计,主要要求为:基于预期存在的吸烟环境,对区域进行分类,将吸烟区和非吸烟区分隔开,并对吸烟区做警示标示。⑧增加了 3 层以上建筑居住空间的要求。删除了住宅和车辆通风要求的内容。

标准 ASHRAE Standard 62.1 多年来经历了重要变化,反映了与通风和空气质量相关的知识、经验和研究的不断扩展。虽然 ASHRAE Standard 62.1—2019 通风标准的目的没有改变——规定最小通风量和其他措施,旨在为在室人员提供可接受的室内空气质量,且减少对健康的不利影响,但实现这一目标的方法已经演变。

在第一版中,该标准采用了一种规定性的通风方法,规定了各种室内空间的最小和推荐的通风量,以得到可接受的室内空气质量。1981 年,该标准减小了最小通风量,并引入了另一种基于性能的方法,即室内空气质量法,该方法可计算使室内空气污染物水平低于推荐限值以下所需的通风量。2004 年,也就是该标准最后一次全面修订时,不仅修改了室内空气质量法,以提高其可执行性,而且对通风量法进行了修订,改变了最小通风量以及区域和系统通风量的计算方法。目前该标准包括 3 个通风设计方法:室内空气质量法、通风量法和自然通风法。

ASHRAE Standard 62.1—2019 的主要修改如下:①修改了范围,明确了先前未涵盖的在室情况。②增加了单位面积的通风量信息表,用于检查既有建筑和新建筑的设计。③简化了通风量法,改进了系统通风效率和区域空气分配效率的计算。④对自然通风法进行了重大修改,以提供更准确的计算方法,并定义了设计工程系统的过程。⑤自然通风需要考虑室外空气质量以及室外空气与机械供冷空间的相互作用。⑥禁止使用产生臭氧的空气净化装置。⑦湿度控制要求表示为露点,而不是相对湿度。⑧该标准遵循ANSI/AIHA Z9. 5—2012 关于处理危险材料的实验室通风的规定。⑨ANSI/ASHRAE/ASHE 170 Addendum M—2012 范围内的患者护理空间遵循标准 170 的要求;增加了以前未分类的辅助空间。

自 2019 年开始,该标准使用 ASHRAE 的持续维护程序定期更新。附录由 ASHRAE 和 ANSI 公开审查、批准,并发布在 ASHRAE 网站上。修改建议可在线提交至网站。标准 62. 1 项目委员会认真对待收到的所有修改意见。

2022 年,发布了 ASHRAE Standard 62. 1 的最新标准,规定了最小通风量和其他措施,为在室人员提供可接受的室内空气质量,以减少对健康的不利影响。自最初发布以来,标准 ASHRAE Standard 62. 1 经过修订和改进,使其不仅是一个空气处理和通风标准。为了表示室内空气质量满足最低通风要求,并认识到建筑系统(设备、过滤、控制等)有助于可接受的室内空气质量,标准标题已更新为“通风和可接受的室内空气质量”。

标准 ASHRAE Standard 62. 1 是唯一可定量化建筑环境中的通风和可接受的室内空气质量的标准,并使利益相关者能够在保持最小通风量的同时,努力改善室内环境。2022 年版标准的附录代表了多年的研究、统计证据以及为可接受的室内空气质量而改进的建筑系统和技术。

ASHRAE Standard 62. 1—2022 的主要修改如下:①重新组织了第 5 章“系统和设备”,以反映气流的路径,并更好地说明建筑物、系统和设备之间的关系。②继续关注室内空气质量,包括改进室内空气质量法,设置机械供冷建筑物的最高露点温度和所需的排风口与送风口的距离。③所有者认可 ANSI/ASHRAE Standard 188—2018。④将 ANSI/ASHRAE/ASHE 170 Addendum M—2022 范围内的门诊/门诊手术和辅助护理空间重新列到新的规范性附录中,并将在适当情况下继续为这些在室人员提供通风要求,由具有管辖权的机构批准。⑤更新了定义;解释空气密度调整;删除了标准 ASHRAE Standard 62. 2 范围内的一些与临时在室有关的项目。

ASHRAE Standard 62. 1 继续为工程师、专业设计人员、业主和已采用模型规范的司法机构提供最小通风量需求、室内空气质量和操作的程序和方法。此外,为了商业建筑使用者的利益,地方司法机构有机会评估和采用整个标准。

历年版本如下:

(1) ASHRAE Standard 62—1973-*Standards for Natural and Mechanical Ventilation*

(2) ASHRAE Standard 62—1981-*Ventilation for Acceptable Indoor Air Quality*

(3) ASHRAE Standard 62—1989-*Ventilation for Acceptable Indoor Air Quality*

(4) ASHRAE Standard 62—1999-*Ventilation for Acceptable Indoor Air Quality*

(5) ASHRAE Standard 62—2001-*Ventilation for Acceptable Indoor Air Quality*

(6) ASHRAE Standard 62. 1—2004-*Ventilation for Acceptable Indoor Air Quality*

(7) ASHRAE Standard 62. 1—2007-*Ventilation for Acceptable Indoor Air Quality*

(8) ASHRAE Standard 62. 1—2010-*Ventilation for Acceptable Indoor Air Quality*

(9) ASHRAE Standard 62. 1—2013-*Ventilation for Acceptable Indoor Air Quality*

(10) ASHRAE Standard 62. 1—2016-*Ventilation for Acceptable Indoor Air Quality*

(11) ASHRAE Standard 62. 1—2019-*Ventilation for Acceptable Indoor Air Quality*

(12) ASHRAE Standard 62. 1—2022-*Ventilation and Acceptable Indoor Air Quality*

从 1973 年发行第一版到现在已有 12 个版本,从 1981 年的版本到 2019 年标题均为 Ventilation for Acceptable Indoor Air Quality,最新版标题改为 Ventilation and Acceptable Indoor Air Quality。

ASHRAE Standard 62—1999 的目的是:规定在室人员可接受的最小通风量和室内空气质量,以减少对健康的潜在不利影响。ASHRAE Standard 62. 1—2022 的目的是:规定最小通风量和其他措施,旨在为在室人员提供可接受的室内空气质量,并且减少对健康的不利影响。

下面将对 ASHRAE Standard 55—1999 以及后续版本的修订和新增内容做具体介绍。

3. 8. 2　ASHRAE Standard 62—1999

制定 ASHRAE Standard 62—1999 通风标准的目的是规定最小通风量和人体可接受的室内空气质量,以减少对人体健康潜在的不利影响。

该通风标准的适用范围是:①所有室内或封闭空间内的活动区的人群,包括住宅的厨房和浴室、游泳池等。②新标准中所需的通风量是基于影响室内空气质量的化学、物理和生物污染所需要的通风量,不包括热舒适的要求。③由于以下原因,即使满足该通风标准可能也不能满足大多数人对所有建筑室内空气质量的可接受性要求:室内空气中污染源和污染物的多样性;许多其他影响人体可感知和可接受的空气质量因素,如空气温度、湿度、噪声、光和心理压力等;人群的敏感性范围。

该标准中保留了 ASHRAE Standard 62—1989 的定义和通风设计的两种方法——通风量法和室内空气质量法,并对暖通空调系统和设备提出了明确的要求。

室内空气质量与许多因素有关,如室外空气质量、封闭空间的设计、通风系统的设计、系统的运行与管理方式、污染源的位置与强度等。该标准涉及通风系统的设计,因为它受以上所有因素的影响。因此,良好的通风系统的设计可以提供可接受的室内空气质量。

室内空气所含的已知的污染物浓度不应超过危害人体健康和不舒适的限值。这些污染物包括各种气体、水蒸气、微生物、烟尘和其他微粒。这些污染物可能存在于由室外进入室内的空气、室内人员、家具、建筑材料、表面涂料以及空气处理设备中。这些有害物中含有毒性、放射性,能使人体感染各种疾病、患过敏症、受到感觉刺激、热不舒适和闻到讨厌的气味。

下面详细介绍该标准中的两种通风设计方法——通风量法和室内空气质量法。

1. 通风量法

通风量法即向空间提供一定质量的通风量以获得可接受的室内空气质量的方法。该方法主要参照标准(表 3. 12~3. 15),并根据可接受的室内空气质量的定义进行评价。

通风量法提供了一种获得可接受的室内空气质量的途径。该方法给出了空间所必需的通风量和各种空气处理的方式。通风量是基于生理考虑、主观评价和职业判断而得出的。

表 3.12　需要的新风量[6]

空间类别	估计最大值/（人·100^{-1} m^{-2}）	需要的新风量		备注
		L/(s·人)	L/(s·m^2)	
商业设施（办公室、商场、旅馆、体育馆）				
商业洗衣房	10	13		干洗过程中可能需要更多的空气
商业干洗店	30	15		
自助餐厅、快餐店	100	10		
酒吧	100	15		
厨房（烹调）	20	8		厨房附近的空气应该充足，并提供排风量不小于 7.5 L/(s·m^2)
封闭式停车场			7.5	必须考虑工作地点和机器运行时的浓度。可用污染物控制元件控制通风
旅馆、宿舍等卧室			15 L/(s·房间)	
旅馆、宿舍等起居室			15 L/(s·房间)	
旅馆、宿舍等浴室			18 L/(s·房间)	间歇使用时的安装容量
旅馆、宿舍等休息室	30	8		
旅馆、宿舍等会议室	50	10		
办公空间	7	10		一些办公设备可能要求局部排风
办公接待区	60	8		
办公会议室	50	10		
公共休息室		25		
吸烟室	70	30		
化妆室			2.5	局部机械排风，建议不用循环空气
电梯间			5.0	由流动空气正常提供
理发店	25	8		
美容店	25	13		
服装店、家具店			1.5	
宠物店			5.0	
药店	8	8		
超市	8	8		
体育或娱乐场所观众区	150	8		当内燃机运行时，通风量可能会增加

续表 3.12

空间类别	估计最大值/ (人 · 100^{-1} m^{-2})	需要的新风量		备注
		L/(s · 人)	L/(s · m^2)	
商业设施(办公室、商场、旅馆、体育馆)				
游戏室	70	13		
体育馆冰上区域			2.5	
游泳池			2.5	为控制湿度可能需要较高值
体操房	30	10		
保龄球馆	70	13		
剧院舞台、演播室	70	8		为减少特殊舞台影响(如干冰蒸汽、雾等)必须特殊通风
剧院观众席	150	8		
剧院休息室	150	10		
交通工具候车室	100	8		交通工具内通风可能需要特殊考虑
站台	100	8		
交通工具内	150	8		
机构设施				
教室	50	8		
实验室	30	10	要求特殊的污染物控制系统	
音乐教室	50	8		
图书馆	20	8		
医院病房	10	13	特殊要求、规范或按压力关系可以确定最小通风量和渗风效率。产生污染物的方法可能要求较高的通风量	
手术室	20	15		
理疗间	20	8		

住宅设施(私人住宅,单层或多层)

空间类别	需要的新风量 (假设室外空气质量可接受)	备注
起居室	0.35 次换气率/h,但不小于 7.5 L/(s · 人)	通风一般可以通过自然通风和渗风得到保证。密闭的住宅可能会因为燃料燃烧设备而加强通风。人员负荷是基于床的数量,第 1 张床 2 人,以后每加 1 张床,加 1 人
厨房	间歇通风时,50 L/s;连续通风或开窗时,12 L/s	安装机械排风的容量。气候条件可能会影响通风系统的选择
浴室、卫生间	间歇通风时,25 L/s;连续通风或开窗时,10 L/s	安装机械排风的容量

注:表中未列出工业建筑需要的新风量,工业建筑的通风量可由工业通风标准确定。

表 3.13　美国环保署(EPA)公布的国家一级室外大气质量标准[6]

污染物	长期			短期		
	平均浓度 /(μg·m^{-3})	平均浓度 /(mg·L^{-1})	时间	平均浓度 /(μg·m^{-3})	平均浓度 /(mg·L^{-1})	时间/h
SO_2	80	0.03	1 年	365①	0.14①	24
可吸入颗粒物(PM10)	50②	—	1 年	150①	—	24
CO				40 000①	35①	1
CO				10 000①	9①	8
氧化剂(O_3)				235	0.12	1
NO_2	100	0.055	1 年			
铅	1.5	—	3 个月			

注:①每年不超过一次。
②算术平均值。

表 3.14　美国常见的室内空气污染物标准[6]

污染物	室内标准	室外标准	工业工作区标准
石棉	消费产品安全协会已禁止在壁炉和某些服装中使用; EPA 条例禁止在学校或保温材料中使用	各州空气质量极限: CT 0.001 0 μg/m^3,8 h; MA 0.000 1 个纤维/m^3,24 h; NC 0.010 0 μg/m^3,24 h; NY 5.000 0 μg/m^3,1 年; VA 2.000 0 μg/m^3,24 h	0.2 个纤维/cm^3,8 h,TWA
CO		各州空气质量极限: CT 10 000 μg/m^3,8 h; NV 1.310 0 mg/m^3,8 h	55 mg/m^3,8 h,TWA
甲醛	国家标准:室内暴露 0.4 mg/m^3	各州空气质量极限: CT 12.00 μg/m^3,8 h; IL 0.015 0 μg/m^3,1 年; IN 18.00 μg/m^3,8 h; MA 0.20 μg/m^3,24 h; NC 300.00 μg/m^3,15 min; NV 0.071 0 mg/m^3,8 h; NY 2.000 0 μg/m^3,1 年; VA 12.000 μg/m^3,24 h	1 mg/m^3,8 h,TWA-PEL; 2 mg/m^3,15 min,STEL

续表 3.14

污染物	室内标准	室外标准	工业工作区标准
铅	CPSC 已禁止在消费品中使用	国家大气质量一级和二级标准： 最大值 1.5 μg/m^3。 各州空气质量极限： CT 1.500 μg/m^3,8 h; IL 0.500 μg/m^3,24 h; MA 0.680 μg/m^3,24 h; NV 0.004 mg/m^3,8 h; VA 2.500 μg/m^3,24 h	50 μg/m^3,8 h,TWA
NO_2		各州空气质量极限： CT 120.0 μg/m^3,8 h; NV 143.0 μg/m^3,8 h	顶棚 9 mg/m^3
O_3	FDA 禁止某些释放量超过 0.1 mg/m^3 的设备(杀菌剂、除臭剂)在人体活动空间如家庭、办公室或医院使用	国家大气质量一级和二级标准： 每小时平均最大值 235 μg/m^3。 各州空气质量极限： CT 235.0 μg/m^3,1 h; NV 5.0 μg/m^3,8 h	0.2 mg/m^3,8 h
可吸入颗粒物		国家大气质量一级标准： 年几何平均 75 μg/m^3, 最大值 260 μg/m^3,24 h。 国家大气质量二级标准： 年几何平均 60 μg/m^3; 最大值 150 μg/m^3,24 h	
氡		25 mrem/年,人体; 75 mrem/年,鉴定器官	1.0 WL 最大值 4.0 WLM
SO_2		国家大气质量二级标准： 1 300 μg/m^3,3 h。 各州空气质量极限： CT 860.0 μg/m^3,8 h; NV 119.0 μg/m^3,8 h; TN 1.200 μg/m^3,1 年	13 mg/m^3,8 h,TWA

注：①TWA(Time Weighted Average Concentration)是时间加权平均浓度。

②PEL(Permissible Exposure Limit)是允许暴露极限。

③STEL(Short-term Exposure Limit)是短期暴露极限。

④WL(Working Level)是工作水平。

⑤WLM(Working Level Month)是工作水平月。

⑥rem 是雷姆,mrem 是毫雷姆,1 rem=10 mSv。

⑦表中美国各州名称:CT(Connecticut)——康涅狄格州;MA(Massachusetts)——马萨诸塞州;NC(North Carolina)——北卡罗来纳州;NY(New York)——纽约州;VA(Virginia)——弗吉尼亚州;NV(Nevada)——内华达州;IL(Illinois)——伊利诺伊州;IN(Indiana)——印第安纳州;TN(Tennessee)——田纳西州。

表 3.15　美国常见的室内空气污染物指南[6]

污染物	室内标准	室外标准	工业工作区标准
石棉			0.2~2.0 个纤维/cm^3,8 h,TLV-TWA
CO			55 mg/m^3,8 h,TLV-TWA; 440 mg/m^3,15 min,STEL
强力杀虫剂	NAS 推荐:最大值 5 μg/m^3		
甲醛			1.5 mg/m^3,8 h,TLV-TWA; 3 mg/m^3,15 min,STEL。 NAS 推荐载人宇宙飞船: 1.0 mg/m^3,60 min; 0.1 mg/m^3,90 d; 0.1 mg/m^3,6 m。 海军大气控制标准: 3.0 mg/m^3,1 h; 1.0 mg/m^3,24 h; 0.5 mg/m^3,90 d
铅尘和烟			0.15 mg/m^3,8 h,TLV-TWA
NO_2			6 mg/m^3,8 h,TLV-TWA; 10 mg/m^3,15 min,STEL。 NAS 推荐载人宇宙飞船: 4 mg/m^3,60 min; 1.0 mg/m^3,90 d; 1.0 mg/m^3,6 m
O_3			0.2 mg/m^3,8 h,TLV-TWA; 0.6 mg/m^3,15 min,STEL
氡	EPA1986 年推荐: 家庭:≤4 pCi/L。 几年内 4~20 pCi/L,应采取措施; 20~200 pCi/L,几月内应减少; ≥200 pCi/L,几周内减少		

续表 3.15

污染物	室内标准	室外标准	工业工作区标准
SO_2			5 mg/m³,8 h,TLV-TWA; 10 mg/m³,15 min,STEL。 NAS 推荐载人宇宙飞船: 13 mg/m³,60 min; 3 mg/m³,90 d; 3 mg/m³,6 m

注:①STEL(Short-term Exposure Limit)是短期暴露极限。

②TLV(Threshold Limit Values)是阈值。

③TWA(Time Weighted Average Concentration)是时间加权平均浓度。

如果室外空气中的污染物不满足以上标准,就需要对空气中的污染物进行处理。空气净化系统适用于去除颗粒污染物和气体污染物。一般只要室外空气中的污染物浓度满足以上标准,且保证室内人员活动区所要求的通风量,就认为室内空气质量是可以接受的。如果室内有特殊污染源,则应该在污染源附近尽快排除,即控制污染源。

表 3.12 所要求的新风量适用于各种室内空间。在多数情况下,室内所产生的污染物假设与空间中的人数成正比。如果人员密度与表 3.12 中的推荐值不同,应按每人所需要的新风量计算。因为通风是为了排除人体生理排泄物、颗粒污染物、气味和其他污染物。

人体新陈代谢过程中会产生 CO_2、水蒸气和包括微生物等在内的各种污染物。如果利用通风可以使室内 CO_2 体积分数不超过 0.1%,就能满足人体生理需求,从而满足气味舒适标准。

家具等产生的污染物与人体无关,故应按照表 3.12 中的单位面积新风量计算。

表 3.12 是按照 100%全新风计算的,如果室内回风经过空气净化系统处理可以满足标准中的污染物指标要求,采用部分回风可以减少新风量。循环风量可由空气净化系统的效率确定。

通风的有效性在于室外空气可以用来稀释或消除室内的污染物。表 3.12 规定的新风量是基于人员活动区空气充分混合的假设制定的,此时通风的有效性接近 100%。通风的有效性的定义是:室外空气被送到空间内人员活动区的部分。利用活塞流可以提高通风的有效性。如果通风的气流流经污染源,并将污染物卷吸到排风口,则排风口处的污染物浓度将大于完全混合情况下的污染物浓度。活塞流的通风有效性就比完全混合流的通风有效性高。

当空间内人员变化时,可以通过调节风阀或开启/关闭风机系统来改变通风量以稀释室内污染物,使其达标,从而保证室内空气质量。但是这种调节会滞后。也可以提前进行调节,这取决于人员变化情况和污染源。当污染物只和人员或其活动有关时,应该尽量避免出现短期的危害人体健康的情况。此时应该在人员未进入活动区以前将污染物排走,以确保人员入室后室内空气质量达标。当污染物产生于室内或空调系统中,与人员及其活动无关时,应该提前送新风,以保证在人员进入室内时,室内空气质量是可以接受的。

2. 室内空气质量法

室内空气质量法即通过控制空间内已知的、标准中列出的污染物以获得可接受的室内空气质量的方法。

室内空气质量法提供了可以选择的方法以获得可接受的室内空气质量。该方法采用一种或多种规定限制某种室内污染物的可接受的浓度,但未给出通风量和空气处理方式。

室内空气质量法比通风量法所确定的通风量要低,但是如果某种特殊的污染源存在,将会导致由室内空气质量法所确定的通风量增加。故空间使用、污染物或运行条件一旦发生变化,就需要对系统的设计进行重新评价并采取相应的措施。

通风量法只是间接处理、控制室内污染物,而室内空气质量法是通过限制所有已知污染物浓度达到可接受的水平而直接控制室内污染物的方法。该方法需要客观评价和主观评价。

(1)客观评价。表 3. 13 给出了室外空气可接受的污染物水平。这一标准同样适用于相同暴露时间的室内污染物。其他室内污染物可接受水平见表 3. 14~3. 15。还有些污染物未在上述表中列出,而这些污染物对人体健康的危害已经逐渐被人们所认识。要精确、定量地对这些污染物进行处理是很困难的。故在某种程度上,必须结合主观评价。

(2)主观评价。各种室内污染物会产生某些不可接受的气味、特征或刺激人的眼睛、鼻子和喉咙。在不用客观方式来评价这些污染物的可接受性时,可接受性的正确判断必须通过主观评价完成。

利用空气净化系统处理循环空气中的污染物也是室内空气质量法的一种有效方式。

3. 8. 3 ASHRAE Standard 62. 1—2004[38]

与以前的通风标准相比,ASHRAE Standard 62. 1—2004 标准的主要修改如下:

通风标准的数字名称由 62 改为 62. 1,因为增加了一个新标准 62. 2(低层居住建筑通风和可接受的室内空气质量)。标准中的许多章节已经被修改为强制性条文。

2004 标准在定义中增加了“呼吸区”“权威认知”“工业空间”和“区域”。呼吸区的定义和以前版本的人员活动区的定义一样。该词的应用可能会使那些熟悉工业卫生术语的人造成混淆。在工业卫生术语中,呼吸区是指在工业卫生的空气样本中获取某个人的空气样本。这个区域是指人们可以从该区域中抽吸空气,被定义为尽可能地靠近人的鼻子和嘴,人体肩部以上半径为 6~9 in(1 in=25. 4 mm)的半球区域。在 ASHRAE 标准中,呼吸区的定义是距地面以上 3 in 的平面到 72 in 的平面(75~1 800 mm)之间、距离墙或者固定的空调设备超过 2 in 的活动区。

在 2004 标准中第 4 章分类全被删除了，由新的第 4 章室外空气质量所取代，在以前版本的标准中室外空气质量的规定是在第 6 章。第 4 章中修订过的室外空气质量规定只包括室外空气质量调查和记录的要求。对室外空气进行处理的要求被重新修订并保留在第 6 章中。

2004 标准对第 5 章系统和设备进行了大量的修订，5. 2 节关于通风气流组织进行了重写，第 5. 3 节和 5. 4 节、第 5. 6~5. 11 节全部被替换，新的 5. 3 节是关于排风管道的位置，新的 5. 4 节讨论了通风系统的控制。新的 5. 6 节是关于室外空气入口位置的重要补充。增加了表 5. 1，表中规定了进气口与通风口、烟囱、冷却塔、垃圾箱、有毒或有害气体排风口和其他有害或气味等污染源的最小距离。新的 5. 6. 2~5. 6. 5 节分别是关于进风口防止雨雪进入、对鸟的遮挡。2001 版本的 5. 6 节是关于利用局部排风以捕集污染物，在 2004 标准中被重新编写并重新编号为 5. 7 节。原来的 5. 7 节助燃空气和 5. 8 节颗粒物去除被编在第 5. 8 节和 5. 9 节。图 2 粒子和分散体粒子的特性已被删除。

2001 标准的 5. 9，5. 10，5. 11 节已被删掉和替换。2001 标准的 5. 10 节和 5. 11 节讨论了湿度和水分的进入及其与微生物生长的关系。常用的 30%~60%的湿度范围包含在 2001 标准的 5. 10 节中。新的 5. 10 节的题目是除湿系统，因为与湿度有关，所以讨论了设计注意事项，并没有提到微生物的生长。规定活动区的上限湿度值是 65%。虽然以前的 5. 11 节提到滴水盘，但是新的 5. 11 节滴水盘，提供了更多的细节和设计要求，但没提到微生物的生长。

在第 5 章中，5. 12~5. 17 节都是新增加的内容，其中的许多规定都是从以前被删除的标准中保留下来，这些新的章节包含了详细和具体的设计信息。如 5. 12 节翅片管盘管和热交换器；5. 13 节加湿器和水雾灭火系统；5. 14 节检查、清洁和维护；5. 15 节建筑围护结构和内表面；5. 16 节带车库的建筑；5. 17 节空气分类和再循环。

第 6 章规程也进行了较大的修订，插入了新的 6. 1 节综述，概述了通风量和室内空气质量的方法。这使得通风量和室内空气质量的编号分别变为 6. 2 节和 6. 3 节。这两节规程有较大的修订（第 7 节和第 8 节改动很少）。表 3. 16 比较了 2004 标准与以前标准中的新风量。

表 3. 16　不同通风标准中的新风量（1 ft=0. 304 8 m）

空间类别	2001 标准 需要的新风量	2004 标准 人员密度 1 000 ft^2	2004 标准 需要的新风量
办公室	20 cfm/人	5	17 cfm/人
走廊	0. 05 cfm/ft^2	—	0. 06 cfm/ft^2
旅馆卧室	30 cfm/房间	10	11 cfm/人

3.8.4 ASHRAE Standard 62.1—2007

ASHRAE 制定新标准的目的是:①规定最小通风量和其他能够提高室内人体可接受的室内空气质量的方法,以减少对人体健康潜在的不利影响。②新标准适用于新建建筑、既有建筑和对既有建筑的改造。③新标准用来指导改善既有建筑的室内空气质量。

新标准的适用范围是:①除了单户住宅和 3 层及以下的多户住宅外,新标准适用于所有人们活动的空间。②新标准规定了通风和空气净化系统设计、安装、调节、运行和维修的要求。③对实验室、工业车间、康复中心和其他空间所要求的额外的通风量也可由其工作场所、其他标准以及该空间的具体处理过程规定。④虽然新标准对于新建筑和既有建筑都适用,但是当标准被用作强制的规定和法规时,标准中的规定不适用于既有建筑。⑤新标准没有规定吸烟区特殊的新风量要求,即标准不满足吸烟区所需要的新风量要求。⑥新标准中所需的通风量是基于影响室内空气质量的化学、物理和生物污染所需要的通风量。⑦新标准中不包括热舒适的要求。⑧除通风的规定外,新标准包含了对室外空气、施工过程、湿度和微生物生长的规定。⑨由于以下原因,即使满足了新标准,可能也不能满足大多数人对所有建筑的室内空气质量的可接受性要求:室内空气中污染源和污染物的多样性;许多其他影响人体可感知的、可接受的空气质量因素,如空气温度、湿度、噪声、光和心理压力等;人群的敏感性范围;进入建筑的室外空气可能是不可接受的或没被净化处理的。

由美国环保署制定的国家大气环境质量标准见表 3.17,气流见表 3.18,呼吸区的最小通风量见表 3.19。

表 3.17　由美国环保署制定的国家大气环境质量标准[7]

污染物	长期			短期		
	平均浓度			平均质量浓度		
	μg/m³	×10⁻⁶		μg/m³	mg/L	
二氧化硫	80	0.03	1 年②	365	0.14	24 h①
颗粒物(PM10)	50	—	1 年②⑦	150	—	24 h①
颗粒物(PM2.5)	15	—	1 年②⑤	65	—	24 h⑥
一氧化碳				40 000 10 000	35 9	8 h① 1 h①
氧化剂(臭氧)					0.08 0.12	8 h③ 1 h⑧

续表 3.17

污染物	长期			短期		
	平均浓度			平均质量浓度		
	$\mu g/m^3$	$\times 10^{-6}$		$\mu g/m^3$	mg/L	
二氧化氮	100	0.053	1 年②			
铅	1.5	—	3 个月④			

注:①每年不超过一次。

②年度算数平均。

③第 4 高的 3 年平均每日最多 8 h,平均臭氧浓度测量在每个监控区域内每年不得超过 0.08 mg/L。

④3 个月是 1 个季度。

⑤3 年平均年度算数平均。

⑥第 98 百分位的 24 h 浓度的 3 年平均值。

⑦年度算数平均。

⑧这项标准是每年所预期的天数中的最大小时平均质量浓度超过 0.12 mg/L 的小时数≤1,详见附录 H。

表 3.18　气流[7]

描述	空气等级
重氮复印设备	4
商业厨房油脂通风罩	4
商业厨房非油脂通风罩	3
实验室排风罩	4
住宅厨房通风罩	3

表 3.19　呼吸区的最小通风量[7]

空间类别	人员新风量		建筑新风量		默认值				
					注	人员密度(注④)	和新风量相结合(注⑤)		空气等级
	cfm/人	L/(s·人)	cfm/ft^2	$L/(s\cdot m^2)$		$/1\ 000\ ft^2$ 或 $/100\ m^2$	cfm/人	L/(s·人)	
监狱									
牢房	5	2.5	0.12	0.6		25	10	4.9	2
休息室,娱乐室	5	2.5	0.06	0.3		30	7	3.5	1
警卫区	5	2.5	0.06	0.3		15	9	4.5	1
预定区 等候区	7.5	3.8	0.06	0.3		50	9	4.4	2

续表 3.19

空间类别	人员新风量		建筑新风量		默认值				空气等级
	cfm/人	L/(s · 人)	cfm/ft^2	L/(s · m^2)	注	人员密度(注④) /1 000 ft^2 或 /100 m^2	和新风量相结合(注⑤) cfm/人	L/(s · 人)	
教育设施									
托儿所(4 岁开始)	10	5	0.18	0.9		25	17	8.6	2
托儿所病房	10	5	0.18	0.9		25	17	8.6	3
教室 5~8 岁	10	5	0.12	0.6		25	15	7.4	1
教室(9 岁以上)	10	5	0.12	0.6		35	13	6.7	1
演讲教室	7.5	3.8	0.06	0.3		65	8	4.3	1
演讲大厅(座位固定)	7.5	3.8	0.06	0.3		150	8	4.0	1
艺术教室	10	5	0.18	0.9		20	19	9.5	2
科学实验室	10	5	0.18	0.9		25	17	8.6	2
大学实验室	10	5	0.18	0.9		25	17	8.6	2
木材/金属店	10	5	0.18	0.9		20	19	9.5	2
计算机实验室	10	5	0.12	0.6		20	15	7.4	1
媒体中心	10	5	0.12	0.6	A	35	12	5.9	1
音乐、戏剧、舞蹈室	10	5	0.06	0.3		100	8	4.1	1
餐饮服务									
餐馆房间	7.5	3.8	0.18	0.9		70	10	5.1	2
自助餐厅、快餐店	7.5	3.8	0.18	0.9		100	9	4.7	2
酒吧	7.5	3.8	0.18	0.9		100	9	4.7	2
一般类									
休息区	5	2.5	0.06	0.3		25	10	5.1	1
咖啡吧	5	2.5	0.06	0.3		10	11	5.5	1
会议区	5	2.5	0.06	0.3		50	6	3.1	1
走廊	—	—	0.06	0.3		—			1
储藏间			0.12	0.6	B	—			1

续表 3.19

空间类别	人员新风量		建筑新风量		默认值				空气等级
	cfm/人	L/(s·人)	cfm/ft²	L/(s·m²)	注	人员密度(注④) /1 000 ft² 或 /100 m²	和新风量相结合(注⑤) cfm/人	L/(s·人)	
旅馆、度假村、宿舍									
起居室	5	2.5	0.06	0.3		10	11	5.5	1
营房兵舍	5	2.5	0.06	0.3		20	8	4.0	1
公共洗衣房	5	2.5	0.12	0.6		10	17	8.5	2
具有居住单元的洗衣房	5	2.5	0.12	0.6		10	17	8.5	1
大厅	7.5	3.8	0.06	0.3		30	10	4.8	1
多功能组装区	5	2.5	0.12	0.6		120	6	2.8	1
办公建筑									
办公空间	5	2.5	0.06	0.3		5	17	8.5	1
办公接待区	5	2.5	0.06	0.3		30	7	3.5	1
前台入口	5	2.5	0.06	0.3		60	6	3.0	1
主入口大厅	5	2.5	0.06	0.3		10	11	5.5	1
其他类空间									
银行金库	5	2.5	0.06	0.3		5	17	8.5	2
非打印电脑区	5	2.5	0.06	0.3		4	20	10.0	1
机械设备房间	—	—	0.06	0.3	B	—			1
电梯间	—	—	0.12	0.6	B	—			1
药房	5	2.5	0.18	0.9		10	23	11.5	2
摄影工作室	5	2.5	0.12	0.6		10	17	8.5	1
收发室	—	—	0.12	0.6	B	—			1
电话小室	—	—	0.00	0		—			1
运输接受区	7.5	3.8	0.06	0.3		100	8	4.1	1
仓库	—	—	0.06	0.3	B	—			2
公共集合区									
礼堂座位区	5	2.5	0.06	0.3		150	50	2.7	1
宗教朝圣区	5	2.5	0.06	0.3		120	6	2.8	1
法庭、审判室	5	2.5	0.06	0.3		70	6	2.9	1
立法会议厅	5	2.5	0.06	0.3		50	6	3.1	1

续表 3.19

空间类别	人员新风量		建筑新风量		默认值				空气等级
					注	人员密度（注④）	和新风量相结合（注⑤）		
	cfm/人	L/(s·人)	cfm/ft^2	L/(s·m^2)		/1 000 ft^2 或 /100 m^2	cfm/人	L/(s·人)	
图书馆	5	2.5	0.12	0.6		10	17	8.5	1
走廊	5	2.5	0.06	0.3		150	5	2.7	1
儿童博物馆	7.5	3.8	0.12	0.6		40	11	5.3	1
画廊、博物馆	7.5	3.8	0.06	0.3		40	9	4.6	1
住宅设施									
居住单元	5	2.5	0.06	0.3	FG	F			1
公共走廊	—	—	0.06	0.3					1
零售业									
销售区	7.5	3.8	0.12	0.6		15	16	7.8	2
商场公共区域	7.5	3.8	0.06	0.3		40	9	4.6	1
理发店	7.5	3.8	0.06	0.3		25	10	5.0	2
美甲店	20	10	0.12	0.6		25	25	12.4	2
宠物店	7.5	3.8	0.18	0.9		10	26	12.8	2
超市	7.5	3.8	0.06	0.3		8	15	7.6	1
投币洗衣店	7.5	3.8	0.06	0.3		20	11	5.3	2
运动与娱乐									
体育大世界	—	—	0.30	1.5	E	—			1
体育馆	—	—	0.30	1.5		30			1
观众区	7.5	3.8	0.06	0.3		150	8	4.0	1
游泳区	—	—	0.48	2.4	C	—			2
舞池	20	10	0.06	0.3		100	21	10.3	1
健康有氧运动室	20	10	0.06	0.3		40	22	10.8	2
举重房间	20	10	0.06	0.3		10	26	13.0	2
保龄球馆	10	5	0.12	0.6		40	13	6.5	1
赌场	7.5	3.8	0.18	0.9		120	9	4.6	1
游戏厅	7.5	3.8	0.18	0.9		20	17	8.3	1
舞台、工作室	10	5	0.06	0.3	D	70	11	5.4	1

注：①表中的新风量基于满足本标准所有其他适用的要求。

②关于吸烟：该表适用于非吸烟区，允许吸烟的新风量必须由其他方法确定，参考标准中 6.2.9 节对

于吸烟区的通风要求。

③空气密度:空气体积流量以空气密度是 1.2 kg/m^3 为基准,即干空气在一个大气压、空气温度为 21 ℃下的条件。对于实际的空气密度,该新风量可能需要调整,但调整不需要符合该标准。

④默认居住密度:当实际的居住密度未知时将使用默认密度。

⑤默认结合新风量:该流量是基于默认居住密度。

⑥没有列举出的空间类别:如果某种空间类别没有被列举出来,将使用所列举的在居住密度、活动、建筑形式等方面最相似的空间类别的要求。

⑦卫生保健设施:新风量由附录 E 确定。

表中其他的特殊注释如下:

A. 对于高中和大学的图书馆,用公共图书馆的值来表示。

B. 当储藏材料有潜在的有害排放物质时,新风量可能不够。

C. 新风量未考虑湿度控制,为了除湿可能需要额外通风。

D. 新风量不包括舞台效果的特殊排放气体,如干冰、烟雾。

E. 如果在比赛台面上用燃烧设备,需要提供额外的稀释通风和污染源控制。

F. 默认的公寓单元是 2 人 1 室,如果房间只有 1 张床,每增加 1 人就视为增加 1 间卧室。

G. 居住区的空气不回收利用或者输送到其他该居住区以外的任何空间

3.8.5 ASHRAE Standard 62.1—2019[39]

ASHRAE 制定该标准的目的是:①规定最小通风量和其他措施,旨在为在室人员提供可接受的室内空气质量,并减少对健康的不利影响。②新标准适用于新建建筑和既有建筑的改造。③新标准用来指导改善既有建筑的室内空气质量。

该标准的适用范围是:①新标准适用于建筑物内人们活动的空间,不包括公寓中常住居民。②新标准规定了通风和空气净化系统设计、安装、调节、运行和维修的要求。③除通风外,新标准还包含与某些污染物和污染源有关的要求,包括室外空气、施工过程、湿度和生物生长。④本标准未规定以下方面的具体通风量要求:吸烟或不符合标准中与吸烟空间分离要求的空间;本标准中未列出的患者护理空间;有危险物质的实验室。

下面重点介绍该标准中的主要修改内容。

(1)简化了通风量法,改进了系统通风效率和区域空气分配效率的计算。

通风量法是向空间提供一定的通风量,以获得可接受的室内空气质量的方法。通风量法主要参照标准表,并根据可接受的室内空气质量的定义进行评价。该方法提供了一种获得可接受的室内空气质量的途径,给出了空间所必需的通风量和各种空气处理的方式。通风量是基于生理考虑、主观评价和职业判断而得出的。

在室人员率计算公式为

$$D = P_s / \sum_{\text{allzones}} P_z \tag{3.39}$$

式中　D——在室人员率;

P_z——设计区域人数,典型使用期间预计占用通风区域的最大(峰值)人数;

P_s——系统人数,系统服务的区域中的总人数。

可通过计算系统通风效率 E_v,对上式进行简化计算。

当 $D<0.60$ 时，

$$E_v = 0.88\times D+0.22 \tag{3.40}$$

当 $D\geqslant 0.60$ 时，

$$E_v = 0.75 \tag{3.41}$$

区域空气分配效率 E_z 的计算公式为

$$E_z = (C_e - C_s)/(C - C_s) \tag{3.42}$$

式中　E_z——区域空气分配效率；

C——呼吸区域的平均污染物浓度；

C_e——排风处的平均污染物浓度；

C_s——送风处的平均污染物浓度。

(2)对自然通风法进行了重大修改，以提供更准确的计算方法，并定义了设计工程系统的过程。

由于在世界上许多地方的室外空气存在健康问题，故对自然通风法进行了重大修改，以提供更准确的计算方法，并定义了设计工程系统的过程，通过提供明确的合理路径，为自然通风法提供了具体要求。

对于自然通风系统，设计师应设计内部空气幕墙、隔热或其他方式，将自然通风空间与机械供冷空间隔开，以防止高露点的室外空气与机械供冷表面接触。

自然通风的区域或部分区域应有直接通到室外的开口。通风气流不能受隔板、墙壁、家具等阻挡。呼吸区新风量 V_{bz}，即通风区中呼吸区所需的新风量应不小于根据下列公式确定的值。

$$V_{bz} = R_p \times P_z + R_a \times A_z \tag{3.43}$$

式中　R_p——根据呼吸区的最小通风量表 3.20 确定的每人所需的新风量；

P_z——区域人数，使用期间通风区域的人数；

R_a——根据呼吸区的最小通风量表 3.20 确定的单位面积所需的新风量；

A_z——区域地板面积，通风区域的净地板面积，ft^2(m^2)。

标准制定了自然通风系统的设计过程如下：

①确定逐时的环境条件，包括室外空气干球温度、露点温度；有数据可查的室外污染物浓度，包括 PM2.5、PM10 和臭氧；风速和风向；在自然通风运行的预期时间内的内部得热。

②确定自然通风气流路径上的压力损失对新风量的影响，包括在预期自然通风系统使用的典型工况下的入口、空气传输格栅、通风烟囱和出口。

③量化已识别气流路径的自然通风量，考虑预期自然通风系统使用的典型工况期间的风压和热压。

④设计应满足在预期自然通风系统使用的典型工况下提供足够的新风量，以达到规定的可接受的室内空气质量。

表 3.20　呼吸区的最小通风量

空间类别	每人所需新风量(R_p)		单位面积新风量(R_a)		默认人员密度值	空气等级	OS (6.2.6.1.4)
	cfm/人	L/(s · 人)	cfm/ft^2	L/(s · m^2)	#/1 000 ft^2 或 #/100 m^2		
动物设施							
动物检查室(兽医办公室)	10	5	0.12	0.6	20	2	
动物成像(MRI/CT/PET)	10	5	0.18	0.9	20	3	
动物手术室	10	5	0.18	0.9	20	3	
动物术后恢复室	10	5	0.18	0.9	20	3	
动物准备室	10	5	0.18	0.9	20	3	
动物处理室	10	5	0.18	0.9	20	3	
动物外科手术工作室	10	5	0.18	0.9	20	3	
大型动物饲养室	10	5	0.18	0.9	20	3	
尸体剖检室	10	5	0.18	0.9	20	3	
小动物笼室(静态笼)	10	5	0.18	0.9	20	3	
小动物笼房(通风笼)	10	5	0.18	0.9	20	3	
监狱							
等候室	7.5	3.8	0.06	0.3	50	2	
牢房	5	2.5	0.12	0.6	25	2	
休息室	5	2.5	0.06	0.3	30	1	
警卫站	5	2.5	0.06	0.3	15	1	
教育设施							
艺术教室	10	5	0.18	0.9	20	2	

续表 3.20

空间类别	每人所需新风量(R_p)		单位面积新风量(R_a)		默认人员密度值	空气等级	OS (6.2.6.1.4)
	cfm/人	L/(s·人)	cfm/ft^2	L/(s·m^2)	#/1 000 ft^2 或 #/100 m^2		
教室(5至8岁)	10	5	0.12	0.6	25	1	
教室(9岁以上)	10	5	0.12	0.6	35	1	
计算机实验室	10	5	0.12	0.6	25	1	
日托病房	10	5	0.18	0.9	25	3	
日托(至4岁)	10	5	0.18	0.9	25	2	
讲座室	7.5	3.8	0.06	0.3	65	1	
报告厅(固定座位)	7.5	3.8	0.06	0.3	150	1	
图书馆	5	2.5	0.12	0.6	10		
媒体中心	10	5	0.12	0.6	25	1	
多功能教室	7.5	3.8	0.06	0.3	100	1	
音乐厅/剧院/练舞室	10	5	0.06	0.3	35	1	
科学实验室	10	5	0.18	0.9	25	2	
大学实验室	10	5	0.18	0.9	25	2	
木材/金属店	10	5	0.18	0.9	20	2	
餐饮服务							
酒吧/鸡尾酒会	7.5	3.8	0.18	0.9	100	2	
自助餐厅/快餐餐厅	7.5	3.8	0.18	0.9	100	2	
厨房(烹饪)	7.5	3.8	0.12	0.6	20	2	
餐厅	7.5	3.8	0.18	0.9	70	2	

续表 3.20

空间类别	每人所需新风量(R_p)		单位面积新风量(R_a)		默认人员密度值	空气等级	OS (6.2.6.1.4)
	cfm/人	L/(s·人)	cfm/ft^2	L/(s·m^2)	#/1 000 ft^2 或 #/100 m^2		
普通的餐饮服务							
休息室	5	2.5	0.06	0.3	25	1	
咖啡站	5	2.5	0.06	0.3	20	1	
会议室	5	2.5	0.06	0.3	50	1	
走廊	—	—	0.06	0.3	—	1	
可放置液体或凝胶的储藏室	5	2.5	0.12	0.6	2	2	
酒店、汽车旅馆、度假村、宿舍							
营房睡眠区	5	2.5	0.06	0.3	20	1	
卧室/客厅	5	2.5	0.06	0.3	10	1	
洗衣房(中心)	5	2.5	0.12	0.6	10	2	
住宅单元内的洗衣房	5	2.5	0.12	0.6	10	1	
大厅	7.5	3.8	0.06	0.3	30	1	
多功能室	5	2.5	0.06	0.3	120	1	
各种空间							
银行或银行大堂	7.5	3.8	0.06	0.3	15	1	
银行金库/保险箱	5	2.5	0.06	0.3	5	2	
计算机(非打印)	5	2.5	0.06	0.3	4	1	
冷冻室和冷藏室(<10 ℃)	10	5	0	0	0	2	
不使用危险材料的制造业	10	5	0.18	0.9	7	2	

续表 3.20

空间类别	每人所需新风量(R_p)		单位面积新风量(R_a)		默认人员密度值	空气等级	OS (6.2.6.1.4)
	cfm/人	L/(s·人)	cfm/ft^2	L/(s·m^2)	#/1 000 ft^2 或 #/100 m^2		
使用危险材料的制造业(不包括重工业和化学工艺)	10	5	0.18	0.9	7	3	
药房(准备区)	5	2.5	0.18	0.9	10	2	
照相馆	5	2.5	0.12	0.6	10	1	
收发室	10	5	0.12	0.6	2	2	
分拣、包装、轻组装室	7.5	3.8	0.12	0.6	7	2	
电话亭	—	—	0	0	—	1	
运输等候室	7.5	3.8	0.06	0.3	100	1	
仓库	10	5	0.06	0.3	—	2	
办公楼							
休息室	5	2.5	0.12	0.6	50	1	
主入口大厅	5	2.5	0.06	0.3	10	1	
可放置干燥材料的储藏室	5	2.5	0.06	0.3	2	1	
办公空间	5	2.5	0.06	0.3	5	1	
接待区	5	2.5	0.06	0.3	30	1	
电话/数据入口	5	2.5	0.06	0.3	60	1	
门诊保健设施							
产房	10	5	0.18	0.9	15	2	
一级成像室	5	2.5	0.12	0.6	5	1	
牙科手术	10	5	0.18	0.9	20	1	

续表 3.20

空间类别	每人所需新风量(R_p)		单位面积新风量(R_a)		默认人员密度值	空气等级	OS (6.2.6.1.4)
	cfm/人	L/(s·人)	cfm/ft^2	$L/(s \cdot m^2)$	#/1 000 ft^2 或 #/100 m^2		
普通检查室	7.5	3.8	0.12	0.6	20	1	
其他牙科治疗区域	5	2.5	0.06	0.3	5	1	
理疗锻炼区	20	10	0.18	0.9	7	2	
理疗单间	10	5	0.06	0.3	20	1	
理疗池区域	—	—	0.48	2.4	—	2	
假肢和矫形室	10	5	0.18	0.9	20	1	
精神科会诊室	5	2.5	0.06	0.3	20	1	
精神病检查室	5	2.5	0.06	0.3	20	1	
精神科小组室	5	2.5	0.06	0.3	50	1	
精神病隔离室	10	5	0.06	0.3	5	1	
急救检查室	5	2.5	0.06	0.3	20	1	
急救观察室	7.5	3.8	0.12	0.6	20	1	
急救治疗室	5	2.5	0.06	0.3	20	1	
急救分诊室	7.5	3.8	0.18	0.9	20	1	
语言治疗室	10	5	0.18	0.9	20	1	
公共集会空间							
礼堂座位区	5	2.5	0.06	0.3	150	1	
法庭	5	2.5	0.06	0.3	70	1	
立法会议厅	5	2.5	0.06	0.3	50	1	

续表 3.20

空间类别	每人所需新风量(R_p)		单位面积新风量(R_a)		默认人员密度值	空气等级	OS (6.2.6.1.4)
	cfm/人	L/(s·人)	cfm/ft^2	L/(s·m^2)	#/1 000 ft^2 或 #/100 m^2		
图书馆	5	2.5	0.12	0.6	10	1	
大厅	5	2.5	0.06	0.3	150	1	
博物馆(儿童)	7.5	3.8	0.12	0.6	40	1	
博物馆/画廊	7.5	3.8	0.06	0.3	40	1	
宗教礼拜场所	5	2.5	0.06	0.3	120	1	
零售店							
销售部(以下情况除外)	7.5	3.8	0.12	0.6	15	2	
理发店	7.5	3.8	0.06	0.3	25	2	
美容和美甲店	20	10	0.12	0.6	25	2	
投币洗衣店	7.5	3.8	0.12	0.6	20	2	
商场公共区域	7.5	3.8	0.06	0.3	40	1	
宠物店(动物区)	7.5	3.8	0.18	0.9	10	2	
超市	7.5	3.8	0.06	0.3	8	1	
体育和娱乐							
保龄球馆(座位)	10	5	0.12	0.6	40	1	
迪斯科舞厅	20	10	0.06	0.3	100	2	
赌场	7.5	3.8	0.18	0.9	120	1	
电玩城	7.5	3.8	0.18	0.9	20	1	
健身房、运动场(比赛区)	20	10	0.18	0.9	7	2	

续表 3.20

空间类别	每人所需新风量(R_p)		单位面积新风量(R_a)		默认人员密度值	空气等级	OS (6.2.6.1.4)
	cfm/人	L/(s·人)	cfm/ft^2	L/(s·m^2)	#/1 000 ft^2 或 #/100 m^2		
健身俱乐部/健美操室	20	10	0.06	0.3	40	2	
健身俱乐部/健身房	20	10	0.06	0.3	10	2	
观众区	7.5	3.8	0.06	0.3	150	1	
舞台、工作室	10	5	0.06	0.3	70	1	
游泳(游泳池和甲板)	—	—	0.48	2.4	—	2	
临时住宅							
公共走廊	—	—	0.06	0.3	—	1	
住宅单元	5	2.5	0.06	0.3	F	1	

注:①F 表示参见其他排风率的相关标准。

②OS 表示假设检测到室内有人,则空气量为呼吸区的最小新风量 V_{bz}。

2019 版之前的 ASHRAE 通风标准从未讨论暖通空调设备内产生臭氧的问题。在一些国家,臭氧发生器被认为是空气净化器。在最近一项针对常设标准项目委员会(Standing Standards Project Committee,SSPC)62.1 成员的调查中,只有 2%的人认为在通风系统中安装产生臭氧的部件符合可接受的室内空气质量。

臭氧对人体健康有害,暴露在臭氧中会造成与呼吸道相关的各种症状和疾病的风险。臭氧均相和非均相反应过程的许多产物也会对健康造成风险,包括甲醛、不饱和醛(在臭氧与酮和醇的反应过程中产生)和超细颗粒物(二次有机气溶胶)。因此,臭氧排放是不可取的。然而,对于臭氧的安全水平还没有达成共识。例如,ASHRAE 的环境健康委员会发布了一份新的问题简报,建议"安全臭氧水平低于 10 ppb($\times 10^{-9}$)""室内空间引入的臭氧应降至可达到的合理水平",即使是广泛使用的指南也与所有关于臭氧影响的流行病学文献不完全一致,而且对暴露于低浓度臭氧的长期影响知之甚少。关于臭氧对健康影响的研究表明,应禁止设计使用排放臭氧的空气净化器,美国环保署也提供了同样的信息和建议。

对于空气净化器的建议存在更多的不确定性,因为有些空气净化器在设计上不使用臭氧进行空气清洁,但在运行过程中无意中会产生臭氧。有些设备可以排放臭氧,但同时也降低其他有害污染物的浓度。目前的研究尚无法在增加对臭氧和臭氧反应副产物的暴露和减少对其他污染物的暴露之间做出高度确定的权衡。

3.8.6 ASHRAE Standard 62.1—2022[40]

本新标准的制定目的以及适用范围同 ASHRAE Standard 62.1—2019。下面对修改较大的室内空气质量法做重点介绍。

室内空气质量法用于根据室内和室外源、空气洁净度和其他变量确定室外空气的设计流量,以保持室内环境中设计混合物(Design Compounds)和 PM2.5 的浓度低于设计限值(DL)。建筑物竣工后,应对使用者满意度和室内污染物浓度进行验证。

如果使用室内空气质量法,设计混合物(DCs)和颗粒物需要设置可接受的室内污染物浓度限值。这些浓度限值需要参考标准中认可的机构。而目前没有一个组织对室内空气中的所有物质制定可接受的浓度限值,也没有对所有潜在的设计污染物或颗粒物制定可接受的浓度限值。

呼吸区的新风量按照标准中 6.3.1 条至 6.3.5 条的方法确定。

(1)设计混合物和 PM2.5 来源。

系统设计应基于表 3.21 中规定的设计混合物和 PM2.5 设计限值。如果在调查室外空气质量的过程中发现了额外的污染来源,或者如果存在异常来源,则应确定并记录与这些来源相关的化合物。如果存在来自认可机构的混合物的设计限值,则应将来自这些额外来源的污染物添加到设计污染物列表中。对于每个设计污染物和 PM2.5,应确定人员、建筑材料、家具、设备和其他来源的室内源的排放率以及室外浓度。

(2)设计混合物和 PM2.5 浓度。

浓度限值,即设计限值,应符合表 3.21 的规定。设计通风量应确保每种污染物、污染混合物和 PM2.5 的计算浓度不超过其限值。对于表 3.21 中的所有污染物,应使用认可机构的数据来确定该污染物是否会引起表 3.22 中所列的影响,并且应将具有一种或多种混合物影响的污染物添加到混合物列表中。对于每种混合物,由下列公式确定的暴露的混合物总和应小于 1.0。

$$E_m=\frac{C_1}{DL_1}+\frac{C_2}{DL_2}+\frac{C_i}{DL_i} \tag{3.44}$$

式中　E_m——暴露的混合物总和;

C_i——质量平衡模型计算的第 i 个混合物的空气中的峰值浓度;

DL_i——第 i 个混合物的设计限值。

表 3.21　混合物、PM2.5 及其设计限值

混合物或 PM2.5	认可机构	设计限值
乙醛	加州环保局	140 μg/m³
丙酮	德国建筑产品健康评估委员会	1 200 μg/m³
苯	加州环保局	3 μg/m³
二氯甲烷	加州环保局	400 μg/m³
甲醛	加州环保局	33 μg/m³
萘	加州环保局	9 μg/m³
苯酚	德国建筑产品健康评估委员会	10 μg/m³
四氯乙烯	加州环保局	35 μg/m³
甲苯	加州环保局	300 μg/m³
1,1,1-三氯乙烷	加州环保局	1 000 μg/m³
二甲苯	德国建筑产品健康评估委员会	500 μg/m³
一氧化碳	美国环保署	9 ppm
PM2.5	美国环保署	12 μg/m³
臭氧	美国环保署	70 ppb
氨	加州环保局	200 μg/m³

表 3.22　混合物的影响

上呼吸道刺激性	眼睛刺激性	中枢神经系统抑制
乙醛	乙醛	丙酮
丙酮	丙酮	二氯甲烷
二甲苯	甲醛	二甲苯
臭氧	二甲苯	1,1,1-三氯乙烷
—	臭氧	甲苯

通过稳态或动态质量平衡分析，应为系统服务的每个区域内的每种污染物、污染混合物和 PM2.5 确定达到规定的浓度限值所需要的最小新风量。在已完工的建筑中，测量相关污染物或污染物混合物的浓度可能有助于检查设计质量平衡分析的准确性，但不强制要求进行此类测量。当按照主观评价要求进行测量时，区域新风量应确保 80% 以上的人员对空气质量表示满意。

应允许将室内空气质量法与通风量法相结合，应用于某个区域或系统。在这种情况下，通风量法应用于确定区域所需的最小新风量，室内空气质量法应用于确定附加的室外新风量或空气净化新风量，以满足相关污染物和污染混合物的浓度限值。通过使用空气净化或提供附加的室外新风量以及最小通风量来改善室内空气质量，可以使用室内空气质量法进行量化。

自 1973 年最初发布以来，标准 ASHRAE Standard 62.1 经过修订和改进，使其不仅仅是一个空气处理和通风标准。为了表示室内空气质量满足最小通风量要求，并认识到建筑系统（设备、过滤、控制等）中有助于室内空气质量可接受的方面，标准最新的标题已更新为"通风和可接受的室内空气质量"（Ventilation and Acceptable Indoor Air Quality）。总之，标准 ASHRAE Standard 62.1 不仅是关于通风的标准，而且是关于室内空气质量的标准，许多要求都与通风无关，其中包括滴水盘、维护活动频率要求等。

在 ASHRAE Standard 62.1—2019 中规定了 15 ℃机械供冷建筑物的室内空气露点限值，以避免潮湿的室外空气渗入机械供冷系统时经常观察到的微生物生长问题。ASHRAE Standard 62.1—2022 中对其进行了修改，阐明了第 5.10 节"机械供冷建筑中的最大室内空气露点"的意图，此前一些读者将其解释为该标准要求在机械供冷系统的每个空间中都设有湿度传感器。

当室外空气露点高于 15 ℃时，无论有无人员在室内，对于机械方式或间接蒸发冷却的系统应设计将室内最大露点限制在 15 ℃。在除湿设计条件下（即设计露点和平均一致干球温度），当供冷设计下的空间内部负荷（包括显热负荷和潜热负荷）和零空间太阳能负荷，采用室外空气分析系统性能时，不应超过露点限值。

ASHRAE Standard 62.1—2022 阐明了允许但不要求调整空气密度，还删除了一些与非临时在室有关的项目，因为这些项目现在属于 ANSI/ASHRAE Standard 62.2—2022"居住建筑的通风和可接受的室内空气质量"的范围。

3.8.7　其他国家的室内空气质量标准

与此同时，其他国家也制定了一些建筑通风标准，并不断进行修订。表 3.23 是加拿大住宅室内空气质量指南。表 3.24 是世界卫生组织（WHO）室内空气污染物标准。

表 3.23　加拿大住宅室内空气质量指南[6]

污染物	可接受的暴露范围	
	短期	长期
醛类(总和)	$\sum C_i/D_i$①	—
CO_2	—	<6 300 mg/m³
CO	<12 mg/m³,8 h <27.5 mg/m³,1 h	—
甲醛	见注②	行动水平③120 μg/m³ 目标水平 60 μg/m³
NO_2	<480 μg/m³,1 h	<100 μg/m³
O_3	<240 μg/m³,1 h	—
可吸入颗粒物	<100 μg/m³,1 h	<40 μg/m³
SO_2	<1 000 μg/m³,5 min	<50 μg/m³
水蒸气	夏季:30%~80% 冬季:30%~55%	—
其他可见低浓度污染物②	最小暴露值	最小暴露值

注:①C_i 等于 120 μg/m³ 甲醛或 50 μg/m³ 丙烯醛或 9 000 μg/m³ 乙醛;D_i 为分别对应的各种醛在 5 min 期间的浓度。

②其他污染物包括:生物代谢物、氯化烃、空气中的悬浮微粒、纤维材料、铅、多核烃和烟草。

③行动水平,即达到此水平建议采取干预行动以降低室内甲醛浓度。

表 3.24　世界卫生组织(WHO)室内空气污染物标准[6]

污染物	报告的浓度	极限浓度	关注的浓度	备注
烟草中可吸入颗粒物	0.05~0.7	<0.1	>0.15	日本标准 0.15
烟草中 CO	1~1.5	<2	>5	被动吸烟者 眼部刺激
烟草中硝基二甲胺	$(1\sim50)\times10^{-6}$	—	—	
NO_2	0.05~1	<0.19	>0.32	
CO	1~100	2% COHb <11	3% COHb >30	99.9%
氡及其子体	10~3 000 Bq/m³	0	70 Bq/m³	瑞典标准
甲醛	0.05~2	<0.06	>0.12	长、短期
SO_2	0.02~1	<0.5	>1.35	短期
CO_2	600~9 000	<1 800	>12 000	日本标准 1 800

续表 3.24

污染物	报告的浓度	极限浓度	关注的浓度	备注
O_3	0.04～0.4	0.05	0.08	
石棉	<10 个纤维/m^3	0	10^5 个纤维/m^3	长期
矿物纤维	<10 个纤维/m^3	—	—	皮肤刺激
二氯甲烷	0.005～1	—	350 260	TLV② NIOSH③推荐
三氯甲烷	0.000 1～0.02	—	270 135	TLV NIOSH 推荐
四氯硅烷	0.002～0.05	—	335	TLV
1.4-二氯化苯	0.005～0.1	—	450	TLV
苯	0.01～0.04	致癌	致癌	
甲苯	0.015～0.07	—	375	TLV
中压-二甲苯	0.01～0.05	—	435	TLV
n-壬烷	0.001～0.03	—	1 050	ILO④(1980)
n-癸烷	0.002～0.04	—	—	
柠檬油精	0.01～0.1	—	560	TLV 松节油

注:①除表中注明的浓度单位外,其他单位均为 mg/m^3。

②TLV(Threshold Limit Values)为阈值极限的缩写。这些值是由美国工业卫生协会作为职业暴露极限提出的,如果用于非职业的人群则应视为短期暴露的上限值。

③NIOSH(National Institute for Occupational Safety and Health)是美国国家职业安全与卫生研究所的缩写。

④ILO(International Labor Organization)是国际劳动组织的缩写。

各国的通风量标准比较见表 3.25 和表 3.26。

表 3.25 必需的最小通风量[41]

房间	标准	等级	按人数最小通风量 R_p/(L·s^{-1}·$人^{-1}$)	按建筑最小通风量/(L·s^{-1}·m^{-2})			与面积相关
				低污染	R_b	非低污染	
单独办公室	PRENV1752(96)	A	10	1.0		2.0	
		B	7	0.7		1.4	
		C	4	0.4		0.8	
	DIN 1946(94)		11				1.11
	ASHRAE Standard 62(rev.96)		3.0		0.35		0.66
	ASHRAE Standard 62—1989		10				
	NKR-61		3.5				0.7
	CIBSE-Guide A(rev.93)		8				

续表 3.25

房间	标准	等级	按人数最小通风量 R_p/ (L·s^{-1}·人$^{-1}$)	按建筑最小通风量/(L·s^{-1}·m^{-2})			与面积相关
				低污染	R_b	非低污染	
高档办公室	PrENV 1752(96)	A	10	1.0		2.0	
		B	7	0.7		1.4	
		C	4	0.4		0.8	
	DIN 1946(94)		16.6				1.67
	ASHRAE Standard 62(rev.96)		3.0		0.35		0.65
	ASHRAE Standard 62—1989		10				
	NKR-61		3.5				0.7
	CIBSE-Guide A(rev.93)		8				
会议室	PrENV 1752(96)	A	10	1.0		2.0	
		B	7	0.7		1.4	
		C	4	0.4		0.8	
	DIN 1946(94)		5.6				2.7~5.6
	ASHRAE Standard 62(rev.96)		2.5		0.35		1.6
	ASHRAE Standard 62—1989		10				
	NKR-61		3.5				0.7
	CIBSE-Guide A(rev.93)		8				
教室	PrENV 1752(96)	A	10	1.0		2.0	
		B	7	0.7		1.4	
		C	4	0.4		0.8	
	DIN 1946(94)		8.3				4.2
	ASHRAE Standard 62(rev.96)		3.0		0.55		1.8
	ASHRAE Standard 62—1989		8				
	NKR-61		3.5				0.7
	CIBSE-Guide A(rev.93)		8				

表 3.26　吸烟者与不吸烟者所需要的通风量[41]

标准	等级	需要的通风量/(L·s^{-1}·人$^{-1}$)			
		无吸烟者	20%吸烟者	40%吸烟者	100%吸烟者
PeENV 1752 (96)	A	10	20	30	30
	B	7	14	21	21
	C	4	8	12	12

续表 3.26

标准	等级	需要的通风量/(L·s^{-1}·人$^{-1}$)			
		无吸烟者	20%吸烟者	40%吸烟者	100%吸烟者
ASHRAE Standard 62—1989R	适应	3	6	17	25
	不适应	5	8	25	33
ASHRAE Standard 62—1989		10	10	10	10
NKB-61 (91)		7	20	20	20
CIBSE-GuideA (new 93)		8	16	24	43

芬兰室内空气质量与室内气候学会和有关高校、研究所提出了相关标准,并已作为业主、设计者、施工者、设备厂家和材料供应商所遵循的依据。日本近几年提出:室内 CO_2 的体积分数标准为 0.1%。俄罗斯评价居室内空气清洁程度的数据是:在夏季,当细菌总数小于 1 500 个/m^3 为清洁空气;大于 2 500 个/m^3 为污染空气;在冬季,当细菌总数小于 4 500 个/m^3 为清洁空气;大于 7 000 个/m^3 为污染空气。

3.8.8 我国的室内空气质量标准

我国于 2002 年 12 月 18 日发布了 GB/T 18883—2002《室内空气质量标准》,并于 2003 年 3 月 1 日开始实施。该标准规定:室内空气应无毒、无害、无异常嗅味。室内空气质量标准见表 3.27。其中:室内空气质量参数(Indoor Air Quality Parameter)指室内空气中与人体健康有关的物理、化学、生物和放射性参数;可吸入颗粒物(Particles with Diameters of 10 μm or Less,PM10)指悬浮在空气中,空气动力学当量直径小于等于 10 μm 的颗粒物;③总挥发性有机化合物(Total Volatile Organic Compounds,TVOC)指利用 TenaxGC 或 TenaxTA 采样,非极性色谱柱(极性指数小于 10)进行分析,保留时间在正己烷和正十六烷之间的挥发性有机化合物;④标准状态(Normal State)指温度为 273 K,压力为 101.325 kPa 时的干物质状态。

表 3.27　室内空气质量标准[42]

序号	参数类别	参数	单位	标准值	备注
1	物理性	温度	℃	22~28	夏季空调
				16~24	冬季供暖
2		相对湿度	%	40~80	夏季空调
				30~60	冬季供暖
3		空气流速	m/s	0.3	夏季空调
				0.2	冬季供暖
4		新风量	m^3/(h·人)	30	1 h 均值

续表 3.27

序号	参数类别	参数	单位	标准值	备注
5	化学性	二氧化硫(SO_2)	mg/m^3	0.50	1 h 均值
6		二氧化氮(NO_2)	mg/m^3	0.24	1 h 均值
7		一氧化碳(CO)	mg/m^3	10	1 h 均值
8		二氧化碳(CO_2)	%	0.10	日平均值
9		氨(NH_3)	mg/m^3	0.20	1 h 均值
10		臭氧(O_3)	mg/m^3	0.16	1 h 均值
11		甲醛(HCHO)	mg/m^3	0.10	1 h 均值
12		苯(C_6H_6)	mg/m^3	0.11	1 h 均值
13		甲苯(C_7H_8)	mg/m^3	0.20	1 h 均值
14		二甲苯(C_8H_{10})	mg/m^3	0.20	1 h 均值
15		苯并[a]芘(BaP)	mg/m^3	1.0	日均值
16		可吸入颗粒物(PMl0)	mg/m^3	0.15	日均值
17		总挥发性有机化合物(TVOC)	mg/m^3	0.60	8 h 均值
18	生物性	菌落总数	cfu/m^3	2 500	依据仪器定
19	放射性	氡(^{222}Rn)	Bq/m^3	400	年平均值(行动水平)

注:①新风量要求≥标准值,除温度、相对湿度外的其他参数要求≤标准值。

②行动水平即达到此水平,建议采取干预行动,以降低室内氡浓度。

2022 年 7 月 11 日我国发布了 GB/T 18883—2022《室内空气质量标准》[43]第一次修订稿,并于 2023 年 2 月 1 日开始实施。新标准在原来标准基础上,主要进行了以下修改:

(1)术语和定义:增加了 4 个术语和定义,如“细颗粒物”“1 小时平均”“8 小时平均”和“24 小时平均”;更改了 3 个术语和定义,如“室内空气质量指标”“可吸入颗粒物”和“总挥发性有机物”。

(2)室内空气质量要求:增加了三氯乙烯、四氯乙烯和细颗粒物等 3 项指标及要求;修改了部分术语,如将“空气流速”更改为“风速”,将“菌落总数”更改为“细菌总数”;更改了二氧化氮、二氧化碳、甲醛、苯、可吸入颗粒物、细菌总数和氡 7 项指标要求;更改了氡的控制要求,将“行动水平”修改为“参考水平”。

(3)室内空气质量指标检测与评价:更改了温度、相对湿度、风速、新风量、臭氧、二氧化氮、二氧化硫、二氧化碳、一氧化碳、氨、甲醛(分光光度法)11 项指标的测定方法和方法来源;增加了三氯乙烯、四氯乙烯和细颗粒物的测定方法和方法来源,增加了推荐采样方法参数;增加了甲醛(高效液相色谱法)、苯并[a]芘、可吸入颗粒物、细颗粒物、氡 5 项指标的测定方法,更改了苯、总挥发性有机物、细菌总数 3 项指标的测定方法。室内空气质量指标及要求见表3.28。

表3.28　室内空气质量指标及要求[43]

序号	指标分类	指标	计量单位	要求	备注
01	物理性	温度	℃	22~28	夏季
				16~24	冬季
02		相对湿度	%	40~80	夏季
				30~60	冬季
03		风速	m/s	≤0.3	夏季
				≤0.2	冬季
04		新风量	m^3/(h·人)	≥30	—
05	化学性	臭氧(O_3)	mg/m^3	≤0.16	1小时平均
06		二氧化氮(NO_2)	mg/m^3	≤0.20	1小时平均
07		二氧化硫(SO_2)	mg/m^3	≤0.50	1小时平均
08		二氧化碳(CO_2)	%①	≤0.10	1小时平均
09		一氧化碳(CO)	mg/m^3	≤10	1小时平均
10		氨(NH_3)	mg/m^3	≤0.20	1小时平均
11		甲醛(HCHO)	mg/m^3	≤0.08	1小时平均
12		苯(C_6H_6)	mg/m^3	≤0.03	1小时平均
13		甲苯(C_7H_8)	mg/m^3	≤0.20	1小时平均
14		二甲苯(C_8H_{10})	mg/m^3	≤0.20	1小时平均
15		总挥发性有机物(TVOC)	mg/m^3	≤0.60	8小时平均
16		三氯乙烯(C_2HCl_3)	mg/m^3	≤0.006	8小时平均
17		四氯乙烯(C_2Cl_4)	mg/m^3	≤0.12	8小时平均
18		苯并[a]芘(BaP)②	mg/m^3	≤1.0	24小时平均
19		可吸入颗粒物(PMl0)	mg/m^3	≤0.10	24小时平均
20		细颗粒物	mg/m^3	≤0.05	24小时平均
21	生物性	细菌总数	CFU/m^3	≤1 500	—
22	放射性	氡(^{222}Rn)	Bq/m^3	≤300	年平均③（参考水平④）

注:①体积分数。

②指可吸入颗粒物中的苯并[a]芘。

③至少采样3个月(包括冬季)。

④表示室内可接受的最大年平均氡浓度,并非安全与危险的严格界限。当室内氡浓度超过该参考水平时,宜采取行动降低室内氡浓度。当室内氡浓度低于该参考水平时,也可以采取防护措施降低室内氡浓度,体现辐射防护最优化原则。

在2012年发布的标准GB 50736—2012《民用建筑供暖通风与空气调节设计规范》中，综合考虑了人员污染和建筑污染对人体健康的影响，对民用建筑室内最小新风量做了详细规定：

(1)公共建筑主要房间每人所需最小新风量见表3.29。

表3.29　公共建筑主要房间每人所需最小新风量[44]

建筑类型	新风量/($m^3 \cdot h^{-1} \cdot$ 人$^{-1}$)
办公室	30
客房	30
大堂、四季厅	10

(2)设置新风系统的居住建筑和医院建筑，其设计最小新风量宜按照换气次数法确定。由于居住建筑和医院建筑的建筑污染部分比重一般要高于人员污染部分，按照现有人员新风量指标所确定的新风量没有考虑建筑污染部分，从而不能保证始终完全满足室内卫生要求；因此，对于这两类建筑应将建筑的污染构成按建筑污染与人员污染综合考虑，并以换气次数的形式给出所需最小新风量。其中，居住建筑的换气次数参照ASHRAE Standard 62.1—2007确定，结果见表3.30。医院建筑的换气次数见表3.31。

表3.30　居住建筑设计最小换气次数[44]

人均居住面积 F_P	每小时换气次数
$F_P \leqslant 10\ m^2$	0.70
$10\ m^2 < F_P \leqslant 20\ m^2$	0.60
$20\ m^2 < F_P \leqslant 50\ m^2$	0.50
$F_P > 50\ m^2$	0.45

表3.31　医院建筑设计最小换气次数[44]

功能房间	每小时换气次数
门诊室	2
急诊室	2
配药室	5
放射室	2
病房	2

(3)高密度人群建筑每人所需最小新风量应按人员密度确定。高密度人群建筑即人员污染所需新风量比重高于建筑污染所需新风量比重的建筑。按照现行的规范，计算得到的高密度人群建筑新风量所形成的新风负荷在空调负荷中的比重一般高达20%~

40%,对于人员密度超高建筑,新风能耗有时会高到人们难以接受的程度;另一方面,高密度人群建筑的人流量变化幅度大,且受季节、气候和节假日等因素影响明显。因此,该类建筑应该考虑不同人员密度条件下对新风量指标的具体要求;并且应重视室内人员的适应性和控制一定比例的不满意率等因素对新风量指标的影响。鉴于此,为了反映以上因素对新风量指标的具体要求,该类建筑新风量大小宜参考 ASHRAE Standard 62.1—2007 的规定设计法思想,对不同人员密度下的每人所需最小新风量做出规定,结果见表 3.32。

表 3.32　高密度人群建筑每人所需最小新风量($m^3 \cdot h^{-1} \cdot 人^{-1}$)[44]

建筑物类型	人员密度 P_F/(人·m^{-2})		
	$P_F \leqslant 0.4$	$0.4 < P_F \leqslant 1.0$	$P_F > 1.0$
影剧院、音乐厅、大会厅、多功能厅、会议室	14	12	11
商场、超市	19	16	15
博物馆、展览厅	19	16	15
公共交通等候室	19	16	15
歌厅	23	20	19
酒吧、咖啡厅、宴会厅、餐厅	30	25	23
游戏厅、保龄球房	30	25	23
体育馆	19	16	15
健身房	40	38	37
教室	28	24	22
图书馆	20	17	16
幼儿园	30	25	23

除此之外,GB 50736—2012《民用建筑供暖通风与空气调节设计规范》规定:空调系统的新风和回风应经过两次处理,空调过滤器的设置应符合以下规定:

(1)舒适性空调,当采用粗效过滤器不能满足要求时,应设置中效过滤器;

(2)工艺性空调,应按空调区的洁净度要求设置过滤器。

3.8.9　室内空气污染物的测试方法

1. 室内空气污染物的测试原理

(1)分光光度法。

将所要测定的污染物与一些特定的化合物反应,根据生成的新物质的色泽深浅,得出污染物浓度。一般色泽深浅与污染物浓度成正比。通过分光光度计测出生成新物质的吸光度,并根据测定的计算因子得到污染物浓度。

分光光度法常用于测定以下污染物:二氧化硫(SO_2)、氨气(NH_3)、臭氧(O_3)、甲醛(HCHO)等。

(2)气相色谱法。

气相色谱法是色谱法的一种。色谱法中有两个相,一个相是流动相,一个相是固定相。用气体做流动相,则称为气相色谱。通过气相色谱仪测出待测物质的色谱峰高,根据测定的标准曲线,确定污染物浓度。

气相色谱法用于测定以下污染物:一氧化碳(CO)、二氧化碳(CO_2)、苯(C_6H_6)、甲苯(C_7H_8)、总挥发性有机化合物(TVOC)等。

(3)不分光红外线气体分析法。

某些物质对不分光红外线具有选择性的吸收,并且在一定范围内吸收值与该物质浓度呈线性关系,因此可以根据吸收值确定样品中物质的浓度。

不分光红外线气体分析法主要用于检测一氧化碳(CO)和二氧化碳(CO_2)浓度。

(4)撞机式-称重法。

采用撞机式空气采集器,通过抽气装置将空气通过狭缝或小孔,产生高速气流,使空气中的粒子撞击到冲击板上;之后称取其质量以得到浓度。

撞机式-称重法主要用于测量可吸入颗粒物和菌落的浓度。

2. 室内空气污染物的测试方法

主要室内空气污染物的测试方法如下:

(1)CO 和 CO_2 的检测方法。

检测 CO 和 CO_2 常用的方法:不分光红外法。

(2)甲醛的检测方法。

目前,检测甲醛的方法有实验室检测方法和现场检测方法两类。

实验室检测的标准方法有:AHMT 分光光度法、乙酰丙酮分光光度法、气相色谱和液相色谱法。

目前现场检测多使用基于恒电位电解法原理的便携式甲醛测定仪。

(3)挥发性有机物(VOC)的检测方法。

室内空气中 VOC 的检测标准方法主要以气相色谱法为主,还有现场检测使用的配有光离子化检测器 PID 的 VOC 测定仪测定法。

(4)可吸入颗粒物的测定方法。

室内空气中可吸入颗粒物的测定方法:撞击式称重法。

(5)氨的检测方法。

测定公共场所中氨的标准方法有:靛酚蓝分光光度法、钠氏试剂分光光度法、离子选择电极法、次氯酸钠-水杨酸分光光度法。

也可使用电化学原理的便携式氨测试仪现场检测氨,但是能满足室内空气中低浓度氨测量准确度的仪器还较少。

(6)臭氧的检测方法。

检测环境中的臭氧浓度的标准方法有:紫外光度法、靛蓝二磺酸钠分光光度法、化学发光法。

(7)氡气的检测方法。

由于氡在衰变过程中产生一系列不同能量和不同半衰期的α，β或γ射线，因此可以通过多种途径探测到它们。

目前常用于氡气测量的方法有：固体核径迹探测法、活性炭盒法、驻极体环境氡探测器、热释光测量法、闪烁瓶测量法、连续测氡仪、液体闪烁法等。

室内空气中各种参数的检验方法见表 3.33。

表 3.33　室内空气中各种参数的检验方法[42]

序号	参数	检验方法	来源
1	二氧化硫(SO_2)	甲醛溶液吸收-盐酸副玫瑰苯胺分光光度法	GB/T 16128；GB/T 15262
2	二氧化氮(NO_2)	改进的 Saltzman 法	GB/T 12372；GB/T 15435
3	一氧化碳(CO)	(1)非分散红外法 (2)不分光红外线气体分析法 气相色谱法；汞置换法	(1)GB/T 9801 (2)GB/T 18204.23
4	二氧化碳(CO_2)	(1)不分光红外线气体分析法 (2)气相色谱法 (3)容量滴定法	GB/T 18204.24
5	氨(NH_3)	(1)靛酚蓝分光光度法 (2)离子选择电极法 (3)次氯酸钠-水杨酸分光光度法	(1)GB/T 18204.25；GB/T 14668 (2)GB/T 14669 (3)GB/T 14679
6	臭氧(O_3)	(1)紫外分光光度法 (2)靛蓝二磺酸钠分光光度法	(1)GB/T 15438 (2)GB/T 18204.27；GB/T 15437
7	甲醛(HCHO)	(1)AHMT 分光光度法 (2)酚试剂分光光度法；气相色谱法 (3)乙酰丙酮分光光度法	(1)GB/T 16129 (2)GB/T 18204.26 (3)GB/T 15516
8	苯(C_6H_6)	气相色谱法	(1)GB/T 18883 附录 B (2)GB/T 11737
9	甲苯(C_7H_8)、 二甲苯(C_8H_{10})	气相色谱法	(1)GB/T 11737 (2)GB/T 14677
10	苯并[a]芘(BaP)	高效液相色谱法	GB/T 15439
11	可吸入颗粒物(PM10)	撞机式-称重法	GB/T 17095
12	总挥发性有机化合物(TVOC)	气相色谱法	GB/T 18883 附录 C
13	菌落总数	撞击法	GB/T 18883 附录 D

续表 3.33

序号	参数	检验方法	来源
14	温度	(1)玻璃液体温度计法 (2)数显式温度计法	GB/T 18204.13
15	相对湿度	(1)通风干湿球法 (2)氯化锂湿度计法 (3)电容式数字湿度计法	GB/T 18204.14
16	空气流速	(1)热球式电风速计法 (2)数字式风速表法	GB/T 18204.15
17	新风量	示踪气体法	GB/T 18204.18
18	氡(^{222}Rn)	(1)闪烁瓶测量方法 (2)径迹蚀刻法 (3)双滤膜法 (4)活性炭盒法	(1)GB/T 16147 (2)GB/T 14582 (3)GB/T 14582 (4)GB/T 14582

除了上述方法,若满足测试精度要求,可采用便携式仪器进行测试。目前常用的便携式仪器见表 3.9。

3.9　室内空气污染的控制方法

室内空气污染问题已被认为是继“煤烟型污染”和“光化学烟雾型”污染之后的第三代空气污染问题。由于室内空气质量问题所导致的病态建筑综合征(SBS)使得人们的身心健康与工作效率受到很大影响,由此所引起的社会工作效率降低和病休、医疗费用等社会问题也已受到广泛的关注。室内空气质量是衡量室内环境好坏的重要指标,因此,改善室内空气质量是目前亟待解决的问题。

3.9.1　控制污染源

室内空气污染主要是由建筑材料、清洗剂、地毯、家具油漆等散发 VOCs,吸烟、烹饪过程中烟雾颗粒以及燃烧过程产生的 CO。微生物污染物有细菌、真菌、病毒。控制建筑内(包括暖通空调系统)污染源产生和室外污染物侵入是改善室内空气质量的根本途径。需要特别关注的污染源有 3 类:过滤器、建筑材料(包括地毯)和个人电脑(PC)。

过滤器是最严重的污染源,随着通风量的增加,过滤器上污染物会大量扩散到室内,故通过过滤器的空气质量并未得到提高。这就是在机械通风或空调房间虽然提高了通风量,但是室内空气质量并未得到改善,甚至比自然通风更差的原因,因此暖通空调系统中的过滤器应该经常更换。

第二类污染源是建筑材料,应避免使用散发邻苯二甲酸盐,尤其是 DEHP 的材料,建议不使用地毯。如果使用地毯及其他材料,其所含的污染物应比标准中规定的限值低很多。如目前国外标准中规定建筑地板中允许污染物浓度为 0.1 olf/m^2,应降低到 0.02 olf/m^2。因此,要严格控制使用散发污染物的建筑装饰材料,需要进行材料标识研究,必要时需对污染高的材料进行预处理。

第三类污染源是 CRT 显示器的电脑,应尽可能使用低污染的 TFT 显示器的电脑。通过控制污染源,办公室的室内空气质量可以提高 3 倍。

对室内空气中的污染物进行清洁过滤处理是提高室内空气质量的很有潜力的方法,可以减少通风量。采用多种处理空气的方法如吸附和光催化法,可降低污染物浓度,使室内空气质量提高 4 倍。

此外还应监控室外的空气状况,超标时能及时处理和控制;同时应隔离复印室等污染源并对其做一定处理,避免建筑内交叉污染。避免使用杀虫剂、空气清新剂等化学物品。

建筑设计的有关人员要相互配合,应在建筑设计方案阶段就考虑到室内空气质量问题,如合理布置建筑物的位置和选择材料,选择合理的自然通风方式以提高房间的通风换气效果,尽量选择低挥发性有机气体的材料,控制暖通空调系统和建筑围护结构湿度以减少微生物的生长等。

在农村使用煤和生物质燃料时,宜采用新型火炕和炉具,以提高燃烧效率,减少室内空气污染。

3.9.2　通风策略

自然通风不仅可以提高室内空气质量,而且不需要消耗能源,是室内环境设计的首选。然而,对自然通风的利用必须建立在已知室外气候条件及室内自然通风量有效预测的基础上。如果不能采用自然通风,也可以用机械通风,包括采用自然通风与机械通风方式结合的混合通风模式以及置换通风等新型通风方式。

新风量大小是空调设计规范中有关室内空气质量考虑最多的问题,在空调发展的不同阶段,相应的通风标准也不同。劳动强度和必要新风量的关系见表 3.34,换气量和人体气味的关系见表 3.35。

表 3.34　劳动强度和必要新风量的关系[45]

CO_2 发生量 /($m^3 \cdot h^{-1} \cdot$ 人$^{-1}$)	新陈代谢率/met	劳动强度	需要新风量/ ($m^3 \cdot h^{-1} \cdot$ 人$^{-1}$)		
			CO_2 允许体积分数(0.10%)	CO_2 允许体积分数(0.15%)	CO_2 允许体积分数(0.20%)
0.013	0.0	安静时	18.6	10.8	7.6
0.022	0.8	极轻作业	31.4	18.3	12.9
0.030	1.5	轻作业	43.0	25.0	17.6
0.046	3.0	中等作业	65.7	38.3	27.1
0.074	5.5	重作业	106	61.7	43.7

表3.35 换气量和人体气味的关系[45]

CO_2 体积分数/%	换气量/($m^3 \cdot h^{-1} \cdot$ 人$^{-1}$)	人体气味/强度	不舒适比例/%
0.25	8.5	3.2	100
0.13	20	2.0	75
0.1	30	1.3	30
0.084	40	1.1	25
0.073	54	1.0	15

传统观念认为,新风是为了清除人所产生的生物污染,所以房间最小新风量仅由每人最小新风量指标确定。以单人办公室为例,ASHRAE Standard 62—1989 中为 36 m^3/(h·人)。随着科技的发展,现代建筑中装潢材料、家具、用品、通风空调系统本身均为污染源,并且其气味强度远远超过人所产生的。因此,在 ASHRAE Standard 62—1989R 中,认为用以确定新风量的污染物来自人员和室内气体污染源两个方面,故房间最小新风量由每人最小新风量指标 R_p 与每平方米地板所需最小新风量指标 R_b 之和确定。以单人办公室为例,ASHRAE Standard 62—1989R 中为 R_p = 10.8 m^3/(h·人),R_b = 1.26 m^3/(h·m^2),最小新风量=人数×R_p+地板面积×R_b。这体现了人们观念的进步,同时也说明传统的空调系统设计会导致新风不足。

另外,随着室内负荷及换气效率的变化,为了减少能耗,空调运行中的室内送风量也会相应发生变化,但为了满足人的舒适健康而确定的设计新风量不应该发生太大变化。ASHRAE Standard 62—1989R 中有关变风量控制的内容明确指出,在整个变风量运行中,新风量要始终保证在设计新风量的 90%以上。

新风清洁程度近年来也受到人们的关注,这主要源于近年来室外空气污染严重,新风的质量下降。因此,有关新风处理的讨论也不断出现,国内有些学者提出了新风三级过滤的设想。所谓新风三级过滤,就是将传统新风机组中只含粗效过滤器变为新风机组中除含粗效过滤器外,还包含中效甚至亚高效过滤器的设计模式。这种设计的最大优点是极大降低由新风带入室内的尘菌浓度,同时在一定程度上延长系统部件的寿命。

需要指出的是,目前新风过滤主要考虑室外颗粒物及附着其上的微生物的去除,而室内空气质量涉及的除室外污染外,更多是室内微生物污染和气态污染的影响。因此新风三级过滤对 IAQ 问题解决的作用到底有多大,新风过滤器是否应该考虑其他室外污染物如汽车尾气、SO_2 的过滤等问题,仍然有待进一步的讨论。

室内空气污染物有时是特定的某些种类,有时是多种并存;各种污染物的释放特性也不一样,有的容易排除,有的释放缓慢,难以排除(如氡及其子体);有的呈游离状态,有的存在于固定的污染源中(如墙体、地板、家具、洁具);情况复杂多变。

针对室内污染的复杂性,加强通风换气、用室外新鲜空气来稀释室内空气污染物,是最方便、快捷地降低室内污染物浓度的方法。在进行通风时,可以采用以下策略:选择合适的最小通风量以节约能耗;整个建筑物内保持正压;选择合适的送风速度和气流组织形式以提高通风效率;选择合适的系统对空气进行加湿和除湿。

尽管控制病源通常是减少疾病传播最有效的办法,但在实际场合除非有明显症状,否则很难发现已感染人员。此时,提供一定量具有稀释作用的送风就尤为重要。通风可以稀释带菌粒子,从而减少疾病通过带菌粒子的传播。一般认为 7.5 L/(s·人)是合理的最小通风量,也就是说每个空间的通风量折算成每人的通风量后应大于 7.5 L/(s·人)[37]。若不足,则必须用有效过滤后的回风补足。

3.9.3 个性化环境控制

在很多通风的房间中,如果提供的室外空气是 10 L/(s·人),其中只有 0.1 L/(s·人)即 1%的空气被人体吸入,而且这 1%的空气有可能在被人体吸入前已经被生物排出物、建筑材料、电脑和其他污染源所污染,所以通风系统应该考虑为室内每个人提供未受室内污染源污染的清洁空气。将少量的高质量空气送到每个人的呼吸区,而不是将大量不新鲜的空气送到整个房间。这种新的送风理念是由 Fanger 首先提出的,并将其称为个性化送风(Personalized Ventilation,PV)。这是对传统暖通空调系统的挑战。

在办公室里,个性化送风可通过每个人极易控制的可移动的送风口来实现。在理想条件下,个性化送风可以使每个人吸入来自射流核心、未与室内污染空气相混合的清洁空气。个性化送风的风速和紊流度要低,以免使人有吹风感。为了使每个人对室内空气环境都满意,个性化送风应该让每个人都很容易地调节送风量和送风温度。采用个性化送风可以使通风效率提高 9 倍以上。

在很多人共用同一空间的建筑物中,很难使每一个人都感到舒适。因为人的个体间的差异,人们所偏好的温度可能不同。传统的处理方法是寻求在某一最佳温度上的妥协,使感到不舒适的人尽可能少。显然如果每个人都能控制自己的局部环境,会提高热接受率。带个性化热控制的系统可以使在同一空间内的每个人都能够控制自己的局部环境,这样每个人都对其所处的环境感到满意。

在传统的通风空气混合方式的房间内,空气温度保持在一个适当较低的水平是有利的,这个温度相当于任何一个在此空间的人所喜欢的最低温度,如 20 ℃或 21 ℃,以提供合适的冷却的吸入空气。所有其他人员可能将要求少量的额外局部加热措施,由他们自己控制以达到所喜欢的工作温度。这些小股的热流应由辐射或传导来提供,这样空气始终保持凉爽以利呼吸。出于对冷吹风感的考虑,应避免以空气流动实现个性化热控制。

如果利用个性化送风原则,首要的是应为个性化热控制建立一个单独的系统。个性化送风系统的理念是提供人体呼吸的清洁空气,而个性化热控制系统的任务是为人体提供适中的全身热舒适。个性化热控制系统也可通过辐射或传导发挥作用,而且重要的是它不能干扰个性化送风系统向呼吸区提供的气流。

在丹麦技术大学进行的综合性研究说明,感知的空气质量受到人体吸入空气的湿度和温度的影响。人们喜欢较为干燥和凉爽的空气。

很明显,人们喜欢每次呼吸空气时呼吸道有一种冷却的感觉,这引起令人愉快的新鲜感。如果没有适当的冷却,便会感到空气不新鲜、闷热而不能接受。如果人们吸入空气的冷却能力低，则呼吸道特别是鼻腔黏膜的对流和蒸发冷却作用不足。这种适当冷却的缺乏与感知空气的不良质量密切相关。

Fanger 等的研究表明，空气温度降低 2~3 ℃，例如从 23~24 ℃降低到 21 ℃，可以将可感知的室内空气质量提高 1 倍[37]。

保持适当低的湿度以及全身热舒适中性所要求温度范围下限的空气温度是有利的，这可以改善感知空气质量并减少所要求的通风量。合适的温度和湿度可以减少病态建筑综合征的发生，因此应该为人们提供冷却和干燥的空气。

3.9.4　净化方法

对室内各种污染物进行净化也是控制室内空气质量的有效途径，较成熟的空气净化方法主要包括：吸附净化法、臭氧净化法等。近年来，出现了一些新的净化方法，如纳米光催化净化法、低温等离子体净化法、植物净化法等。空气净化器在美国家庭的普及率为 27%，在日本为 17%，而在我国的普及率还不到 0.1%[16]。

利用纳米光催化材料去除室内 VOC 是近年来兴起的一项新技术。该项技术具有以下优点：①对有机物的氧化无选择性，可降解多种有机物；②反应条件温和，可以在常温常压下操作；③可以将有机污染物分解为 CO_2 和 H_2O 等无机小分子无机物，净化效果彻底，无二次污染；④纳米 TiO_2 光催化材料还具有杀菌消毒的功能，在 SARS 肆虐时，纳米 TiO_2 光催化净化室内空气的应用技术尤其受到人们的青睐；⑤纳米 TiO_2 光催化剂化学性质稳定，氧化还原性强，成本低，不存在吸附饱和现象，使用寿命长，能耗低，操作简便。故应用纳米光催化技术可以开发出绿色环保型产品，因而日益受到人们的重视。

目前在多相光催化研究中所使用的催化剂大都是 n 型半导体氧化物，主要有 TiO_2、ZnO 等，其中 TiO_2 的化学性质、光学性质都十分稳定，且无毒、廉价，因此是目前研究得最多的光催化剂。

1. 纳米光催化氧化的反应机理[46]

目前研究最多的光催化剂半导体材料为金属氧化物和硫族化合物，如 TiO_2，ZnO，CdS，SnO_2 等。半导体材料之所以能作为催化剂，是由其自身的光电特性所决定的。通常半导体材料的能带结构是由一个充满电子的低能价带和一个空的高能导带构成，它们之间由禁带分开。当用能量等于或大于禁带宽度的光照射在半导体时，其价带上的电子（e^-）被激发，跃过禁带而进入导带，同时在价带上产生相应的空穴（h^+）。就半导体 TiO_2 而言，在波长小于 387 nm 的光照射下，TiO_2 的价带电子会被激发导带，从而形成空穴-电子对，进而参与氧化还原反应，氧化或还原吸附在催化剂表面上的有机物。光致空穴有很强的得电子能力，可夺取 TiO_2 颗粒表面有机物或溶剂中的电子而被氧化；同时电子受体则可通过接受表面的电子而被还原。

对于气固相光催化氧化过程，一般认为电子传给表面氧，形成 O_2^- 或 O^-，同时空穴被表面氢氧根离子或水捕获，形成羟基自由基。在气态光催化体系中，OH^-、水分子和有机物本身都可以充当光致空穴的俘获剂。反应如下：

$$TiO_2+h\nu \longrightarrow h^++e^- \tag{3.45}$$

$$h^+ + H_2O \longrightarrow OH\cdot + H^+ \tag{3.46}$$

$$h^+ + Red \longrightarrow Red^+ \tag{3.47}$$

$$OH^- + h^+ \longrightarrow OH\cdot \tag{3.48}$$

光致电子的俘获剂主要是吸附于 TiO_2 表面的氧，它可以和光致电子结合，从而抑制电子与空穴的复合，同时它也是氧化剂，可以氧化已羟基化的反应物，是表面羟基的另一来源：

$$e^- + O_{2(ads)} \longrightarrow O_{2(ads)}{}^- \tag{3.49}$$

$$O_{2(ads)} + H^+ \longrightarrow HO_2\cdot \tag{3.50}$$

$$2HO_2\cdot \longrightarrow O_2 + H_2O_2 \tag{3.51}$$

$$H_2O_2 + O_{2(ads)}^- \longrightarrow OH\cdot + OH^- + O_2 \tag{3.52}$$

$$h^+ + e^- \longrightarrow \text{热量} \tag{3.53}$$

其中，h^+代表空穴，e^-代表电子，下标 ads 代表表面吸附物。上述机理已被一些实验所证实。如氧的吸附量随表面羟基自由基浓度的增加而增加，而在完全干燥的表面上不发生氧吸附。由氢氧根离子捕获空穴防止了电子与空穴的复合，因此是氧通过接受电子而发生化学吸附。

2. 活性炭-纳米 TiO_2 光催化技术

光催化氧化虽然具有上述特点，但不能直接应用在空调系统中。因为室内空气中挥发性污染物的一个显著特点是其种类多、浓度低。当污染物浓度较低时，光催化降解速度较慢，而且会生成许多有害的中间产物，影响净化效果。活性炭虽然对气体有极强的吸附能力，但由于再生过程麻烦，限制了其使用。

如果将光催化技术与活性炭吸附技术结合在一起，就能充分利用它们各自的优势，提高净化效果。现已研制出活性炭-纳米 TiO_2 复合光催化空气净化网，该光催化空气净化网是由支承体、活性炭和 TiO_2 光催化剂组成的具有直通孔的多层结构的蜂窝状整体式净化网。其最内层是用耐水牛皮纸构成的六角蜂窝状支承体，作为光和被净化气体的直通孔道，在支承体上黏结活性炭形成吸附层，光催化剂附着在活性炭粉末颗粒上形成最外层的光催化剂层。

这种净化网独特的结构及复合方式使其具有以下特点：①由于光催化剂 TiO_2 处于最外层，使得紫外光在没有遮挡的情况下直接作用在 TiO_2 光催化剂上，实现了较高的光利用率。②借助活性炭的吸附作用，对空气中极低浓度污染物进行快速吸附净化和表面富集，加快了光催化降解反应速率，抑制了中间产物的释放，提高了污染物完全氧化的速率。③TiO_2 的光催化作用促使被活性炭吸附的污染物向 TiO_2 表面迁移，从而实现了活性炭的原位再生。

活性炭-纳米 TiO_2 空气过滤器综合了光催化技术和活性炭吸附技术的优点，具有净化效率高、气流阻力小、可以原位再生等特点，弥补了现有空气净化手段的不足，具有重要的实用价值。目前，这一技术已经相当成熟，具备了在空调系统中广泛应用的条件。随着这一技术的应用，将显著提高室内空气中挥发性有机物的净化效果，从而可大大改善室内空气质量。

3.9.5 系统设计和运行

改进空调系统的设计和运行是提高室内空气质量的保证。

在通风设计方面，设计人员应正确选择最小新风量和换气次数。由于建筑内的窗户会影响围护结构的气密性、建筑的压力分布和气体平衡等，因此，应充分考虑建筑窗户的影响，维持建筑内合理的压力分布，保证室内合理的通风换气效果。同时，可用 CO_2 监测器控制通风量，满足通风需要，同时降低能耗等。应尽量避免排风系统排出的污染物、凝结水、微生物等造成的二次污染，应合理设计排风口和进风口的位置，以避免补风的污染。

在设备选择上，新风和回风的过滤器是重点。新风三级过滤的设想可能在今后的某些具体空调设计中变为现实，而回风管道上具有 VOC 吸附效果的活性炭过滤器也会逐渐被设计人员接受。另外，噪声问题也应该引起重视，应合理选择风机、消声器等设备。

在系统运行时，要有专人负责维护。应连续监测控制建筑通风系统、室内温湿度及污染物指标，定期对系统进行检测与调试等，使系统的运行能保证室内的设计效果。新风过滤器和活性炭过滤器都要定期检查，根据情况进行清洗、更换或再生；对于有凝结水产生的换热器和通风设备等，应在系统停止工作时保持通风直至凝结水干燥，以免滋生微生物。为此，应对系统运行和维护人员进行系统、全面的培训。此外，还应制定与空气温度、湿度、污染物浓度变化相对应的控制策略。

本章参考文献

[1] 钱华. 中国室内环境与健康研究进展报告 2018—2019 [M]. 北京：中国建筑工业出版社, 2020.

[2] 张寅平. 室内空气安全和健康：问题、思考和建议[J]. 安全,2020, 41(9) :1-10.

[3] LANDRIGAN P J, FULLER R, ACOSTA N J R, et al. The lancet commission on pollution and health[J]. The Lancet, 2018, 391(10119):462-512.

[4] LOGUE J M, PRICE P M, SHERMAN M H, et al. A method to estimate the chronic health impact of air pollutants in U. S. residences. [J] Environmental Health Perspectives, 2012, 120(2): 216-222.

[5] Ventilation for acceptable indoor air quality: ANSI/ASHRAE Standard 62:1989[S]. Atlanta: American Society of Heating, Refrigerating and Air-Conditioning Engineers, Inc. ,1989.

[6] Ventilation for acceptable indoor air quality: ANSI/ASHRAE Standard 62:1999[S]. Atlanta: American Society of Heating, Refrigerating and Air-Conditioning Engineers, Inc. ,1999.

[7] Ventilation for acceptable indoor air quality: ANSI/ASHRAE Standard 62:2007[S]. Atlanta: American Society of Heating, Refrigerating and Air-Conditioning Engineers,

Inc. ,2007.

[8] 王立鑫，赵彬，刘聪，等，中国室内 SVOC 污染问题评述[J]. 科学通报，2010，55(11)：967-977.

[9] 刘聪. 室内 SVOC 浓度影响和控制机理研究[D]. 北京：清华大学，2013.

[10] WARGOCKI P, WYON D P, BAIK Y K, et al. Perceived air quality, Sick Building Syndrome (SBS) symptoms and productivity in an office with two different pollution loads[J]. Indoor Air, 1999, 9(3): 165-179.

[11] WARGOCKI P, WYON D P, SUNDELL J, et al. The effects of outdoor air supply rate in an office on perceived air quality, Sick Building Syndrome (SBS) symptoms and productivity[J]. Indoor Air, 2000, 10(4): 222-236.

[12] WARGOCKI P, WYON D P, FANGER P O. The performance and subjective responses of call-centre operators with new and used supply air filters at two outdoor air supply rates[J]. Indoor Air, 2004, 14(8): 7-16.

[13] 张寅平，李百战，黄晨，等. 中国 10 城市儿童哮喘及其他过敏性疾病现状调查[J]. 科学通报，2013，58：2504-2512.

[14] 郝俊红. 中国四城市住宅室内空气品质调查及控制标准研究[D]. 长沙：湖南大学，2004.

[15] 唐瑞. 严寒地区农宅和城市建筑室内空气品质研究[D]. 哈尔滨：哈尔滨工业大学，2014.

[16] 张泉，王怡，谢更新，等. 室内空气品质[M]. 北京：中国建筑工业出版社，2012.

[17] 朱颖心. 建筑环境学[M]. 4 版. 北京：中国建筑工业出版社，2016.

[18] SPENGLER J D, SAMET J M, MCCARTHY J F. Indoor air quality handbook[M]. New York: McGraw-Hill Companies Inc. ,2001.

[19] 卜素贝. 邻苯二甲酸酯空气污染特性及与颗粒物关联研究[D]. 哈尔滨：哈尔滨工业大学，2018.

[20] XU Y, COHEN H E A, CLAUSEN P A, et al. Predicting residential exposure to phthalate plasticizer emitted from vinyl flooring: A mechanistic analysis [J]. Environ Sci. Technol. 2009, 43: 2374-2380.

[21] FUJII M, SHINOHARA N, LIM A, et al. A study on emission of phthalate esters from plastic materials using a passive flux sampler [J]. Atmos Environ, 2003, 37: 5495-5504.

[22] CLAUSEN P A, XU Y, KOFOED V, et al. The influence of humidity on the emission of di-(2-ethylhexyl) phthalate (DEHP) from vinyl flooring in the emission cell "FLEC" [J]. Atmos Environ. 2007, 41: 3217-3224.

[23] 刘建龙，张国强，阳丽娜. 室内空气品质评价方法综述[J]. 制冷空调与电力机械，2004，25(2)：24-32.

[24] 谢栋栋. 严寒地区农宅室内空气品质现场测试与分析[D]. 哈尔滨：哈尔滨工业

大学,2013.

[25] 王昭俊,谢栋栋,唐瑞. 严寒地区冬季农宅室内燃烧污染及相关性[J]. 哈尔滨工业大学学报,2014,46(6):60-64.

[26] GINSBERG G, GINSBERG J, FOOS B. Approaches to Children's Exposure Assessment: Case study with Diethylhexylphthalate (DEHP)[J]. International Journal of Environmental Research & Public Health, 2016, 13(7):670.

[27] GASPAR F W, CASTORINA R, MADDALENA R L, et al. Phthalate exposure and risk assessment in California child care facilities[J]. Environmental Science & Technology, 2014, 48(13):7593-7601.

[28] PELLETIER M, BONVALLOT N, RAMALHO O, et al. Indoor residential exposure to semivolatile organic compounds in France[J]. Environment International, 2017, 109: 81-88.

[29] GONG M, ZHANG Y, WESCHLER C J. Measurement of phthalates in skin wipes: Estimating exposure from dermal absorption[J]. Environmental Science & Technology, 2014, 48(13):7428-7435.

[30] 王立鑫, 赵彬, 刘聪, 等. 室内邻苯二甲酸酯(PAEs)暴露量分析[J]. 建筑科学, 2010, 26(6):73-80.

[31] LIU C, ZHANG Y P, WESCHLER C J. Exposure to SVOC from inhaled particles: Impact of desorption[J]. Environmental Science & Technology, 2017, 51(11): 6220-6228.

[32] SUBEI B U, YANLING W, HAIYAN W, et al. Analysis of global commonly-used phthalates and non-dietary exposure assessment in indoor environment[J]. Building and Environment, 2020, 177:106853.

[33] WESCHLER C J, NAZAROFF W W. SVOC exposure indoors: Fresh look at dermal pathways[J]. Indoor Air, 2012, 22(5):356-377.

[34] 卜素贝. 室内多相 PAEs 动态传输分配及其暴露评估[D]. 哈尔滨:哈尔滨工业大学, 2023.

[35] COBELLIS L, LATINI G, DE F C, et al. High plasma concentrations of di-(2-ethylhexyl)-phthalate in women with endometriosis[J]. Human Reproduction, 2003, 18(7):1512-1515.

[36] PEI X Q, SONG M, GUO M, et al. Concentration and risk assessment of phthalates present in indoor air from newly decorated apartments[J]. Atmospheric Environment, 2013, 68(1):17-23.

[37] FANGER P O. What is IAQ? [C]//Proceedings of the 10th International Conference on Indoor Air Quality and Climate. Beijing: [s. n.], 2005: 1-8.

[38] Ventilation for acceptable indoor air quality: ANSI/ASHRAE Standard 62: 2004[S]. Atlanta: American Society of Heating, Refrigerating and Air-Conditioning Engineers,

Inc. ,2004.

[39] Ventilation for acceptable indoor air quality: ANSI/ASHRAE Standard 62:2019[S]. Atlanta: American Society of Heating, Refrigerating and Air-Conditioning Engineers, Inc. ,2019.

[40] Ventilation and acceptable indoor air quality: ANSI/ASHRAE Standard 62:2022[S]. Atlanta: American Society of Heating, Refrigerating and Air-Conditioning Engineers, Inc. ,2022.

[41] 戴自祝，邵强. 建筑物需要的新风量[J]. 中国卫生工程学,2001,2:8-13.

[42] 国家质量监督检验检疫总局，卫生部，国家环境保护总局. GB/T 18883—2002. 室内空气质量标准[S]. 北京:中国建筑工业出版社,2002.

[43] 国家市场监督管理总局,国家标准化管理委员会. GB/T 18883—2022. 室内空气质量标准[S]. 北京:中国建筑工业出版社,2022.

[44] 中华人民共和国住房和城乡建设部，国家质量监督检验检疫总局. GB/T 50736—2012. 民用建筑供暖通风与空气调节设计规范[S]. 北京:中国建筑工业出版社,2012.

[45] 沈晋明. 室内空气品质的评价[J]. 暖通空调,1997,27(4):22-25.

[46] 陈胜. 掺铁二氧化钛的制备及光催化降解汽油气和甲醛的研究[D]. 哈尔滨:哈尔滨工业大学,2003.

第4章　区域模型和网络模型用于室内空气环境模拟

区域模型(Zonal Model)是在20世纪70年代由Lebrun首先提出的[1],主要用于描述住宅房间内的温度分层现象,预测房间温度、能源效率、热舒适以及空气质量等,后来该模型得到了广泛发展,应用领域扩展到机械通风和自然通风情况下室内环境的模拟。其研究焦点是分区方法和流量计算。

实际建筑内部布局复杂,房间分区很多。网络模型、区域模型和场模型相比,具有所需计算资源低、计算时间短、描述信息简单明确的特点,因此更适用于建筑内部房间数量众多、布局复杂情况下的气流流动和污染物扩散的模拟分析。近年来,网络模型在预测分析和评价建筑通风和室内空气质量等方面得到了广泛的应用。

本章将对典型的区域模型和网络模型进行阐述,并介绍其在室内空气流动分析中的具体应用实例。

4.1　区域模型

4.1.1　区域模型的基本概念

室内区域模型的基本思想是将单个室内空间划分为一些有限的宏观区域(Zone),认为每个区域内的气体相关参数(如温度、湿度、污染物浓度等)相等或取其平均值,每个区域满足空气质量流量、组分质量和能量的平衡。区域间存在热质交换,通过建立质量和能量守恒方程来研究每个空间区域内的空气参数。区域之间的流量计算一般通过辅助手段进行,例如根据区域间的压差和流动关系进行计算。

区域模型是基于以下假设而提出的:

(1)认为各区域内空气温度、密度等参数均匀一致;

(2)各区域直接相连的边界可以有流体穿过;

(3)各区域设有独立的定压点;

(4)各区域内流体沿高度方向压力分布符合静水力学规律。

与计算流体力学方法相比,区域模型具有以下特点:

(1)房间节点数大大减少,且方程线性程度较好,从而使计算量显著减少;

(2)计算结果不及场模型详尽,但大大优于集总参数方法;

(3)特别适合于动态分析,例如较长时间段内室内环境参数的变化规律。

4.1.2　区域模型的基本方法

采用区域模型模拟室内环境时，通常按照下述步骤进行：

(1)分区。将房间划分为不同区域。

(2)区域间的流量计算。计算区域之间空气流量的交换量。

(3)建立各个区域的空气参数平衡方程。

(4)联立求解平衡方程组，得到结果。

下面详细介绍各步骤。

1. 分区

合理的分区是区域模型的基础，其目标是使得区域内的空气参数尽量均匀一致，原则是在反映室内空气参数分布主要特征的前提下尽可能减少区域的数目。传统的区域模型中往往采用两种主要的分区方法：一种是粗网格划分，即采用比 CFD 粗得多的网格方式对空间进行分区；另外一种是依据流动特征根据经验进行分区，例如高大空间温度分层的垂直分区和机械通风的射流区等。

粗网格划分如图 4.1 所示，这种方式并无实际的物理意义。与之相比，按流动特征的划分方式则具有潜在的分区依据，如图 4.2 所示。

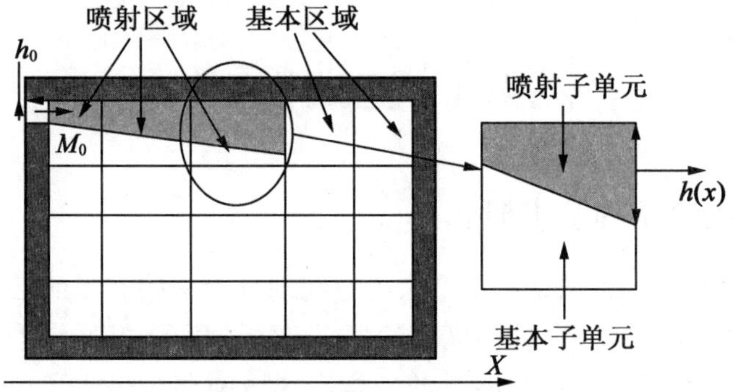

图 4.1　粗网格划分举例[1]

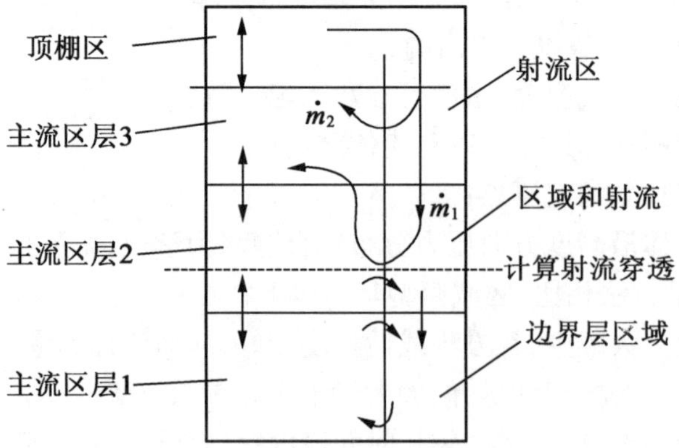

图 4.2　依据流动特征的分区方式[1]

2. 区域间的流量计算

这是区域模型的难点和关键,区域之间的流量受气流形式、主导传热方式等因素的影响,计算比较复杂。

常用的计算方法可分为 3 种:一是 CFD 计算,结果可信度高但耗时较长;二是实测,主要困难在于边界的不确定性;三是理论计算。

进行区域间流量计算时,首先需要明确常见的区域类型及其边界特征,这里将其分为 3 类:

①常规区域和普通边界。不受射流影响,区域之间的流动主要考虑压差(密度差)驱动;流量和压差呈一定的非线性关系。

②特殊区域和特殊边界。受射流如送风射流和热羽流的影响,或者受边界层影响,流量由相应的流动控制规律描述。

③混合边界。区域的边界部分为普通边界,部分为特殊边界的情形。

(1)常规区域和普通边界。

水平边界面的情形较为单一,如图 4.3 所示。区域间的流量可计算为

$$m=\rho kA\Delta P^{n} \tag{4.1}$$

式(4.1)中压差 ΔP 可计算为

$$\Delta P=P_{\mathrm{up,ref}}-(P_{\mathrm{down,ref}}-\rho_{\mathrm{down}}gh_{\mathrm{down}}) \tag{4.2}$$

垂直边界面的流量计算相对复杂一些,其示意图如图 4.4 所示。计算之前,需要先确定中和面的高度 Z_{n} 为

$$Z_{\mathrm{n}}=\frac{\Delta P_{\mathrm{ref}}}{\Delta\rho g} \tag{4.3}$$

式中　ΔP_{ref}——参考点的压力差;

$\Delta\rho$——邻域间的密度差。

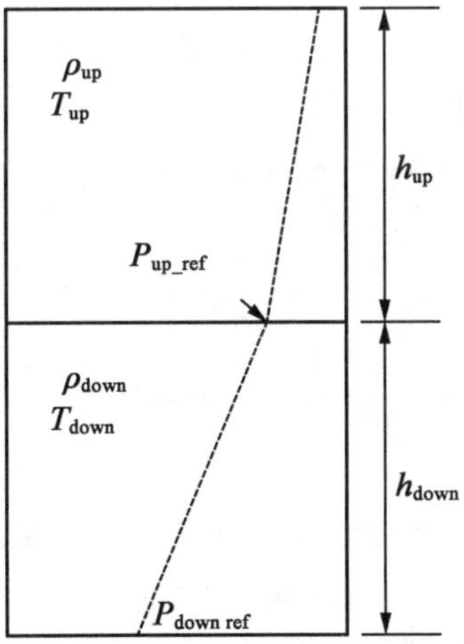

图 4.3　水平边界面示意图[1]

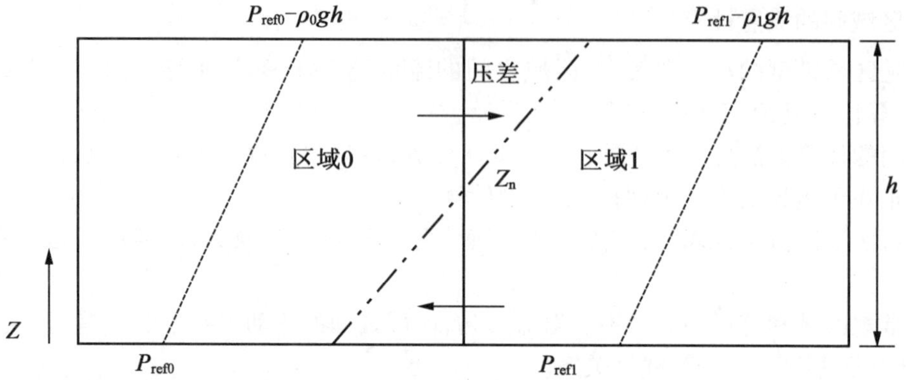

图 4.4　垂直边界面示意图[1]

任意高度 Z 的压差 ΔP 为

$$\Delta P = p_1 - p_0 = \Delta\rho g(Z_n - Z) \tag{4.4}$$

邻域之间的质量流量 m 可以按照式(4.5)求出,即

$$m_{0-z_n} = \int_0^{Z_n} \rho kA\,|\Delta P|^n \mathrm{d}z = \int_0^{Z_n} \rho kA\,|\Delta\rho g(Z_n - Z)|^n \mathrm{d}z = \rho kA\,|\Delta\rho g|^n \frac{|Z_n|}{n-1} \tag{4.5a}$$

$$m_{z_n-H} = \int_{Z_n}^{H} \rho kA\,|\Delta P|^n \mathrm{d}z = \int_{Z_n}^{H} \rho kA\,|\Delta\rho g(Z_n - Z)|^n \mathrm{d}z = \rho kA\,|\Delta\rho g|^n \frac{|H - Z_n|}{n+1} \tag{4.5b}$$

根据邻域密度差的正负情况,垂直边界面可能出现以下几种情形,如图 4.5 所示。

(2)特殊区域和特殊边界。

这里针对边界层、热羽流和射流对应的区域间的质量流量给出以下计算公式。

适用于边界层的计算公式为

$$m(z) = K_3 \Delta T^{1/3} z \tag{4.6}$$

适用于热羽流的计算公式为

$$m(z) = K_2 Q(z)^{1/3} (z - z_0)^{\beta} \tag{4.7}$$

适用于射流的计算公式为

$$\frac{m(x)}{m_0} = K_1 \left(\frac{x}{b_0}\right)^{\alpha} \tag{4.8}$$

以上形式并非唯一,在实际的应用中有不同形式。

(3)混合边界。

混合边界的质量流量就是普通边界和特殊边界的流量之和,即

$$\dot{m} = \dot{m}_{\alpha-H} + \dot{m}_{0-\alpha} \tag{4.9}$$

①建立各个区域的空气参数平衡方程为

$$m_i \frac{\mathrm{d}\Phi_i}{\mathrm{d}t} = \sum_{nb-i} \dot{m}_{nb-i} \mathrm{d}\Phi_{nb-i} - \sum_{nb-i} \dot{m}_{i-nb} \mathrm{d}\Phi_i + S_{\Phi} \tag{4.10}$$

式(4.10)适用于求解空气温度、湿度、组分浓度和颗粒物浓度等参数,不同情况下各

项的具体形式不同。

②联立求解平衡方程组。

在完成上述步骤之后,联立求解平衡方程组得

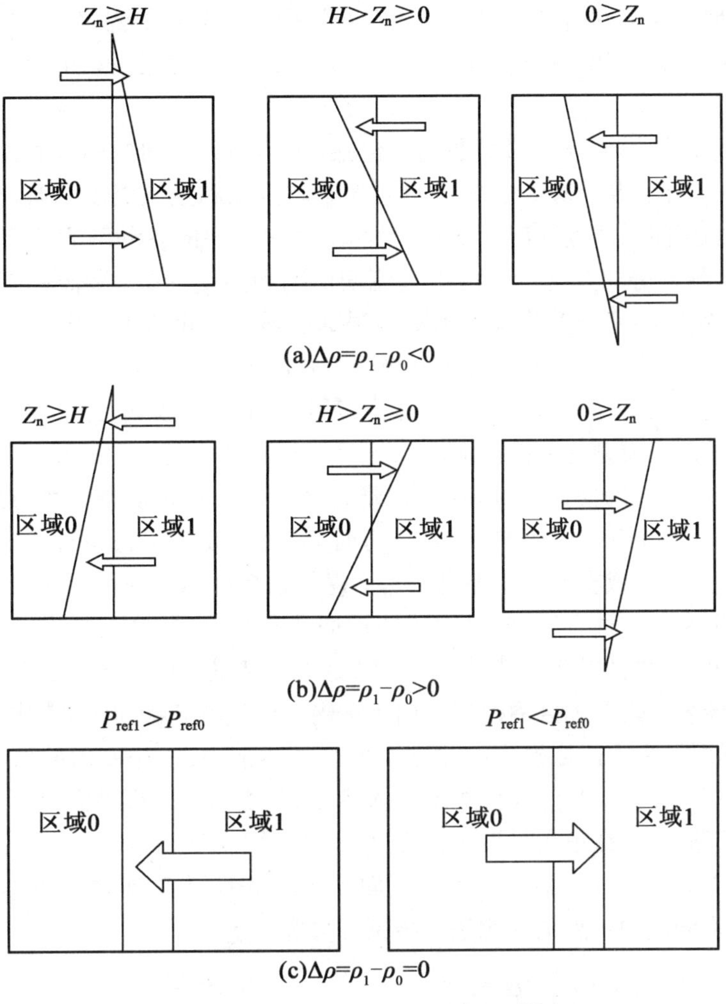

图 4.5　垂直边界面的几种情形[1]

$$\frac{\mathrm{d}\boldsymbol{\Phi}(t)}{\mathrm{d}t}=\boldsymbol{A}(t)\boldsymbol{\Phi}(t)+D\Phi_0+Eu \tag{4.11}$$

式中

$$\boldsymbol{\Phi}(t)=(\Phi_1,\Phi_2,\cdots,\Phi_N)^{\mathrm{T}} \tag{4.12}$$

$$\boldsymbol{A}=\begin{bmatrix} a_{11} & a_{12} & \cdots & a_{1N} \\ a_{21} & a_{22} & \cdots & a_{2N} \\ \vdots & \vdots & & \vdots \\ a_{N1} & a_{N2} & \cdots & a_{NN} \end{bmatrix} \tag{4.13}$$

4.1.3 区域模型的特点

区域模型是介于网络模型和CFD模型中间的一种模型,适用于分析不同的气体流动问题。区域模型克服了网络模型的不足,可以分析温度分层、冷表面、气流流动、非对称热辐射、冷或热表面之间的热量传递问题等。既可以用于预测稳态情况,又可以对动态问题进行分析。

常见的可用区域模型分析的稳态问题包括:预测高大空间内的垂直温度分布情况,预测房间内自然对流、混合对流情况下的空气流动情况和空气温度分布,预测考虑建筑材料吸放特性的房间的温度和湿度分布,预测空调房间中的各种舒适性指标(PPD,DR,NR)的分布,预测多房间系统的室内空气流动情况和温度分布、污染物浓度分布。动态问题包括:预测室内温度分布并应用于室内局部区域的温度控制,研究传感器的位置对于建筑热环境控制的影响,预测室内污染物分布并用于控制。

室内区域模型主要是基于CFD在建筑环境中应用的不成熟、计算时间长、实验系统的代价昂贵以及网络模型的粗糙而提出来的一种相对折中的办法。虽然目前CFD应用技术的发展蒸蒸日上(即便如此,CFD仍很难直接用于含建筑动态传热与能耗问题的气流预测),但由于区域模型所固有的简单、省时等优点,使其仍将具有较大的应用空间。另一方面,由于室内区域模型的提出也是基于建筑物多区网络通风无法描述室内空气参数分布而发展出来的一种方法,所以它若能被嵌入到多区模型中,则无疑将使建筑物通风的预测更加可靠,并且能获得某些房间内满足一定精确度的空气参数分布情况。现在已经有学者将场区网模型和区网模型应用于室内气流流动分析和污染物扩散分析中。

需要指出的是,室内区域模型的建立有两个基本前提:一是室内的射流等驱动流动必须可以由现有的经验或半经验公式予以描述;二是使用区域模型需对室内空气流动有充分的认识和把握。这在很大程度上限制了室内区域模型的应用。有必要进一步借助实验或CFD模拟研究来丰富区域模型的流动元素(更加复杂的驱动流和驱动流的相互作用等),将其在不同室内环境的应用进行概括和分类。

4.1.4 几种一维区域模型

相比本科教材中单一的通风量预测模型,区域模型要更加细致,它可以得到一定程度的分布参数解,然而与CFD模拟比较又是相对“集总”的。这类模型实际上是一种基于质量和热量以及表面热平衡的简易模型,可以是一维、二维或三维的,能够求解自然、混合对流情况下房间内的空气温度、速度、质量流量、热舒适等问题。目前,室内区域模型种类很多,解决自然通风的有较为简单的一维到二维的模型,针对一般通风房间的有二维到三维的Zonal模型,应用于大空间建筑的有BLOCK模型。在此介绍简单一维模型。

根据单室火灾烟气流动的区域模型,将其热分层理论引入单室空间自然通风中,将原先自然通风的求解由最简单的“入口—室内—出口”模式发展成室内一维二区分布的模式。这类模型主要应用于住宅和学校类小空间建筑,不考虑围护结构传热,一般将室内划分成上下两个区域,有 2 个或 4 个(考虑顶棚和地面的温度)温度节点。包括最简单的无热分层模型在内,其自然通风二区一维计算模型可划分为如图 4.6 所示的 4 种类型。前两个是自然通风的基础模型:无热分层单区水模型(图 4.6(a))和热分层二区水模型(图 4.6(b))。在此基础上,又发展了热分层二区无梯度空气模型(图 4.6(c))和热分层二区线性梯度空气模型(图 4.6(d))。所谓的水模型是指忽略辐射热交换、不考虑表面温度与空气温度差别的模型,是上述具有实际意义的二区"空气模型"的基础。

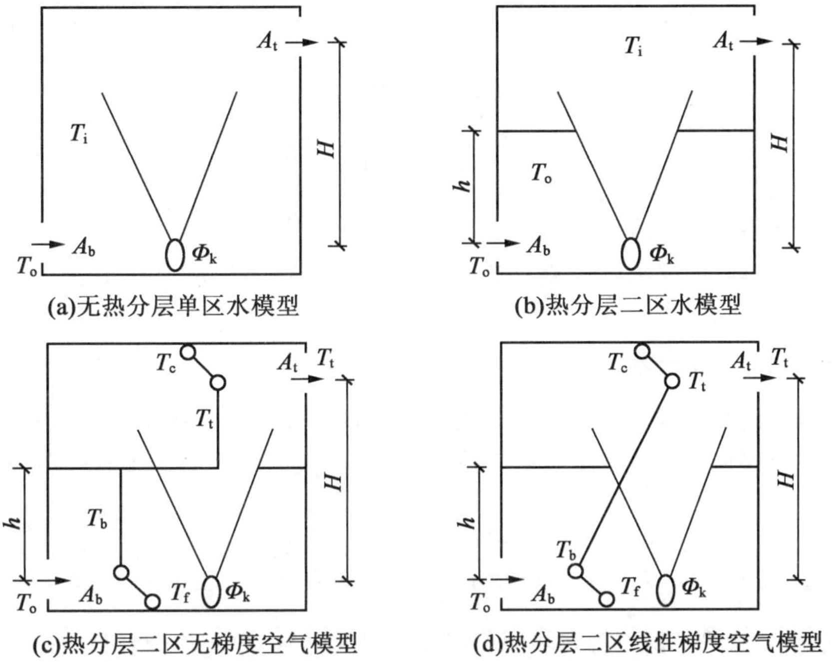

图 4.6　自然通风小空间的简单一维计算模型示意图

1. 无热分层单区水模型

无热分层单区水模型中(图 4.6(a))假设室内空气温度是完全均匀的。因此,室内只有 1 个温度节点,室内温度始终高于室外空气温度。这样,可以得到通风量计算公式为

$$Q=C_{d}\sqrt{\frac{2A_{t}^{2}A_{b}^{2}}{A_{t}^{2}+A_{b}^{2}}\cdot\frac{\rho_{i}-\rho_{o}}{\rho_{o}}gH} \tag{4.14}$$

式中　A_b,A_t——底部和顶部自然通风开口面积,m^2;

ρ_i,ρ_o——室内和室外空气密度,kg/m^3;

H——建筑空间高度,m。

定义自然通风空间的有效面积(假设进出口流量系数相等)A^*为

$$A^{*}=\sqrt{\frac{2A_{t}^{2}A_{b}^{2}}{(A_{t}^{2}+A_{b}^{2})}} \tag{4.15}$$

引入理想气体状态方程(忽略压强作用),可将通风量计算公式简化为

$$Q=C_dA^*\sqrt{\frac{T_i-T_o}{T_o}gH} \tag{4.16}$$

式中　T_i——室内空气绝对温度,K;

T_o——室外空气绝对温度,K。

根据通风条件下能量平衡方程 $\varphi_k=\rho_o c_p q(T_i-T_o)$ 和式(4.17),可以最终得到洁净区高度 h(由于温度均匀,h 用来表示污染物不扩散的高度,而非热分层高度)的表达式(4.18)。

$$q(z)=0.006\varphi_k^{\frac{1}{3}}z^{\frac{5}{3}} \tag{4.17}$$

$$\frac{C_dA^*}{H^2}=\beta^{\frac{3}{2}}\sqrt{\left(\frac{h}{H}\right)^5} \tag{4.18}$$

式中　φ_k——热源强度,W;

β——常数,根据单点热源羽流,可以表达为 $\beta=1.16\pi\alpha_t^{4/3}(1/\pi)^{1/3}$,其中羽流卷吸系数 $\alpha_t=0.118$。

2. 热分层二区水模型

在二区水模型中(图4.6(b)),通风量计算式与式(4.16)略有不同。因为该模型中仍然不考虑辐射热交换和表面对流换热,室内下部区温度仍等于室外空气温度,所以通风量的计算公式为

$$Q=C_dA^*\sqrt{\frac{T_i-T_o}{T_o}g(H-h)} \tag{4.19}$$

类似地,将能量平衡方程和热源羽流公式代入式(4.19),热分层高度(也可仍理解为洁净区高度)h 的表达式为

$$\frac{C_dA^*}{H^2}=\beta^{\frac{3}{2}}\sqrt{\frac{h^5}{1-\frac{h}{H}}} \tag{4.20}$$

3. 热分层二区无梯度空气模型

以上两种模型可视为自然通风最简单的计算方法,用以描述自然通风的基本概念。在此基础上,用简化的方法引入顶棚和地面对室内空气以及相互之间的热交换,不必引入两个表面温度,可得到一个如图4.6(c)所示的二区含两个温度节点的空气模型。其下部和上部两个区的温度分别近似为地面附近和顶棚附近空气的温度,表达式为

$$T_t=\frac{\varphi_k}{\rho_o c_p Q}+T_o \tag{4.21}$$

$$T_b=\lambda(T_t-T_o)+T_o \tag{4.22}$$

$$\lambda=\left[\frac{Q\rho_o c_p}{A_f}(h_{c,f}^{-1}+h_{c,c}^{-1}+h_{r,cf}^{-1})+1\right]^{-1} \tag{4.23}$$

式中　$h_{c,c}$,$h_{c,f}$,$h_{r,cf}$——地面、顶棚对流换热系数以及顶棚对地面辐射换热系数,$W/(m^2\cdot K)$;

T_b, T_t——近地和近顶棚空气绝对温度，K；

A_f——地面或顶棚面积，m^2；

λ——温度系数。

从而得到通风量和热分层高度计算公式为

$$Q=C_d A^* \sqrt{\frac{T_b-T_o}{T_o}gh+\frac{T_t-T_o}{T_o}g(H-h)} \tag{4.24}$$

$$\frac{C_d A^*}{H^2}=\beta^{\frac{3}{2}}\sqrt{\frac{h^5}{1-\frac{(1-\lambda)h}{H}}} \tag{4.25}$$

分析可知，当 $\lambda=0$ 时，二区空气模型变成二区水模型；而当 $\lambda=1$ 时，则成为无热分层的水模型。

4. 热分层二区线性梯度空气模型

如果进一步将上述空气模型中的地面和顶棚温度与空气温度区分开来（但仍不必引入地面和顶棚两个表面温度），并考虑室内温度的线性梯度假设，则还可以得到更加复杂的空气模型，如图 4.6(d)所示。此时，温度为 T_b 和 T_t 的两点之间的高差无法确定，可以认为近似等于 H；两点的温度仍可由式(4.21)和式(4.22)计算。通风量计算公式为

$$Q = C_d A^* \sqrt{\int_0^H \frac{T_z - T_o}{T_o} g\mathrm{d}z} \tag{4.26}$$

其中，T_z 为 T_b 和 T_t 间某点 z 的温度。由于室内温度呈线性分布，所以式(4.26)可以转化为

$$Q = C_d A^* \sqrt{\int_0^H \frac{T_b + \frac{z(T_t - T_b)}{H} - T_o}{T_o} g\mathrm{d}z} \tag{4.27}$$

最后可得

$$Q=C_d A^* \sqrt{\frac{1}{2}gH\frac{T_b-T_o}{T_o}+\frac{1}{2}gH\frac{T_t-T_o}{T_o}} \tag{4.28}$$

可见，此时通风量和热分层高度的计算不耦合，只需根据线性温度梯度环境中点源羽流流量计算公式(4.29)和式(4.30)，令 $\mathrm{d}T/\mathrm{d}z=(T_t-T_b)/H$ 和羽流流量在 $z=h$ 处等于通风量，就可以计算出热分层高度。

$$z_1=2.86z\varphi_k^{-\frac{1}{4}}\left(\frac{\mathrm{d}\varphi}{\mathrm{d}z}\right)^{\frac{3}{8}} \tag{4.29}$$

$$m_1=0.004+0.039z_1+0.380z_1^2-0.062z_1^3 \tag{4.30}$$

4.2 网络模型

基于整个建筑物的多区域空气流动网络模型(Multizone Network Model)在通风和室内环境领域的研究中得到了广泛应用。它与CFD模拟技术的不同点在于,CFD模拟是从微观角度,针对某一区域或房间,利用质量、能量及动量守恒等基本方程分析其速度场、温度场、污染物浓度场等,是一种场模型(Field Model);而多区域网络模拟则从宏观角度进行研究,把整个建筑物作为一个网络系统,而其中的每个房间为一个控制体(或称网络节点),各个网络节点之间通过各种空气流通路径相连,利用质量、能量守恒等方程对整个建筑物的空气流动、压力分布和污染物的传播情况进行研究。美国、英国、加拿大、日本、荷兰等国家对多区域流体网络模型的研究和开发起步较早,且已发展到较为成熟的阶段。美国不同研究机构主持开发的COMIS和CONTAM是各国应用较多的网络模型软件,下面对这两个网络模型进行简单介绍。

4.2.1 网络模型COMIS计算方法

COMIS(Conjunction of Multizone Infiltration Specialists)是在1989—1990年由9个国家的10余名通风模拟的专家在美国加州大学伯克利分校共同开发的计算模型。它的项目来源于国际能源署(IEA)的大型国际科研合作项目Annex 23。项目的主要目的是通过多区网络的通风模型COMIS的开发验证来研究建筑内部通风和污染物输移的机理。由于其国际化的背景,COMIS在开发过程中吸收了当时各国关于通风计算的最新理论,更重要的是除了模型之间的比较外,在不同国家进行了长期的实验验证工作,因此很快成为这一领域内最具代表性、应用最广泛的计算模型。到目前为止,已有超过15个国家的200多家科研单位在利用该模型从事通风方面的模拟计算工作。

网络模型COMIS经常用于对整栋建筑的通风或污染物扩散进行计算分析,其基本思想是将建筑看成一个网络系统(图4.7),网络的节点代表建筑外部或建筑内部的各个区域,各节点间的连接线代表通风在各区域间的流动关系。连接线上的阻抗表示通风过程中经过缝隙、门窗及通风口等的阻力损失。下面简单介绍多区网络通风模型COMIS的计算方法[2]。

1. 缝隙或通风口的通风

通过建筑缝隙或通风口的风量计算方法在COMIS中表述为

$$Q=C_Q(\Delta P)^n \tag{4.31}$$

式中 Q——通风量,m^3/s;

C_Q——流量系数,$m^3/(s \cdot Pa^n)$;

ΔP——缝隙或通风口两侧的压差,Pa;

n——特征系数。

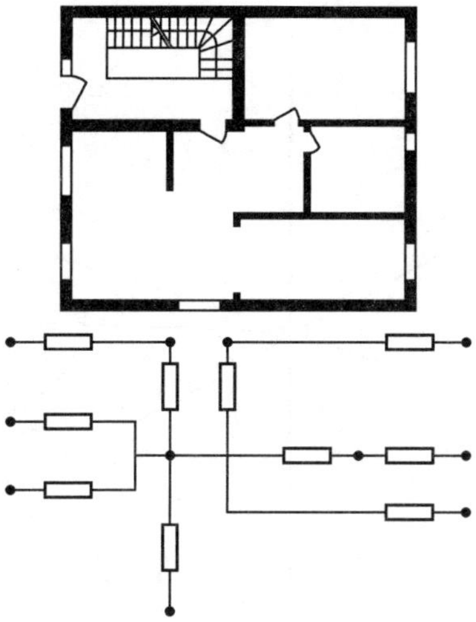

图 4.7　多区网络通风模型 COMIS 的概念图

式(4.31)是通风量的计算基本公式，它比较简单明了，但严格地说并不完全准确。主要原因在于它忽略了空气特性的影响。上式中的 C_Q 和 n 大多数是通过测定并进行回归分析得出的，实验条件下的空气温湿度与计算条件可能存在较大的差别，这必然影响风量的计算精度。COMIS 进行修正的公式为

$$Q=K_Q C_Q(\Delta P)^n \tag{4.32}$$

式中，K_Q 为温度修正系数，它是特征系数 n 和实际状态与基准状态的空气温度差的函数，计算公式为

$$K_Q=\left(\frac{T}{T_0}\right)^n\left(\frac{T_0-136}{T-136}\right)^{2n-1} \tag{4.33}$$

式中　T_0——基准绝对温度，$T_0=293.15$ K；

　　T——实际状态的绝对温度，K。

由图 4.8 可以看出，K_Q 大致在 0.88~1.18 之间变化。当特征系数 $n<0.65$ 时，K_Q 与温度差成正比；而当特征系数 $n>0.65$ 时，K_Q 与温度差成反比。

2. 大开口通风

通过门窗这样的大开口的空气流动与通过缝隙的空气流动完全不同。后者的流动可以认为在断面上流速是均匀的，流动方向是单一的；而前者，特别是垂直大开口，由于开口断面上温度梯度的存在，其空气流动会存在明显的断面流量分布，流动方向可能出现双向甚至演变为多向流动。在 COMIS 的相关计算中，首先提出以下假设：

(1)空气为无黏性、不可压缩流体；

(2)开口两侧空气密度在垂直方向上呈线性分布；

(3)流动状态为稳态，紊动的影响可换算成一个当量压差表示，并且也呈线性分布；

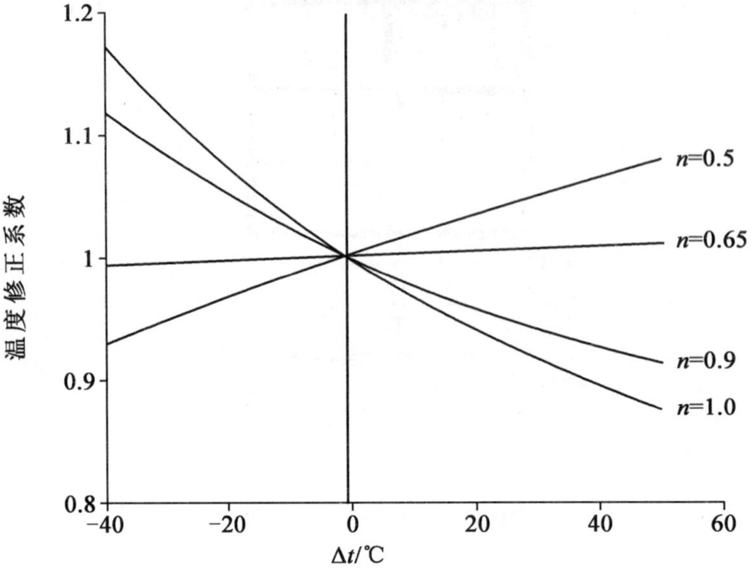

图 4.8　温度修正系数 K_Q

(4)开口的有效面积可以用一个简单的系数表示。

大开口空气流动计算示意图如图 4.9 所示。根据上述假设(3),开口两侧任意高度 z 处的空气密度为

$$\rho_i(z)=\rho_{oi}+b_i z \tag{4.34}$$

式中　$\rho_i(z)$——开口的第 i 侧(图中 $i=1,2$)任意高度 z 处的空气密度,kg/m³;

ρ_{oi}——开口的第 i 侧(图中 $i=1,2$)基准高度 O 处的空气密度,kg/m³,图中基准高度 O 设在开口底部;

b_i——开口的第 i 侧(图中 $i=1,2$)空气密度沿垂直方向的变化系数,kg/(m³ · m)。

另外,紊动作用的影响可表示为

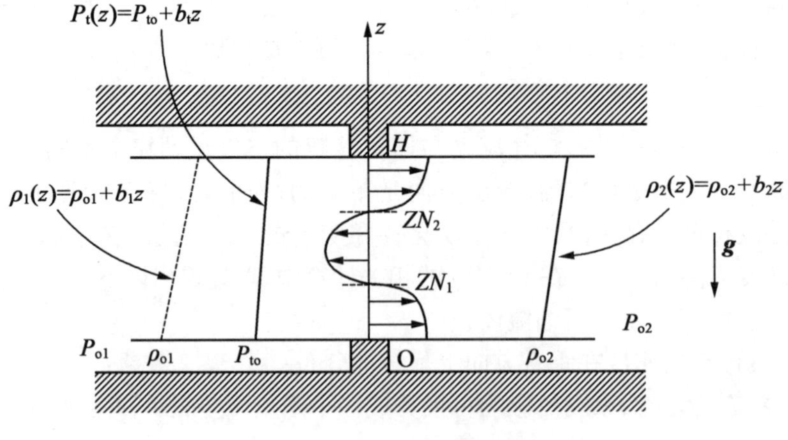

图 4.9　大开口空气流动计算示意图

$$\Delta P_t(z)=P_{to}+b_t z \tag{4.35}$$

式中　$\Delta P_{t}(z)$——任意高度 z 处的紊动作用形成的压差，Pa；

P_{to}——基准高度 O 处紊动作用形成的压差，Pa，图中基准高度 O 设在开口底部；

b_{t}——空气紊动作用沿垂直方向的变化系数，Pa/m。

根据伯努利方程，任意高度 z 上开口两侧压差的计算公式为

$$P_1(z)-P_2(z)=(P_{o1}-P_{o2})-g\left[\left(\rho_{o1}z+\frac{b_1}{2}z^2\right)-\left(\rho_{o2}z+\frac{b_2}{2}z^2\right)\right]+(P_{to}+b_t z) \tag{4.36}$$

此时任意高度 z 上的风速 $v(z)$ 的计算公式为

$$v(z)=\left[2\left(\frac{P_1(z)-P_2(z)}{\rho}\right)\right]^{\frac{1}{2}} \tag{4.37}$$

图中标出了两个中和面，其位置根据中和面的定义，即在此平面上两侧压差为零，从而风速为零来计算，见式(4.38)。

$$g(b_1-b_2)\frac{z^2}{2}+[g(\rho_{o1}-\rho_{o2})-b_t]z+(-P_{o1}+P_{o2}-P_{to})=0 \tag{4.38}$$

由方程的形式可知，上式可以有2，1或0个解。设方程有两个解，即两个中和面的高度分别为图中所示的 ZN_1，ZN_2，则该大开口的单宽通风量可表达为3个区间内断面流速的积分，见式(4.39)～(4.41)。

$$Q_1=C_d\alpha\int_0^{z=ZN_1}v(z)\,dz \tag{4.39}$$

$$Q_2=C_d\alpha\int_{z=ZN_1}^{z=ZN_2}v(z)\,dz \tag{4.40}$$

$$Q_3=C_d\alpha\int_{z=ZN_2}^{z=H}v(z)\,dz \tag{4.41}$$

式中的 α 为有效面积系数，C_d 为大开口的通风交换系数。到目前为止，从理论上很难解释其机理，只知道与流体的流动特性及大开口形状有关。相关文献表明，大开口的 C_d 值约在0.25～0.75之间。在COMIS中 C_d 分成以下两种不同情况计算。

(1)建筑内部大开口(如内房门、内楼梯间门等)由式(4.42)计算。式中，H_{rel} 为内部大开口高度与房间高度之比。

$$C_d=\begin{cases}0.0558(H_{rel}\leqslant 0.2)\\0.609H_{rel}-0.066(0.2<H_{rel}<0.9)\\0.4821(H_{rel}\geqslant 0.9)\end{cases} \tag{4.42}$$

(2)建筑外部大开口(外门窗等)的 C_d 值可根据格拉晓夫数 Gr 和雷诺数 Re 的比值由公式(4.43)确定。

$$C_d=0.08\left(\frac{Gr}{Re^2}\right)^{-0.38}=0.08\left\{\frac{g\cdot|t_2-t_1|\cdot L^3}{\left[\frac{(t_1+t_2)}{2}+273.15\right]\cdot V\cdot D_z}\right\} \tag{4.43}$$

式中　t_1，t_2——大开口两侧的温度，℃；

V——通风风速，m/s；

D_z——房间的纵深长度,m;

L——门、窗高度,m。

由于风速为未知,C_d 需要进行试算。

4.2.2 网络模型 CONTAM 计算方法

CONTAM 是美国国家标准和技术研究所(NIST)下属的建筑和火灾研究实验室(Building and Fire Research Laboratory)研究开发的用于多区域空气流动模拟研究的网络模型软件。其雏形是 AIRNET(1989 年),随后进一步发展为 CONTAM 94 (1994 年)、CONTAM 96 (1996 年)直至最新的 CONTAM 3.4 (2024 年)。CONTAM 以其算法的可靠性、友好的用户图形界面、丰富的数据库、良好的数据分析绘图功能等优点正日益成为广大暖通空调设计和研究人员的重要模拟工具[3]。

CONTAM 利用层(Level)、区域(Zone)、空气流通路径(Airflow Path)等概念,按照不同的模拟目标将实际建筑简化为理想建筑模型,在此基础上进行模拟计算分析,如图 4.10 所示。典型的网络模型输入数据是气象参数(空气温度、风速)、建筑特点(高度、渗透面积、开口条件)、送风量、污染物浓度和室内空气温度等参数。

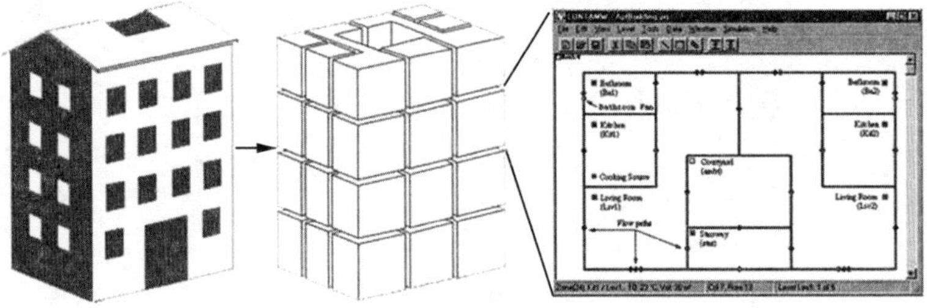

实际建筑模型　　理想化建筑模型　　CONTAM建模模型

图 4.10　实际建筑简化到 CONTAM 建模的过程示意图

该模型的应用以如下假设作为前提:

(1)各区域内空气混合均匀。将各区域分别视为节点,区域内温度、压力和污染物均匀一致。不考虑区域内的局部影响,例如某房间有一污染源在某一时刻释放出一定量的污染物,近似认为瞬间污染物即与周围空气完全均匀混合。

(2)微量污染物。模拟过程中假设污染物浓度较低,不足以影响区域内的空气密度。需要说明的是,通过实际计算得到的污染物浓度很可能已经达到了足以影响空气密度的程度,但此时仍视其为微量污染物。

(3)忽略热影响。模拟过程不涉及各区域的传热分析,因为模型假定各区域温度在整个模拟过程中维持用户的给定值。但模型能够计算由于室内外温差形成的烟囱效应造成的空气流动。

(4)定义空气流通路径。模型内为可能存在的多种空气流通路径提供了不同的非线性数学模型来描述流量和压降的关系,用户可以自行选择。

(5)准稳态流动:模拟过程利用各种流通路径的数学模型,在每一个区域内根据质量平衡原理建立非线性代数方程,从而在多区域内构造非线性方程组,并最终求得各区域内压力和区域间流量。该过程既可进行稳态模拟又可进行瞬态模拟。严格地说,其瞬态模拟也是一种准稳态流动,因为在模拟过程中认为区域内的空气质量并不随时间发生变化,为定值。

(6)污染物发生源/吸收源模型。模型提供了几种实用的污染物发生源/吸收源模型,来模拟实际建筑中各类污染物的产生和排除过程。

(7)一维对流扩散区域。在版本 CONTAM 2.3 之前所有区域被认为是混合的,即具有均匀的浓度。CONTAM 2.3 版本进行了改进,区域可以是由用户预先设定的一维对流/扩散区,其中污染物是可以沿一个用户定义的轴变化的。当模拟运行时,采用新添加的短时间步长的方法,CONTAM 能在污染物浓度梯度的方向进行对流/扩散的编程,并将子区域分割成一系列沿该轴充分混合的小区域进行计算。

(8)风管系统。通常情况下在对污染物模拟时,管道交界处、混合区、管段、气流路径有着相似点。管道交界处的体积是由连接的管段确定的。然而在 CONTAM 中,全部风管系统都能按照一维对流换热系统进行建模。

(9)质量守恒定律。当进行稳态模拟时,每个区域内的空气质量是守恒的。但当进行瞬态模拟时,CONTAM 提供了一个选项,允许由于区域密度变化或者压力变化而带来的区域质量累积或者减少。

CONTAM 可以实现的模拟组合详见表 4.1。

表 4.1　CONTAM 可以实现的模拟组合

空气流动	污染物模拟	计算项目
稳态	无	在定常建筑物系统条件及气候条件下,计算建筑物内空气流量和压力分布
稳态	稳态	在稳态流动条件下,进一步计算污染物平衡浓度
稳态	瞬态	在稳态流动条件下,进一步计算污染物浓度随时间的变化
稳态	周期性	在稳态流动条件下,污染物周期性释放时,在给定周期内计算污染物浓度随时间的变化
瞬态	无	在变化的建筑物系统条件及气候条件下,计算空气流量和压力随时间的变化分布
瞬态	瞬态	在变化的建筑物系统条件及气候条件下,同时计算建筑物内空气流量、压力、污染物浓度随时间的变化分布
瞬态	周期性	在变化的建筑物系统条件及气候条件下,污染物周期性释放时,在给定周期内同时计算建筑物内空气流量、压力、污染物浓度随时间的变化分布

4.2.3　CONTAM 模型应用

在气体流动与通风、污染物的传播、建筑防排烟等暖通空调领域的研究中,CONTAM

得到了广泛的应用[4]。

1. 空气流动及通风研究

(1)房间的换气次数计算及影响因素分析。

建筑物的通风量主要由在风压和热压作用下通过外围护结构的空气渗透风量和机械通风系统导致的通风量两部分组成。该模型通过定义各种不同类型的空气流通路径，模拟实际建筑中的门窗洞口及其缝隙，围护结构如墙、楼板等空气泄漏特征等。考虑室外风向、风速易于改变的特点，可以选择采用定风压或变风压数据进行模拟计算。此外，CONTAM 可提供定风量、简化的通风系统和全尺寸通风管道 3 种模型供研究者使用。

(2)制定合理的通风方案。

①比较各种通风方案的优劣。

在给定建筑系统条件下，用户可以定义几种不同的通风方案，通过多区域模拟计算来分析它对各房间的通风量、区域间的压差、各房间污染物浓度等的影响，确定满足用户要求的合理方案。

②研究给定建筑系统条件变化对通风量的影响。

当给定建筑物的系统条件发生变化时，例如建筑物内某相邻两房间的设计压差发生变化时，则通风量也随之改变。此外建筑物内门、窗的开启，围护结构密封性能的好坏，各种空气流通路径泄漏特征的改变等都会导致系统通风量发生变化。上述分析可以充分评价实际可能发生的情况对通风系统的影响，变静态设计为动态设计。

③正确设计自然通风系统。

CONTAM 用于自然通风系统的宏观设计非常有用。可用于研究不同建筑物的几何特征和气象条件对自然通风的影响，合理确定建筑物外围护结构上通风口的位置和大小。

④按需控制的通风设计。

所谓按需控制的通风(Demand Controlled Ventilation)是指通过监测通风房间的人员分布情况确定所需要的实际通风量，一般可通过监测室内 CO_2 的浓度和其他非人产生的污染物浓度，设计和运行按需控制的通风系统。CONTAM 针对污染物浓度的稳态和瞬态模拟计算，使按需控制的通风设计成为可能。

2. 室内空气质量研究及污染物的传播

CONTAM 提供了多种实用的污染物发生源/吸收源模型，以模拟实际污染物的产生和排除过程。污染物在建筑物内各房间的传播受到空气流动、污染物的产排特性、各类建筑构件对污染物的过滤作用和污染物间相互反应等多种因素的影响。CONTAM 充分考虑上述因素，并尽可能提供各种工具用于建筑物内与污染物有关的分析研究。

(1)与室内空气质量相关的设计分析。

CONTAM 从通风系统和污染物两方面的影响着手，研究提高室内空气质量的方法。

①通风系统的影响。

各国与供暖通风空调设计相关标准针对室内空气质量问题的暖通空调系统设计，提出了诸如最小新风量等许多具体的通风标准和要求。对于各类实际建筑物,CONTAM 可以遵照规范的系统基本设计要求,研究其对室内空气质量可能产生的不同影响,并提出切实可行的改进措施。

②污染物的影响。

对建筑物中可能遇到的各类污染物,如人体新陈代谢产生的 CO_2、建材和装饰材料散发出的 NH_3 及氡、各种挥发性有机化合物(VOC)等,CONTAM 均有匹配的污染源模型可供选用,进而研究污染物的产排特性对室内空气质量的影响,得到有效控制污染源的方法。

(2)室内空气质量研究。

针对既有建筑研究各种空气流通路径对污染物的传播造成的影响,进而提出避免污染物在建筑物内扩散、蔓延的方法。同时还可将室内空气质量与建筑物内人员的活动相结合,进行一系列动态研究。

3. 建筑防排烟研究

传统的大规模烟塔试验具有投入大、再现性差、受不稳定条件影响大等特点,而 CONTAM 非常适于对整个建筑进行防排烟设计与模拟分析,可用于烟气在建筑物各区域之间的流动分析、评价烟控系统效果及与人员有关的火灾安全分析。它可以充分考虑不同建筑特点、室内外温差引起的烟囱效应、风力、通风空调系统、电梯的活塞效应等因素可能对烟气传播造成的影响。CONTAM 可实现对高层建筑楼梯间加压防烟、局部区域防排烟及二者联合使用的建筑防排烟系统分析及研究。由于我国目前防排烟设计中存在很大的盲目性、可变性,因而此类模型的推广使用极具实际意义和研究价值。

4.2.4　网络模型特点

网络模型与其他模拟方法相比,具有计算时间短,流量、温度、压差、气体浓度等各种参数计算简单、明确等优点。当建筑内部房间数量众多、内部布局复杂时,网络模型分析气流流动和污染物扩散等问题具有明显优势。但是网络模型在空气流动、污染物传播的计算过程也存在着一定的局限性,主要表现在以下 3 个方面:

(1)在验证 CONTAM 有效性的实验验证中,相应 CONTAM 建模中所采用的建筑性能等参数都是符合西方国家建筑特点的,应用这些参数得到的模拟结果可能会与实测结果存在一定差异。而我国建筑基本性能数据库并不全面,需要在此方面做些基础数据收集整理工作。

(2)在计算高层建筑时,室外的大气压强和室外温度不能设置为随高度变化而变化,模型在一定程度上有着局限性。

(3)其模拟计算结果还需要可靠的试验数据进行有效性验证。

4.3　CONTAM 中气体流动分析

4.3.1　气体流动基本方程

气体从区域 j 流向区域 i 的质量流量 $F_{j,i}$ 是通过气流通道压差的函数[3]，即

$$F_{j,i}=f(P_j-P_i) \tag{4.44}$$

式中　$F_{j,i}$——气体从区域 j 流向区域 i 的质量流量，kg/s；

P_i,P_j——空间 i 和 j 的压强，Pa。

区域 i 的气体质量 m_i 由理想气体定律求出，即

$$m_i=\rho_i V_i=\frac{P_i V_i}{RT_i} \tag{4.45}$$

对于动态模拟，质量守恒定律的表达式为

$$\frac{\partial m_i}{\partial t}=\rho_i\frac{\partial V_i}{\partial t}+V_i\frac{\partial \rho_i}{\partial t}=\sum_j F_{j,i}+F_i \tag{4.46}$$

$$\frac{\partial m_i}{\partial t}\approx\frac{1}{\Delta t}\left[\left(\frac{P_i V_i}{RT_i}\right)-(m_i)_{t-\Delta t}\right] \tag{4.47}$$

式中　m_i——区域 i 的气体质量，kg；

$F_{j,i}$——区域 i 和区域 j 之间的质量流量，kg/s，取值为正，代表由区域 j 流向区域 i，取值为负，代表由区域 i 流向区域 j；

F_i——区域中增加或减少的质量流量，kg/s。

当流动是稳态或准稳态过程时，下式成立：

$$\sum_j F_{j,i}=0 \tag{4.48}$$

气体的流动规律服从伯努利定律。当节点代表建筑中的房间时，可以用流体静力学方程来表示。假设房间的空气密度不变，考虑风压的作用，压力项可以表达为

$$\Delta P=P_j-P_i+P_s+P_w \tag{4.49}$$

式中　P_i,P_j——区域 i 和区域 j 的总压强，Pa；

P_s——由于密度差和高差所产生的压差，Pa；

P_w——风压，Pa。

多节点的稳态流动气流分析需要同时求解所有区域的方程(4.48)。由于式(4.44)中存在的函数形式通常是非线性的，需要同时求解非线性代数方程组，经常采用 Newton-Raphson 方法(简称 N-R 方法)来求解非线性问题，该方法采用线性方程组的迭代解对方程组求解。

4.3.2　气流通道类型

气流通道是实际建筑中的重要构件，包括建筑围护结构的缝隙、门、窗、风机等。通

过这些气流通道，建筑中的气流发生流动。不同节点之间的压差和气流通道本身的特性决定了大部分通道的流动特点，在 CONTAM 中采用以下方法对几种气流通道类型进行计算。

1. 单向流动

(1)缝隙法。

$$L=CA(\Delta P)^{l} \tag{4.50}$$

式中　L——体积流量，m^3/s；

ΔP——压差，Pa；

C——流量系数，建筑窗户一般取 0.6，其他孔口取值稍高一些；

A——孔口面积，m^2；

l——指数，门等大的孔口取 0.5，对于一些由黏性效应占主导的窄孔口，取 1.0，窗户孔口可以取 0.6~0.7。

(2)压差法。

$$L=CA\sqrt{2\Delta P/\rho} \tag{4.51}$$

式中　C——流量系数，窗户一般取 0.6，其他孔口取值稍高一些。

气流通道采用式(4.50)和式(4.51)来描述，用 Newton 法来解偏导数方程组，表达式为

$$\frac{\partial F_{j,i}}{\partial P_j}=\frac{lF_{j,i}}{\Delta P} \quad 或 \quad \frac{\partial F_{j,i}}{\partial P_j}=\frac{-lF_{j,i}}{\Delta P} \tag{4.52}$$

(3)楼梯间。

楼梯间的建模是每层的楼梯间作为一个网络节点。流量计算采用式(4.50)。楼梯间的有效流通面积是根据 Tamura 等的多次实验结果。应用式(4.50)时参数取值如下：其中 l 取 0.5；A 为楼梯间的有效流通面积，其表达式为

$$A=A_1(0.083h)(1.0-0.24\sqrt{d}) \tag{4.53}$$

式中　A_1——楼梯间的断面积，m^2；

h——楼层高度，m；

d——楼梯间的人员密度，人/m^2，通常取 1~2 人/m^2。

(4)竖井。

竖井的沿程阻力计算是采用 Darcy-Weisbach 关联式(4.54)，f 采用非线性的 Colebrook 方程计算，见式(4.55)。竖井的局部阻力采用式(4.56)计算。

$$\Delta P_f=f\frac{L}{D}\frac{\rho V^2}{2} \tag{4.54}$$

式中　ΔP_f——沿程阻力损失，Pa；

f——摩擦系数；

L——管道长度，m；

D——水力直径，m。

$$\frac{1}{\sqrt{f}}=1.44+2\cdot\log(D/\varepsilon)-2\cdot\log\left(1+\frac{9.3}{Re\cdot\varepsilon/D\cdot\sqrt{f}}\right) \tag{4.55}$$

式中　ε——管道绝对粗糙度，m。

$$\Delta P_{\mathrm{d}}=C_{\mathrm{d}}\frac{\rho V^2}{2} \tag{4.56}$$

式中　ΔP_{d}——局部阻力损失，Pa；

C_{d}——局部阻力系数。

2. 双向流动

当门洞和打开的窗户处有温差时，可能会发生气流的双向流动，即在门或窗的顶部空气流入、底部空气流出（或与之相反）。

网络模型中通过较简单的方法计算孔口的双向流动，与区域模型中方法类似。

假设房间中的空气密度不变，每个房间中不同高度处的压力可以按照式（4.57）和式（4.58）求出。

$$P_{0j}=P_j+\rho_j g(h_j-h_0) \text{ 和 } P_{0i}=P_i+\rho_i g(h_i-h_0) \tag{4.57}$$

$$P_j(y)=P_{0j}-\rho_j gy \text{ 和 } P_i(y)=P_{0i}-\rho_i gy \tag{4.58}$$

式中　P_{0j}, P_{0i}——当 $y=0$ 时，区域 j 和 i 处的压力，参考高度取开口高度，Pa；

ρ_j, ρ_i——区域 j 和 i 处的空气密度，kg/m^3；

P_j, P_i——区域 j 和 i 处的参考压力，Pa；

h_j, h_i——区域 j 和 i 处的参考高度，m；

h_0——开口中心高度，m。

根据气流流速是孔口压力的函数，得表达式（4.59）：

$$V(y)=C_{\mathrm{d}}\left(\frac{2[P_j(y)-P_i(y)]}{\rho}\right)^{1/2} \tag{4.59}$$

式中　C_{d}——孔口流量系数；

ρ——流入孔口的空气密度，kg/m^3。

在中和面处，气流流速为 0，从式（4.59）可得，$P_j(y)=P_i(y)$，再由式（4.58）可以求出中和面的高度为式（4.60），如果 $|B|<\frac{H}{2}$，孔口中就会有双向流动。

$$B=\frac{P_{0j}-P_{0i}}{g(\rho_j-\rho_i)}\left(\frac{P_{0i}-P_{0j}}{g(\rho_i-\rho_j)}\right) \tag{4.60}$$

式中　B——中和面高度，m。

定义 $\Delta\rho=\rho_j-\rho_i$，$z=y-B$，则通过孔口的压差可以用式（4.61）来表示。

$$P_j(z)-P_i(z)=-gz\Delta\rho \tag{4.61}$$

中和面上方的质量流量见式（4.62），中和面下方的质量流量见式（4.63）。式中，W 为孔口的宽度，m；下标 m 取值为 j 或 i，取决于流动的方向。对式（4.62）和（4.63）积分求解，可以求得不同高度流量值：

$$F_a = W\int_{z=0}^{z=\frac{H}{2}-Y}\rho_m V\mathrm{d}z, m=j \text{ 或 } i \tag{4.62}$$

$$F_b = W\int_{z=\frac{H}{2}-Y}^{z=H} \rho_m V \mathrm{d}z, m = j \text{ 或 } i \tag{4.63}$$

3. 风机及风口

以加压系统为例,对于加压送风机,根据推荐的方法计算送风量后,按设计的风量选择风机。风机送出的风量经送风管道送入送风竖井,无论是楼梯间的送风口还是前室的送风口,设计时同一类型的送风口面积是相等的。而送风气流在等截面管道中,通过相同面积的送风口时流量是不同的。在加压送风系统中,设计的目的是要使各个送风口的风量相等,才能达到加压送风系统阻挡烟气扩散的目的。实际的系统中可以通过选择适当风量的风机,通过调节送风口的开度等办法来实现此目的,这是设计及运行调节阶段需要完成的任务。现在的模拟计算中为简化起见,认为每个送风口平均分配设计送风量,不考虑运行时所遇到的各种问题,也更与设计目的相符合。

CONTAM 中可以自行建立流通路径,其中风机驱动模型包括 3 种:定质量流量模型、定体积流量模型和风机曲线模型。详细内容见 CONTAM 用户手册。

4.4　CONTAM 中污染物浓度计算

长期以来,舒适性空调主要针对空气流速、温度和湿度的合理控制,各类污染物浓度计算大多停留在系统一级的设备选取和校核上,如根据室内外的含尘浓度来确定过滤器的选择,用集总参数法根据 CO_2 浓度来确定新风量等。近年来由于人们对室内污染物分布更加关注,人们要求的不仅仅是系统过滤器的选择,更多关注的是固体颗粒物在室内空气中的分布特性。CONTAM 在不同工况的污染物浓度计算中得到了广泛应用,下面对其计算原理做一简要介绍,详细内容参见文献[3]。

4.4.1　CONTAM 污染物浓度计算基本方程

实际建筑中的气体流动是很复杂的,受多种因素影响,包括建筑内部空气的流入和流出;暖通空调系统的作用;污染物的产生、排除和过滤;污染物之间的化学反应、放射性衰减、沉淀和吸附等。

区域 i 中气体 α 的质量为

$$m_{\alpha,i} = m_i \cdot C_{\alpha,i} \tag{4.64}$$

式中　m_i——区域 i 中的空气质量,kg;

$C_{\alpha,i}$——气体 α 的质量百分数。

从区域 i 中流出的气体包括以下几部分:

(1)从区域中以流量 $\sum_j F_{i,j} \cdot C_{\alpha,j}$ 向外流动的气流,其中 $F_{i,j}$ 是从区域 i 到 j 的气体流量;

(2)流量为 $C_{\alpha,i} \cdot R_{\alpha,i}$ 的气体去除率,其中 $R_{\alpha,i}$ 是去除系数,kg/s;

(3)以反应率 $m_i \cdot \sum_\beta \kappa_{\alpha,\beta} \cdot C_{\beta,i}$ 与其他气体 $C_{\beta,i}$ 发生化学反应,其中 $\kappa_{\alpha,\beta}$ 是区域 i 中

气体 α 和气体 β 之间的动态反应系数,产生时取正号,去除时取负号。

流入区域 i 中的气体包括以下几部分:

(1)以流量 $\sum_j (1-\eta_{\alpha,j,i})F_{j,i}\cdot C_{\alpha,j}$ 流入的气体,其中 $\eta_{\alpha,j,i}$ 是气体通过气流通道从区域 j 到区域 i 的过滤效率;

(2)流量为 $G_{\alpha,i}$ 的气体产生率,kg/s;

(3)与其他气体发生反应的产物。

根据每种气体的质量守恒关系,假设 $m_{\alpha,i} \ll m_i$,可以导出式(4.65)的建筑中污染物扩散方程。

$$\frac{\mathrm{d}m_{\alpha,i}}{\mathrm{d}t} = -R_{\alpha,i}C_{\alpha,i} - \sum_j F_{i,j}C_{\alpha,i} + \sum_j F_{j,i}(1-\eta_{\alpha,j,i})C_{\alpha,j} + m_i\sum_\beta \kappa_{\alpha,\beta} + G_{\alpha,i} \tag{4.65}$$

式(4.65)的微分方程可以由式(4.66)的差分方程估算。

$$m_{\alpha,i}^* \approx m_{\alpha,i} + \Delta t\left[\sum_j F_{j,i}(1-\eta_{\alpha,j,i})C_{\alpha,j} + m_i\sum_\beta \kappa_{\alpha,\beta}C_{\beta,i} + G_{\alpha,i} - \left(R_{\alpha,i} + \sum_j F_{i,j}\right)C_{\alpha,i}\right] \tag{4.66}$$

式中,带 * 的值是指时刻 $t+\Delta t$ 的值。

模型中采用梯形解法求解上述方程式,对于缺省值采用下面的完全隐式数值估算法方程式(4.67)解式(4.66),可以通过调整积分因子 γ 的大小来确定使用从显式到隐式的解法,γ 的范围是从 0.0 到 1.0。

$$\left[m_i + \Delta t\left(R_{\alpha,i} + \sum_j F_{i,j}\right)\right]C_{\alpha,i}^* - \Delta t\sum_j(1-\eta_{\alpha,j,i})F_{j,i}C_{\alpha,j}^* - m_i\Delta t\sum_\beta \kappa_{\alpha,\beta}C_{\beta,i}^* \approx m_iC_{\alpha,i} + G_{\alpha,i}\Delta t \tag{4.67}$$

4.4.2 污染物扩散模型

室内装饰装修材料和家具等是室内空气中甲醛和 VOCs 的主要来源,污染物的散发特性主要包括:污染物的种类、散发速率、散发速率随时间的变化。除实验方法外,由于根据实验数据拟合得到的污染物散发特性经验模型的计算简单,在一定范围内与实际污染物扩散数据符合较好,在实际中也得到了应用。有很多学者得到了不同条件下的污染物扩散经验模型,详细内容可参见文献[5,6]。

这些经验模型虽然形式简单、应用方便,但是需要大量的实验数据做支持,使用时要注意其限制条件。如果公式中的一些参数是由小室实验得到的,将这些数据得到的经验模型应用到实际建筑中时,由于实际建筑和小室实验时的风速不同,实际建筑中同样的污染源散发规律与小室中可能会有所差别。

实验方法不可替代,但也存在一些缺点和局限:只能得到所测环境、条件和时间段下的散发速率,难以预测不同环境、条件和时间段下的散发特性。此外,仅凭实验数据,难以从中概括出共性规律。为此,以传质机理为基础,建立相关污染物散发模型,了解室内材料污染物散发规律和特性已成为室内材料散发领域的一个研究热点。这类模型的建立常常要借助于一些简化假定,并要求预知材料的物性[7]。

下面主要介绍 CONTAM 中常用的几种污染物扩散模型[3],其中包括经验模型和传质模型。

1. 常系数气体浓度模型

一般所采用的网络模型重点在于分析压力、风速等参数，对不同气体浓度变化就采用较简化的常系数模型，即

$$S_\alpha = G_\alpha - R_\alpha \cdot C_\alpha(t) \tag{4.68}$$

式中　S_α——气体 α 的产生率，kg/s；

G_α——气体 α 的初始产生率，kg/s；

$C_\alpha(t)$——气体 α 在空气中所占的比例系数；

R_α——气体 α 的去除率，kg/s。

2. 压力驱动模型

当污染物在室内外压差作用下发生扩散时，可以应用压力驱动模型对污染物进行建模，如氡或进入到地下室的土壤中的气体扩散，可以采用此模型建模。方程为

$$S_\alpha = G_\alpha (P_{\mathrm{ambt}} - P_{\mathrm{i}})^n \tag{4.69}$$

式中　S_α——气体 α 的产生率，kg/s；

G_α——气体 α 的初始产生率，kg/s；

P_{ambt}——室外大气压强，Pa；

P_{i}——室内压强，Pa；

n——扩散指数。

3. 临界浓度模型

对于一些挥发性有机物来讲，其污染物可以采用如下方程来描述：

$$S_\alpha(t) = G_\alpha \left(1 - \frac{C_\alpha(t)}{C_{\mathrm{cutoff}}}\right) \tag{4.70}$$

式中　C_{cutoff}——污染物释放停止时的临界浓度，kg/s；

$S_\alpha(t)$——气体 α 的产生率，kg/s；

G_α——气体 α 的初始产生率，kg/s；

$C_\alpha(t)$——气体 α 在空气中所占的比例系数；

4. 衰减源模型

对于另一些类型的挥发性有机物来讲，其污染物可以采用如下指数衰减源方程（也称为一阶衰减模型）来描述：

$$S_\alpha(t) = G_\alpha \mathrm{e}^{-\frac{t}{t_{\mathrm{c}}}} \tag{4.71}$$

式中　S_α——污染物源强度；

G_α——污染物初始释放率；

t——污染物释放时间；

t_{c}——衰减时间常数。

很大一部分污染源散发规律都可以用指数衰减模型来表示，如地毯、木料的涂漆、清

漆、地板蜡和液态的黏结剂等。具体参数取值可参见文献[6]。

5. 突发源污染物浓度扩散模型

在瞬态计算中，用户可以利用突发源污染物浓度扩散模型（Burst Source Model）自定义浓度扩散曲线，此类模型可以分为沉积流速汇模型和沉降变化率汇模型。

沉降流速汇模型方程如下：

$$R_\alpha(t)=\nu_d A_s m\rho_{air}(t)C_\alpha(t)S(t) \tag{4.72}$$

式中　$R_\alpha(t)$——去除率；

v_d——沉降流速，m/s；

A_s——沉降表面积，m^2；

m——源个数；

$\rho_{air}(t)$——t 时刻的空气密度，kg/m^3；

$C_\alpha(t)$——t 时刻 α 气体的质量百分数；

$S(t)$——t 时刻的控制参数值。

沉降变化率汇模型方程如下：

$$R_\alpha(t)=k_d V_z m\rho_{air}(t)C_\alpha(t)S(t)m \tag{4.73}$$

式中　k_d——沉降变化率；

V_z——区域体积，m^3。

其他参数含义同上。

4.5　区域模型的模拟应用案例

下面应用区域模型分别对自然通风和机械通风工况的两个算例进行分析。

4.5.1　一维区域模型应用于自然通风模拟

下面对一个房间高 $H=6$ m 的含内热源绝热建筑的自然通风进行计算与分析。计算条件为：$T_o=293.15$ K，$\Phi_k=500$ W，$C_d=0.6$。计算结果如图 4.11 所示。其中，图 4.11(a)为无因次热分层高度（对于模型一，为洁净区高度）随无因次开口面积的变化情况；而图 4.11(b)为通风量随无因次开口面积的变化情况。从图中可以看出，自然通风的开口面积趋向于零时，各模型的计算结果趋于一致；而当开口面积增大时，各模型的差别越来越大。对于模型一（无热分层单区水模型），当 $A^*/H^2=0.1$ 时，由于预测的通风量很大（达到 0.72 m^3/s），洁净区高度几乎达到整个建筑高度。对于模型二，当 $A^*/H^2=0.1$ 时，由于下部区温度与室外相同，使得高度 $h=4.6$ m 以下空间没有驱动任何通风量，通风量预测结果偏小（达到 0.42 m^3/s）。置换通风的 λ 值一般约为 0.4，自然通风也可取类似的值。从图中可以看出，模型三和模型四的预测结果介于模型一和模型二之间，从理论上说，由于抛弃了下部区温度等于室外温度的假设，所以更加合理。

上述各二区模型所描述的室内温度分布和空气流动的原理与置换通风基本一致，即在热源羽流的作用下，空间下部区域形成单向流动的置换区域，室外新风补充羽流的发展，上部区域则形成羽流扩散后的混合区，温度较高、污染物浓度较大，中间热分层高度处羽流流量和自然通风量达到平衡。因此，该类模型可以直接应用于机械式置换通风的建筑空间。

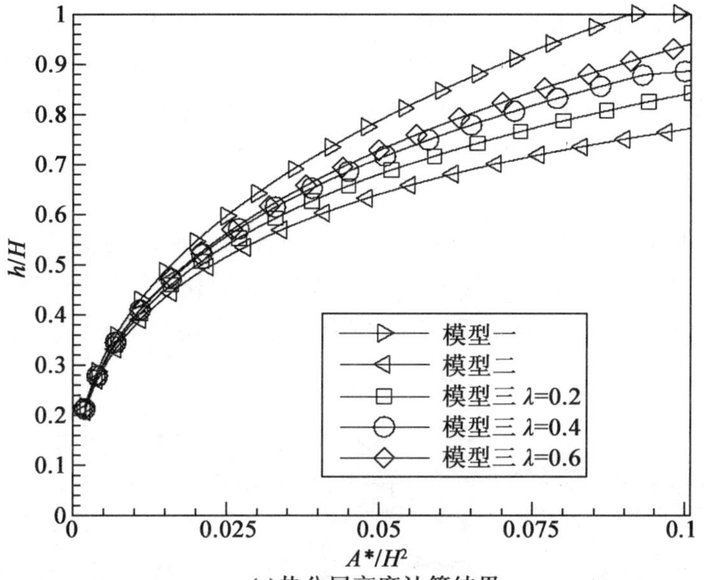

(a)热分层高度计算结果

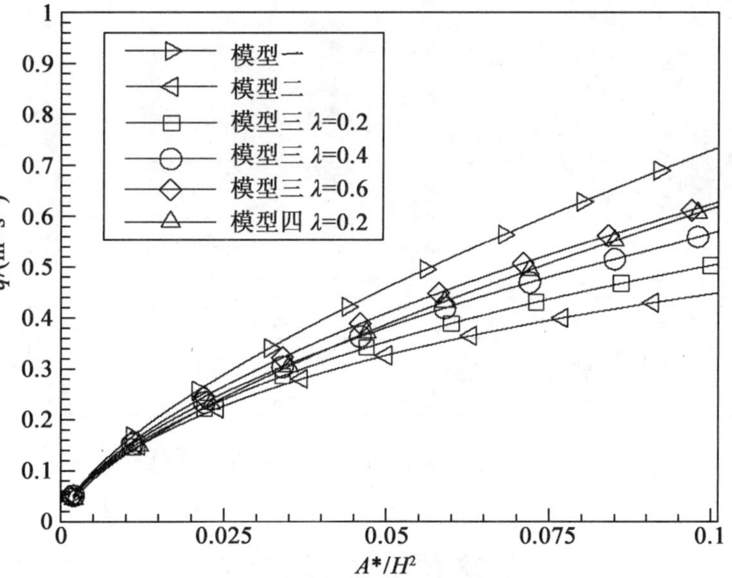

(b)通风量计算结果

图 4.11　自然通风一维模型计算结果

需要指出的是，对于自然通风，上述简单一维模型都没有考虑围护结构导热和垂直壁面对流辐射热交换的作用，对于空气温度分布，最多也只可引入线性温度梯度的假设，因此，在实际应用中会出现一定偏差。

4.5.2 三维区域模型应用于机械通风模拟

下面考虑三维多个房间的情形，各壁面的传热量已知，送风量和送风温度也已知[8]。采用粗网格结合热羽流特征进行区域划分：房间 1~3 结构和尺寸类似，均为 2×3×3 个区域，房间 4 为中庭，为 2×3×9 个区域。整个建筑共分为 108 个区域。在房间 1~3 中，每个房间中有一个热区域和一个羽流区域。其他区域是常规区域。输入参数：外墙内表面温度为 15 ℃，送风口空气温度为 15 ℃，热流强度为 1 500 W，送风口空气流量为 0.01 kg/s。

对于常规区域和普通边界，采用密度差（压差）计算流量；对于热羽流区域，按照相应公式计算流量。建立空气温度平衡方程进行求解。模型和计算结果如图 4.12 所示。结果显示，中庭的温度变化约为 4 ℃。通过门的气体流动很重要，约为通风空气流量的 6 倍。

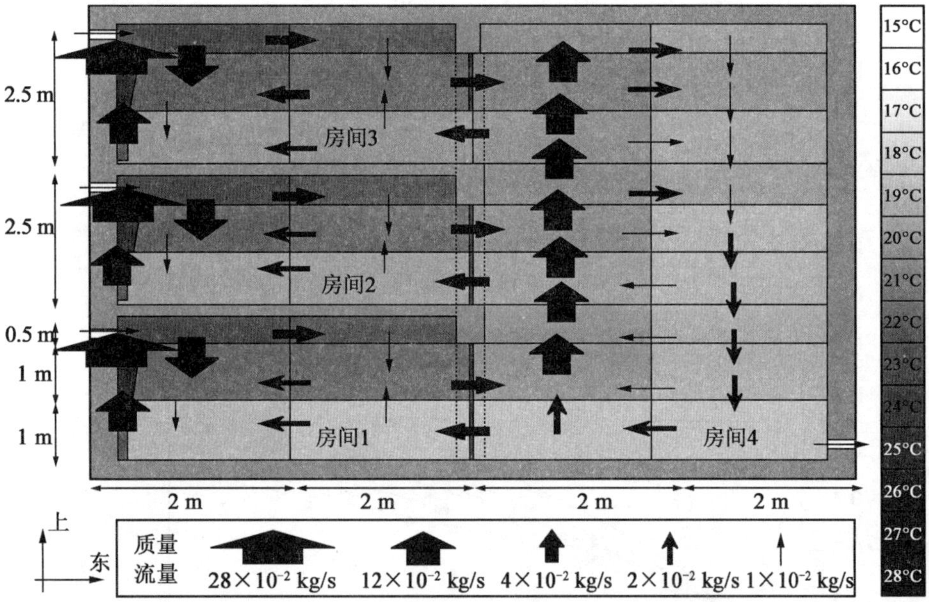

图 4.12 三维多个房间机械通风的区域模型计算结果

4.6 网络模型的模拟应用案例

下面应用网络模型对几种污染物扩散问题进行分析。

4.6.1 网络模型 COMIS 模拟案例

Sohn 在 1 个包括 3 个小室的实验室中测试和模拟了吸烟释放物质的扩散[9]，房间平面图如图 4.13 所示，图中箭头的方向代表模拟的气流流动方向，数值代表的是未开启混合风机时的流量(单位:m^3/h)。在房间 2 放置一烟气释放源模拟室内有人员吸烟时的烟气释放,释放 8 min,同时将 SF_6 输入到房间 2 作为示踪气体。3 个房间中都运行小型混合风机,以增加污染物混合程度。实验过程中房间 1 和房间 3 之间的门完全打开,房间 2 和房间 3 之间的门部分开启,两个门的高度都是 2.12 m。实验过程中各房间温差为 0~1 ℃,对污染物的实验测定值和采用 COMIS 的预测值进行了比较,如图 4.14 所示,结果符合较好。图 4.14(a)代表的是房间 1 的污染物浓度值;图 4.14(b)代表的是房间 2(放置污染源)的污染物浓度值;房间 3 的污染物浓度数值与房间 1 类似,故在图中未表示。其中,圆圈代表实验数据值,实线代表小型循环风机开启时的 COMIS 预测值,虚线代表小型循环风机关闭时的 COMIS 预测值,r^2 是相关系数,RMSE 是均方根误差值。小型风机虽然风量较小,但增加了室内通风量,由于实验小室的渗风孔口较少,当风机运行时,室内气流主要在此驱动力下流动。房间 1 的预测值和实验值的均方根误差 RMSE 减小 76%,房间 2 的 RMSE 减小 60%。

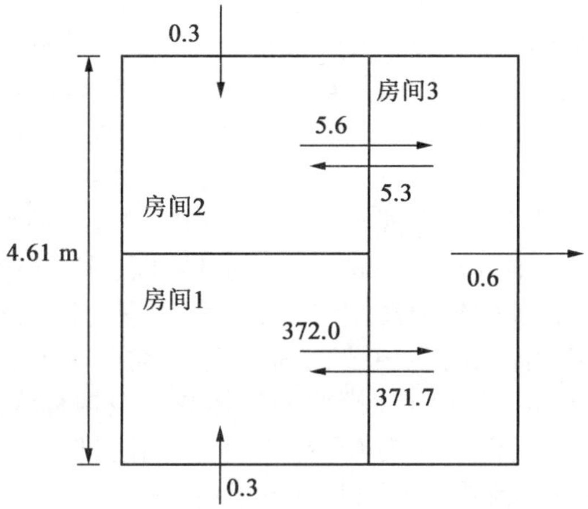

图 4.13　用 COMIS 模拟对比实验房间平面图

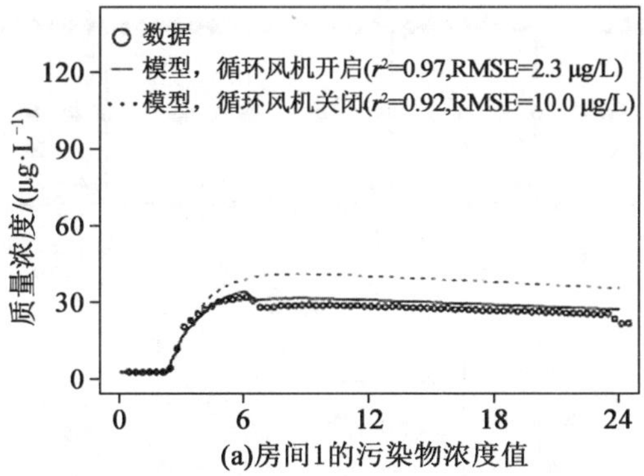

图 4.14　两房间污染物的实验测定值和采用 COMIS 的预测值比较

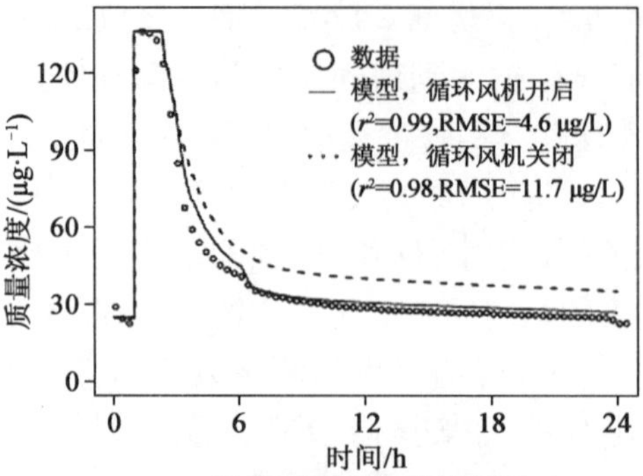

(b)房间2的污染物浓度值

续图 4.14

4.6.2 网络模型 CONTAM 模拟案例

Musser 采用 CONTAM 对位于美国大学校园的一幢二层教室/办公建筑中的污染物扩散情况进行模拟和试验分析[10]。空调系统设计为全新风系统，以 CO_2 浓度监测值作为控制量。许多空间都安装有 CO_2 浓度传感器，当某一房间使用时，初始送风阀开度为 50%；当 CO_2 质量分数超过 1 568 mg/m^3 时，送风阀开度达到 100%。送风管道上安装有压力传感器，用来调节空调机组的室外新风量。门和窗的渗透特性数据取自 ASHRAE 住宅数据，如外墙的渗风特性值取 0.75 cm^2/m^2。内部隔断、顶棚和楼板的渗风特性值取外墙的 2 倍，对应此组渗风特性的模拟气体浓度数据称为理论模拟值。在对实际建筑进行加压测试发现，建筑的实际渗风特性值要比理论值大，将外墙和内部楼板等的渗风特性值都相应取大一些，对应此组渗风特性模拟的气体浓度数据称为加压特性模拟值；空调系统末端采用散流器送风。图 4.15 为 CONTAM 模拟用建筑一层平面布局图，包含区域、渗风通道和 HVAC 系统的散流器。实验测量时采用示踪气体 SF_6。图 4.16 和 4.17 分别为教室 1 和中庭的 SF_6 模拟、实测和计算浓度值对比图。从图中可以看出，两个不同空间的气体浓度的模拟值和计算值要比实验值偏低一些。误差产生的原因是因为在模拟分析时采用的理论风量值比实际测量值要低。

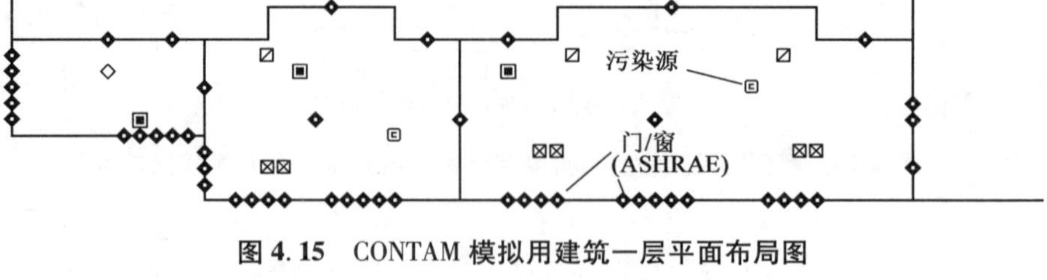

图 4.15 CONTAM 模拟用建筑一层平面布局图

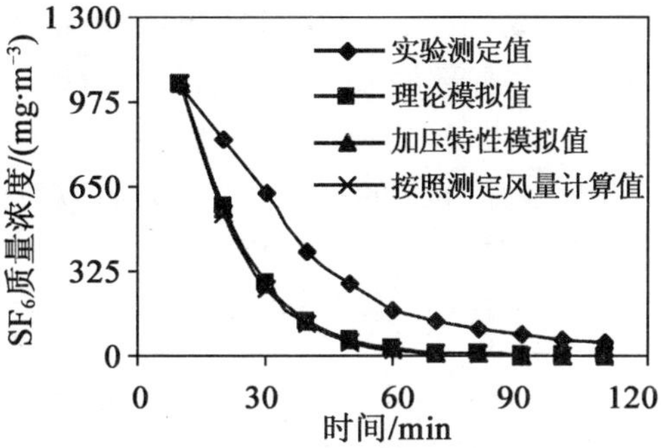

图 4.16　教室 1 的 SF_6 模拟、实测和计算浓度值对比图

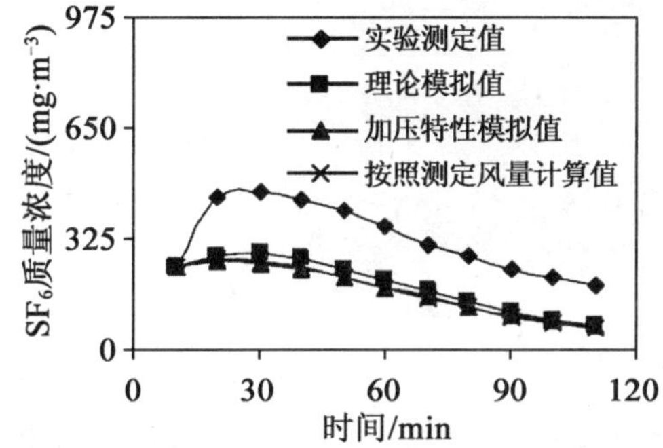

图 4.17　中庭的 SF_6 模拟、实测和计算浓度值对比图

4.6.3　网络模型 CONTAM 模拟实例 2

WANG L Z[11]采用 CONTAM 3.0 对一幢建筑内外的气体流动和污染物传播进行分析,并采用 CONTAM 3.0 中的 CFD 模块 CFD0 对某房间进行了 CFD 模拟分析。

CONTAM 3.0 版本中增加了新的功能,可以结合 CFD 功能进行室外和室内的气流流动和污染物扩散分析。文献[11]介绍了在 CONTAM 3.0 中如何结合 CFD 功能进行计算分析,程序中的 CFD 链接可以预测建筑物表面气流通道的风压系数和污染物浓度,软件中可以将 CFD 计算的风压系数转换为 CONTAM 的数据格式。此外部 CFD 链接对于研究室外空气质量对室内环境的影响时使用很方便,特别是瞬态条件下的模拟,可以研究不同风向或不同污染源位置的影响。

在 CONTAM 网络模型中嵌入单个 CFD 区域的计算在 CONTAM 3.0 中也已经可以实现。可以对建筑中某一区域进行 CFD 分析,对建筑物的其余区域使用网络模型方法进行分析,从而获取 CFD 分析区域中空气流动和污染物传播的细致分布及其对建筑物其他区域的影响。该文献研究了这两个新的 CFD 功能如何增强现有的 CONTAM 分析室内和室外空气流动问题的能力,以及如何增强具体建模和分析的方法。

应用 CONTAM 3.0 软件中 CFD 功能对一栋一层住宅建筑进行建模分析,图 4.18 提供了此建筑的 CFD 和 CONTAM 建模模型。Holmes[12]在大气边界层风洞中测定了某低层房屋模型在各种风向下的风压系数分布。在此次模拟中,Holmes 实验中的房屋模型被放大到 15.5 m×7.4 m×3.0 m（长×宽×高）（不包括斜坡的屋顶高度），如图 4.18(a) 所示。使用 CFD0 模块来计算 CONTAM 与外部的 CFD 联系，即计算建筑围护结构的每个气流通道的风压分布。

图 4.18(b) 显示了 CFD0 模块中建筑的平面图。采用 CONTAM 计算建筑不同孔口的渗风量，CONTAM 建模图如图 4.18(c) 所示。内部 CFD 链接的模拟实例是通过模拟由设备间的一个出现故障的燃气炉释放 CO 作为污染源，其 CFD 模型如图 4.18(d) 所示。

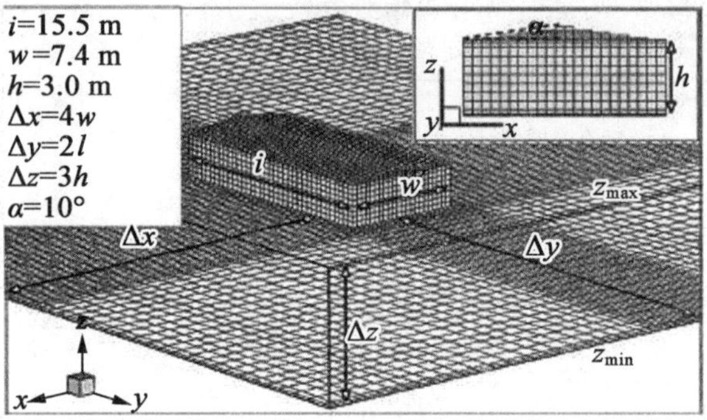

(a)CFD网格划分

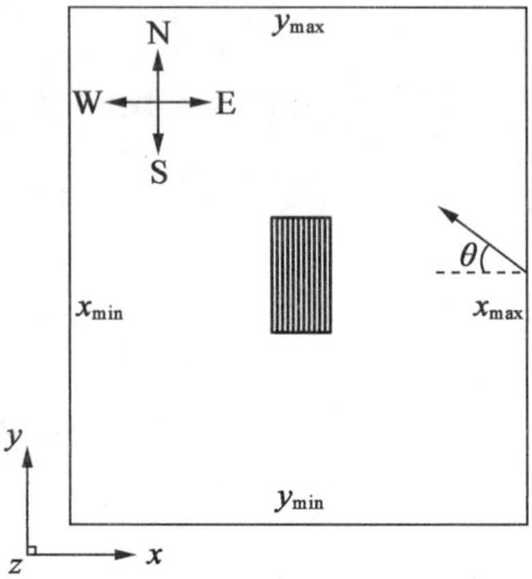

(b)CFD0模拟中建筑的平面图

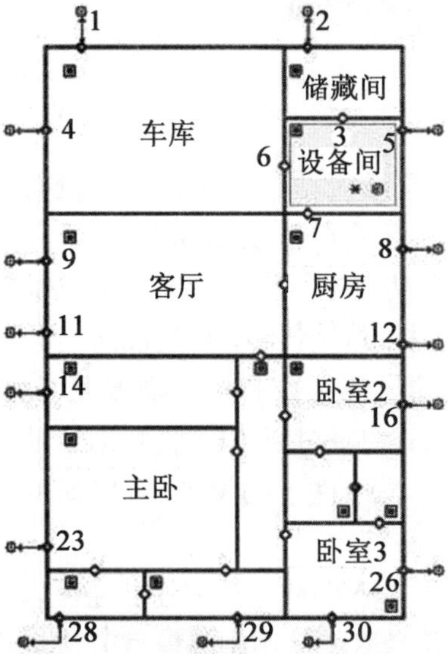

(c)建筑CONTAM模型图，设备间做CFD模拟分析

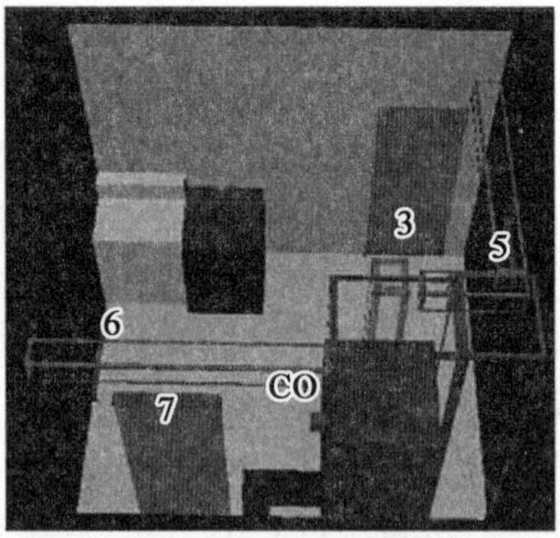

(d)CFD模拟中的设备间立体图

图 4.18　建筑的 CFD 和 CONTAM 建模模型

该建筑的外部 CFD 模拟总网格数是 74×87×24，如图 4.18(a) 所示。风压曲线选择所在地区为“城市和郊区位置”，与 Holmes 的实验条件类似。采用 CFD0 对建筑周围的 0°～360°之间的相对风向进行风压模拟，角度增量为 30°。图 4.18(b) 中显示建筑某表面

相对风向的定义是指建筑表面方位角与风向方位角所成夹角的顺时针角度。收敛标准为 1×10^{-3}，每个风向的模拟需要 300~400 次迭代才能收敛。外部 CFD0 用来计算建筑围护结构上各气流通道在不同相对风向时的风压系数。

图 4.19 显示了计算的建筑围护结构上部分气流通道在不同相对风向时的风压系数，与 Swami[13] 文献数据和 Holmes 的测量数据进行对比。从图中数据可以看出，风压分布与气流通道位置存在密切关联，风压系数值也随着风向的变化而发生急剧变化，尤其是在靠近建筑表面边缘的气流通道中变化更加明显。风压系数 C_p 的表面平均值（虚线）随不同气流通道的变化不明显，表面平均风压系数 C_p 关于 180°的相对风向存在对称性。

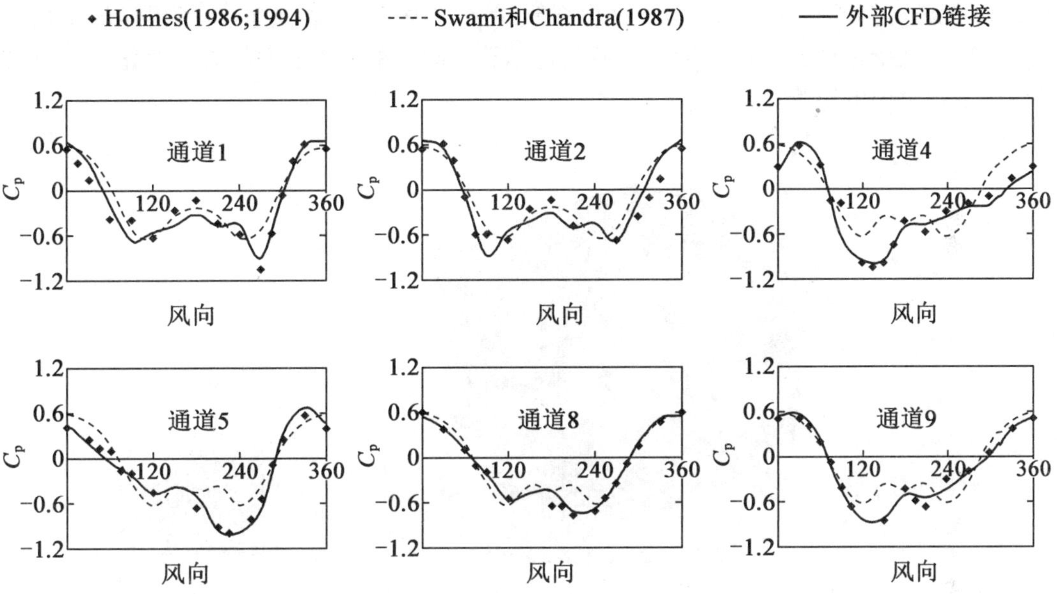

图 4.19　采用外部 CFD 链接计算的部分气流通道上的风压系数值与文献中数据

采用此建筑说明 CFD 区域嵌入 CONTAM 网络模型中如何进行气流分析。在此模拟中，假设设备间的燃气炉（图 4.18(c) 中的阴影区域）出现故障并释放 CO 到房间中。为了研究设备间中的 CO 浓度分布，设备间采用 CFD0 模拟，其余房间为混合良好的区域，采用 CONTAM 进行模拟。

设备间的尺寸为 3.2 m×2.6 m×2.7 m（长×宽×高），总 CFD 网格数为 70×70×90。室外温度为 25 ℃，室外风速为 10 m/s，风向相对北向角度为 30°。CO 源强度设定为 126.6 g/h，此设定值是根据一项实验研究[14] 和来自另一项研究的 35.2 kW 的燃气炉功率输出[11] 确定。燃气炉在 10 min 的开/关循环下运行。图 4.18(d) 中显示了 CO 源的位置、燃气炉和 4 个不同位置的气流通道（3、5、6、7）。假设气流是稳定的，并且以 1 min 的时间步长模拟 CO 在建筑中传播 2 h。

图 4.20 显示了模拟结束时典型位置的 CO 浓度分布。图 4.21 显示了随时间变化的设备间、厨房和客厅的 CO 浓度分布，以及使用两种方法计算气流通道 6 和 7 的 CO 浓度水平。一种方法是用 CONTAM 模拟整个建筑（在图 4.21 中标记为“well mixed”）；另一种

方法是当设备间用 CFD0 建模时，其余房间用 CONTAM 模拟工况（图 4.21 中标记为“CFD”）。当设备间作为 CFD 模拟区域时，对设备间的 CO 浓度值采用取平均值的方法。由于卧室与其他房间的 CO 浓度比图中显示的三个房间的 CO 浓度值低得多，所以在图 4.21 中没有显示这些房间的 CO 浓度结果。从图 4.21 中可以看出，设备间中的 CO 浓度值随着燃气炉的开/关循环每 10 min 循环一次，无论是否采用 CFD 模拟方法都是这个规律。CFD 模拟预测与采用 CONTAM 充分混合的情况相比，厨房中的 CO 浓度随时间发生变化，且浓度更高。产生这种差异的原因是由于 7 是连接厨房和设备间的气流通道，其附近的局部 CO 值较高，气流通道 7 非常靠近 CO 的释放源，因此设备间的 CO 产生速率的变化会很容易影响到厨房中的 CO 浓度值。此外，气流通道 7 附近的 CO 峰值水平显著高于气流通道 6 附近的 CO 浓度，这也导致设备间中的 CO 浓度存在很明显的不均匀性。此模拟结果也说明了源位置和区域间连结孔口附近的 CO 浓度的局部变化对计算结果会产生很重要的影响。

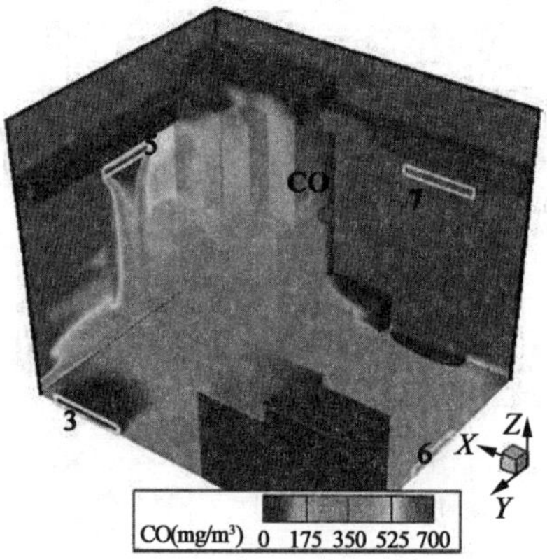

图 4.20　设备间中 CO 浓度分布（模拟时间 2 h 结果）

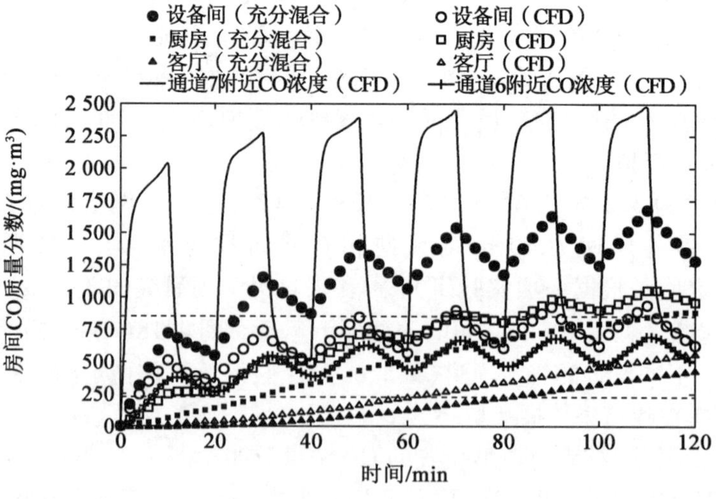

图 4.21　采用和不采用 CFD 模拟时建筑中设备间、厨房和客厅的 CO 浓度变化比较图

本章参考文献

[1] 李先庭, 赵彬. 室内空气流动数值模拟[M]. 北京:机械工业出版社,2009.

[2] FEUSTEL H E. COMIS—an international multizone air-flow and contaminant transport model, LBNL-42182 [R]. Berkeley, CA: Lawrence Berkeley National Laboratory, 1998.

[3] WALTON G N, DOLS W S. CONTAM user guide and program documentation, NISTIR 7251[R]. Gaithersburg, MD:National Institute of Standards and Technology, 2013.

[4] 王芳, 陆亚俊. 多区域空气流动网络模型用于室内空气品质和通风模拟研究[J]. 暖通空调,2002, 32(6):44-46.

[5] GUO Z S. Review of indoor emission source models. [J]. Environmental Pollution, 2002,120(3):533-549.

[6] SPENGLER J D, SAMET J M, MCCARTHY J F. Indoor air quality handbook[M]. New York:McGraw-Hill Companies, Inc. , 2001.

[7] 朱颖心. 建筑环境学[M]. 3 版. 北京:中国建筑工业出版社,2010.

[8] MUSY M, WINKELMANN F, WURTZ E, et al. Automatically generated zonal models for building air flow simulation: principles and applications[J]. Building and Environment,2002,37(8-9):873-881.

[9] SOHN M D, APTE M G, SEXTRO R G, et al. Predicting size-resolved particle behavior in multizone buildings[J]. Atmospheric Environment,2007,41(7):1473-1482.

[10] MUSSER A, SCHWABE O, NABINGER S. Validation and calibration of a multizone network airflow model with experimental data[C]//Proceedings of ESIM Canada Conference. Canada:[s. n.],2001:228-235.

[11] WANG L Z (LEON), STUART D W, Chen Q Y. Using CFD capabilities of CONTAM 3.0 for simulating airflow and contaminant transport in and around buildings [J]. HVAC&R Research, 2010,16(6):749-762.

[12] HOLMES J D. Wind pressures on tropical housing[J]. Journal of Wind Engineering and Industrial Aerodynamics,1994,53(1-2):105-123.

[13] SWAMI M V, CHANDRA S. Procedures for calculating natural ventilation airflow rates in buildings [R]. Cape Canaveral: Florida Solar Energy Center,1987.

[14] RYAN J V, MCCRILLIS R C. Analysis of emissions from residential natural gas furnaces [C]// 87th Annual Meeting and Exhibition of the Air & Waste Management Association. Cincinnati: OH,1994.

第5章　室内空气环境 CFD 模拟

5.1　概　述

计算流体动力学(Computational Fluid Dynamics,CFD)是近 20 年来发展非常快速且受到极大关注的新兴学术分支。和计算物理、计算力学、计算化学等一样,同属于计算科学的范畴。与传统的理论研究或实验研究不同,所有的计算科学都以计算机的数值模拟作为主要研究手段。计算流体力学的发展背景主要包括以下 3 点:

(1)计算机自身运算及数据存储能力飞速发展,同时矢量运算、并行运算等新算法的提出使得大规模高速模拟成为可能;

(2)各种湍流计算模型及辅助算法的提出让使用者可以实现从最精确的机理研究到工程化的概算等各种不同需求;

(3)各种商用 CFD 软件的功能日益强大,用户体验越发友好。

由于室内环境的空气流动基本都属于湍流范畴,CFD 模拟无疑是适用于室内空气环境研究的。事实上,自 20 世纪 70 年代以后,该技术被引入室内空气环境研究领域并发挥着越来越重大的影响,已成为该领域不可或缺的研究手段之一。

总体而言,室内环境主要包括热环境、室内空气质量、声环境和光环境这 4 大部分内容。以流体力学的纳维-斯托克斯方程(简称 N-S 方程)为理论基础的 CFD 模拟很明显不能独立解决声光环境问题,而是主要针对由室内空气流速、空气温湿度、污染物浓度等参数构成的热环境和空气质量问题。从专业和工程应用角度而言,CFD 模拟在室内空气环境研究中主要的作用如下。

(1)气流组织辅助设计及校验。对于各种复杂情况的室内空间(如高大厂房、大型体育场馆和展馆、地铁站、洁净室等),要么空间形状、风口及通风形式比较特殊、要么对室内环境要求相对严格,常规气流组织设计计算方法往往过于粗疏甚至无法对应,利用 CFD 模拟可以帮助确定送、回风口的位置和风量,准确获得气流分布信息,判断某些特定区域(如人员活动区域、高精密仪器设备存放区域等)的风速或空气温湿度、污染物浓度是否满足设计要求,从而指导设计人员对初步建立的设计方案进行校验,进而筛选优化出最为合理的设计方案,以得到满意的流场、温湿度场和污染物浓度场,保证舒适度或空气质量。CFD 模拟技术的应用使得气流组织设计更为科学合理,提高了设计质量和设计水平;

(2)绿色建筑或节能建筑措施的辅助研发。近年来,绿色生态、节能减排等理念逐步渗透到建筑环境领域。在不同气候条件、室内热湿源状况下,改变建筑外围护结构热工性能、利用自然通风、配置新型供暖空调末端设备等技术措施必然对室内热湿环境和能源消耗带来重要的影响。传统的建筑能耗模拟软件在房间模型方面往往进行了简化处理，所得结果更多的是反映长期动态变化的趋势，而气流与热耦合的 CFD 模拟技术可以更为精确地研究各种因素对热环境的影响并进行能耗分析，从原理上协助改进各种绿色技术措施，降低建筑能源系统与设备的初投资和运行成本，提高建筑使用者的工作效率与生活质量，从而挖掘出建筑最大的节能潜力和绿色功效。

与传统的实验测试研究手段相比，CFD 模拟在室内空气环境研究中所需费用相对低廉且省时、省力。在某些特殊的室内空气环境研究中，如高温高污染状态下的工业厂房、高大中厅内的气流状态等，进行测试往往是非常困难的，CFD 模拟可能是唯一可行的系统化研究手段。由于边界条件更加可控，CFD 模拟特别适合情景（工况）分析等研究方法，更有利于寻找到所研究问题的本质。

CFD 模拟包含了从理论到实践的极为丰富的内容，相关的文献汗牛充栋，在短短一章的篇幅里予以充分讲解并使读者掌握正确的使用方法是不可能完成的任务。因此，本章在简要介绍 CFD 计算原理的基础上，通过典型案例的介绍和分析，把重点放在如何通过 CFD 模拟解决室内空气环境涉及的各种问题上。读者只有通过大量的自我练习和思考，才能获得可靠的、有意义的 CFD 模拟结果。

5.2　室内空气环境 CFD 模拟的主要环节

室内空气环境 CFD 模拟的一般流程如图 5.1 所示，大体上分为前处理、求解器和后处理 3 个阶段[1]。前处理阶段的主要任务是输入模拟对象的相关数据和信息，如计算域的确定、网格划分、给出流场内材料的热物理属性、确定边界条件和初始条件等。前处理阶段在整个 CFD 模拟的工作量中占有很高比例，对使用者的操作技巧有很高的要求。求解器阶段的主要任务首先是确定数值求解方案，包括确定合适的湍流计算模型、选择合适的离散方法以形成离散方程组、选择合适的计算方法和方程组求解方法，然后进行方程组求解。如果迭代过程发散，则要重新进行离散、计算方法等的设定。后处理阶段的主要任务是生成并分析计算结果，如流场、空气温湿度场和污染物浓度场等。计算结果的形式有速度矢量图、各种标量的云图、粒子轨迹图等，还可以根据需要通过动画处理形成更为直观的演示效果。使用者还可以从场的计算结果中提取出特定位置或时刻的信息进行更为细致的分析。这 3 个阶段中的重要环节将分别在以下各节中进行介绍。最后还要着重指出的是，在后处理阶段，使用者不应忘记从专业的角度对计算结果认真分析，不能仅仅满足于得到了“漂亮”的计算结果。CFD 模拟技术只是一种重要的研究工具，在很大程度上使用 CFD 模拟的目的是获得精细的、可量化的结果，而不是为了“创造”和发现新的内容。因此，所得到的结果在某种程度上应该和使用者基于理论分析后的“预期”结果相吻合，一旦出现相悖的情况就要格外注意。对于初学者来说，每个算例经过几次模拟→结果分析→计算条件改善→再模拟的反复过程是非常有必要的。

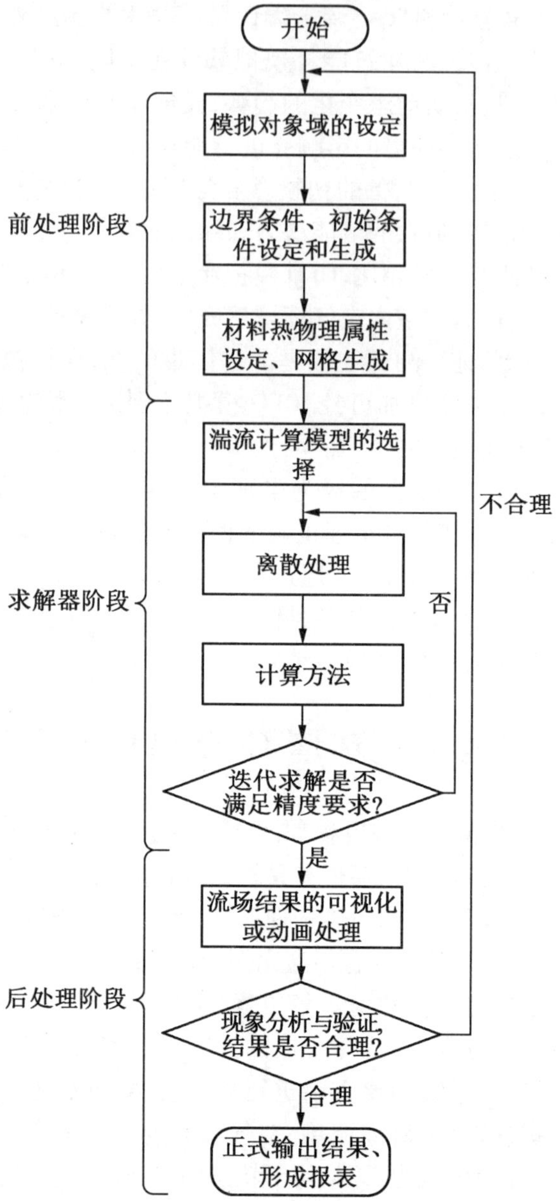

图 5.1　CFD 模拟的一般流程

5.2.1　紊流计算模型

1. 模型概述

由于一般情况下室内空气流动都属于紊流状态,因此在进行室内空气环境 CFD 模拟时,首先要考虑的就是必须选择好能充分反映紊流运动特性的计算模型,即紊流计算模型。按照对紊流的具体处理方法,紊流计算模型可以分为如图 5.2 所示四大类。其中空间筛滤法和系综平均法是目前主要采用的方法。所谓空间筛滤方法,就是对空间内部的所有涡旋进行筛选,只有相对较大尺度的涡旋才被作为下一步的解析对象,微小尺度的涡旋部分通过建模的方式表现,达到简化计算目的的方法,其代表为大涡模拟(Large Eddy Simulation,LES)模型;而系综平均法,就是对流场进行系综平均并只以平均流作为下一步的解析对象,与平均流相关的微小脉动部分通过建模的方式表现,从而达到简化计算的目的,其代表为雷诺平均(Reynolds Average Navier-Stokes Equations,RANS)模型。

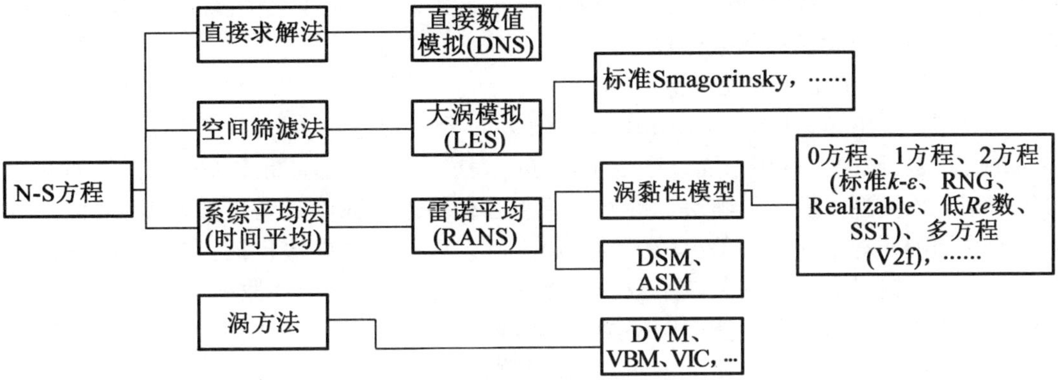

图 5.2　紊流计算模型的主要分类

由于篇幅所限,本书仅对目前在室内空气环境 CFD 模拟中最常用的几种紊流计算模型概述如下,其中模型 1~7 均属于 RANS 模型,其代表为标准 $k-\varepsilon$ 模型,而模型 8 则是 LES 模型的代表。这些模型的具体计算原理可参考其他教材或文献。

(1)标准 $k-\varepsilon$ 2 方程模型。

标准 $k-\varepsilon$ 2 方程模型由 B. E. Launder、D. B. Spalding 等于 1967 年提出,至今都是工程领域进行 CFD 模拟时最常用的紊流计算模型之一。该模型的计算精度较高,通用性和计算稳定性都较强,同时计算量和计算时间也总体上在可接受的范围内,可以认为是在目前的计算机硬件条件下,将准确性和运算速度实现了较好平衡的紊流计算模型,因此非常适合工程应用。另外,一方面该模型还具有经验参数较少,常数的推荐值普适性强;利用壁函数等方法可简化壁面附近的网格划分,进一步提高运算速度;涡黏性系数总为正值,进一步增强了计算稳定性等优点。另一方面,该模型本质上是针对高雷诺数、平均流线相对平直的渐变恒定流动(如常规的室内空调气流组织状态)情况,如果涉及绕流、旋转射流等复杂的紊流流动,或者需要充分考虑近壁面作用等流场时,标准 $k-\varepsilon$ 模型就不再适用了。

(2)RNG $k-\varepsilon$ 2 方程模型。

V. Yakhot 等根据重整化群理论(Renormalization Group Method),于 1992 年提出了标准 $k-\varepsilon$ 2 方程模型的修正模型。该模型与标准 $k-\varepsilon$ 模型的总体形式完全一样,主要修正体现在 ε 的输送方程中,以时均变形率张量构成的函数 $C_{\varepsilon 1}^{*}$ 替代标准 $k-\varepsilon$ 模型中的常数 $C_{\varepsilon 1}$,从而比标准 $k-\varepsilon$ 模型更好地用于瞬变流以及流线弯曲的情况。但有研究表明,该模型和标准 $k-\varepsilon$ 模型一样,在轴对称射流的模拟方面误差较大。

(3)Realizable $k-\varepsilon$ 2 方程模型。

Realizable $k-\varepsilon$ 2 方程模型是由 T. H. Shih 等于 1995 年提出的标准 $k-\varepsilon$ 2 方程模型的修正模型。该模型与标准 $k-\varepsilon$ 模型的总体形式也完全一样,但为满足流场“realizability”的限制条件,认为 C_μ 不应为常数,而需要表示为时均变形率和旋转张量的函数,相应地对 ε 输送方程也进行了修正。该模型在计算有旋的均匀剪切流、平面混合流、管道内充分发展流动等问题时都取得了较好的结果。在室内空气环境模拟中,它对轴对称和平面射流的模拟效果也较好。

(4)低雷诺数 $k-\varepsilon$ 2 方程模型。

该模型最早由 W. P. Jones 和 B. E. Launder 于 1972 年共同提出,又被称为 Jone-Launder 模型。该模型近年来陆续产生了不同的表述形式,但都是标准 $k-\varepsilon$ 2 方程模型的修正模型。该模型主要就是解决标准 $k-\varepsilon$ 模型在模拟近壁面附近雷诺数较低、垂直方向上紊动受到削弱等情况时误差会较大的问题。其采取的主要办法包括:在涡黏性系数 ν_t 中引入由紊流雷诺数构成的衰减系数,k、ε 输送方程的产生项和耗散项中引入修正系数及壁面修正项等。再配合近壁面网格细划,就可以大幅提高近壁面附近气流流动和传热传质等的模拟精度。但也有研究表明,低雷诺数 $k-\varepsilon$ 2 模型还不能较好地模拟近壁面一些重要的紊动特性参数,如雷诺应力、涡黏性系数等的分布。

(5)SST $k-\varepsilon$ 2 方程模型。

SST $k-\varepsilon$ 2 方程模型由 F. R. Menter 于 1994 年提出。该模型的基本思路是:边界层以外区域用标准 $k-\varepsilon$ 模型,边界层之内用另一种 2 方程模型——$k-\omega$ 模型。该模型相当于结合了标准 $k-\varepsilon$ 模型和 $k-\omega$ 模型的优点,效果相当于前文介绍的低雷诺数 $k-\varepsilon$ 模型,而计算更稳定、计算效果更好。因此虽然该模型最初是为航天领域应用服务的,但近年来在各种工程领域的 CFD 模拟中均受到了重视,特别是在冲突射流的流动和传热特性模拟方面具有明显的优势。

(6)V2f 多方程模型。

V2f 多方程模型由 P. A. Durbin 于 1995 年提出。与标准 $k-\varepsilon$ 模型不同,该模型除 k 和 ε 外,还引入另一个与流动方向相垂直的速度尺度变量 $\overline{v^2}$,以及一个反映壁面边界各向异性作用的椭圆松弛函数 f,故也被称为 4 方程模型。该模型适用于近壁面涡黏性各向异性问题,但它克服了低雷诺数 $k-\varepsilon$ 模型近壁面网格划分过细问题,在模拟冲突射流流动和传热问题方面有不错的表现。其缺点是导入了更多的物理变量和求解方程,求解容易不稳定,不易收敛。

(7)RSM 模型。

前述各紊流计算模型的共同特点是通过所谓布辛涅斯克假设,将雷诺应力以简单的代数形式表示出来,因此这类模型又被称为涡黏性模型。RSM 模型则具有完全不同的思路。该模型利用 N-S 方程推导出雷诺应力输送方程,从而直接求解雷诺应力。很明显该模型在理论上更为严谨,对于旋转流动、大曲率流线流动、冲击和壁面射流等,在理论上要比标准 $k-\varepsilon$ 模型为代表的涡黏性模型计算效果更好。需要指出的是,该模型具体的计算形式非常复杂,计算时间比标准 $k-\varepsilon$ 模型长很多;该模型的各组成部分包括经验常数尚有进一步讨论的余地,很多时候需要使用者根据经验调整;初始条件和边界条件的设定复杂;计算不稳定。所以到目前为止,该模型用于工程实际尚少。

(8)标准 Smagorinsky 模型。

标准 Smagorinsky 模型由 J. Smagorinsky 于 1963 年提出。该模型是目前应用最为成功的 LES 模型,在进行各向同性流动、均匀剪切流动、管道流动等模拟,以及室内非等温复杂流动模拟时,其计算效果比 RANS 模型好很多。该模型编程非常简便,建模过程中只增加了一个 SGS 涡黏性系数的计算模块,具有很好的计算稳定性。其缺陷是模型中根据理论得到的 Smagorinsky 常数可能无法适用于工程上的各种复杂流场,使用者往往需要结合实际情况自行修正。另外,该模型不能很好地表现近壁面对紊动的衰减效果。

2. 各种紊流计算模型的比较

紊流计算模型的选择是 CFD 模拟的关键环节之一。一般而言,每种紊流计算模型都有自身的特点及适用范围。模型的预测精度越高,计算量就越大。例如,LES 比 RANS 模型的计算精度高很多,但与此同时其计算量也有相当大程度的增加。对于不同的模拟目的,所需要的计算精度和计算机资源可能都不一样,使用者应根据具体情况选择适合的紊流计算模型。总体上说,对于大多数室内空气环境的研究问题,如果只是想了解流场参数的大致分布规律,不需要得到非常精确细致的流场结果,选择适用于充分紊动状态的标准 $k-\varepsilon$ 2 方程紊流计算模型就够用了。但必须指出的是,由于实际室内空气流动的复杂性,标准 $k-\varepsilon$ 2 方程模型有可能无法获得满意的计算结果,实际上也没有任何一种紊流计算模型能从通用性和实用性的角度完美解析所有的流动现象。当前的商用 CFD 软件中提供了多种紊流计算模型的选择项,建议使用者在没有充分把握的情况下,尽可能在预研阶段尝试用不同紊流计算模型进行模拟比较,再根据比较结果确定出合适的计算模型进行正式模拟,以避免造成过大的模拟误差,影响研究成果的可信度。表 5.1 定性比较了针对各种流场的不同紊流计算模型的计算性能。

5.2.2　计算方法

在 CFD 模拟中,必须针对流体控制方程(如连续性方程、N-S 方程等)进行数值求解,才能得到速度场和压力场的时空分布。由于控制方程进行离散后的离散方程组规模庞大,必须寻找合适的计算方法以满足计算速度和稳定性的要求。

目前常用的计算方法有显式求解的 MAC 法、HSMAC 法和半隐式求解的 SIMPLE 法。这些方法的出发点都是通过分离式变量求解,避免了连续性方程与动量方程联立求解导致方程组过于巨大、计算机能力不够的弊端,同时又巧妙地满足了质量守恒关系,保证了计算结果的客观性和科学性。与 MAC 法相比,SIMPLE 法的特点是在时间差分上采用隐式求解,时间间隔可适当放大;有意识地忽略相邻网格节点处速度修正值的影响,从而实现变量之间的解耦,提高了计算效率;同时为避免压力修正方程出现计算不稳定,还引入了压力亚松弛因子,因此计算稳定性也较好,是目前室内空气环境 CFD 模拟中应用最为普遍的计算方法。近年来基于 SIMPLE 法又相继产生了 SIMPLEC、SIMPLER、SIMPLED 以及 PISO 等改进版本。与 SIMPLE 法相比,这几个改进版本都通过各自处理方法,不需要再引入压力亚松弛因子,因此计算稳定性变得更好。研究表明,PISO 法虽然运算量和需保存的运算数据增加了,但收敛所需时间相比 SIMPLE 法缩短了接近一倍。而且由于这种方法在每个时间步长上都可以实现较为理想的控制方程计算残差,也适用于非稳态模拟。

表 5.1　针对不同流场的各紊流计算模型的性能比较

流场		紊流计算模型						
		标准 $k-\varepsilon$	RNG $k-\varepsilon$	Realizable $k-\varepsilon$	低雷诺数 $k-\varepsilon$	SST $k-\omega$	DSM	标准 Smagorinsky
		壁函数	壁函数	壁函数	无滑移	壁函数	壁函数	无滑移
单纯流(管内流、局部平衡)		○	○	○	○	○	○	○
流线弯曲流动	• 曲率小(一般的室内气流)	○	○	○	○	○	○	○
	• 曲率大(钝体绕流、流体机械内部流动)	×(△)	△(○)	△(○)	×(△)	△(○)	○(△)	○
射流	• 一般射流	△(○)	○	○	○	○	○	○
	• 旋转射流	×	△(○)	△(○)	×	△(○)	○(△)	○
冲击流		×(△)	△(○)	△(○)	×(△)	△(○)	△(○)	○
非等温流动	• 热分层弱	△(○)	○	○	○	○	○	○
	• 热分层强	×	×(△)	×(△)	×(△)	×(△)	○	○
壁面附近流动及传热		×(△)	×(△)	×(△)	○	○	×(△)	△(○)
低雷诺数流动		×	×(△)	×(△)	△(○)	△(○)	×(△)	○(△)
非稳态流动	• 非稳态性强	×	×	×	×	×	×	○
	• 绕流涡脱落	×	×	×	△	×	△	○

注：○适用性强；△适用性一般(可能不适用)；×适用性低。

5.2.3　计算网格

划分计算网格是 CFD 模拟的必要步骤。网格是 CFD 模型的几何表达形式。网格质量对 CFD 计算精度和计算效率有重要影响。随着计算机能力的飞速发展,即使是大尺度复杂的三维问题,在短时间内完成整个运算过程也是有可能的。但尺度越大、计算对象形状越复杂,网格划分就越困难。室内空气环境问题涉及的空间网格数少则十几万,多的可能达到上百万甚至上千万,因此完全依靠人工手动操作,一个一个地输入网格节点坐标明显是不可能的。利用 CAD 等绘图软件得到计算对象形状,然后再利用商用 CFD 软件的自动网格生成技术可以极大地提高工作效率。但即使如此,网格划分也是极为耗时且极易出错的工作,通常生成网格所需时间大于实际 CFD 模拟的时间。

进行室内空气环境 CFD 模拟时,为了设定合理的网格系统,需要结合所研究问题的实际情况,对流场特征有一定程度的预判。网格划分还要综合考虑所选用紊流计算模型、近壁面流动特性等相关因素;同时兼顾计算精度与计算时间之间的平衡,尽量保持网格系统的光滑性和规整的网格形状。因此,很多时候需要首先基于某种网格系统进行试运算,然后根据模拟结果改变网格系统,再重新计算,经过这样的多次反复处理才能得到理想的模拟结果。

1. 网格数

德国工程师协会排烟设计标准 VDI6019 中,以标准 $k-\varepsilon$ 2 方程紊流计算模型、壁函数法为应用前提,给出了网格数根据计算域(房间)体积的大致估算式,见式(5.1)。另外,在欧洲暖通空调学会(REHVA)关于通风设计的 CFD 应用指南中,也给出了不同类型房间推荐的网格数。这两个标准的推荐值处理后汇总如图 5.3 所示。日本学者对日本公开发表的室内空气环境相关的 CFD 模拟论文进行了统计分析,发现随着计算机资源和性能的飞速提升,以及使用者对计算精度内在需求的提高,处理相同体量的计算域所用的网格数在不断增加。而 21 世纪后文献显示的网格数和式(5.1)基本在一个数量级,表明利用该公式进行网格数估算是可行的。

$$N=44.4\times10^3V^{0.38} \tag{5.1}$$

式中　N——进行 CFD 模拟所需的网格数;

　　V——计算域体积,m^3。

在 REHVA 指南中还指出,如果利用 LES 法进行 CFD 模拟,则网格数需要达到式(5.1)估算值的 100 倍以上;如果采用的是 DES 法,网格数也需要达到式(5.1)估算值的 10 倍以上。以上标准主要针对工程界,如果是学术研究,建议在采用标准 $k-\varepsilon$ 模型时,网格数最好达到式(5.1)估算值的 2 倍以上;而采用低雷诺数 $k-\varepsilon$ 模型时,网格数最好达到式(5.1)估算值的 8 倍以上。在 REHVA 指南中还对网格间隔做了如下规定:①在起居室等住宅房间(高度在 3 m 左右),垂直方向为 10 cm、水平方向为 30 cm 左右;②在大空间(高度在 20 m),垂直方向为 50 cm、水平方向为 30 cm 左右。需要注意以上规定值针对的是不受或受干扰较小的主流区,在障碍物、近壁面、风口或热羽流等风速、温度梯度比较大的区域，网格需要进一步细分。

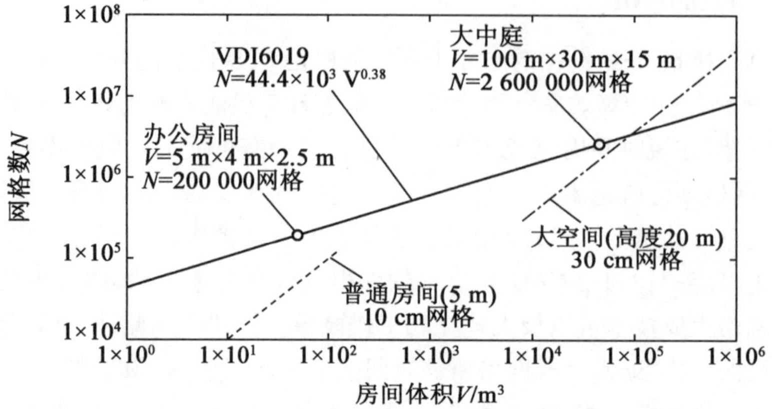

图 5.3　基于计算域(房间)体积的网格数推荐值

2. 近壁面网格分布

近壁面网格的划分也需要考虑所使用紊流计算模型的特点。参照图 5.4 所示的近壁面附近流速分布规律，如果是标准 k-ε 模型，一般边界条件可采用壁函数法，则建议距壁面第 1 层网格设置在 y^+（距壁面无量纲距离，$\sqrt{\tau/\rho}\cdot y/\gamma$）在 30 到 130 之间的位置（如果是室内空气环境问题，大概距壁面数个厘米量级）。对于低雷诺数 k-ε 模型，由于其本身就是针对近壁面流动开展精细模拟的计算模型，建议距壁面第 1 层网格设置在 y^+ 在 1 左右的位置（如果是室内空气环境问题，大概距壁面 1 mm 量级）。同时，在 $y^+<8$ 的区域内要布置尽可能多的网格，以得到尽可能准确的近壁面速度分布。通过理论分析可知，距壁面第 1 层网格的速度、距离和 y^+ 之间可以表示为一定的关联形式。如图 5.4 所示，如果可以大致预测出距壁面第 1 层网格的速度 u_p，则可以估算出满足条件的距壁面第 1 层网格的高度 Δy（$\Delta y=2y_p$，y_p 为 u_p 所在位置，CFD 算法中一般在网格中心点）。因此可知 u_p 越大，对应的第 1 层网格距离壁面就越近。

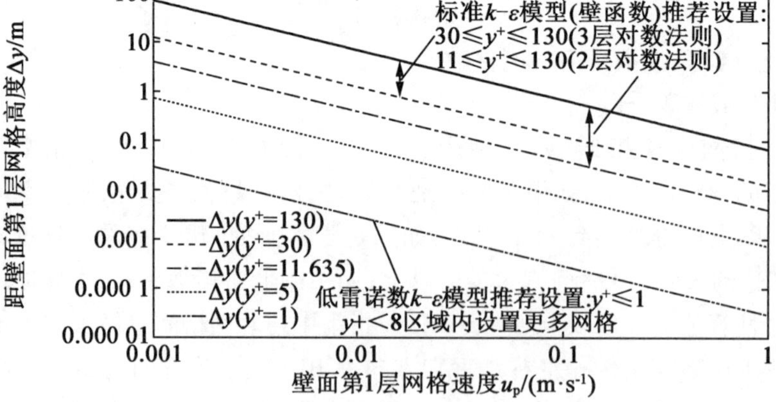

图 5.4　距壁面第 1 层网格高度的推荐值

需要指出的是,壁函数法的应用前提是距壁面第 1 层网格要设置在对数律层内,因此将网格过分细划,甚至距壁面第 1 层网格划分到黏性底层内,这反而可能造成精度变差。

3. 网格排布和形状

按照网格排布总体规律,可分为结构化网格和非结构化网格两大类。某些模拟中会同时使用这两类网格,称为复合网格体系,如图 5.5 所示。

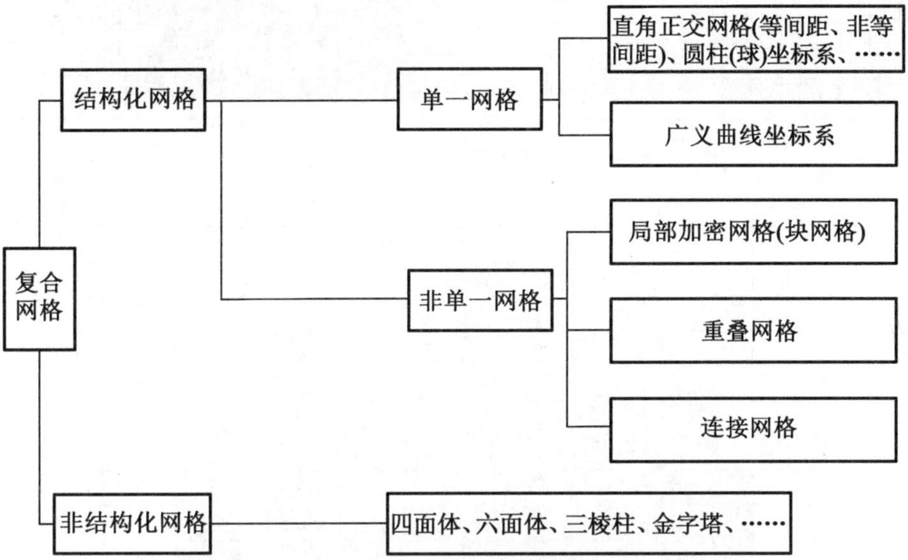

图 5.5　网格排布分类

(1)结构化网格。

该类型网格节点排列有序、邻点间的关系明确。这种网格易于空间离散处理,计算效率比较高。最具有代表性的结构化网格是直角正交网格,特别适用于立方体形状的典型建筑空间气流模拟。早期的 CFD 模拟大多采用这种网格,而且多是等间距形式。后来为提高模拟精度,在送风口或障碍物、壁面附近有意识地细分网格,称为非等间距的直角正交网格,如图 5.6 所示。这时就要注意长宽比的设定,尽量不要大于 10∶1,以免影响计算精度和计算稳定性。对于低雷诺数 $k-\varepsilon$ 模型,由于壁面附近的网格必须保证非常细密,较大的长宽比往往不可避免,为保证计算精度,使用者需要有更多的经验以及预计算的积累。

对几何外形复杂的情况,可以通过阶梯近似等处理方法来利用结构化网格,如图 5.7 所示,但不可避免地会造成计算精度下降。另外,为了更好地适应曲面形状,往往会在局部追加不必要的网格,造成计算资源的浪费。此时可采用曲线坐标系的结构化网格、局部加密网格、重叠网格或连接网格等形式进行模拟,如图 5.8 所示。

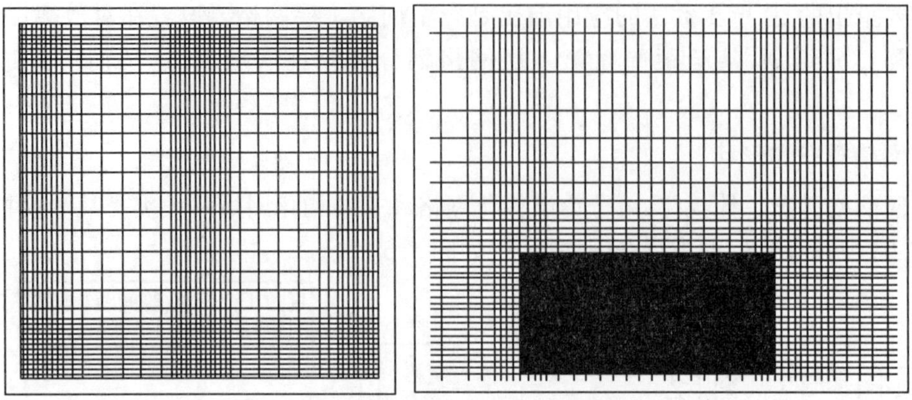

图 5.6　非等间距直角正交网格

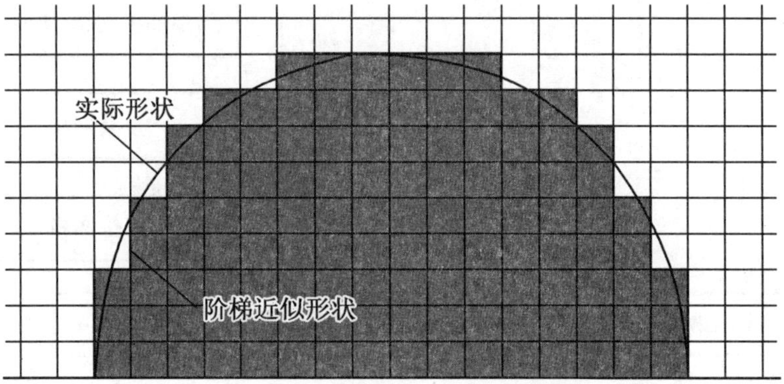

图 5.7　曲面阶梯近似的直角正交网格处理方法

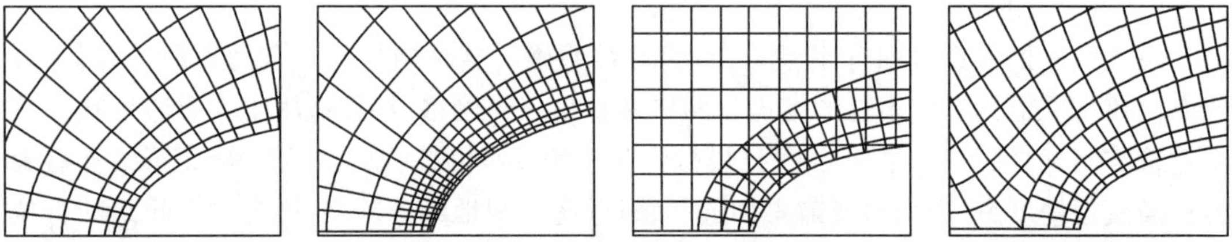

图 5.8　几种曲面结构化网格处理方法

类似于局部加密,还可以采用块结构化网格的方法,如图 5.9 所示。该方法将计算域分为大中小几个不同子区域,在各个子区域内进行结构化网格划分。这样做既可以描述出计算域内的复杂障碍物形状,同时还保证了计算域整体和障碍物附近流场的模拟精度。

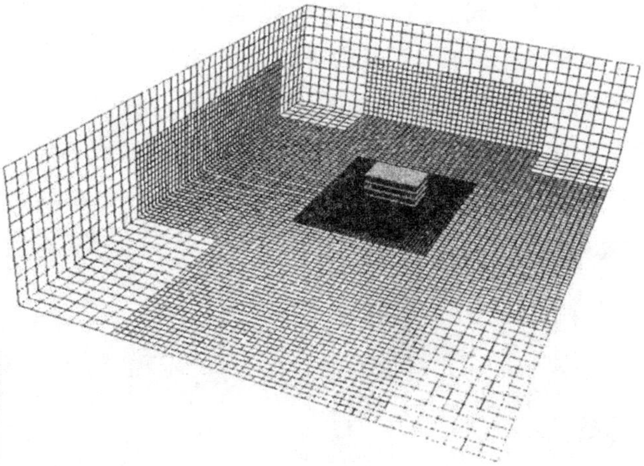

图5.9 块结构化网格

(2)非结构化网格。

该类型网格中节点的位置无法用一个固定的法则予以有序命名。其形状在二维模拟中可以表现为三角形、四边形的单元;三维模拟中一般表现为四面体、六面体、三棱柱、金字塔型的单元。该类型网格舍弃了结构化所带来的限制,有着比较好的适应性和灵活性。如果是诸如人体外形轮廓这样的复杂形状,可以在最接近人体表面区域采用灵活度高的三棱柱网格设置,在三棱柱网格之外再设置四面体非结构化网格体系,如图5.10所示;或者采用所谓切割体网格,在尽可能忠实描述物体外形的同时不增加过多的网格数。

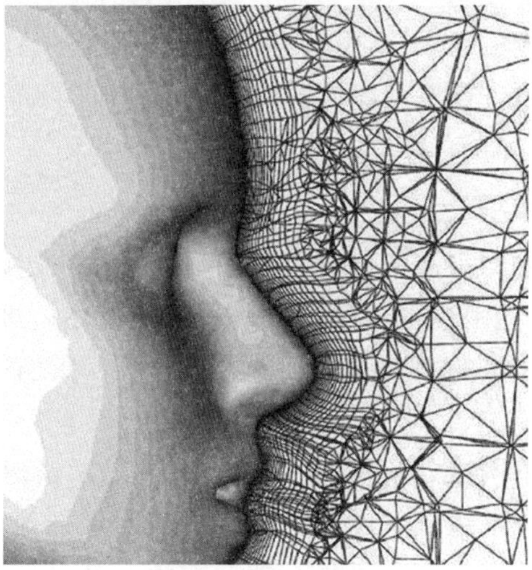

图5.10 人体面部附近网格划分

(3)复合网格。

该类型网格可以理解为前述两大类网格或同一大类网格中不同形式网格体系的组合。以图5.11(a)为例,在房间不靠近壁面或障碍物的主流区域采用直角正交等结构化网格,而在近壁面或人体附近区域采用三棱柱网格,二者之间的区域则采用各种其他不规整非结构化网格排布的形式。图 5. 11(b)则显示了建筑绕流的一种复合网格设置方法。建筑及其附近、远离建筑的区域采用不同间隔密度的直角正交结构化网格,而在建筑外围设置了排布为圆盘状的曲线坐标系结构化网格。这样做的好处是可以更方便地进行变风向的数值模拟,既保证计算精度,又不会增加前处理和运算的时间。

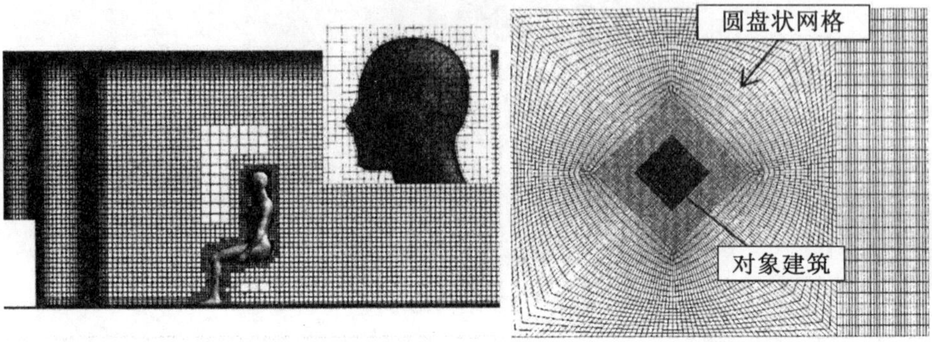

(a)包含人体在内的室内环境模拟　　(b)建筑绕流模拟

图 5. 11　复合网格设置

从网格形状看,一般情况下六面体网格比四面体网格的数值误差要小,但当网格以倾斜角度横截流动时,需要配合 TVD 等高精度离散格式,否则六面体网格的数值误差有可能更大。非结构化网格虽然对复杂形状的障碍物或壁面有更好的适应性,但障碍物或壁表面附近的网格形状有可能变形度太大,带来严重的模拟失真。建议网格各顶点连线所构成的夹角保证在 20°~160°之间。另外,如前文所述,在距离壁面最近的很薄区域范围内设置数层三棱柱网格,往往能够提高计算精度。目前很多商用 CFD 软件都有根据正交程度对网格质量进行量化评价的功能,在模拟前了解其评价结果并尽可能提升网格质量,将非常有助于完成有价值的模拟工作。

4. 其他注意事项

为确保足够的网格密度,在缺乏经验的时候,一定要做网格独立性验证。所谓网格独立性验证,就是先用较粗的网格划分进行计算,然后进行逐步加密(一般在计算的空间维度上分别增加 1 倍的网格数),直至两次计算结果之间的差别很小(比如关键位置物理量差值小于 2%)。

除了近壁面的网格分布外,整个计算域内的网格疏密都要仔细考虑,以与所计算流场的实际情况更好地适应。再举一例,如空调送风射流区域、热源上部浮力羽流区域等,由于和周边流体存在较大的速度梯度,需要有比较密的网格设置。若要保证必要的模拟精度,一般沿过流断面方向设置 4~10 个网格,且从源头沿程到下游主体段范围内的网格都要比较细密。

当对所研究对象缺乏足够了解时,建议先设置粗网格进行预计算。通过对预计算结果的分析,再逐步加密或调整网格。这样做虽然表面上增加了计算环节,但总体上更高效和可靠。

目前,各种商用 CFD 软件中一般都专门针对用户开发出各种便利的网格生成技术,这对于 CFD 的社会推广和普及发挥了重要的作用,也成为优秀商用 CFD 软件的主要特征之一。

5.2.4　离散处理

通过 5.2.3 节介绍的网格操作,就可以把时间和空间坐标中物理量的连续场(速度场、温湿度场、浓度场等)用一系列有限个离散点上的值的集合代替。所谓离散处理,就是通过一定的计算方法把流体的基础控制方程从偏微分形式转化为反映这些离散点上变量值之间关系的代数方程(称为离散方程),从而有利于计算机进行数值求解。离散处理是 CFD 模拟过程中重要的环节,一般分为空间离散和时间离散处理两部分内容。时间离散由于只涉及一个时间变量,属于"常微分方程的离散";空间离散由于最多涉及三个空间变量,属于"偏微分方程的离散"。但严格意义上讲,这两种离散处理相互之间有联系,是不能完全区分开的。

离散处理同样没有固定的模式,根据模拟目标、处理对象的性质、网格设置等的差异而有各种不同的算法。

1. 有限体积法

目前 CFD 模拟中主要采用的空间离散处理方法包括有限差分法、有限元法和有限体积法。其中有限体积法是将计算域分割为有限个控制体(CV),在每个控制体上对控制方程进行积分,再通过差分方法进行离散的方法。其特点是保证区域内物理量的守恒性,离散方程系数的物理意义明确,已成为 CFD 模拟中应用最广泛的一种方法,适用于结构化或非结构化等各种网格系统。

利用有限体积法时,需要事先对各物理参数(如速度、压力等)在网格上进行合理配置。以二维网格流场为例,如图 5.12 所示,其中 U、V、P 分别为速度在水平、垂直方向分量以及压力,i、j 分别为变量所在网格中心点位置。可见配置的方法也不是唯一的,目前主要有以下三类。

(1)常规网格。将所有变量设置在同一网格节点(一般为中心点)位置上。这种方法从设定到结果的后处理都比较简便,但计算解易出现压力场空间振荡(压力与速度间失耦)等问题。

(2)交错网格。将压力等标量参数配置于网格中心,而速度等矢量参数配置于网格边界。从实际效果看,这样做能够避免出现压力场空间振荡(压力与速度间失耦)等不合理的计算结果,适用于简单或复杂紊流、三维、非等温等各种仿真场景。

(3)同位网格。相当于常规网格和交错网格的组合形式。在针对复杂形状、非结构化网格数量较大的三维运算时,该方法具有独特的优势。

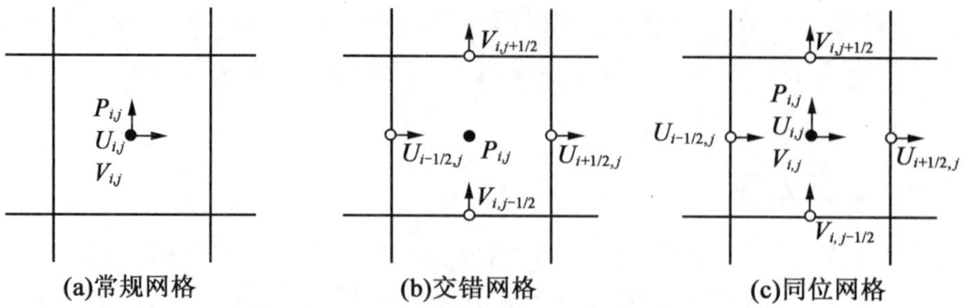

图 5.12　三种不同的变量网格配置方法

2. 对流项的空间离散算法

由于 N-S 方程中的对流项(即公式中速度全微分项中的空间偏微分项)是非线性项,该项的存在是 N-S 方程数值求解的主要难点之一,因此对其选择合理的离散算法就非常重要,是使用者需要格外注意的问题之一。一些离散格式通过特殊考虑,避免了由该项离散所带来的数值不稳定问题,但同时又产生了数值黏性造成计算误差过大的问题。由于同时完全解决这两方面的问题非常困难,在工程上从数值不稳定和数值黏性的平衡角度出发提出了各种优化的解决方案。

(1)2 次精度中心差分。该算法虽然计算精度较高,但易出现计算不稳定和数值振荡。

(2)1 次精度迎风差分。该算法的最大优势是计算绝对稳定,从工程实用的角度看无疑非常方便,但由于数值黏性误差过大,计算精度较低,除预计算外的 CFD 模拟中建议慎用。为克服这一问题,后来又提出混合差分以及 PLDS 差分等不同修正算法,这些算法都是以贝克来数为判定基准,结合了 2 次精度中心差分和 1 次精度迎风差分,计算稳定性相比 1 次精度迎风差分有所改善。

(3)QUICK 差分。该算法具有 3 次精度,总体来看,该算法兼具了计算准确性和稳定性都较好的双重优点,在以标准 $k-\varepsilon$ 模型为代表的 RANS 模型中应用广泛。但当物理量局部存在急剧变化时,计算可能出现非物理的过大或过低值;另外在高贝克来数时依然会出现计算不稳定。

(4)TVD 差分。它是近年来非常流行的一大类差分算法的统称,具体又包括 MUSCL、MARS 等不同形式,尤其适用于非结构化网格系统比较复杂、物理量梯度急剧变化的情况。

图 5.13 给出了一个简单的二维斜向均匀流动的算例及采用不同空间离散算法的结果。可以看出,与解析解相比,1 次精度迎风差分的误差随着网格数的减少而增大。在相同网格状况下,QUICK 差分的计算精度确实更高,但在特定区域会出现过大或过小的反常数值。

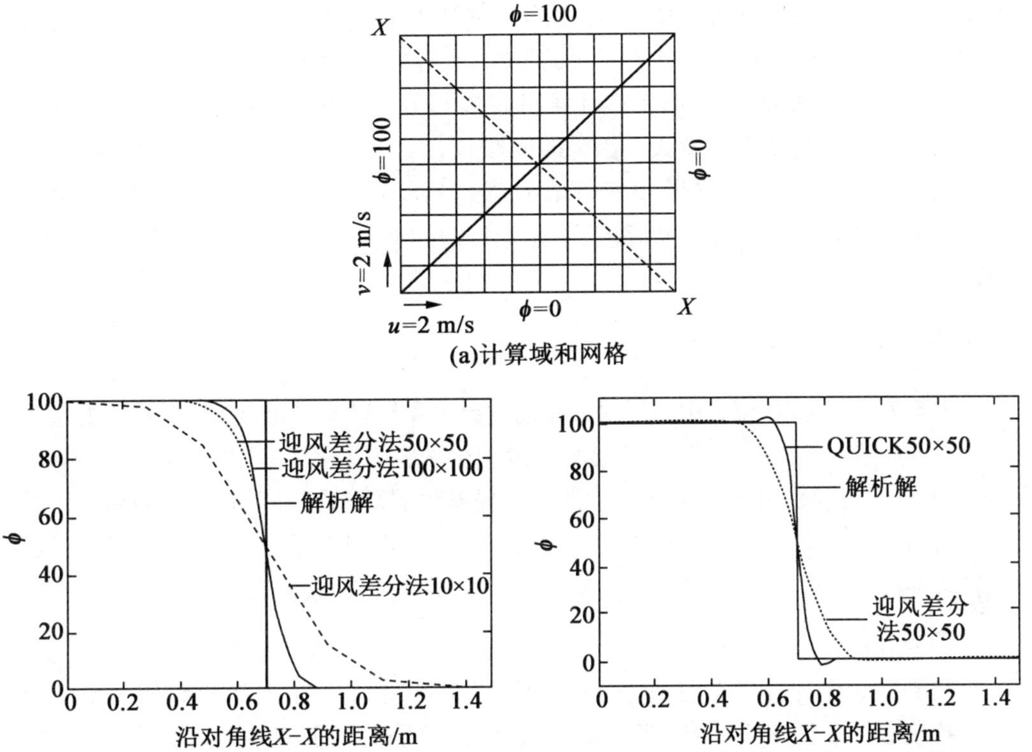

(a)计算域和网格

(b)迎风差分法和解析解的计算结果对比　(c)QUICK差分法和解析解的计算结果对比

图 5.13　不同离散算法的计算差异

3. 时间离散

一般的室内空气环境，尤其是人工环境下的 CFD 模拟都可采用稳态计算。当需要考虑室外气象因素（温差、太阳辐射）或空调系统动态运行时，理论上只有采用非稳态计算才符合实际情况。但由于非稳态计算量很大，从目前计算机运算能力的现实情况出发，绝大多数非稳态模拟也都采用稳态计算。在仅仅需要定性分析的场合，这样做是允许的。随着计算机运算能力的提高，更符合实际的非稳态 CFD 模拟将会获得很大的发展。

非稳态 CFD 模拟涉及时间离散，根据方法的不同，又包括 1 次精度欧拉法、2 次精度 Adams-Bashforth 法等显式解法，与 5. 2. 2 节的 MAC 系列方法相匹配；以及 2 次精度 Crank-Nicolson 法等隐式算法，与 5. 2. 2 节的 SIMPLE 法相匹配。如果时间离散采用显式解法，同时空间离散采用迎风差分，则必须慎重设定时间步长。如果设定不合适，会造成计算不稳定。一般可利用 CFL 数对最小时间步长 $\Delta t_{\min}$ 进行估算：

$$\mathrm{CFL}=\frac{\Delta t_{\min}}{\Delta x_{\min}}U_{\max}<1.0 \tag{5.2}$$

式中　$\Delta x_{\min}$——计算域内最小的网格长度；

$U_{\max}$——流场内最大速度。

CFL 数可以取 1。

对于常规的室内空气环境问题，可以很容易估算出采用显式解法的合理时间步长应设定在 $10^{-2} \sim 10^{-3}$ s 的数量级，对计算资源的要求比较高，运算时间往往较长。

如果采用隐式解法，即使不满足上述条件也能得到稳定解。要注意的是，隐式解法也不意味着时间步长可以随意放大。因为时间步长设定过大，会导致中间结果的误差不断累积。另外，对于稳态模拟来说，由于不存在误差累积问题，采用隐式解法明显比显式解法更为高效。所以与 5.2.2 节相呼应，总体上目前的室内空气环境 CFD 模拟中采用隐式求解的 SIMPLE 方法。

5.2.5　边界条件

在室内空气环境 CFD 模拟中必须要考虑的边界主要指建筑空间固体壁面构成的边界，以及考虑室外环境时的外部空间、空气流入流出室内的虚拟边界等。在实际的 CFD 模拟过程中，计算域内的流动是由边界条件驱动的。边界条件看似只针对空间外围等局部区域，但会给流场内的主流流动带来巨大影响。因此提供符合物理实际并可与控制方程有效衔接的边界条件极为重要，也是考验使用者对 CFD 原理理解程度的重要内容。

1. 壁面边界条件

由于受到壁表面的摩擦作用，壁面附近流体紊动度受到抑制，其雷诺数相对较低，物理量变化梯度很大。图 5.14 给出了近壁面速度分布的示意图，其中横轴为距壁面的无量纲距离 y^+（注意为单对数坐标），纵轴为无量纲速度 u^+。可以看出，在紧贴壁面、无量纲距离 $y^+ \leqslant 10$ 以内的极薄区域内，流动几乎为层流，u^+ 与 y^+ 呈线性关系，被称为黏性底层；无量纲距离 y^+ 在 10～100 区域内时，流动状态复杂，u^+ 与 y^+ 难以用一个公式表述，该区域被称为过渡层；如果把过渡层也包含在内，无量纲距离 y^+ 在 10～300 区域内时，u^+ 与 y^+ 近似呈对数关系（单对数坐标图中显示为线性），该区域被称为对数律层，意味着平行于壁表面的速度分量沿壁面法线方向呈对数分布。

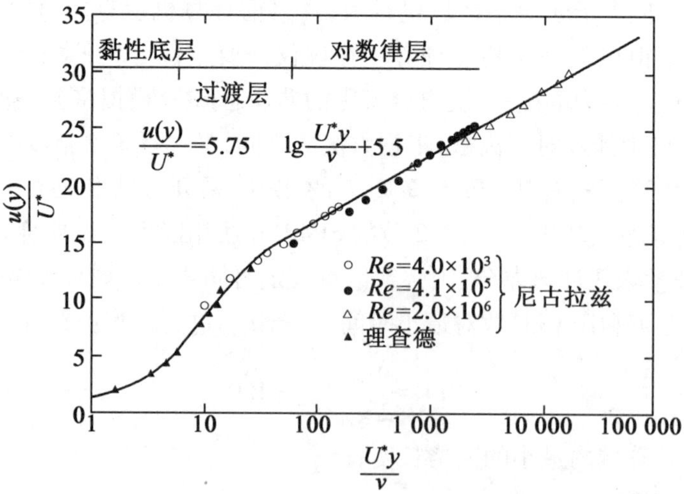

图 5.14　壁面附近流速分布的一般规律

目前 CFD 模拟中主要采用的壁面边界条件处理方法包括:

(1)无滑移条件。这是与实际物理现象相对应的边界处理方法。该设定方法的思路是认为壁面处速度为零,壁面附近的速度满足线性分布。如图 5.14 所示,如采用该方法,网格必须细划到黏性底层内部,这会带来较大的计算负担。因此利用 RANS 模型,以复杂形状为对象的三维 CFD 解析中应用此方法比较困难。但对于管内流等单纯流场的解析,壁面附近的网格一般可以划分得很细,同时采用低雷诺数 k-ε 模型进行计算(特别是针对壁面传热问题的高精度计算)时可使用这种边界条件。

(2)自由滑移条件。该设定方法的思路是认为沿壁面的法线方向速度梯度为零,这无疑是与现实情况相违背的,所以除非遇到对称壁面等假想边界这样的特殊情况,实际应用较少。

(3)壁函数法。该设定方法认为从壁面到沿法线方向第一层网格之间的速度梯度满足某种函数形式,具体又分为幂函数法则、对数律法则及正规化对数律法则。该方法与图 5.14 相对应,意味着如采用该方法,距壁面最近网格应该大致处于对数律层。由于对网格设置的要求不那么严格,计算效率比较高,因此工程实用性强,目前在 k-ε 模型中得到普遍采用。但要指出的是,对于冲击流、壁面附近出现剥离、循环等复杂流动现象,壁面附近的流速分布不一定满足函数分布,壁函数本身能否依然适用有待进一步研究。

进行非等温 CFD 模拟时,可以直接设定壁面温度或设定热流。如果热流设定为零,相当于按绝热壁面处理。如果以房间内加热量已知的实验或测试场景为模拟对象,设定壁面热流,即直接给出对流换热量的方法,将有助于得到预期的热平衡效果。如果采用的是壁面温度设定方法,就要注意近壁面流动所带来的对流传热计算问题。由于常用的热扩散模型是基于速度分布与温度分布近似的前提而得到的理想化模型,这意味着和速度分布类似,温度分布也将表现出壁函数的规律(又称温度对数律)。但这样处理的结果,与实际情况相比,模拟中的壁面对流换热系数可能偏低,而且近壁面网格划分越粗,偏差越大。经分析,其原因可能在于:实际壁面不是理想的光滑壁面;近壁面流动状态复杂,不符合均匀流条件,壁函数假设无法适用等。因此最终模拟得到的室内温度分布精度受到影响。以室内对流型散热器的 CFD 模拟为例,往往发现计算得到的散热量和室温都低于实际情况。这种情况下,使用者需要考虑采用更为准确的处理方法,如以修正的温度对数律替代常规温度对数律,再配合低雷诺数 k-ε 模型等。

2. 流入、流出边界条件及自由边界条件

在室内空气环境 CFD 模拟中,作为流入边界条件,要准确提供送风口等流入侧的风量、运动量以及热量等信息,一般直接输入送风的平均风速以及标量(温度或浓度)的测试值或理论值。对 k-ε 2 方程模型来说,还要注意给出尽可能准确的流入侧紊流统计量,比如直接给出流入边界的 k 和 ε,或者紊流强度以及紊流特征长度的测试值或理论值。在目前 CFD 商用软件或文献中,对一般尺寸和形状的送风口,提供了相应的公式估算方法,使用时要注意各自的适用条件。比如对于紊流特征长度,根据风口形状尺寸,可以在

$\frac{L}{10} \sim \frac{L}{5}$之间取不同值等，使用者的经验往往决定了最终模拟的精度。另外，由于边界上直接设定了风速值，该区域的网格不需要再求解压力泊松方程，因此不需要再给出压力边界条件。

对于流出边界，由于没有流动的明确指向性，一般按照边界法线方向物理量（平均风速、温度或浓度等）梯度为零进行设定。

有时室内空气环境的模拟对象可近似认为存在对称面（如形状规整且散发源、风口对称排布的体育场、教室等），可以将对称面作为虚拟边界处理。该方法强制认为边界面法线方向速度值为零，且其物理量在法线方向的梯度值为零。

对于半开敞建筑，在室内和室外之间的分界面处还需要考虑自由边界条件的设定。一般采用直接对边界处的静压赋值的设定方法，从而计算得到边界法线方向的速度分量。这时其他物理量按边界各方向梯度为零进行设定。

3. 初始条件

对稳态计算的 CFD 模拟来说，初始条件不重要。如果是非稳态计算，则需要认真考虑初始条件的设定。一般来讲，初始条件选择实际测试的结果或根据经验给出合理的数值。

5.2.6　方程组求解

1. 求解方法

如前文所述，将控制方程离散后得到大型线性方程组。无论是采用 MAC 法还是 SIMPLE 法，都要对这样的方程组进行求解。CFD 涉及的代数方程组规模与网格划分有密切关系，同时有着鲜明的结构特点——方程组系数矩阵中除主对角线元素和相邻元素外，其他均为零元素，即所谓“带状稀疏矩阵”。以正交网格为例，设每个维度上的网格总数均为 N，可以推断出，三维问题离散后将得到一个系数矩阵大小为 $N^3 \times N^3$ 的代数方程组。这意味着如果 $N=100$ 的话，计算机就将求解一个由 10^6 个代数方程组成的方程组！从这个方面也论证了 CFD 模拟对计算资源要求较高，同时又比较耗时的原因。

由于所要求解的方程组过于庞大，古典的线性方程组求解方法，如高斯-赛德尔迭代法（G-S 法）等都无法适用于 CFD 模拟。目前 CFD 比较常用的是将直接解法（如 TDMA 算法）和迭代算法相结合的方程组求解方法，如交替方向隐式法（ADI 法）、共轭梯度法（CG 法）、代数多重网格法（AMG 法）等。CG 法虽然需要较多的计算资源，但和其他算法相比，其与 CFD 求解的带状稀疏矩阵形式的方程组匹配性更高，因此收敛性表现优异。进入 20 世纪 90 年代以后，随着前处理技术、矢量运算和并行运算技术的发展，开发了多种基于 CG 法的高速算法，如 ICCG、MICCG、BiCGSTAB 算法等，适用于 MAC 法或 SIMPLE 法等各种计算方法。AMG 法主要适用于 SIMPLE 法。

在商用 CFD 软件中，一般提供有各种不同的方程组求解方法。方程组形式不同，理论上对应的最佳求解方法也可能不同。即使找到了最佳的求解方法，可能也需要进行调参处理，来保证计算的稳定和计算速度。因此，使用者对各种方程组求解方法的原理最好有一定的了解，并通过反复的预计算来积累经验。

2. 收敛判定

当利用迭代法求解线性方程组时，由于不可能获得精确解，必须根据设定的收敛条件，当变量计算值满足收敛精度时认为计算收敛，从而终止该步计算（或对变量计算值进行逐次的监测和可视化显示，计算者根据经验判断计算值的变化情况，从而决定是否收敛）。迭代收敛的判定依据有多种，一般是根据 n 和 $n+1$ 连续两步迭代过程中各物理场中变量的相对偏差（残差）STED 是否小于允许限值来进行判定，如下式：

$$\mathrm{STED} = \frac{\sum_{1}^{N} \left| \phi^{n+1} - \phi^{n} \right|}{(\phi_{\max} - \phi_{\min}) \times N} \tag{5.3}$$

式中　N——未知量总数；

$\phi_{\max}$——各物理场中变量 ϕ 计算值中的最大值；

$\phi_{\min}$——各物理场中变量 ϕ 计算值中的最小值。

值得注意的是，多数商用 CFD 软件默认的收敛判断条件都不很严格，使用者往往需要自行设定更为严格的残差限值，更不能为了尽快收敛而随意放宽收敛精度要求，这会给计算结果的正确性带来极大的负面影响。以某物理量的残差设定为 $10^{-4} \sim 10^{-3}$ 为例，这代表该物理量在整个流场上的相对偏差范围大致在 $10^{-4} \sim 10^{-3}$。表面上看如果是以定性了解流动规律为目的，这个收敛条件应该满足要求了。但根据实际算例结果的显示（图 5.15），残差设定限值在 $10^{-7} \sim 10^{-3}$ 之间变化时，流场的模拟结果发生了显著的改变。一般情况下，只有当残差设定限值达到 10^{-5} 以下的程度，才能得到相对满意的模拟结果。

商用 CFD 软件一般均具有根据预先设定好的残差限值自动判断收敛程度、中止计算的功能。使用者也可通过监控不同迭代次数时某些关键位置的计算中间值，或根据可视化显示来辅助自行判断。一定要注意仅根据残差来进行收敛判定可能是危险的。物理量的残差随着迭代进程逐次减小，只反映了流场整体的收敛趋势，局部区域完全可能存在收敛不充分、甚至发散的可能性。除了残差外，还有必要根据质量或能量是否守恒等情况来综合进行收敛判断。

3. 松弛因子的设定

如果残差值趋于稳定但总是很难降低到设定限值范围内，即迟迟无法收敛时，剔除紊流计算模型和边界条件等方面的问题，可通过检查是否网格质量不好（网格长宽比过大等）等问题来发现不收敛的原因。如果这些都设定无误，可以通过调整松弛因子来改善收敛状况。这里的松弛因子主要是指利用经典 SIMPLE 法进行计算时的压力和速度亚松弛因子（在 5.2.2 节中简单提及）。总体而言，亚松弛因子数值越小，对应的变量变化幅度越小，越易于收敛。但同样，由于变量的变化幅度小，收敛速度可能变慢。

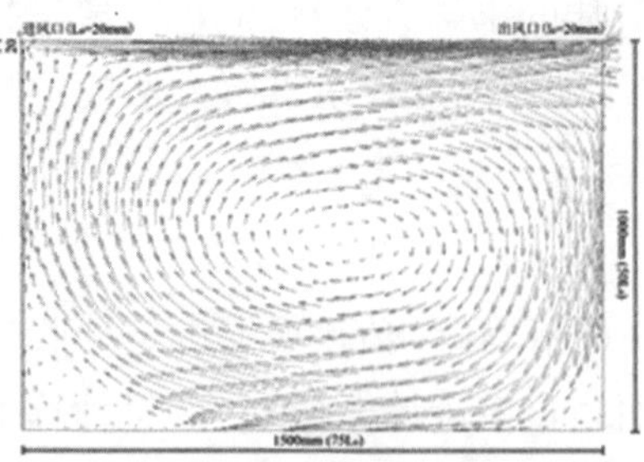

(a)测试结果

(b)残差设定限值为10^{-3}的模拟结果

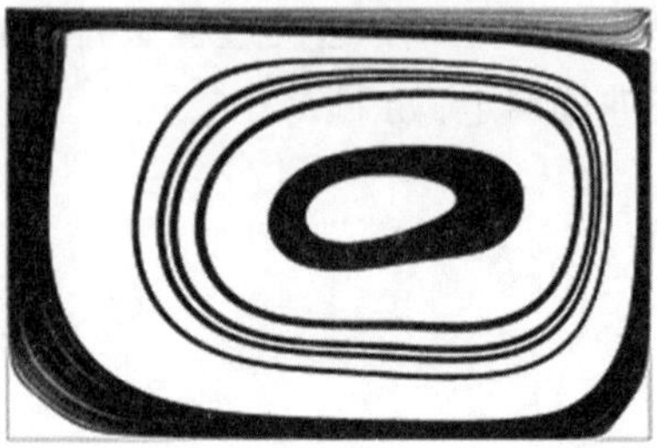

(c)残差设定限值为10^{-4}的模拟结果

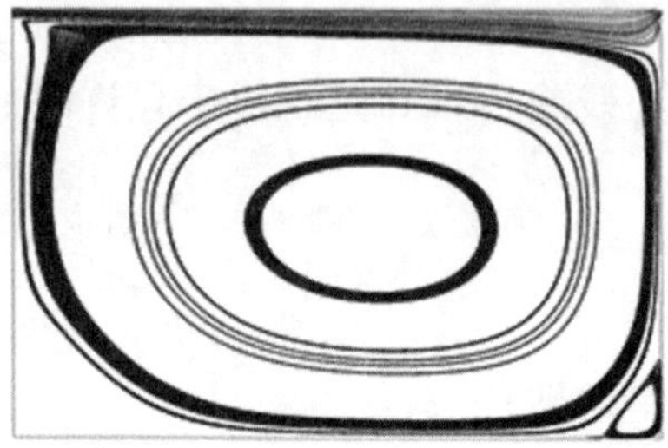

(d)残差设定限值为10^{-5}的模拟结果

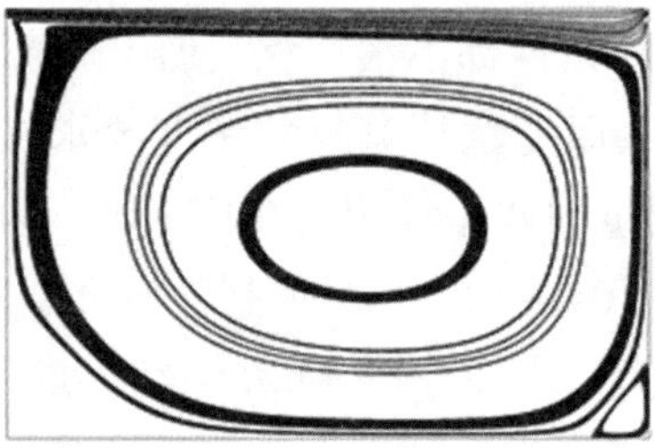

(e)残差设定限值为10^{-6}的模拟结果

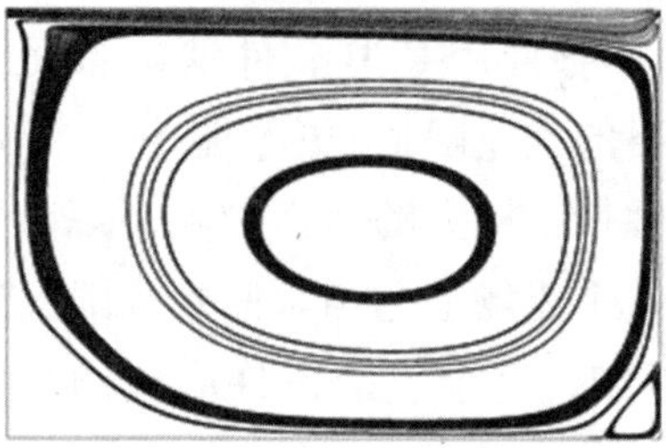

(f)残差设定限值为10^{-7}的模拟结果

图 5.15　不同残差对应的流场结果

一般的室内空气环境 CFD 模拟采用非结构化网格,亚松弛因子大致可设定为:压力 0.3、运动量 0.7、能量 0.9~1.0。实际计算时,可以先用上述设定值试算,如果出现不收敛,或者残差值不能单调减少等情况,可以逐步减少设定值(如每次减少 0.1)直至收敛。由于流场和温度场同时求解的非等温 CFD 模拟非常容易发散,一种推荐方法是将能量方程的亚松弛因子从计算一开始就适当调小。还有的研究尝试先进行流场计算并得到初步收敛,然后再以此为基础,单独进行能量相关方程的求解,最后再针对所有方程进行整体求解,也取得了不错的效果。如果是压力场、流场与温度场强烈耦合的情况,可能需要在计算一开始就把所有变量的亚松弛因子调小。不过一般来说,亚松弛因子与模拟问题的性质以及网格配置等有关,不存在确定最佳值的准则或方法。更要注意的是,绝不能认为只要把亚松弛因子调小,各变量的残差就一定变小。事实上随着亚松驰因子变小,残差值出现波动甚至反而变大的情况都不少见。总之,使用者要综合实际运算情况,从全局的角度对压力、动量和能量的亚松弛因子边试错边进行调整。

5.2.7　商用 CFD 软件概述

1. 概述

在 CFD 技术被引入建筑环境领域的最初阶段，模拟工作主要由不同科研机关的科研人员根据自身需要自主编写源程序进行计算。其优点是内容完全可控，可根据具体计算对象或研究兴趣不断进行拓展；不需要缴纳昂贵的软件使用费和维护费；部分开源的程序对于普及 CFD 建模理论和技巧、促进科研成果共享也有很大裨益，如下文所述 OpenFOAM。但同时需要指出的是，由于程序编写者绝大多数是专业技术人员而非计算机专业出身，缺乏必要的程序编写训练，程序的可读性、可移植性都普遍较差，运行效率不高；另外，程序的操作界面普遍不够友好，也缺乏足够有效的验证。

与上述自主编程相比，自从最早的 CFD 商用软件 PHOENICS 于 1981 年问世以来，发展非常迅猛，目前已成为 CFD 应用的主流。CFD 商用软件的优点非常突出：①功能比较全面，适用性强，可以解决各种工程问题；②具有易于用户操作的前后处理系统，很多烦琐的工作如网格划分等，可以快速完成；③具有和多种主流 CAD 或数据处理软件的接口能力，便于用户方便地进行建模和数据统计分析；④允许用户利用自定义系统实现互动式操作，灵活性强；⑤软件的系统维护更为专业，可与多种计算机、操作系统实现兼容，可实现更为复杂的串行或并行运算等。事实上，正因为商用软件的功能越来越全面、容错机制越来越完备，用户甚至已经不需要具备计算流体力学有关的理论基础，就可以进行 CFD 模拟工作（当然不推荐这么做）。

2. 主要的商用 CFD 软件介绍

除 PHOENICS 外，到目前为止世界上陆续有几十种 CFD 软件面世，下面按英文字母顺序分别予以简单的介绍。软件的详细信息及算例可参考软件主页和相关技术文献。

（1）Ansys CFX®。

CFX 软件是由英国 AEA Technology 公司于 1991 年推出的商用 CFD 软件。2003 年被 Ansys 公司收购。相比于其他商用软件，CFX 具有一些独特之处，具体如下。

①CFX 采用的是基于有限元的有限体积法。在保持了有限体积法物理守恒特性的基础上，吸收了有限元法的数值精确性，因此更加适用于流固耦合的计算。但由此 CFX 对内存的占用要比其他商用 CFD 软件多。

②CFX 第一个发展了全隐式多网格耦合技术，避免了传统压力修正算法反复迭代过程。即使是网格质量不高的大规模运算，也能取得较为理想的计算速度和稳定性。

③CFX 的前处理模块是 Ansys ICEM CFD，后处理模块为 CFX-post。操作界面友好易学。

④在流体机械、多相流等工程领域的模拟尤其具有优势，但在紊流计算模型、离散格式等的选择上不如 FLUENT 等其他商用 CFD 软件丰富。

(2) COMSOL Multiphysics®。

COMSOL Multiphysics 是由瑞典 COMSOL 公司开发的一款基于有限元法的多物理场耦合仿真模拟软件,从实质上看,COMSOL Multiphysics 就是一个专业的有限元数值分析软件包,是对基于偏微分方程的多物理场模型进行建模和仿真计算的交互式开发环境系统。它的主要优势和特点如下:

①实现多物理场耦合分析。由于常见的物理过程都需要用偏微分方程描述,用户只需选择或者自定义不同专业的偏微分方程进行任意组合便可轻松实现多物理场的直接耦合分析。软件中内置各种常用的物理模型,用户可轻松选择并进行必要的修改。

②用户友好,架构开放。用户可在图形界面中轻松自由定义所需的专业偏微分方程;内嵌了丰富的 CAD 建模工具,用户可直接在软件中进行二维和三维建模。

③强大的网格划分能力和运算能力。支持多种网格划分,支持移动网格功能;具备 Linux、Unix 和 Windows 系统下 64 位处理能力和并行计算功能。

④丰富的后处理功能。可根据用户的需要进行各种数据、曲线、图片及动画的输出与分析。

显然 COMSOL Multiphysics 不是一个专业的 CFD 商业软件,而是涵盖了流体流动、热传导、结构力学、电磁分析等多种物理场的仿真软件。但利用该软件完全可以进行室内空气环境 CFD 模拟,如果涉及流固耦合、复杂的流体传动等方面问题,其模拟的效果甚至更好。

(3) Ansys Fluent®。

Fluent 是美国 Fluent 公司于 1983 年推出的商用 CFD 软件,是继 PHOENICS 软件后第二个基于有限体积法的 CFD 软件。FLUENT 软件在 CFD 模拟领域享有盛誉,被认为是功能最全面、适用性最广的 CFD 软件之一,在 CFD 应用市场上拥有很大的占有率。2006 年,Fluent 公司被 Ansys 公司收购。

Fluent 软件最大的特点就是功能强大,它可以对各种丰富复杂的实物现象进行模拟,同时拥有先进的数值计算方法,其仿真计算的鲁棒性及结果的准确性得到公认。这主要是源于其强大的求解器。Fluent 软件的求解器在所有同类商品中被认为是最多和最全面的,可以提供多种流体计算解决办法,囊括了绝大多数流行的紊流计算模型、大量的燃烧模型、多相流模型、辐射模型等几乎所有的常用物理模型。Fluent 为适应多 CPU 的硬件环境,通过自动分区并行技术来保证各个 CPU 的负载平衡。Fluent 也拥有灵活的网格处理系统,可以使用适体坐标系及各种非结构化网格解决复杂形状的流动。被 Ansys 收购前的 Fluent 前处理软件为 Gambit,收购后被 Ansys ICEM CFD 所取代。后者从界面的操作性以及系统兼容性上都更为优越,网格生成能力(尤其是动网格生成能力)也更强,但学习起来更为复杂一些。

另外,Fluent 还拥有 AirPak 这一面向暖通专业工程师、设计师的人工环境系统分析软件包。它可以比较快速地模拟所研究对象内的空气流动、传热和污染等物理现象,并依照 ISO Standard 7730—2005 标准提供舒适度、PMV、PPD 等衡量室内空气质量(IAQ)的技术指标,非常简便易用。

(4)OpenFOAM® 。

OpenFOAM(Open Source Field Operation and Manipulation)是 1989 年由英国帝国理工大学的学生最早研发出来、采用 C++语言编写的面向对象的开源代码程序库,可计算包括化学反应、传热传质在内的流体力学、固体力学、电磁学等多方面的问题。OpenFOAM 的核心由一系列高效的 C++模块数据包组成,使用者可以利用这些数据包构造出一系列有效的求解器、辅助工具和库文件,用以模拟特定的工程实际问题并进行相关的前后处理,包括数据处理、图形显示、网格处理、物理模型和求解器接口等。OpenFOAM 集成了很多预编译的标准求解器、辅助工具及模型库,可以对一系列复杂问题进行数值模拟,如模拟复杂流体流动、化学反应、紊流流动、换热分析、多相流、燃烧等现象,还可以进行结构动力学分析、应力分析、电磁场分析以及金融评估等。OpenFOAM 主要采用有限体积法在软件中描述并离散求解偏微分方程。该软件支持任意三维多面体网格,因此可以处理复杂的几何结构,并且该软件支持区域分解并行计算等。

OpenFOAM 的开源性不仅仅在于其程序代码对外公开,而且其软件程序结构和软件架构设计也是开源的,用户可以根据需要扩展其本身所具有的功能和处理能力,以便最大限度地拓展该程序。OpenFOAM 所具有的开放性、完全面向对象开发及完备的分层框架构建等特点,使用户只需花费较少的时间便可研发自己的数值实验模型和求解器。因此 OpenFOAM 是进行 CFD 技术研究及新数值计算方法开发的优良平台,近年得到国内外科研工作者越来越广泛的应用。研究者一般采用 OpenFOAM 为基础研发适合自己特殊需求的 CFD 应用程序及辅助工具。尤其是该软件在 LES 方面具有独特的优势,成为利用 LES 进行紊流内部构造和机理研究的推荐工具。

(5)PHOENICS® 。

如前文所述,PHOENICS(Parabolic Hyperbolic or Elliptic Numerical Intergration Code Series)是世界上最早的 CFD 商用软件,由英国帝国理工大学研发,目前主要由 CHAM 公司维护开发。PHOENICS 具有如下特点:

①开放性较好,利用 In-Form 的用户接口功能可完成用户数学表达式的输入、IF 判断等功能,非常方便用户控制边界条件、初始条件以及材料物性等参数的输入。

②Shapemaker 的三维造型功能。

③PARSOL(Cut Cell)的网格处理技术,对于各种 CAD 版本的图形导入,网格能快速自动生成。这可以看作是 PHOENICS 软件最大的优势之一。

④后处理功能强大,图形显示美观。

⑤松弛因子等可实现自动设置和自动收敛。

⑥对所有模型均使用动态内存分配,在相同计算量的前提下,PHOENICS 的计算速度是比较快的。

另外,CHAM 公司还推出了 PHOENICS-FLAIR 这一针对建筑及暖通空调专业设计的 CFD 专用模块,可实现室内外风热环境及舒适度、空调设计、热岛效应、污染物浓度扩散预测以及火灾地铁等的仿真。

(6)STAR-CCM+®。

STAR-CCM+是英国 CD-adapco 公司于 1987 年推出的 STAR-CD 软件的升级版,在已有技术的基础上进行了进一步的拓展,其主要特色包括:

①面向对象的图形用户界面非常友好,其“包面”功能可以针对复杂表面的物体,自动形成可生成体网格的完全封闭面。

②具有非常强大的网格生成功能。最有特色的就是多面体网格技术,兼具了六面体网格的精确度和四面体网格的易生成性,比四面体网格收敛性更好且网格依赖性更小,大大降低用户的硬件资源要求和计算时间。

③与其他商用 CFD 软件不同的是,STAR-CCM+是一体化集成的软件,其操作流程化且集成在 1 个界面中,如其 3D-CAD 模块实现了 STAR-CCM+从参数化 CAD 建模到表面准备、体网格生成,再到计算求解和后处理的一体化工作流程,使用户可方便地修改几何模型尺寸。

④具备大规模并行计算能力,在前后处理方面也可实现多 CPU 并行处理。

5.3　室内空气环境 CFD 模拟需注意的问题

5.3.1　空调送风的设定问题

进行室内空气环境 CFD 模拟的一个关键难题是流入边界条件的描述。根据 5.2.5 节的介绍,需要尽可能准确地给出空调送风口处送风参数的信息,但这一点在实际操作中并不容易做到。其首要原因在于,实际的送风口几何形状非常复杂,如散流器、百叶风口和孔板风口等,如图 5.16 所示,同时其内部还往往通过导流叶片、格栅、调节阀或阀板等来保证送风方向、初始流量和运动量。为准确描述送风口形状,风口本身区域内网格必须划分至毫米甚至更小的量级,再考虑到房间内可能有多个风口存在,这样一来整体计算区域内的网格节点数就会非常大,很难直接为一般工程应用所接受。必须采用较少的计算网格,用简化的处理方法来描述复杂的风口流入边界条件,以适应快速计算的要求,同时又要保证一定的准确度。

图 5.16　各种不同形式送风口

最常用的办法就是用简单的形状来替代实际风口形状，同时保证当量送风面积和送风气流状态不变。比较典型的如早期 Nielsen 等提出的所谓“盒子”方法（图 5.17）、“指定速度”方法等，这些方法以一假想的盒子“扣”在出风口上，二维情况下盒子是一个矩形，三维情况下盒子是一个长方体。这些方法的共同特点是避免直接描述风口附近复杂的流动情况，而是以盒子边界处的参数替代原风口处的参数，但送风速度值来自于实际风口附近的测量数据或射流半理论半经验公式，从而达到简化计算的目的。这些方法的缺点是很多情况下无法获得测量数据，而射流公式往往不一定很可靠。另外，盒子本身的设定也很重要，需要保证界面和风口的距离，否则界面处就无法形成充分发展的射流区且自相似的速度分布；与上述方法相比，“动量”方法直接以一具有相同尺寸的开口来代替真实送风口，将实际送风状态的运动量设置为开口运动量。这种设定方法思路比较明确，问题是该方法要对边界处的运动量方程和连续性方程进行解耦处理，这一点在目前商用 CFD 软件中实现困难。另外，当送风方向不均匀时，该方法可能会有较大误差。

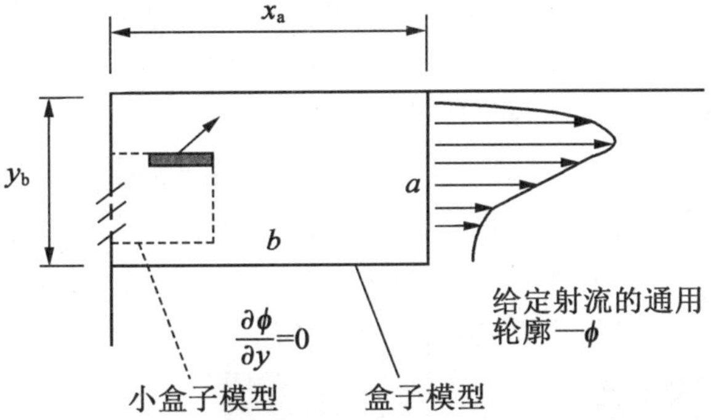

图 5.17　盒子法示意图

5.3.2　外壁面传热的设定问题

对于室内空气环境 CFD 模拟，外围护结构传热模拟的成功与否对整个模拟质量至关重要。根据太阳辐射透射情况，外围护结构大致可分为不透明墙体和透明的玻璃两大类。由于材料自身的复杂性、外扰的不确定性以及建造施工过程的各种偶然因素，很多情况下，按照理论方法进行参数输入并计算得到的传热情况与实际有很大出入。最终往往要根据实际传热量的数值不断调整物性参数或输入方法，“强行”让模拟结果符合实际情况。

外壁面传热的设定方法大致有以下几种，使用者可根据不同的模拟对象和目的进行选择。

（1）给定室外温度（图 5.18（a））。壁体用网格处理，其厚度和物性值需要输入，室外侧的传热、壁面内部的导热、室内侧的传热都通过计算获得。室外温度根据情况可采用考虑太阳辐射影响的室外空气综合温度。室内侧对流换热可按温度对数律计算。该方法在理论上最为严谨，除了稳态计算外，还适用于考虑壁面蓄热作用的非稳态传热计算。

(2)给定壁面物性值和发热量(图 5.18(b))。壁体用网格处理,其厚度和物性值需要输入,壁面内部的导热、室内侧的传热都通过计算获得。壁面外侧按绝热处理。该方法在理论上严谨,除了稳态计算外,还适用于考虑壁面蓄热作用的非稳态传热计算。

(3)给定室外温度,忽略壁厚度(图 5.18(c))。壁体不用网格,但壁内表面温度作为计算节点,考虑壁体的热阻作用,从室外侧到壁内表面的传热,从壁内表面到内部空气之间的对流传热通过计算获得。该方法主要适用于类似玻璃窗体等比较薄且热容量不大的稳态传热计算。

(4)给定壁内表面温度(图 5.18(d))。室内侧的对流传热可按温度对数律通过计算获得。该方法是简便的处理方法,适用于通过测试手段已知壁内表面温度的情况。要注意实际壁内表面温度可能存在空间分布,依靠单点或少量测点的测量结果作为壁内表面温度输入的话,有可能造成偏差。

(5)给定室外温度和总传热系数(图 5.18(e))。用围护结构总传热系数反映从室外到壁面到室内的总传热过程,总传热量通过计算获得。室外温度根据情况可采用考虑太阳辐射影响的室外空气综合温度。这种方法既比较简便,同时又比较全面地考虑了室外侧对流换热、壁体内部导热和室内侧对流换热。

(6)给定总传热量(图 5.18(f))。将太阳辐射得热、壁面发热量等折算到壁体总传热量并事先计算出来,在室内侧和壁面相邻的网格处以热流形式输入。该方法在玻璃等透明围护结构传热计算过程中应用较多,也比较简便。但要注意采用该方法需要预测室内温度,如果计算得到的室温和预测值相差较大,可能还需要重新计算。

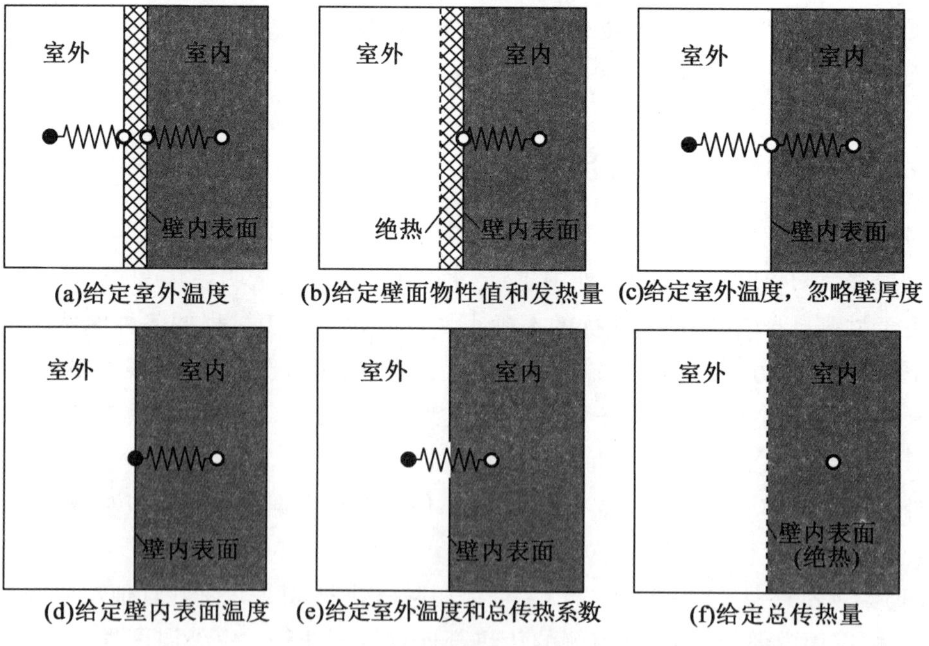

图 5.18　外壁面设定方法示意图

5.3.3　辐射传热设定问题

在非等温室内空气环境 CFD 模拟中，一般情况下都要考虑辐射传热计算，否则容易产生偏离实际的结果。特别是壁面受到室外太阳辐射或自身具备加热或制冷（如地板辐射供暖等）功能的话，其表面温度和空气温度差异可能较大。图 5.19 给出了家居空调使用状态下的室内热环境 CFD 模拟案例，其中房间内有局部散热。如图所示，如果不考虑辐射计算，顶棚附近就会显示过多的热量累积，造成过大的温度分层现象。而考虑辐射计算，室内温度分布更趋于均匀，相对更为合理。同时也要注意，由于引入辐射计算，需要了解并准确输入所有与计算有关的物体表面物性参数，同时整体的运算时间和稳定性都要受到影响。

如果散热源位置和散热量已知，由于某种原因不想或无法进行辐射计算，作为简化计算的方法，可以根据经验将对流和辐射作用分离（如照明器具，可考虑对流：辐射＝6:4），只把对流部分加在发热面，辐射部分以热流形式平均加在整个空间域表面上。

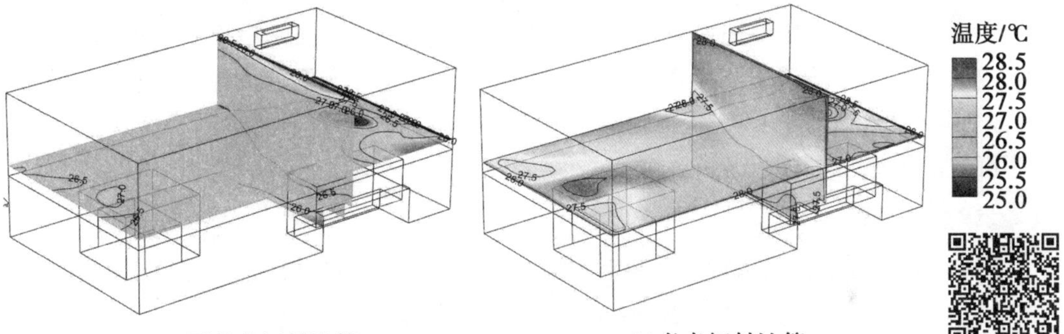

(a)不考虑辐射计算　　(b)考虑辐射计算

图 5.19　室内温度场计算结果

5.3.4　其他设定问题

虽然目前的商用 CFD 软件开发已经友好到用户可以在不了解计算原理和规则的情况下，基本靠软件自带的默认状态完成计算并显示出看似“合理”结果的程度，但使用者必须清楚 CFD 模拟的结果并不都是可信的，甚至和实际情况之间有很大的偏差。这种偏差一方面在于 CFD 理论自身的科学性、完整性，以及商用软件开发中的严谨性尚需提高；还有很重要的，就是使用者自身的 CFD 相关知识不足，以及操作失误等。前者如果说限于目前的理论和计算机编程水平而难以避免的话，后者是可以通过努力学习及仔细检查来改善的。因此如何在 CFD 模拟的全流程中降低人为失误就是使用者要格外重视的问题。在前处理和计算准备阶段及早发现问题并采取修正措施，就可以减少反复运算带来的大量时间浪费，提高工作效率。下面分别从几个方面进行简单介绍。

1. 掌握 CFD 基本原理和所研究问题的本质规律

现在的 CFD 商用软件由于界面设置越来越友好，输入文件中存在大量的缺省值设定，使得 CFD 计算变得很容易，即使是初学者也很容易操作。另外，为了让计算得以顺利进行，商用软件往往在收敛判断等方面进行了特殊处理，使得实际上明显矛盾的计算条件也被允许执行并产生貌似正确的“结果”。这种“傻瓜型”的 CFD 计算特别值得我们注意。解决的办法是，必须掌握一定的 CFD 原理，对输入文件中各项内容要有起码的了解。对采用何种紊流计算模型、离散格式、网格形式、计算方法，它们的优缺点是什么要有起码的认识。最重要的是，要结合流体力学、传热学、建筑环境学等相关专业理论知识，对计算结果在物理概念上认真分析，不能盲目相信。只有反复演练、不断学习，才能真正达到 CFD 计算的目的。

2. 前处理过程

由于前处理是 CFD 模拟的前置环节，涉及大量背景资料的获取以及输入操作，因此人为失误在这个阶段发生的概率最大。首先，要在 CFD 模拟之前，对获取的与计算对象相关的信息进行汇总和检查。特别是检查变量单位是否统一，送、回风风量和热量是否大致平衡等。其次，要确认计算域、计算模型、计算方法等的选择和输入是否正确。初学者要不怕麻烦，尽可能提前把所有输入信息记录在笔记本或文档中，输入后再据此进行核对。要避免“走一步看一步操作一步”的做法，这一方法很容易造成漏项或输入信息的前后矛盾。另外，当前的 CFD 商用软件一般也会有针对各操作项的自动检查功能，要善于利用这些功能发现并改正失误。

3. 求解器过程

运算过程中可以根据出现的各种状况判别是否存在人为失误。首先，要确定是否为紊流计算模型选择的问题，如非线性 k-ε 模型、低雷诺数 k-ε 模型、DSM 模型等，其本身特性就决定了易出现计算不稳定。其次，要关注是否采用了高阶离散格式，网格质量能否满足光滑性和长宽比等；稳态计算不能用过大的亚松弛因子，非稳态计算不能用过大的时间步长等。表 5.2 总结了一些代表性的状况和所对应的应对措施，以供参考。如果始终无法找到症结所在，建议从零开始重新操作，而不要在既有输入界面上修修补补，因为这样做容易陷入先入为主的误区。

表 5.2　求解器过程中出现的问题及应对措施

人为失误问题及状况	应对措施
一步运算都无法进行	一般是输入时出现低级错误，如输入了完全不合理的数值等，对所有输入项进行仔细检查
运算几步后即发散	检查是否设置了特别小或特别大的网格，气流进出是否满足质量平衡，或者某些网格被设置成了完全封闭空间（空气无法流动）等问题
刚运算就收敛*	检查热物性参数，重力，送、回风口参数，收敛条件等是否设定和输入正确

续表 5.2

人为失误问题及状况	应对措施
能够运算,但总是无法收敛	如果残差曲线看上去发散,需调整亚松弛因子或网格划分。如果残差曲线只是波动而不发散,可输出中间结果,检查流场或温度场结果是否符合预期,再判断是否需要人为中止

注:* 一般包括空调系统的室内空气环境 CFD 模拟,迭代 100 步以内很难收敛。

4. 后处理过程

如前所述,尽早发现操作过程中的人为失误对 CFD 模拟的顺利完成是比较理想的。等到计算结束再通过烦琐的后处理和可视化来发现问题,往往耽误大量宝贵的时间。但是换一个角度,后处理好比足球比赛的守门员,是整个 CFD 模拟的最后一道防线。使用者要抱着"行百里者半九十"的心态,慎终如始,仔细检查后处理结果,主要包括:

(1)由于存在对复杂形状的处理功能有欠缺,物体形状和网格之间不匹配,比网格尺寸小的物体被忽略等问题,需要通过后处理结果检查建筑、房间和内部障碍物形状等是否正确显示,送、回风口的形状、位置、数量是否与预期一致。如果发现问题,要重新调整建模和网格配置。

(2)由于存在流入流出边界网格设置不合理或者计算时同时混用了速度边界、压力边界和梯度为 0 等不同边界设定方法的问题,需要通过风速矢量图等检查流入流出区域的流动状态和数值大小是否符合预期,整体循环流的形状是否正常等。如有问题可尝试通过优化网格配置和流入流出边界条件来予以改善。

(3)由于存在计算没有完全收敛,流体的物性值或重力加速度等设定有误的问题,需要通过温度云图等检查温度分布的空间均值及大小范围是否异常,如有问题需要重新检查收敛判定条件或输入数据的合理性。

5.4　室内空气环境 CFD 模拟的最新进展

CFD 在室内空气环境领域的应用也经历了一个从简单到复杂、从粗糙到精细的发展过程。在应用早期,主要受到计算机运算能力的限制,CFD 模拟只能以单一房间为对象,进行二维稳态非等温流动计算,利用的紊流计算模型也相对比较简单;经过将近 50 年的发展,CFD 模拟可以针对包括大量房间、内部格局非常复杂的整栋建筑,以及包括上百栋建筑群落的大型城市区域,进行长期非稳态模拟,可以与建筑能耗模型、光环境模型等组合出更为多样化的模拟方式。

本小节重点介绍几个近年来在室内空气环境 CFD 模拟领域出现的新应用案例。比较常规的模拟研究案例请读者自行参考其他文献。

5.4.1 微生物气溶胶扩散

一般的室内空气环境 CFD 模拟主要还是针对气流流动和热湿环境。从 2002 年末的 SARS、2009 年的甲型 H1N1 流感到 2019 年年底大爆发的新型冠状病毒肺炎（COVID-19），由致病微生物通过人或动物直接或间接传播扩散，从而导致全球性公共卫生事件频发。尤其是新型冠状病毒肺炎的肆虐，疫情不光造成全球数以亿计的人感染，几百万人死亡，还在世界范围内引发了自大萧条以来最严重的经济衰退，造成了严重的社会和经济问题，对世界政治和经济格局产生了深远的影响。室内微生物在空气中以气溶胶形式进行传播，由于病毒自身及其气溶胶的空气动力学尺寸非常小，其在室内空间的输运扩散过程受到多种物理机制的影响，难以通过直接观察或者实验方法进行直接研究，因此 CFD 就成为明晰微生物气溶胶传播规律、定量评价感染风险，进而保护人民生命健康安全的重要研究工具。研究者利用 CFD 研究了微生物气溶胶在不同环境和建筑物中的空气传播特点；研究了不同空调通风形式对微生物气溶胶传播的影响；研究了限制社交距离、使用口罩以及紫外线灭活等措施对减少微生物气溶胶扩散的作用等。研究对象除了普通家居、办公环境，还涵盖了飞机列车、电梯、小教室、超市、医院手术室、餐厅、医院等不同场所。

Borro 等以某医院的儿童康复室为研究对象，通过 CFD 模拟研究了空调通风系统对于病毒扩散和防控的影响。两名患者仰卧于病床上，一名患者正通过咳嗽产生病毒。房间内有常规的上送侧下回空调系统，工况 1 没有额外的局部排风，工况 2 则为咳嗽中的患者设置了专门的局部排风装置。不同时刻、不同工况和不同粒径室内病毒飞沫气溶胶分布云图如图 5.20 所示。结果表明，混合型的空调通风系统相当于为封闭房间中个人咳嗽产生的飞沫提供了重要的扩散工具，更加有利于病毒气溶胶的传播，同时增加了附近人群的感染风险。而将局部排风装置放置于患者面部上方，则可以将患者咳嗽产生的病毒及时排走，是一种非常高效的病毒防控措施。

虽然基于 CFD 模拟，在微生物气溶胶扩散和防控方面已经取得了一定的研究进展，但由于该现象的复杂性，目前在数值模拟过程中尚存很多需要进一步讨论完善之处。微生物气溶胶发生和感染的主体是人，人体几何外形尤其是口鼻及周边区域，以及人体呼吸、咳嗽、打喷嚏等一系列呼吸行为从理论上应尽可能复现实际情况，但出于网格划分、计算稳定性等考虑，很多研究都进行了适当的简化；另外，绝大多数研究将飞沫气溶胶粒子简化为单纯的气体污染物或固态颗粒物，忽略了飞沫蒸发和冷凝等复杂的传热传质现象。以上简化都使得数值模拟结果不能准确反映人体周围热羽流现象及气溶胶污染物的传播规律。

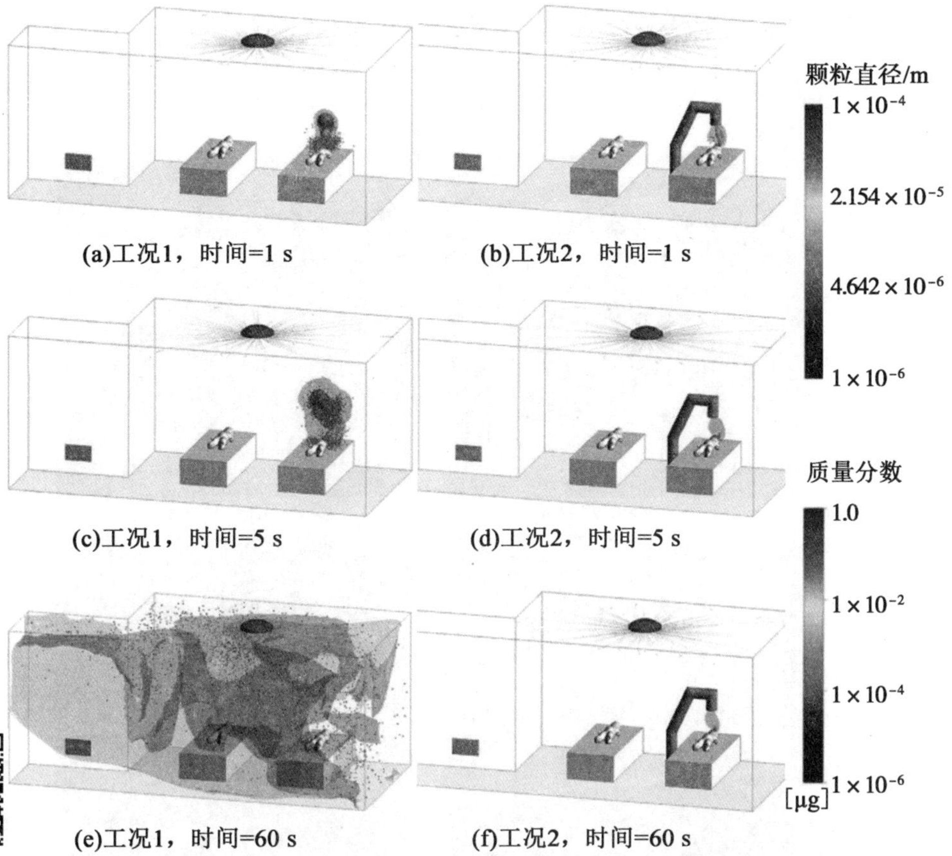

图 5.20　不同时刻、不同工况和不同粒径室内病毒飞沫气溶胶分布云图

5.4.2　人行为模拟

在绝大多数室内空气环境 CFD 模拟中，人体形状和所在位置保持不变，对环境的影响只是通过定值的散热散湿来体现，不能通过自身行为进行改变或主动调整环境参数。这在计算资源有限，以讨论暖通空调性能为主要目的的定性研究中是合适的。但在实际情况中，人体由于工作或生活需要，总是会不断走动，从而对人员周围的气流组织产生扰动，进而影响室内流场、温湿度场及污染物的扩散分布。另外，人体总是期待获得舒适或者满意的环境，因此对环境的调控具有一定的主动性。近年来，伴随着 CFD 模拟技术和计算机硬件资源的提升，国内外开始对人行为因素与室内空气环境的相互作用机制进行研究，着重讨论了室内物体的移动(如门的开合、人或宠物的走动、人的咳嗽等行为)对气流组织和污染物扩散的影响，取得了一系列初步成果。

Mahaki 等利用实验和 CFD 模拟研究了人体运动对局部排风系统捕获效率的影响。图 5.21 显示了人体(模拟中简化为平板)在移动 0、2 s、4 s 和 6 s 过程中在局部排风系统轴心所在水平剖面上的污染物质量分数云图和速度矢量分布图。可以看出，在人体附近形成移动的尾流区，带动(或诱导)散发的污染物随人体一起移动，总体效果是导致污染物更不易被局部排风系统捕获并逸散到周围空间。

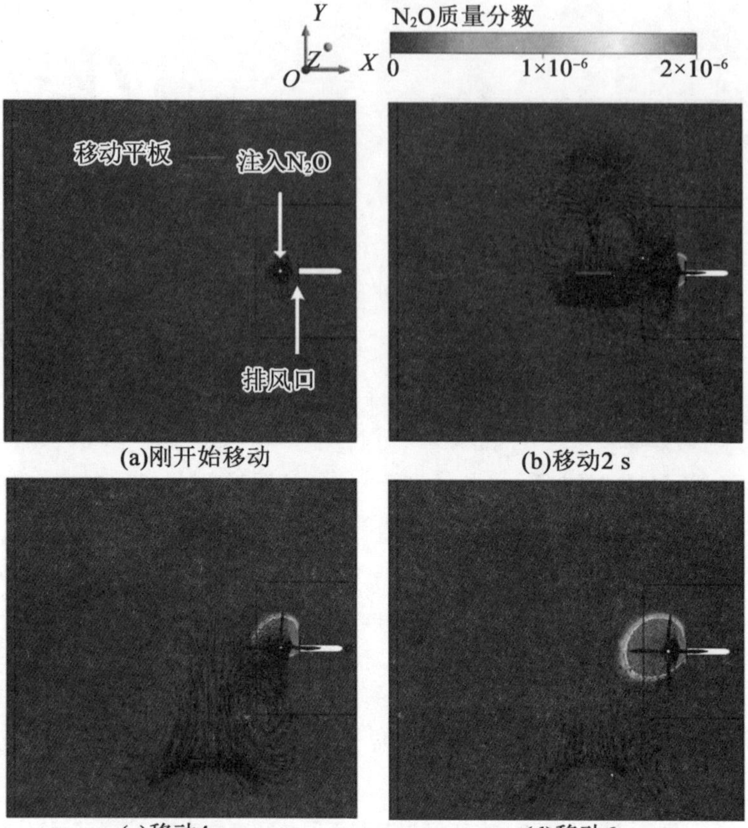

(a)刚开始移动　(b)移动2 s

(c)移动4 s　(d)移动6 s

图 5.21　人体移动过程中水平面不同时刻速度矢量图和污染物浓度分布图

研究人行为的 CFD 数值模拟存在的主要问题是计算成本普遍较高。人体行为能否再现准确,往往和人体几何形状的描述有关;同时,人行为类型繁多,对设定条件的挑战非常大。目前普遍使用的动网格方法具有几何结构烦琐、网格生成复杂、计算时间长、收敛困难的缺点。所以到目前为止相关的 CFD 模拟针对的还是相对简单、固定模式的人行为,尚少见房间内同时存在多种随机、个性化人行为的 CFD 模拟研究。

5.4.3　格子玻尔兹曼方法

格子玻尔兹曼方法(Lattice Boltzmann Method,LBM)不是传统意义上的 CFD 方法,它的理论基础是流体的分子运动论,即根据微观运动的基本特征,建立时间和空间上完全离散的动力学格子模型。粒子按照一定的规则在格子之间进行碰撞和迁移。格子的尺度远比分子平均自由程要大,但又比有限差分的步长或有限容积法中的控制容积宽度要小。粒子在格子间的运动遵循物理基本定律,并且粒子运动也符合统计定律。宏观层面上的密度、速度等参数可以通过对大量粒子的有关特性取统计值来获得。这种模型又被称为介观模型。LBM的控制方程为玻尔兹曼方程,同时采用非平衡态统计物理的方法来研究流体运动。

LBM具有很多传统CFD方法不具备的特点和优点:其控制方程的形式要比N-S方程简单,但同样可以反映宏观现象与物理规律,揭示运动本质;从建模角度看,LBM直接从微观粒子层面进行模拟,可以方便地模拟出流体与边界间、不同组分流体间复杂的相互作用。CFD的紊流计算模型往往需利用唯象论的假设、经验或半经验的公式,LBM则不需要;从计算角度看,CFD需要迭代求解大型线性方程组,如何提高计算稳定性和计算速度是很大的难题。而LBM属于一种显式的时间推进方法,求解基本不需要迭代,在计算效率方面具有先天优势;并且编程简便,只需要简单的算法就可以在计算机上实现并行计算。

Khan等利用LBM进行了室内空气环境模拟的尝试。他们采用D3Q19的速度格子模型,以及分离的D3Q7温度模型进行三维耦合模拟,碰撞采用标准BGK算法。模拟对象为一个简单房间的射流流动,并与传统的LES进行了对比。图5.22给出了进风口中心位置对应的纵剖面处,等温射流在开始后几个瞬时时刻LBM和LES的气流场模拟对比。可以看出,无论是送风角度还是风速标量值,两种模拟方法的结果都基本一致。而主要的区别在于,在模拟的最初阶段,高速射流进入房间,会形成一种微弱的压力波在静止状态的空气中传播。这一点在LBM的结果中能够清晰地表现出来,而在LES的结果中观察不到。图5.23则给出了同样位置对应的纵剖面,显示了非等温射流状态下归一化处理的气流场和温度场模拟对比结果,速度和温度均采用状态大致稳定后100 s的平均值。可以看出,无论是LBM还是LES,都显示出了浮力作用对气流流动的影响,即热射流上升并与温度相对较低的顶棚接触,在到达房间另一端后下降,在此过程中产生了较为明显的温度垂直分层现象。但由于LBM在近壁面的速度和温度边界处理方面不如传统CFD技术成熟,总体上还是LES得到的顶棚附近气流及温度梯度分布更接近于实际。另外,值得一提的是,该研究中LES在具有16个CPU处理器的服务器上运行,每物理秒的模拟需要7 min左右的实际计算时间,因此总模拟时间大约为65 h;而LBM仿真是在一个NVIDIA Tesla K40 GPU运算显卡上完成,每物理秒的模拟只需要0.34 s的实际计算时间。

总之到目前为止,与经典CFD模拟技术相比,LBM已经显示出独特的优势和巨大的发展潜力,但利用该方法进行室内空气环境模拟的研究还比较少,尤其是针对复杂空间形状和多发生源存在的三维模拟还存在很多技术上的挑战,诸如格子大小和数量、边界条件等的设置也需要进一步探讨。

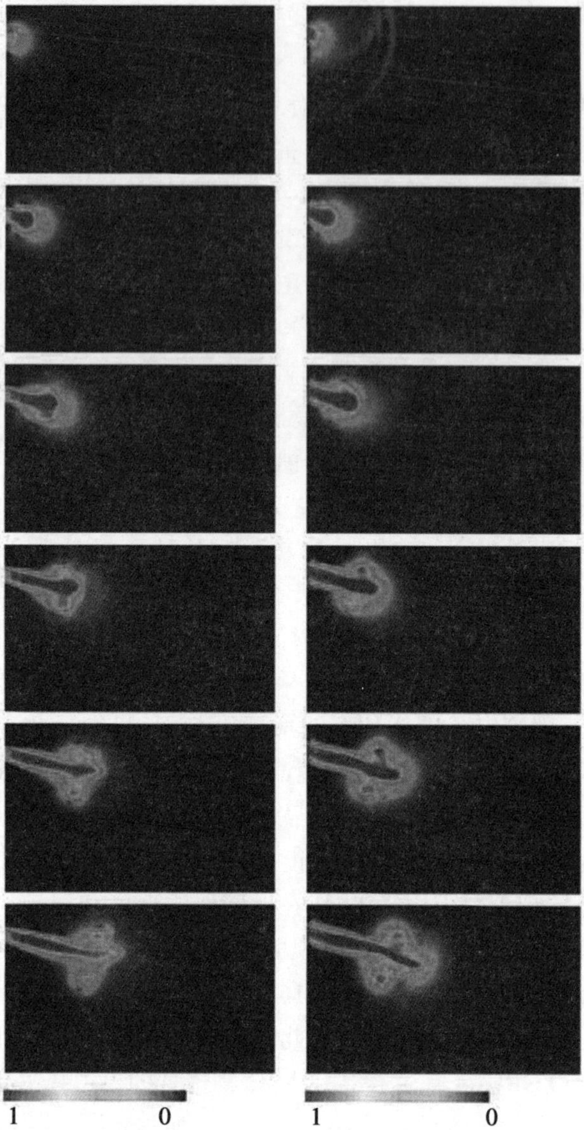

(a)LES　　(b)LBM

图 5.22　等温入口射流进行归一化处理后的瞬时气流场比较结果(从上到下,依次为 0.5 s、1.5 s、2.5 s、3.5 s、4.5 s 和 5.5 s 的结果)

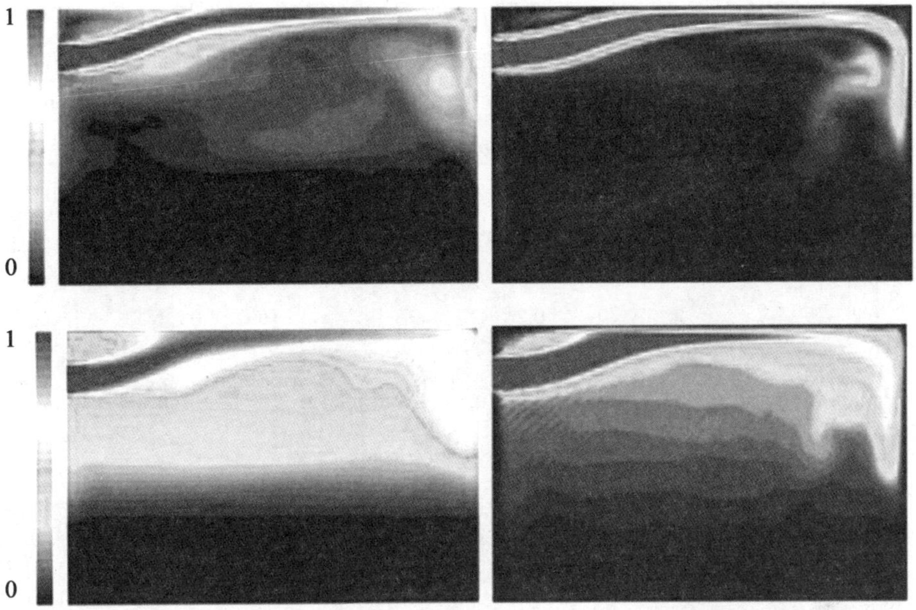

(a)LES　(b)LBM

图 5.23　非等温入口射流进行归一化处理后的气流场(上)和温度场(下)模拟对比结果

5.4.4　CFD 数据同化

通过前面的介绍了解到,在实际应用中除了数理模型和数值解法自身的局限性外,由于各种条件限制(包括在建模时难以完全复现实际几何结构和物理过程,以及无法获知完全准确的边界条件信息),都使得 CFD 模拟的不确定性大大增加,严重影响了模拟结果的可信度。在很大程度上,当前利用 CFD 进行室内空气环境模拟的主要目的仅仅是特定工况的定性预测评价,无法真实表征实际的环境状态,不能作为室内环境实时监控的可靠手段。另一方面,在室内空气环境领域常用的传感器监测手段需要相对更大的设备初投资和维护成本,更关键的是,由于空间使用等方面的限制,传感器一般都无法大量布置,空间覆盖面极低,有限监测点的数据无法描述多物理场的全局信息,从而影响对室内空气环境质量的全面和客观评价。

基于单纯的测试和数值模拟各自的优势和存在的缺陷,近年来将二者融合的数据同化技术受到越来越多的关注。其核心思想是在考虑观测误差与预测背景误差的基础上,在 CFD 的运行过程中融合不同来源和不同分辨率的直接或间接观测数据,从而改善模型状态,提高 CFD 计算精度和预测能力。

Qian 等采用集合卡尔曼滤波序贯数据同化算法(EnKF),利用有限观测数据校正并获得与实际情况等价的边界条件组合,建立了相应技术框架,通过数值实验、缩尺模型实验验证该方法的可行性与适用性。图 5.24 给出了 CFD 和 CFD-EnKF 所得温度场和气流场与测量数据的偏差。结果表明,该方法不仅改善了测量点附近局部空气状态的模拟结果,而且有效地降低了物理场的平均误差水平。由于每个工况的原始模拟结果与实际观测存在不同程度的偏差,因此数据同化减少的误差量也因工况而异。具体来说,工况 1(下送上回,小风量)、工况 2(上送下回,大风量)、工况 3(自然对流)中温度模拟的平均误差分别降低了 92%、87%和 93%,速度模拟误差分别降低了 47%、56%和 50%。所建立的 CFD-EnKF 方法对不同气流分布形式均具有良好的鲁棒性。

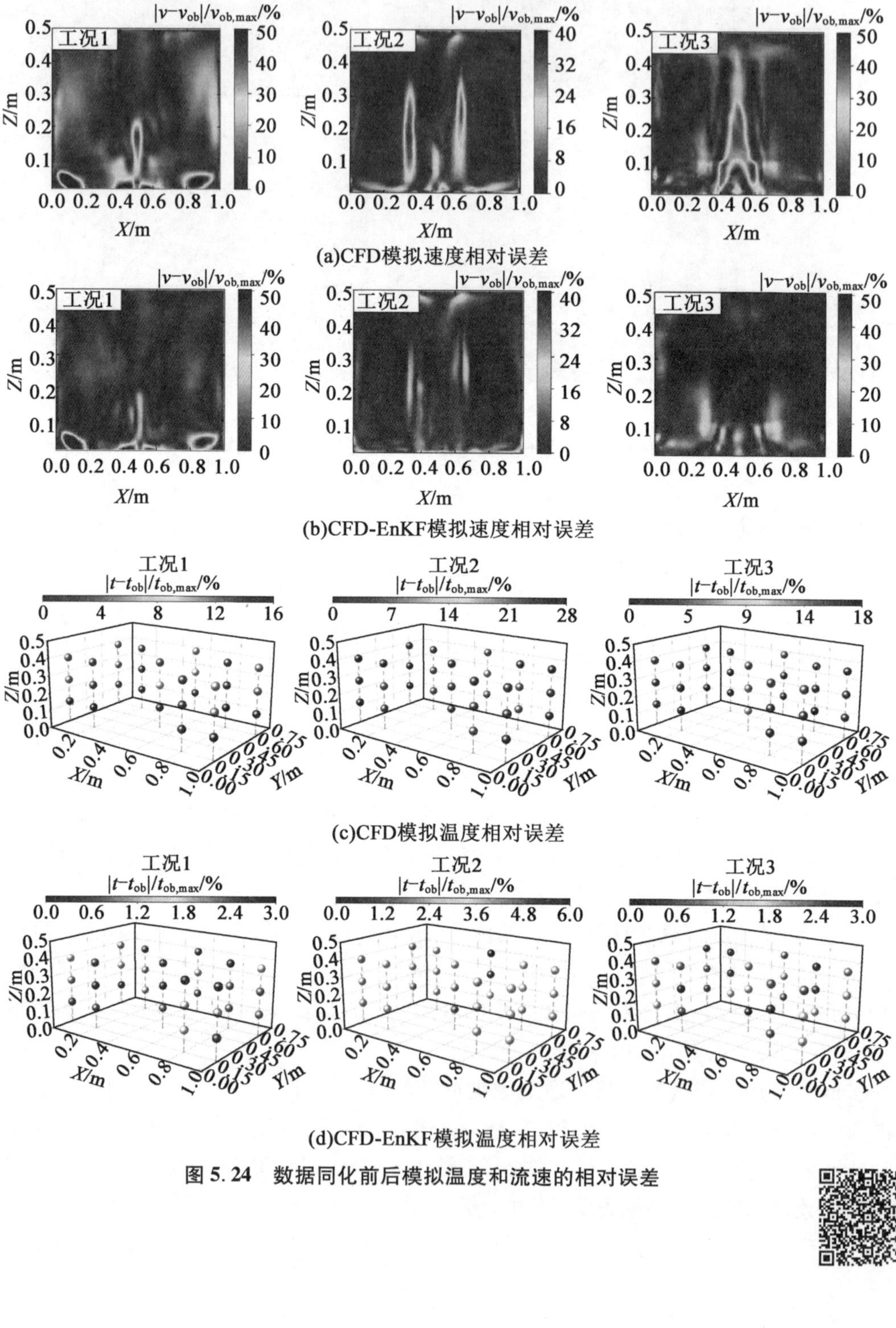

图 5.24　数据同化前后模拟温度和流速的相对误差

目前基于 CFD 与数据同化相结合的技术探索在室内空气环境领域尚开展得不多。实际的室内空气环境构成要素复杂,不确定因子来源广泛,各种空气状态参数相互关联,数据同化的准确性和稳定性受算法本身的关键参数及测试数据来源等因素的影响,需要有更为系统的研究以满足理论和工程实践的需要。

本章参考文献

[1] BORRO L, MAZZEI L, RAPONI M, et al. The role of air conditioning in the diffusion of Sars-CoV-2 in indoor environments: a first computational fluid dynamic model, based on investigations performed at the Vatican State Children's Hospital[J]. Environmental Research, 2021, 193: 110343.

[2] MAHAKI M, MATTSSON M, SALMANZADEH M, et al. Experimental and numerical simulations of human movement effect on the capture efficiency of a local exhaust ventilation system[J]. Journal of Building Engineering, 2022, 52: 104444.

[3] KHAN M A I, DELBOSC N, NOAKES C J, et al. Real-time flow simulation of indoor environments using Lattice Boltzmann method[J]. Building Simulation, 2015, 8(4): 405-414.

[4] QIAN W X, TANG M, GAO H, et al. Improving indoor air flow and temperature prediction with local measurements based on CFD-EnKF data assimilation[J]. Building and Environment, 2022, 223: 109511.

[5] 王福军. 计算流体动力学分析:CFD 软件原理与应用[M]. 北京:清华大学出版社,2004.

[6] 空気調和・衛生工学会. はじめての環境・設備設計シミュレーションCFDガイドブック[M]. 东京:オーム社,2017.

[7] 刘京. 建筑环境计算流体力学及其应用[M]. 哈尔滨:哈尔滨工业大学出版社,2017.

第6章　基于HVAC系统的室内空气环境控制技术

室内空气环境控制可以通过多种途径实现,HVAC 系统是通过其末端设备实现对室内热湿环境和室内空气质量的调节与控制。

根据影响人体热舒适的因素,要获得满意的室内热湿环境,可以向室内送入适当温度、湿度和速度的空气直接控制室内空气参数,以使室内空气的这 3 项参数满足要求;也可以通过设置冷热辐射板以提高或降低环境的平均辐射温度。

6.1　直接控制室内空气参数的技术

控制室内空气或送入室内空气的同时控制室内空气温度、湿度和速度的技术称为空气调节,是指使房间或封闭空间的温度、湿度、洁净度和空气流速等参数达到给定要求的技术。以空气调节为目的而对空气进行处理、输送、分配,并控制其参数的所有设备、管道及附件、仪器仪表的总和称为空调系统,它同时包含了供暖的功能。空调系统在本科教材中已有介绍。本节将主要针对控制室内空气温度的新型低温热水供暖末端设备——毛细管自然对流散热器和铜管铝翅片强制对流散热器进行介绍。

6.1.1　毛细管自然对流散热器

散热器外表面主要通过对流和辐射两种方式向外散出热量,其中辐射散热量与对流散热量的比例主要取决于散热器的结构,即如果外部结构不同,即使两散热器的散热量一致,其辐射散热量与对流散热量的比例也不同,导致供暖效果不同。因此,按照辐射器与对流器的划分,我国目前的散热器仍然以辐射器为主,对流器的类型有限,主要以外边带罩、内部安装散热元件的散热器为主。对流散热器又可分为自然对流散热器和强制对流散热器两大类。

目前,市场上常见的对流散热器按元件材质有钢制肋片管型、铜管铝片型以及不锈钢管铝片型等。这些对流散热器全部以各种金属原料为基础,并大部分为适用于常规热水或高温蒸汽的散热器,不适用于低温供暖系统。本小节介绍一种新型的低温供暖装置,即毛细管自然对流散热器。

1. 毛细管自然对流散热器的设计理念

采用低温水供暖,想要达到与常规散热器同样或更好的供暖效果,需提高散热器的热工性能。由基本传热公式 $Q=KF\Delta t$ 可以看出，欲提高散热器的传热量 Q，可以从增大传热系数 K、传热面积 F 或传热计算温差 Δt 这3个方面入手，散热器的散热量可以随任何一个参量的增加而提高，达到增加散热量的目的，下面从这3个角度具体分析。

(1)增大传热计算温差 Δt 的可行性分析。

首先分析传热计算温差 Δt，低温供暖最高供水温度宜为60 ℃，室内空气环境设计温度一般为18 ℃；而常规的供暖散热器供、回水设计温度为95 ℃、70 ℃，室内空气环境设计温度一般也为18 ℃。显然，低温水供暖自然对流散热器的传热计算温差 Δt 远远小于常规散热器。在这种前提下，要想达到与常规散热器相同的供暖效果，需从另外的两个方面传热面积 F 和传热系数 K 考虑。

(2)增大传热面积 F 的可行性分析。

扩展传热面积需要在设备体积允许的前提下，提高散热器散热单元的传热面积。另外，还可以通过增加流通边界的方法扩展传热面积。流通边界的增加可以使热媒在适度降低流速的情况下，增加与散热器壁面的接触。

毛细管网具有大的表面积，当毛细管间距为30 mm时，单位面积管网较常规管道组成的管网表面积大32%；间距为20 mm时，大98%；间距为10 mm时，可高达397%。毛细管网内工质的流动一般处于层流区，流速较低，并且毛细管较长，常用的一般在2 m以上。这样既有传热面积大的条件，又能够满足扩展流通边界的条件。因此，毛细管自然对流散热器内部采用间距为10 mm毛细管网作为散热元件，保证了该设备散热面积大的优势。

(3)增大传热系数 K 的可行性分析。

传热系数 K 是由构成传热结构中各个分项热阻叠加的结果，散热器与空气接触的外表面传热系数是影响总传热热阻的关键因素。因此，提高散热器传热系数的途径为增加与空气接触的外表面的换热系数，即强化外表面的散热是提高散热器的散热能力的主要手段。

外表面的传热与外表面形状、大小和位置都有关系，并与外表面空气流速关系很大。流体与散热器固体表面接触，使在靠近散热器壁面的空气边界层受壁面温度的影响，发生温度和密度的变化，热边界层内存在密度差而形成浮升力，导致边界层内流体上升，而远离壁面的流体下降，这种浮升力造成的流动空气为自然对流，其换热方式为散热器的自然对流换热。在垂直热壁面的下部，由于流体刚刚开始接触壁面，温度不高，浮升力较弱，黏性力的作用比较明显，流动处于层流状态。流体沿壁面上升一段距离后，近壁面处的流体温度已升高到足以使浮升力的影响超过黏性力，流动状态则转变为紊流，若壁面有足够的高度，在边界层内会形成旺盛紊流。与边界层的变化相对应，壁面局部对流换热系数也将随着边界层的变化而变化。当流体达到旺盛紊流时，局部对流换热系数才趋于定值，也是此过程中的最大值。

因此，要想使局部对流换热系数增大，需要较大的散热元件竖直高度，毛细管网在毛细管自然对流散热器中呈竖向放置,既能节省空间,也能有效地提高局部对流换热系数。散热器表面空气流速的提高,能使边界层变薄。在同样的温差下,层流边界层厚度和紊流边界层层流底层厚度的减小都能够增强边界层的导热。同时,空气流速的提高使流体扰动加强,对流换热系数会迅速增大。因此,提高空气流速,对于增强散热器外表面的对流换热系数是行之有效的手段。毛细管网在毛细管自然对流散热器中,在毛细管网换热芯的外边加上绝热外罩、并在设备上下区域设置送、回风口,加强设备的烟囱效应,极大地加快了散热芯表面空气流速,进而起到了提高局部对流换热系数的作用。

2. 毛细管自然对流散热器的基本结构形式

毛细管自然对流散热器的基本结构如图 6.1 所示,该设备的主体由 3 部分组成,其一为毛细管网栅换热芯,其二为设备外罩,其三为附属装置。

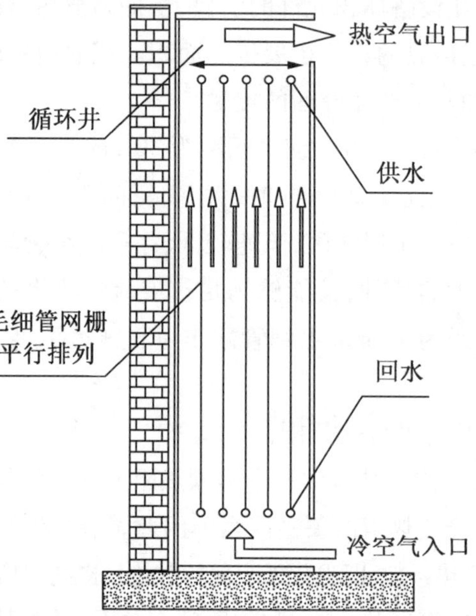

图 6.1　毛细管自然对流散热器的基本结构及原理图(供暖工况)

(1)毛细管网换热芯。

毛细管自然对流散热器以毛细管网为散热元件,毛细管网是该设备的核心技术之一。图 6.2 为毛细管网实体图。毛细管网栅基于仿生学原理制成,以塑料为材料,制成直径小(外径 3~4 mm)、间距小(10~30 mm)的密布细管,两端与分水箱、集水箱相连,形成毛细管网栅结构。由于它的散热表面积大,可以达到传统水管表面积的数倍,利用低温水就可以达到与传统散热器同样的供暖效果。另外,毛细管网的材质防腐蚀能力较强,可以在不增加额外投资的前提下解决地热水直接利用时氯离子对散热设备的腐蚀问题,并且该产品可兼顾供暖和供冷功能。

毛细管网共有 G-Mat,S-Mat 和 U-Mat 3 种形式,其中 G-Mat 为毛细管直管路并联连接，S-Mat 和 U-Mat 形式的毛细管网的毛细管流程均为 U 形走向，且供、回水干管均在上部。热媒流程设计的一般原则为保证流动分布均匀，使散热芯表面温度分布均匀、热媒通过散热器时的流动阻力较小、有利于排除散热器内的空气。在保证设备同等高度和宽度的前提下，若使用 S-Mat 和 U-Mat 形式的毛细管网则意味着毛细管的长度为 G-Mat 型的两倍，数量为 G-Mat 型的一半。毛细管管径小，内部工质流动一般处于层流区，阻力比常规散热器大得多。毛细管长度增加，不仅不利于设备自身的散热，同时影响整个系统的经济性；S-Mat 和 U-Mat 形式的 U 形管设计，不仅增加额外的阻力损失，同时不利于设备排气；另外，S-Mat 和 U-Mat 形式的毛细管网供、回水管由于结构形式所限均集中于管网上部，若几排串联或并联，很难形成紧凑的结构。因此，综合多方面因素，散热芯宜选用 G-Mat 型毛细管网；考虑到流动阻力问题，选用毛细管网并联的形式。即在初投资允许的情况下尽可能多地并联多排连接形成换热芯，换热芯模块预留一根供水干管和一根回水干管与系统相连。

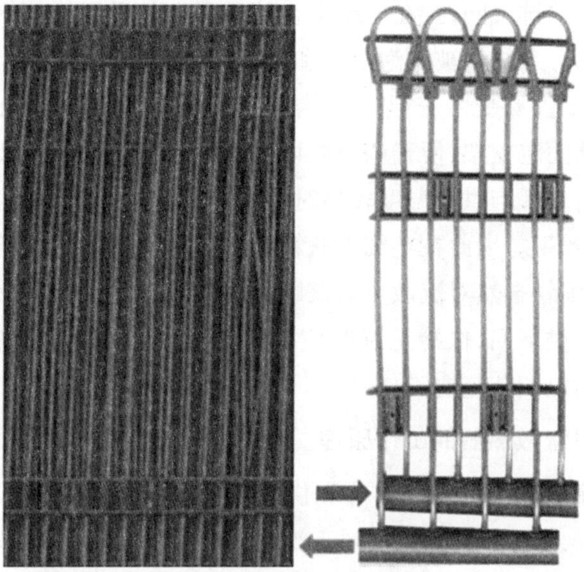

图 6.2　毛细管网实体图

(2)设备外罩。

在换热芯外面设置空腔或槽体，形成一个加热或冷却管道，做循环井使用，即设备外罩。外罩的上下部与室内连通，在外罩的上、下部，可根据实际情况分别装百叶进出风口或裸露风口。

该外罩是影响对流换热的关键因素。在通常使用的罩高尺寸下，设备散热量会随着外罩高度的增加而增大；当外罩与内部换热芯的高度相差不大时，外罩高度增加，散热量的增加会比较显著；而当两个高度相差较远时，散热量的增加会相对减少。且考虑到房间高度的限制和室内气流组织分布情况，毛细管自然对流散热器外罩一般在 2.2～

2. 5 m,具体高度一般根据工程需要确定。

一般情况下,外罩宽度越大,越有利于散热量的提高,但是宽度的增加要考虑外观和体积的因素。毛细管自然对流散热器一般安装在房间内隔墙中,宽度受到内隔墙尺寸的限制,需视具体工程情况而定。一般定为 0. 2~0. 3 m。

外罩材料也是影响散热量的重要因素。当外罩选择保温材料时,通道可以看作是绝热壁面,这种情况下,散热器完全依靠对流换热。壁面的绝热使通道内部的空气温度上升,空气基本为浮升流动,抽吸力增强,有效提高了散热元件的对流散热量。反之,当外罩不保温时,外罩壁面的冷却作用使通道内部的空气为混合流动,空气温度下降,一部分热量通过壁面对外传递,大大削弱了设备的对流换热能力,从而使散热量大打折扣。因此,从增强对流换热的角度分析,保温罩是行之有效的,毛细管自然对流散热器设备外罩用铝合金角钢制成框架,镶以表层贴附锡纸的保温板制成,形成保温外罩。

(3)附属装置。

考虑到供暖工况的排气问题,在上端干管的最高点处设置排气阀,以便系统排气,避免出现装置运行时部分毛细管被气泡阻塞和失调等问题。装置较高且运行工质为水,自重较大,装置运行时干管易受力变形,导致结构混乱,排气不畅。因此,在毛细管栅顶端和底端分别装设可调固定支架,便于调节并协助排气。可调固定支架由调节螺母、垫圈、支架体和固定件等组成。当供水温度较高时,毛细管易产生轻微变形,向中间靠拢,导致结构混乱,影响供暖效果。因此在毛细管联箱上安装固定拉环,以起到调节固定作用。

另外,考虑到毛细管自然对流散热器兼顾供暖和供冷的功能,为保证逆流换热,供暖工况设备供回水为上供下回,供冷工况时应调整为下供上回。因此在安装设备时,外部连接干管应安装阀门以调节流向。

3. 毛细管自然对流散热器的工作原理

毛细管自然对流散热器可兼顾供冷和供暖两种功能。供暖模式为毛细管自然对流散热器的主要运行模式(图 6. 1)。供暖工况时,外罩内空气与外罩外空气存在密度差($\rho_{out}-\rho_{in}$),在重力作用下产生驱动力($\rho_{out}-\rho_{in}$)gh,使循环井内的空气流动。室内冷空气温度较低,密度较大,随重力下降,由下部开口进入重力循环装置。冷空气通过换热器而被加热,密度逐渐变小,在浮力的作用下,沿管道上升,并从顶部开口流出管道,压向室内而弥漫开来,形成热气流。热风扩散到室内,加热室内空气后,在室内逐渐变冷下降。降温的热空气则再次流入下部开口的管道,又经换热器加热从管道上部流出,这样在空气与管道之间形成了一个仅依靠重力的循环。在这个循环作用之下,室内空气不断地通过管道循环流动,从而提高了室温,调节了室内空气。

供冷模式为毛细管自然对流散热器的辅助模式,也是该设备的重要优势之一。供冷工况时,毛细管自然对流散热器主要以自然对流和置换通风为基本原理。外罩内空气被毛细管网冷却后与循环井外空气存在密度差($\rho_{in}-\rho_{out}$),在重力作用下产生驱动力($\rho_{in}-$

ρ_{out})gh,使循环井内的空气流动。室内热空气温度较高,密度较小,随浮力上升,由上部进风口进入重力循环空调。热空气通过毛细管换热器被冷却,在自重的作用下,沿管道下降,并从底部出风口流出管道,压向室内而弥漫开来,形成冷风。冷风扩散到室内,起到冷却作用。在发热体如人体、计算机等部位,冷风受热上升,降低发热体表面的温度,带走热量,上升的热空气则流入上部开口的管道,又经换热器冷却从管道下部流出,这样在空气与管道之间形成了一个仅依靠重力的循环。在这个循环作用之下,室内空气不断地通过管道循环流动,从而降低了室温,调节了室内空气。

4. 毛细管自然对流散热器的特性[1]

毛细管自然对流散热器主要包括散热芯特性(毛细管)、水阻力特性、承压能力、散热特性和供冷特性。

经过研究表明,水中容易沉积的石灰岩等矿物杂质一般在 60 ℃以上才可形成污垢,而毛细管工作温度范围均小于 60 ℃。因此,杂质不能在毛细管壁沉积;而毛细管内壁经过特殊的光滑处理,污泥等生物类杂物也不能在毛细管内壁沉积。因此,毛细管内使用日常的纯净水即可,并且毛细管由聚丙烯制成,该材料具有渗氧性,不易腐蚀,寿命很长。

(1)水阻力特性。

水阻力测试结果见表 6.1。为了与常规散热器做对比,按照 $\xi=2gh/v^2$ 计算设备的阻力系数,其中 h 为水头损失(m),v 为按照供水管(DN20)计算的设备平均水流量,计算结果见表 6.1 最后一列。

表 6.1　水阻力试验统计表

工况	水头损失/cm	平均流量/(kg · h^{-1})	压强/kPa	阻力系数
1	7.30	101.77	0.7154	17.67
2	19.30	191.63	1.8914	13.18
3	42.90	298.97	4.2042	12.04
4	70.40	400.87	6.8992	10.99
5	87.70	448.68	8.5946	10.92

1988 年,原哈尔滨建筑工程学院供热研究室对铸铁 M132、铸铁四柱 913 型散热器的水阻力进行了测试。1985 年,北京市建筑设计研究所对折边钢串片、扁管、钢制板式、钢制柱形等多种散热器的水阻力进行了测试。2008 年,哈尔滨工业大学对铜铝复合散热器、椭圆管散热器、四管式对流器和两管式等新型对流器的水阻力进行了测试,并将以往的水阻力数据进行了统计,见表 6.2。

表 6.2　散热器的阻力系数表

散热器类型及相关尺寸(单位:mm)	片数或长度	阻力系数 ξ
铸铁柱翼 680×90,连接管 DN25	10 片	3.1
		2.2
铸铁柱翼 680×90,连接管 DN20	10 片	5.0
		2.3
铸铁四柱 813	1 m	2.0
钢制板式(圆弧)600 高　同侧连接　连接管 DN20	1 m	4.3
钢制板式(梯形)600 高　同侧连接　连接管 DN20	1 m	3.9
钢制柱式 640×120	1 m	1.2
铜铝复合散热器	0.8 m	3.9
椭圆管	0.8 m	2.8
四管式对流器	1.2 m	6.7
两管式对流器	1.2 m	3.8

比较两表可知,对流散热器的阻力系数一般要大于辐射散热器,而毛细管自然对流散热器的阻力系数平均值为 12.9,基本是其他散热器的两倍,甚至更多。毛细管自然对流散热器的阻力较大主要有 3 方面的原因:首先,通过前面分析可知管道内部流态主要为层流,阻力系数较大,造成运行过程中沿程阻力较大;第二,由于 5 排毛细管网并联形成换热芯,在并联处也就是设备出口处,结构比较复杂,因此造成该处局部阻力很大;第三,在设备阻力测试过程中,需设置 1.4 m 左右软管与测试系统相连,该软管造成的阻力也计算到设备本身。该软管内径只有 18 mm,而设备流量较大,因此该软管造成的阻力很大,导致设备的阻力系数较大。

但是,水流阻力大既是毛细管自然对流散热器的劣势也是该设备的优势,通常情况下,散热器的水阻力会对系统能耗和系统平衡问题造成影响。对于系统能耗,散热器的水流阻力大,供暖系统需要克服的阻力就大,系统循环水泵扬程就需增大,相应的,系统的初投资和运行能耗费用就会增加。

在系统平衡等方面,散热器阻力较大有利于提高用户系统的水力稳定性。用户系统的水力稳定性是指室内供暖系统中各散热器在其他散热器改变流量时保持自身流量不变的能力。在计量供暖系统中,当系统中某一用户行使行为调节能力时,必然要引起整个系统水力工况的改变,从而使流入各散热器的流量重新分配,影响热力工况。而且,由于热力工况改变引起供回水温度变化,系统的自然循环作用压力也将发生改变,引起竖向热力失调。增大末端散热器的压降,可以提高用户的水力稳定性。而毛细管对流散热器,较之传统的供暖散热器有更高的阻力,因而在计量供暖系统中更具优势。

此外,在计量供暖系统中,与温控阀的高阻力相比,对流散热器所增加的阻力是微不足道的。综上所述,从技术的层面来讲,毛细管对流散热器是符合当前计量供暖系统需求的末端散热设备。

为方便用户计算其他流量下毛细管自然对流散热器的水阻力,按照测试结果拟合水阻力与循环水流量关系曲线如图 6.3 所示,并拟合相应的计算公式供参考,见式(6.1)。值得注意的是,图中和公式中的自变量都是循环水流量,单位为 kg/h,这是因为在进行设计选择计算时,大多数使用循环水流量数据,这样拟合可以免去继续换算成流速的困扰。

按照原始数据拟合水阻力与循环水流量关系式可得

$$\Delta p = 0.0019 \cdot G^{1.755} \tag{6.1}$$

式中　Δp——水阻力,kPa;

G——循环水流量,kg/h。

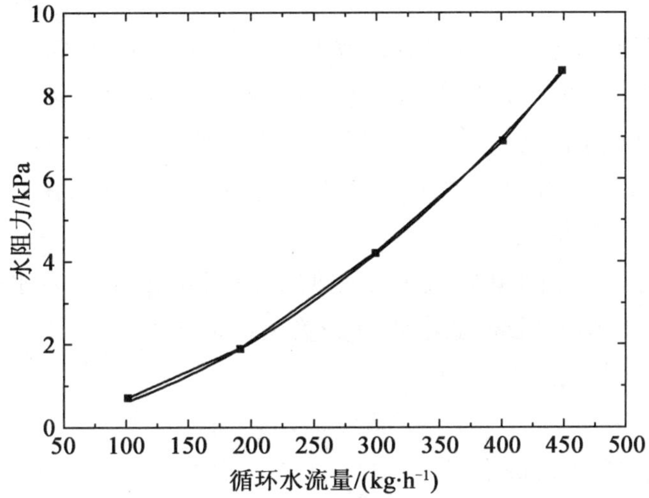

图 6.3　水阻力与循环水流量关系曲线图

(2)散热特性。

散热器的热工性能公式为

$$Q = A \cdot \Delta t^{B} \tag{6.2}$$

式中　Q——设备散热量,W;

Δt——水-空气间平均传热温差,$\Delta t = \dfrac{t_g + t_h}{2} - t_n$,其中 t_g 为供水温度,单位为℃,t_h 为回水温度,单位为℃;

A, B——由试验确定的系数。

按照该公式依据实验数据计算,可知毛细管自然对流散热器的系数 A 为 15.399,热特性系数 B 为 1.396,相关系数 $R^2 = 0.999$,散热量与水-空气计算平均温差关系曲线如图 6.4 所示。

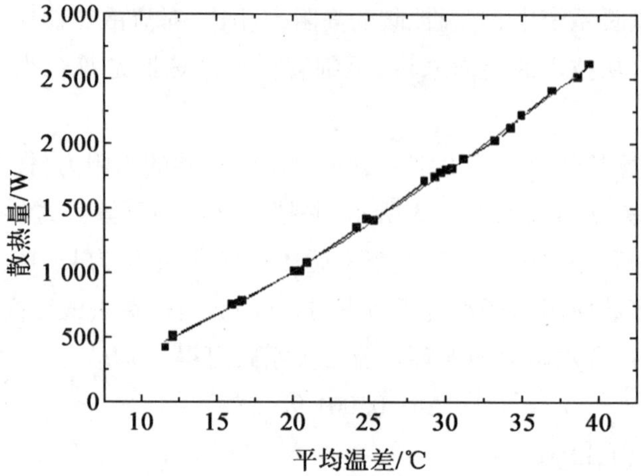

图 6.4　散热量与水-空气计算平均温差关系曲线图

对于我国的供暖散热器，其热特性系数 B 的大小为：辐射散热器为 1.20~1.30，对流散热器为 1.30~1.45。一般认为，对流散热器的特性系数要大于辐射型散热器。特性系数较大的散热器在供水温度较低，即偏离设计工况运行时，散热量的衰减比较大，即所谓的对流型散热器的低温效应。毛细管自然对流散热器的特性系数在 1.30~1.45 之间，符合一般自然对流散热器的规律。

散热器传热系数 K 值是影响散热器散热能力的主要因素，表示水-空气计算平均温差为 1 ℃时，每平方米散热器的散热量，单位为 W/(m^2 · ℃)。

传热系数 K 的计算公式为

$$K = a \cdot \Delta t^{b} \tag{6.3}$$

式中　a，b——由试验确定的系数。

$$Q = K \cdot F \cdot \Delta t \tag{6.4}$$

式中　Q——散热量，W。

根据实验，得到不同供水温度下相应的传热系数，见表 6.3。

表 6.3　传热系数计算表

序号	供水温度/℃	水-空气间平均传热温差/℃	传热系数/(W · m^{-2} · K^{-1})
1	30.57	11.94	3.89
2	35.40	16.41	4.56
3	40.48	20.54	4.90
4	45.59	24.82	5.45
5	50.60	29.48	5.80

续表 6.3

序号	供水温度/℃	水-空气间平均传热温差/℃	传热系数/(W·m^{-2}·K^{-1})
6	51.10	30.36	5.80
7	55.29	34.19	6.04
8	60.14	38.35	6.38

按照表 6.3 绘制传热系数和水-空气平均温差的关系曲线如图 6.5 所示，数据拟合得到 a 和 b 的值分别为 1.423 和 0.412，即传热系数 $K=1.423\cdot\Delta t^{0.412}$，决定系数 R^2 为 0.994。系数 b 明显大于各种常用散热器的传热系数，即水-空气平均温差越大，毛细管自然对流散热器传热系数增加得越快，越优于常规散热器。但是，由于该设备采用低温水供暖，最高供水温度只能达到 60 ℃，最大水-空气平均温差只能达到 40 ℃左右。为方便比较，以水-空气平均传热温差 40 ℃作为参变量计算其他常见散热器的传热系数，该条件下，毛细管自然对流散热器传热系数为 6.5 W/(m^2·K)，与常规散热器比较，属于传热系数较大的设备。

值得一提的是，常规散热器一般以金属为主要散热材料，其导热系数很大，例如铸铁的导热系数 λ 为 80 W/(m·℃)，铝片导热系数 λ 为 237 W/(m·℃)，铜的导热系数 λ 可达 400 W/(m·℃)，而毛细管自然对流散热器的散热芯毛细管的材质是聚丙烯，导热系数 λ 为 0.27 W/(m·℃)。在导热系数相差如此悬殊的前提下，整体设备传热系数 K 与常规金属散热器相差无几，说明毛细管自然对流散热器的散热能力很强。

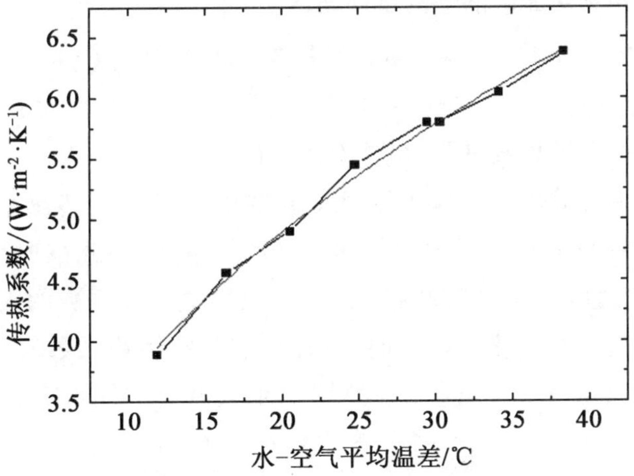

图 6.5　传热系数与水-空气平均温差关系曲线图

(3)供冷特性。

毛细管自然对流散热器的供冷还需考虑空气的除湿，湿空气除湿量计算公式为

$$m_w = m_a(d_1 - d_2) \tag{6.5}$$

式中 m_w——湿量，g/s；

m_a——空气质量流量，kg/s；

d_1——进口空气含湿量，g/kg；

d_2——出口空气含湿量，g/kg。

式中 m_a 可由出口空气流速、空气密度和出口面积求得，空气进、出口干球温度和湿球温度为测试值，空气焓值、空气密度和含湿量为根据干、湿球温度计算或查焓湿图所得。毛细管重力循环空调出风风速小于 0.2 m/s，符合人体热舒适要求；而除湿能力一般，只能作为辅助功能。当供水温度降低，设备供冷量增加时，出口平均风速增加，其除湿量随着制冷量的增加也呈增加趋势。这是由于当供冷量增加时，设备进出口空气温差加大，导致进出口空气密度差加大，而在系统处于稳定状态时，空气质量流量保持不变，则体积流量增加，即呈现空气平均流速增加状态，随之而来空气除湿量自然增加。

6.1.2　铜管铝翅片强制对流散热器[2]

在暖通领域，将换热器和风机构成的供暖末端装置称为强制对流散热器，除了本章将要介绍的型式，目前常用的有风机盘管及暖风机，前者常用于民用建筑，后者常用于工业建筑。本章所介绍的强制对流散热器仅用于供暖，在结构形式上与传统的供暖供冷两用风机盘管有很大差别，主要差别是去除了冷凝盘，翅片管由多排管改为两排管或单排管，大风量风机改为小风量风机，且换热部件采用铜管铝翅片，故称为铜管铝翅片强制对流散热器。

1. 铜管铝翅片强制对流散热器的设计理念

与毛细管自然对流散热器一样，欲提高散热器的散热量 Q，可以增大散热器的传热系数 K、散热器的传热面积 F 或散热器的平均传热温差 Δt。强制对流散热器将从提高散热器传热系数的角度来提高散热器的散热能力。

传统散热器的主要散热元件为翅片管或肋片管，从翅片管传热系数计算公式可知，影响翅片管传热系数的主要因素为空气侧对流换热系数，因此欲提高散热器的散热能力，需增大翅片管空气侧对流换热系数。影响空气对流换热系数的因素很多，但其主要影响因素是空气流速。空气流速较小时，翅片管空气侧换热系数属于自然对流换热系数，一般为 5~25 W/(m^2·K)；当空气流速较大时，翅片管空气侧换热系数属于强制对流换热系数，一般为 10~100 W/(m^2·K)，比自然对流换热系数要高一个数量级，因此可以通过增大空气流速，采用翅片管的强制对流换热机理，以增大翅片管的传热系数及散热器的散热能力。

翅片管采用强制对流换热机理的散热装置有风机盘管及暖风机，但后者噪声较大，不适用于民用建筑供暖，而传统风机盘管是以满足供冷要求作为设计目标，其散热元件常采用蛇形多排管即盘管，并附加冷凝水盘等。因此，传统风机盘管若应用于低温供暖系统将产生 3 个主要技术经济问题:一是由于传统风机盘管以蛇形多排管作为散热元件,风机风量大,热容量较大,而供暖设计时需采用较小热水流量,供暖系统及热用户的稳定性差;二是传统风机盘管管径较小,细管多根有利于均匀传热,可提高散热管的散热效率,但当热媒的水质较差时容易引起管道堵塞,同时导致供暖系统总阻力及泵功耗增大;最后是传统风机盘管附加冷凝水盘等装置,体型较大,占用的建筑面积较大。

因此,在传统风机盘管的技术基础上,去除了冷凝盘,翅片管由多排管改为两排管或单排管,增大铜管管径及大风量风机改为小风量风机等,如此形成了一种新型散热装置——强制对流散热器。

2. 铜管铝翅片强制对流散热器的结构形式

强制对流散热器主要由翅片管、风机、进出风口、进出水口及外罩等构成,其中翅片管中的热水在管内流动,根据热水流动交叉次数的大小,可分为直线型翅片管、U 型翅片管、蛇形翅片管等,U 型翅片管的强制对流散热器结构如图 6.6 所示。

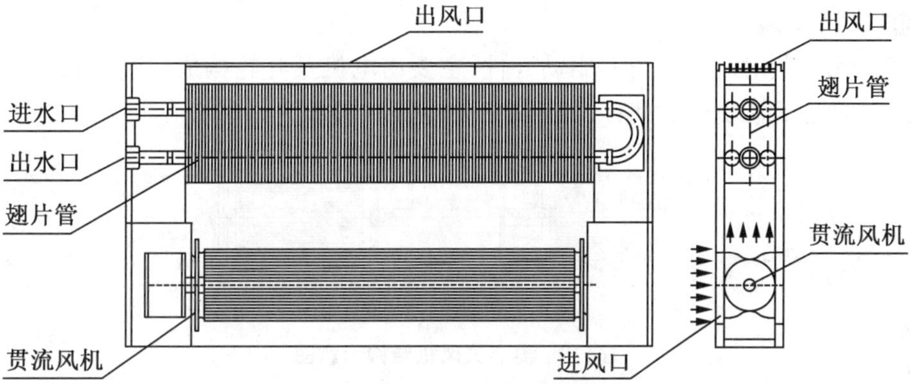

图 6.6　U 型翅片管的强制对流散热器结构示意图

(1)翅片管结构形式。

翅片管作为强制对流散热器的散热元件,一般采用高效的铜管铝翅片,结构形式如图 6.7 所示。

目前市场上适合散热器的铜管直径有 Φ16 mm,Φ21 mm,Φ27 mm 多种,相当于焊接钢管的 DN15,DN20,DN25。至于铜管的材质,以选用 TP2 紫铜管为主,壁厚可按工作压力选定,大都在 0.6~1.0 mm。铜管具有良好的导热性能和耐腐蚀性能。可见,在散热器的结构中采用铜材料,可使散热器有较长的使用寿命,相比采用价格便宜但使用寿命较短的散热器,采用价格稍高的铜管散热器更合理。

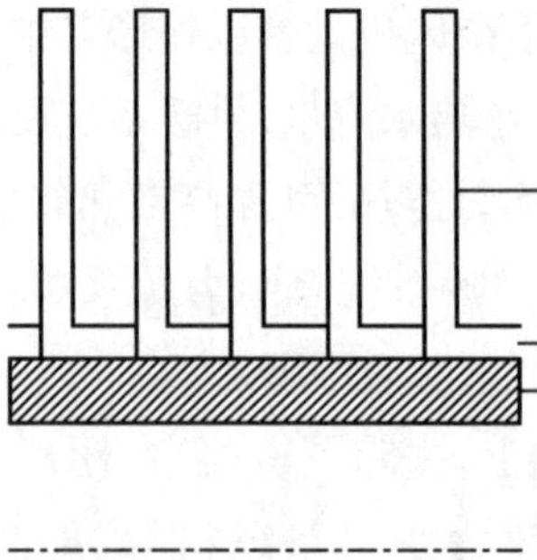

图 6.7　铜管铝翅片结构示意图

铝的导热系数仅次于铜,同样具有良好的导热性能。同时铝的可塑性好,可通过挤压成型制成各种形状的铝翅片,因此铜管与铝翅片是高效散热器的最佳选择。但是翅片管是由铜管外串铝片,通过胀管使之紧密结合制成的。如果结合不当,会产生很大的接触热阻,将使铜管铝翅片的整体传热性能降低。

(2)风机形式。

风机作为强制对流散热器的驱动元件,主要由电机及叶轮构成,适合强制对流散热器的风机有离心式和贯流式两种,如图 6.8 和图 6.9 所示。

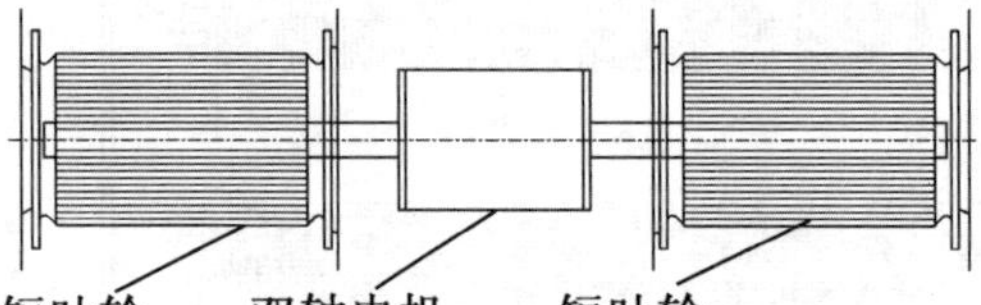

图 6.8　离心式风机结构示意图

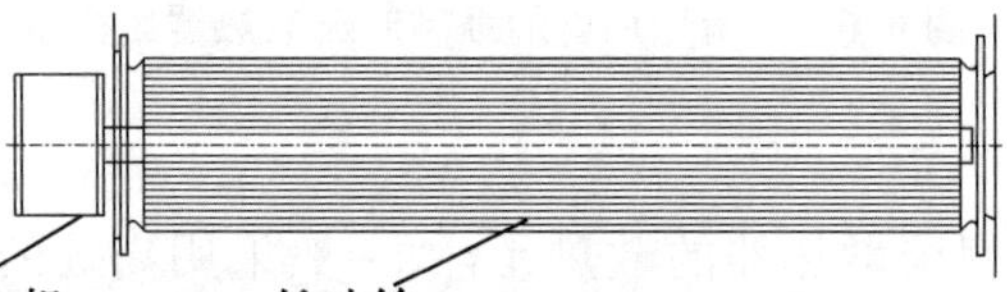

图 6.9　贯流式风机结构示意图

影响风机性能的主要因素为叶轮叶型及电机类型等,具体影响如下所示:

根据叶片出口安装角的大小,叶轮有前向叶型、径向叶型及后向叶型。一般来讲,具有前向叶型的叶轮所获得的扬程最大,其次为径向叶型,而后向叶型的叶轮所获得的扬程最小。就小型风机而言,一般采用前向叶型的,这是因为叶轮是前向叶型的风机,在相同的压头下,轮径和外形可以做得较小。

强制对流散热器一般采用单相异步交流电机,依照起动方法、副绕组的位置及参量不同,有多种形式。实际使用的单相异步电动机主要有电阻分相式、电容起动式、电容运转式、电容起动和运转式、罩极式五种。就小型电机而言,一般采用电容起动式。

(3)进出风口形式。

常见的进风口一般有圆孔形、狭缝形、菱形、条形及长方形等几种形式。出风口的形式比较少,常采用条形结构,但出风口的通气率对散热器的散热量有很大影响。通气率是指出风口净出风面积占整个风口面积的百分比。通气率较小时,空气出口几何尺寸较小,势必增加了空气流动阻力,使散热器热流量减小。随着通气率的增大,热流量逐渐增大,而当通气率达到 60%时,则出口面积对空气的出口速度的影响就不显著了,致使热流量增加不显著。受散热器结构及使用条件的限制,通气率也不宜过大,若过大会使散热器元件积尘,且风口的强度不足易损坏,因此通气率在 60%左右为宜。

(4)外罩形式。

外罩除了美观以外,在空气流动时对流通速度、流通阻力也有着重要影响,从而影响散热器的散热性能。

外罩的几何尺寸是指外罩的高度、宽度和厚度。外罩的尺寸对流通速度、流通阻力有着重要影响,从而影响散热器的散热性能。

3. 铜管铝翅片强制对流散热器的运行原理及传热机理

如图 6.6 所示,强制对流散热器的运行原理如下:热水由进水口进入散热管,通过对流换热将热水热量传给散热管内壁;散热管内壁通过导热使热量由内壁传到外壁;在风机吹风作用下,通过强制对流,散热管外壁将热量传给由进风口进入的冷空气,即加热冷空气;热空气在浮力和风机作用力下由出风口进入房间,达到加热房间的目的;同时热水在散热管内散热降温后从出水口排出,进入管网循环系统。

因此,强制对流散热器的热量传递过程主要包括热水的冷却传热、热水与散热管内壁之间的对流换热传热、散热管内壁与外壁之间的导热换热传热、散热管外壁与冷空气之间的对流换热传热及冷空气的加热换热传热等过程。

(1)热水的冷却传热量 Q_1。

热水的冷却传热量公式为

$$Q_1=G_w c_w(t_{w,in}-t_{w,out}) \tag{6.6}$$

式中　Q_1——热水冷却传热量,W;

G_w——热水流量,kg/s;

c_w——热水的定压比热,J/(kg·℃);

$t_{w,in}$——进水口热水温度,℃;

$t_{w,out}$——出水口热水温度,℃。

(2)热水与散热管内壁之间的对流换热传热量 Q_2。

热水与散热管内壁的对流换热可采用牛顿冷却公式,即

$$Q_2=\alpha_w F_1(t_{pj}-t_1) \tag{6.7}$$

式中　Q_2——对流换热传热量,W;

α_w——热水与散热管内壁的对流换热系数，W/(m^2·℃)；

F_1——散热管内壁面积，m^2；

t_{pj}——进出水口热水平均温度，$t_{pj}=(t_{w,in}+t_{w,out})/2$，℃；

t_1——散热管内壁面温度，℃。

(3)散热管内壁与外壁之间的导热传热量 Q_3。

散热管内壁与外壁之间的传热可采用傅里叶导热公式，即

$$Q_3=\lambda_g F_2 \frac{t_1-t_2}{\delta_g} \tag{6.8}$$

式中　Q_3——导热传热量，W；

λ_g——散热管导热系数，W/(m·℃)；

F_2——散热管外壁面积，m^2；

δ_g——散热管的厚度，m；

t_2——散热管外壁面温度，℃。

(4)散热管外壁与冷空气之间的对流换热传热量 Q_4。

散热管外壁与冷空气的对流换热也可采用牛顿冷却公式，即

$$Q_4=\alpha_f F_3(t_2-t_f) \tag{6.9}$$

式中　Q_4——对流换热传热量，W；

α_f——冷空气与散热管外壁的对流换热系数，W/(m^2·℃)；

F_3——散热管外壁面积，m^2；

t_f——冷空气温度，℃。

(5)冷空气的加热传热量 Q_5。

冷空气的加热传热量为

$$Q_5=G_a c_a(t_{a,out}-t_{a,in}) \tag{6.10}$$

式中　Q_5——加热传热量，W；

G_a——冷空气流量，kg/s；

c_a——冷空气的定压比热，J/(kg·℃)；

$t_{a,in}$——进风口空气平均温度，℃；

$t_{a,out}$——出风口空气平均温度，℃。

根据能量守恒定律，$Q_1=Q_2=Q_3=Q_4=Q_5$，即5个传热过程中的传热量均相等。

4.强制对流散热器的散热特性及影响因素

在自然及强制空气流动条件下，风道结构是否合理影响着强制对流散热器的散热性能。而翅片管的密封性、翅片管与风机的间距、风机结构及进风口形式是影响风道结构合理性的主要因素，因此以下将讨论翅片管的密封性、翅片管与风机的间距、风机结构及进风口形式在自然及强制空气对流下对散热器散热性能的影响，为强制对流散热器结构

的合理设计提供依据。

(1)翅片管密封性对强制对流散热器散热性能的影响。

翅片管两侧与左右两端固定支架之间若存在空隙,如图 6.10 所示,在运行时,风机吹出的冷风部分会从此空隙中穿过,通过出风口进入房间,该部分风量即为翅片管的漏风量。如此将降低翅片管的有效通风量,从而降低设备的散热性能。

可在翅片管两侧与左右两端固定支架之间的空隙设置保温板,如图 6.10 所示,如此将提高翅片管的有效通风量及散热性能,散热性能测试结果见表 6.4。

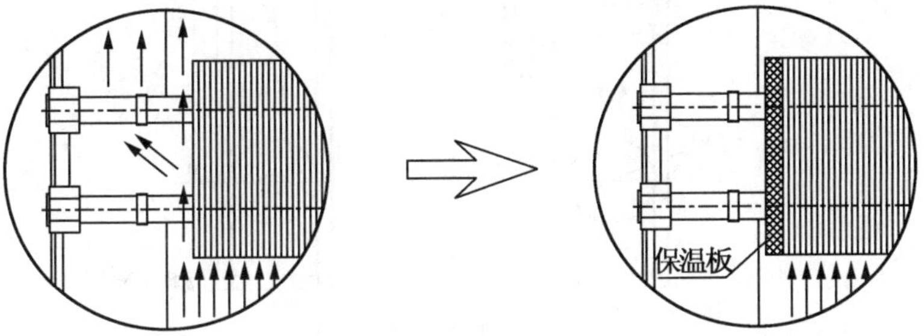

(a)密封前　　(b)密封后

图 6.10　翅片管结构示意图

表 6.4　散热器散热性能表

密封条件	自然对流		强制对流	
	Δt/℃	Q/W	Δt/℃	Q/W
密封前	39.69	355.07	36.77	983.42
密封后	39.69	415.10	36.77	1064.84

注:Δt 为散热器水与空气侧的平均温差;Q 为散热器的散热量。

由表 6.4 可知,翅片管密封后,自然空气流动下设备的散热量增大 16.9%,强制空气流动下设备的散热量增大 8.3%。因此,密封后能提高设备在自然及强制空气对流下的散热性能,主要因为密封后,风机吹出的风或烟囱效应引起的自然风全部通过翅片管,提高了翅片管的有效通风量及散热性能。

(2)翅片管与风机的间距对强制对流散热器散热性能的影响。

对于翅片管式散热器,翅片管与风机间距 L 定义为翅片管与风机两水平中心线之间的距离。翅片管与风机的间距一方面影响散热中心的位置及设备由于烟囱效应产生的自然对流换热量,另一方面影响翅片管迎面风速流场均匀性,从而影响设备的散热性能。

由于设备壳体高度的限制,翅片管与风机间距只能提高 18.5 cm,由原来的 23.2 cm 增加为 41.7 cm,如图 6.11 所示,由于空气流场改变,将导致设备的散热性能得到改变。

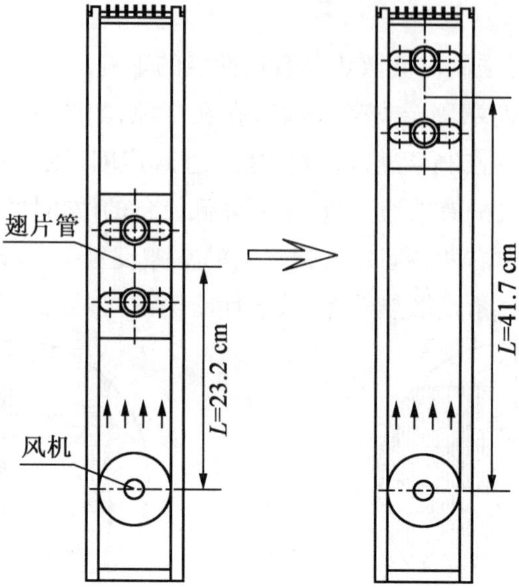

图 6.11　散热器结构图

翅片管与风机间距对散热性能的影响见表 6.5。

表 6.5　散热器散热性能表

间距 L/cm	自然对流		强制对流	
	Δt/℃	Q/W	Δt/℃	Q/W
23.2	39.69	415.10	36.77	1 064.84
41.7	40.40	326.65	36.61	1 201.19

可见，翅片管与风机间距由 23.2 cm 增加到 41.7 cm 时，自然对流下设备的散热量减少 21.3%，强制对流下设备的散热量增大 12.8%。因此，增大翅片管与风机间的距离使得设备在强制对流的条件下增加散热量，是由于随着翅片管与风机间距的增大，风机吹风的有效混合得到加强，改善了翅片管迎面风速流场均匀性，从而提高了翅片管的散热性能；而在自然流动的条件下减少散热量，是由于随着翅片管与风机间距的增大，散热中心的位置有所提高，降低了热流散热通道高度及外罩产生的抽吸力，从而降低了散热器的自然对流换热量。

(3)风机结构对强制对流散热器散热性能的影响。

离心式风机一般由 1 个双轴电机和两个短叶轮构成(图 6.8)；贯流式风机一般由 1 个单轴电机及 1 个长叶轮构成(图 6.9)。由于风机结构对风机吹风的均匀性会产生很大的影响，以致影响到翅片管迎面风速流场均匀性及设备的散热性能。通过对作者研究的第一代强制对流散热器采用离心式风机和第二代改变风机结构后采用贯流式风机的测试结果，得到了下面的结论。

风机结构改变后，强制对流下出风口速度场和温度场的均匀性都得到明显的提高，而出风口速度场的分布情况与翅片管迎面风速场的分布情况基本一致，因此翅片管迎面速度场均匀性差的问题得到明显的改善。

风机结构改变后，强制对流下翅片表面各测点的平均温度都降低了，说明翅片管的换热效果提高了。

风机结构改变后，自然对流下设备的散热量增大 41.8%，而强制对流下单位风机功率所能产生的散热量增大了 96.1%，因此设备在风机启动及停止下的散热性能都明显提高了，主要是由于风机结构改变后，翅片管迎面风速流场均匀性差的问题得到明显的改善，散热器的整体散热性能大大提高了。

(4)进风口形式对强制对流散热器散热性能的影响。

不同进风口形式在额定风量下产生的局部压力降不同，设备的总压力降也不同，如此将影响风机的效率及风量，从而影响设备的散热性能。

根据测试结果，强制对流散热器配置长方形进风口、条形进风口、菱形进风口、狭缝形风口及圆孔形风口时，其散热性能不同，风机停止时设备的散热量比例为 109%，107%，104%，104%，100%，风机启动时设备的散热量比例在高档风下为 112%，111%，106%，104%，100%。可见，风口形式对设备的散热性能影响很大，随着进风口面积的增大，风机启动下设备的风量明显增大，设备的散热系数及散热性能均增大，风机停止时设备的散热性能也提高了。

6.2　控制室内固体表面温度的技术

通过控制室内固体表面的温度，使得热环境评价指标达到适宜的范围的技术，包括：加热室内固体表面的温度，如地板供暖技术；冷却室内固体表面的温度，如吊顶供冷技术。

6.2.1　地板供暖技术[3]

地板供暖是以热水或电力为热媒或热源，通过埋设于建筑物地板中的加热管或加热电缆等加热设备，以热传导方式加热地面，地面以辐射和对流的换热方式向室内供暖的方式。

地板辐射供暖主要包括低温热水地板辐射供暖和加热电缆地板辐射供暖。热水地板辐射供暖是以温度不高于 60 ℃的热水为热媒，在加热管内循环流动加热地面的供暖方式。加热电缆辐射地板供暖是以低温加热电缆为热源加热地面的供暖方式。本章主要介绍低温热水地板辐射供暖方式。

低温热水地板辐射供暖方式是现代舒适节能型建筑和利用可再生能源与低品位热能供暖及分户热计量供暖的最佳末端供暖方式之一。它的主要优点包括：

(1)高效节能。

当采用地板辐射供暖时，由于围护结构内表面温度的提高，室内平均辐射温度也会提高，因此将室内设计温度降低 2~3 ℃，仍可得到同样的热舒适效果。此外，地板辐射供暖系统的供水温度低于散热器供暖系统，热水在输送过程中热量损失少。如果能有效利用太阳能、地热等低品位热能作为热源，可进一步节省能量。

(2)舒适性及卫生条件好。

对人体热舒适的研究表明，理想的温度应该是头部比足部略低一些，即所谓正向温度梯度场。传统散热器供暖以对流传热为主，造成室内温度梯度与正向温度梯度场成相反态势，人将产生头热脚凉的不舒服感觉。地板辐射供暖的加热盘管敷设于整个房间地面下，以辐射传热为主，热量由下向上传递。室内地面温度均匀，温度梯度合理，使人有头凉脚热的舒适感。同时，地板辐射供暖热媒温度较低，避免了室内空气的强烈对流，空气流速低，大大减少了因对流所产生的尘埃飞扬对室内空气的二次污染，消除了散热设备和管道积尘对室内微气候的影响，达到良好的卫生效果。

(3)热稳定性好。

地板辐射供暖由于有较厚的混凝土、砂浆层作为蓄热结构，系统蓄热能力强，热稳定性好，抵抗外界干扰的能力强。因此即使是在间歇供暖的条件下，房间内温度波动也较小。实验证明，在室温 20 ℃时停止供暖，12 h 后室温仍可保持在 18 ℃。

(4)热源选择灵活。

对于具有统一热源的集中用户来说，可通过建立热交换站，统一制备出满足供暖要求的低温热水供用户使用。由于地板辐射供暖所用热媒温度较低，一些低温热源如太阳能、地热等也能被利用。如在有地下水资源的区域，就可以直接利用地热水或经过处理的地热水供暖。此外，还可利用热电厂余热、城市供暖管网回水等热能。这些低温热源的合理有效利用，不仅节约了数量可观的不可再生资源，同时减少了废气、废物的排放，既节能又环保。另外，随着我国近年来天然气工业的快速发展，使用燃气供暖热水炉，兼顾冬季供暖和日常生活热水的制备也被越来越多的用户关注和采用。以燃气供暖热水炉作为热源，增加一台小的循环泵提供循环动力，直接连接到地板辐射供暖的热分配器上即可满足供暖要求。由于是分户独立系统，可节约大量室内外供暖管道和设备的投资，使难以解决的热计量问题转变为简单的燃气计量问题。

(5)便于控制和调节。

地板辐射供暖在管道敷设时可根据房间大小，在室内设置一个或几个环路，各环路两端分别接到分水器和集水器上。如采用集中供暖，则分集水器通过楼内供回水干管与室外管网相连，只需在分水器处分别为各环路设置调节阀就能很方便地对各个房间的供暖量进行控制和调节,同时也大大降低了建筑的能耗。

(6)运行维护方便。

地板辐射供暖系统在分水器前应设过滤器,以防止水中杂质进入加热管内。在正常运行期间,只需定期检查过滤器即可。

(7)安全可靠,使用寿命长。

地板辐射供暖系统除分集水器有连接外,无任何接口,基本不需要日常维修。运行时管内水流平稳,无水击现象,加之分水器上设有安全排气装置,不会对系统产生破坏力。塑料管材抗老化、耐高温、耐腐蚀性能好,内壁光滑不易结垢,运行安全可靠。地暖管材的正常使用寿命能达到 50 年以上,与建筑物的设计使用寿命相同。

(8)房间有效面积增加。

地板辐射供暖的加热管埋设于地面以下,和建筑物结构相结合,地面上无任何管道设备,不占用室内有效空间,使空间美观并方便了用户装修和家居的布置。

(9)隔声效果好。

地板辐射供暖地面构造层增加了地板的厚度,有利于隔声;加热盘管与楼板间所设绝热层不仅能起到保温的作用,也能起到隔声的作用,这使得上下层之间的噪声干扰大大减少。

近年来随着舒适节能性建筑的发展、可再生能源与低品位热能开发利用技术的发展以及供暖收费制度的改革,低温热水地板辐射供暖作为一种舒适节能、适合利用低品位热能、便于分户热计量的供暖方式,越来越得到广泛应用,但同时也暴露出一些问题亟待解决。

供暖地板指采用地面辐射供暖方式的地板构造整体,不包括热媒或热源的供给系统。低温热水辐射供暖地板构造按施工方式的不同分为湿式和干式两大类。

随着地板辐射供暖技术的发展,轻型化、薄型化成为目前国内低温热水地面辐射供暖技术的热点。目前我国推广和使用的干式地板主要包括以下几种:现场敷设加热管、采用发热电缆、预制轻薄供暖板。现场敷设加热管或发热电缆方式包括混凝土填充式和预制沟槽保温板形式。

1. 地板供暖基本结构形式

(1)预制轻薄型低温热水地面辐射供暖板。

预制轻薄型低温热水地面辐射供暖板是由保温基板、塑料加热管、铝箔、EPE(Extruded Polyethylene)调节层、龙骨和二次分水器、集水器等组成的一体化薄板,其成品厚度小于或等于 13 mm、保温板内镶嵌的加热管外径小于或等于 8 mm、成品在工厂制作完成。预制轻薄型低温热水地面辐射供暖板结构如图 6.12 所示。

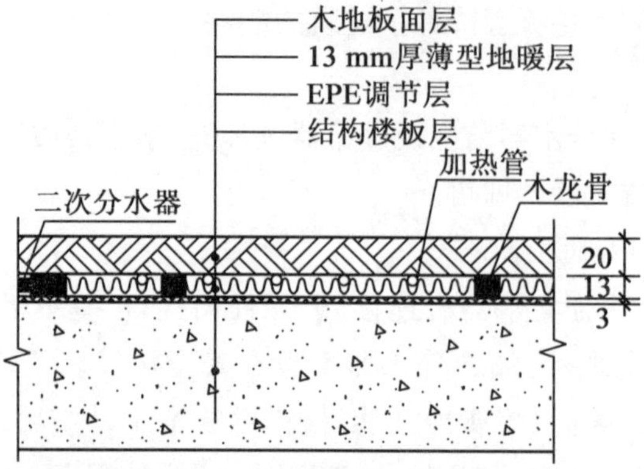

图 6.12　预制轻薄型低温热水地面辐射供暖板结构示意图(木地板)

(2)预制沟槽保温板供暖地板。

预制沟槽保温板供暖地板是将外径为 12~20 mm 的加热管或加热电缆敷设在带预制沟槽的泡沫塑料保温板的沟槽中,加热管或发热电缆与保温板沟槽尺寸吻合且上皮持平,不需要填充混凝土即可直接铺设面层的地面供暖形式。保温板厚度一般不超过 35 mm。

在工厂预制成带有固定间距和尺寸沟槽的聚苯乙烯类泡沫塑料或其他保温材料制成的模板,在现场拼装后,用于在沟槽内敷设加热管或加热电缆。预制沟槽保温板分为不带金属导热层和带金属导热层 2 种;前者用于地砖、石材面层的热水地面供暖系统;后者保温板上铺设有与加热管外径尺寸相同沟槽的金属导热层,用于木地板面层供暖地面和加热设备为加热电缆(加热电缆与绝热层不直接接触)的供暖地面。预制沟槽保温板供暖地面构造如图 6.13 所示。

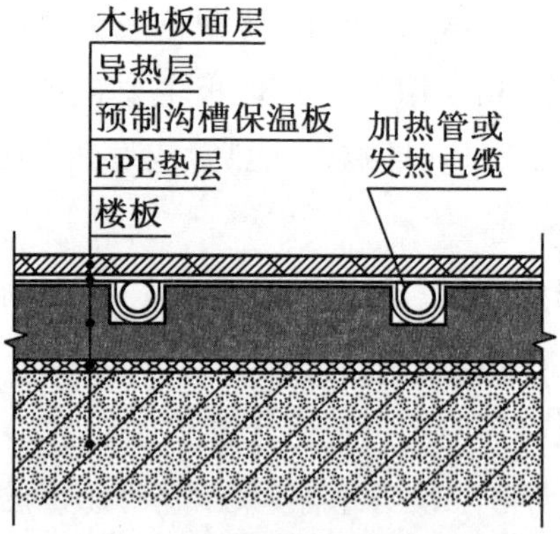

图 6.13　预制沟槽保温板供暖地面构造

(下层房间为供暖房间、木地板面层)

另一种新型预制沟槽式热水供暖地板构造如图 6.14 所示。

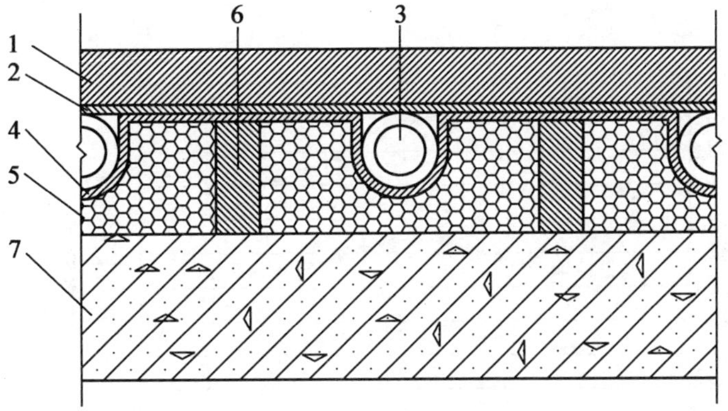

图 6.14　新型预制沟槽式热水供暖地板构造

地板构造包括地面装饰层1、上层铝箔2、加热管3、下层铝箔4、保温层5、木龙骨6和楼板(或贴土地面)7。下层铝箔紧密包裹加热管,并与保温材料紧密接触,不存在保温材料与加热管间的中空部分。由于塑料加热管管壁导热系数较小,采用覆盖金属导热膜的方法可增加导热性能。导热膜的敷设位置对于地板内的传热过程影响很大。若导热膜仅水平敷设于加热管上部,则向下的传热量较大;若导热膜只敷设于加热管下部,虽减少了向下的传热量,但地板表面温度分布的均匀性较差,而新型地板在加热管上下同时敷设导热膜,既减小了向下的传热量,也提高了温度分布的均匀性,大大提高了单位地面面积的散热量。

2. 供暖地板的散热特性

本节针对新型预制沟槽式热水供暖地板内传热过程进行阐述,分析地板表面温度分布、地板散热量、向下热损失以及室内竖向温度的分布规律。

热水供暖地板内的传热过程包括:

①热水以对流换热方式将热量传递给管内壁;

②管内壁以导热方式将热量传递到管外壁;

③管外壁以导热方式通过金属导热膜、空气夹层传递给周围的保温层、楼板和地面;

④地面或楼板表面以对流和辐射传热方式将热量传递到室内。

(1)地板构造层内温度分布。

如图6.15所示,地板构造层内温度呈曲线形分布,温度变化最剧烈的区域在加热管管壁周围、铝箔层以及空气夹层部分处。随着距加热管距离的增加,地板内温度变化逐渐趋缓。保温层下表面温度分布最均匀,温度变化很小,地板表面温度分布较均匀。保温层结构在达到相同保温要求时,可采用比常规地板供暖方式更小的保温层厚度。

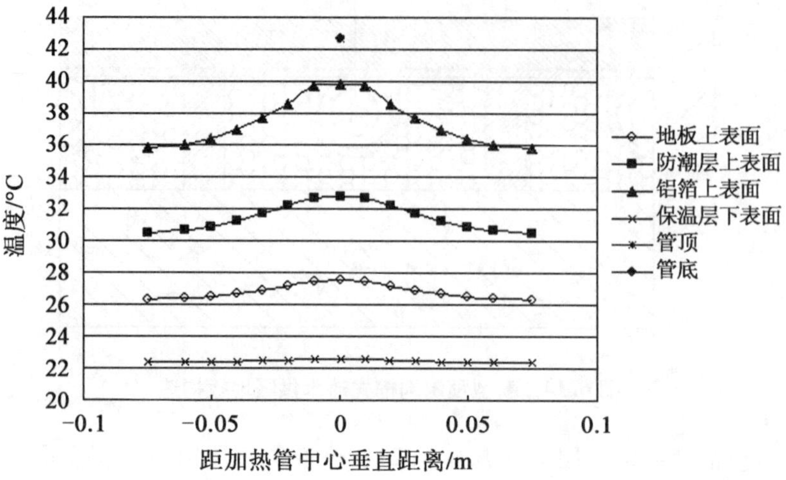

图 6.15　地板构造层内温度分布

（室内空气平均温度 t_n=18 ℃，水温 t=45 ℃时）

（2）地板表面热流密度分布。

地板构造内热流密度最大的区域在加热管的正上方，随着与加热管距离的增加，热流密度逐渐变小。向上的热流密度大于向下的热流密度，见表 6.6，当室内空气平均温度 t_n = 18 ℃，水温 t = 45 ℃时，向上热流密度占总热流的 79.1%，向下热流密度即地板辐射的热损失占 20.9%。

表 6.6　地板热流密度分布

向上热流密度 /（W · m^{-2}）	向上热流密度占总热流密度百分比/%	向下热流密度 /（W · m^{-2}）	向下热流密度占总热流密度的百分比/%
82.0	79.1	21.6	20.9

（3）地板表面温度和热流密度的影响因素。

①地板表面平均温度随着热水平均温度的增加而增加，随着室温的升高而升高，随着管间距的增加而减小。

②地板表面平均温度受水温、管间距和室温各因素的影响和制约，考虑到对地板表面温度的限制，室温、热水平均水温、管间距的选取应满足使用要求。

③管间距越大，地板表面温度分布的均匀性越差；室温越高，地板表面温度分布的均匀性越好；热水平均温度越高，地板表面温度分布的均匀性越差。考虑到热水地板供暖的舒适性，应尽量选用较小的管间距和较低的水温。

④铝箔厚度越大，地板表面温度分布的均匀性越好，地板表面温差的减小百分比越

大;管间距越小,地板表面温差的减小百分比越大;水温的变化对于地板表面温差减小的百分比没有明显影响;从地板表面温度的均匀性及经济性方面考虑,铝箔厚度为 0.2 mm 是最好的选择。

⑤随着热水平均温度的增加,地板表面散热量和热损失增大;随着室温的升高,地板表面散热量和热损失同时减小;随着管间距的增大,地板表面散热量和热损失同时减小。

⑥随着铝箔厚度的增加,地板表面散热量和热损失同时增大。

6.2.2　毛细管供暖辐射板技术[4-6]

供暖辐射板是继地板辐射供暖的另一种新型的辐射供暖末端装置,主要有两种安装方式,即吊顶安装和挂壁安装。随着各种新型非金属管材的开发,特别是毛细管网在供暖辐射板中的应用,使辐射板供暖适用的水温范围更大,是一种具有发展前途的供暖系统末端装置。

如图 6.16 所示,在毛细管供暖辐射板工作时,埋设在辐射板内的加热管加热辐射板,辐射板表面放射出来的 8~13 μm 的远红外线投射到周围物体表面,这些表面再与人体进行辐射换热。辐射板在与物体进行辐射换热的同时,还与周围的空气进行对流换热。

辐射换热量取决于辐射板、围护结构表面、人体及室内设备的表面温度,各表面的几何形状,相对位置及其辐射特性。对流换热量则取决于辐射板附近空气对流作用的强弱。一般来说,在辐射供暖系统中,人体与周围环境换热量的 50%以上是以辐射方式进行的。

图 6.16 中,箭头方向表示热量的传递方向。从图中可以看出,热量由热水通过导热和对流的方式传递到辐射板表面,辐射板、设备、围护结构之间通过辐射来传递热量,与室内空气之间则通过对流来传递热量。

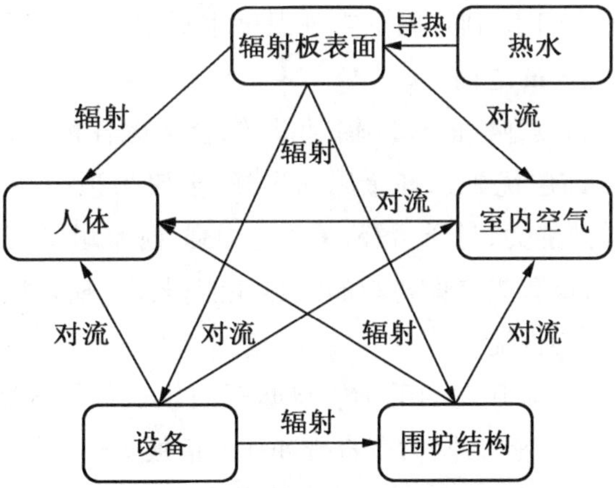

图 6.16　毛细管供暖辐射板的运行原理

与地板辐射供暖类似,常见的辐射供暖散热器大致可以分为两大类:一类是将特制的发热管直接埋入结构中,形成辐射地板或顶板;另一类是按模块化思想制成的辐射产品，安装在地面、吊顶或墙壁中，本章阐述的就是这类辐射板。

同样占用建筑空间较小、施工周期短但无须承担地面承重的吊顶辐射也受到人们的关注。在欧洲，吊顶辐射板很早就应用于供冷，最常用的是金属辐射板。金属水管内走水，连接于金属模块式辐射板上。

由于辐射方式有诸多优点，如吊顶辐射板不存在采用地面辐射时遇到的表面遮盖物影响的问题，散热面积大、占用空间小、施工便捷、安装维修方便、适用于新建建筑和既有建筑改造等，吊顶辐射供暖方式在我国有很大的发展空间和市场潜力。但是以供冷为主的传统金属辐射板用于供暖有许多不足，吊顶供暖末端装置有待开发。

目前，我国有大量 30~50 ℃的低温热源有待利用，但与之配套的末端设备基本处于空白；作为室内供暖设备，必须满足现代装修的需要，保证供暖和装饰性之间的关系。一种新型的低温供暖装置，即毛细管供暖辐射板，解决了当前低温热水辐射供暖系统中施工不便的问题，而且供暖、装饰一体化，可满足现代装修需要。

1. 毛细管供暖辐射板的结构与分类

毛细管供暖辐射板由 3 部分组成，分别为加热构件、表面装饰层及保温层。

(1)标准毛细管供暖辐射板。

由于 PP-R 塑料制成的毛细管相比于其他用于供暖系统的塑料管材具有绝对优势，辐射板供暖板材的加热构件材料建议使用毛细管网栅产品。因此，加热构件部分的选择范围被限定在网栅的类型、毛细管的长度及毛细管间隔 3 个方面。

在网栅类型选择方面，首先考虑到设备供暖指标的要求，辐射板散热能力不得低于 4 W/(m^2·℃)建筑面积，可以选择网束密度较高的 S-Mat 和 U-Mat 两种型号。其次，在毛细管的长度选择上，由于毛细管网栅表面积大、换热能力强，因此在毛细管长度大于 3 m 时，管内热媒温度已经下降到管周围空气温度水平附近。为了保证毛细管路的换热效率，应将其长度确定在 3 m 之内。

为设计最具通用性和典型性的标准辐射板，综合考虑各种装饰层的材料性能，毛细管供暖装饰板材表面装饰层优先选择金属吊顶板，金属吊顶板与其他装饰材料相比无毒、无害，具有很高的导热能力，且质量轻、承重能力强、防水耐腐蚀、经久耐用。

选择保温层材料时，应首先考虑材料的绝热性能；其次，辐射板作为装饰性设备的一部分，还应充分考虑其阻燃性能。

综合上述对材料的选择，开发的毛细管供暖辐射板表面层为铝合金板，表面喷涂厚 60~80 μm 的白色环氧树脂粉末，同时有直排冲孔。铝板上粘黑色无纺布用来消除室内噪声，毛细管席粘接在无纺布之上，最后以橡塑海绵板覆盖。毛细管网栅进、出水口裸露在外，用金属软管与供回水管相连，结构尺寸见表 6.7。毛细管供暖辐射板示意图如图 6.17 所示。

表 6.7　标准毛细管供暖辐射板结构尺寸表

	材料	规格
装饰层	铝合金板	材料牌号 1001,600 mm×1 200 mm×0.8 mm,直排冲孔,直径 2.3 mm
	白色环氧树脂粉末喷涂	60~80 μm
加热构件	毛细管网栅	600 mm×1 200 mm,干管 20 mm×12 mm×2 mm,支管 3.4 mm×0.55 mm,间距 10 mm
保温层	橡塑海绵	600 mm×1 200 mm×10 mm

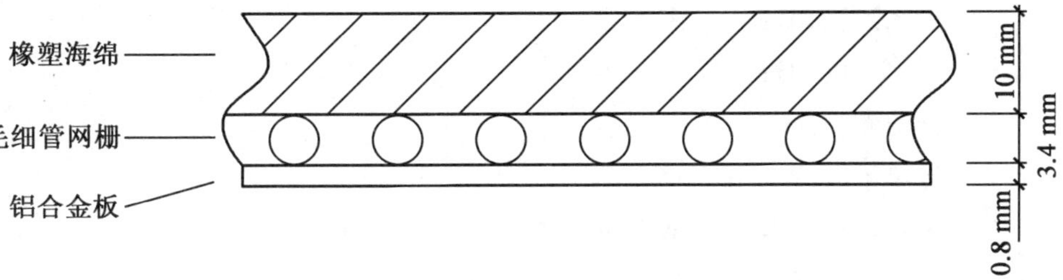

图 6.17　毛细管供暖辐射板示意图

目前常规辐射板都是平面板,但将辐射板制成曲面时装饰效果更好,并且在相同投影面积下,散热面积变大。

(2)整体型辐射板。

整体型辐射板是指在生产过程中一次成型的辐射板。整体型辐射板内部结构紧凑,间隙非常小,可以减小空气热阻,而且材料的生产和辐射板组装一体化,简化了工艺。

①整体型毛细管石膏板。

整体型毛细管石膏板是在石膏浇筑前,将玻璃纤维网格布置于模子底部增加强度,其上铺设毛细管席,在强度允许范围内,尽量贴近外表面,同时保护好进出水口。当石膏自然干燥冷却后,进出水口外露,其他与普通石膏板外观无异。

②整体型毛细管聚氨酯板。

利用发泡塑料的发泡成型工艺,将装饰面层和毛细管席预先放进模板,发泡时一次成型。发泡材料可以用聚氨酯或酚醛,装饰面层仍选择导热性能优良的金属板。由于一体发泡的塑料强度高,可以用更薄的铝板,最后喷涂装饰即可。

如果以酚醛作为发泡成型材料,工艺与聚氨酯相同。酚醛无毒、阻燃、成本低,是新一代保温材料,但同时酚醛发脆,隔水、隔气性差,不如聚氨酯有韧性。

2. 毛细管供暖辐射板的特性

毛细管供暖辐射板属于新开发产品,需要针对该设备的散热特性、辐射板表面温度均匀性、室内垂直温度分布特性等进行分析。

辐射供暖系统散热面传热过程可假设为以下 3 个过程：

①工质水通过与管壁的对流换热将热量传给管外壁；

②管外壁通过热传导与其周围的保温结构层、金属辐射板进行换热；

③辐射板表面通过对流与辐射的传热方式与室内壁面、空气、人体进行换热。

热水通过管壁的传热可视作无惯性、无滞后的传热过程，但塑料管的热阻不可忽略。因此，管外壁的温度不能直接由供回水温度的平均值来代替。根据能量守恒定律，可以表示为

$$Gc_p(t_g - t_h) = KF(\bar{t} - t_b) \tag{6.11}$$

式中 G——管内热水流量，kg/s；

c_p——管内热水比定压热容，J/(kg · ℃)；

t_g——供水温度，℃；

t_h——回水温度，℃；

F——管壁面积，m^2；

K——传热系数，W/(m^2 · ℃)；

h——管内对流换热系数，W/(m^2 · ℃)；

δ——管壁壁厚，m；

λ——管壁导热系数，W/(m · ℃)；

$\bar{t}$——供回水平均温度，℃；

t_b——管外壁温度，℃。

管壁向外传热是二维传热的过程，由于管与管之间温差较小，因此相邻的管中间可视为一个绝热面。在毛细管网向保温层结构和金属辐射板间传热的过程中，热量均以热传导的形式传递，然而由于保温层结构和金属辐射板材质的不同，由毛细管向其两边传递的热量也不同。导热效果良好的金属面板得到的热量远远大于毛细管供暖辐射板后部保温结构层的热量。

(1)散热表面的对流换热。

辐射供暖散热面表面的对流换热，一般认为属于自然对流换热。工程设计中可近似认为对流换热仅与散热面温度和室温有关。由于散热面各点的温度不同，所以换热系数也不相同。但是，整个散热面的温度可看作是均匀一致的。表面对流换热系数可利用下式计算：

$$h_c = 2.17(T_p - T_n)^{0.31} \tag{6.12}$$

对流换热量的计算公式为

$$q_c = 2.17(T_p - T_n)^{1.31} \tag{6.13}$$

式中 q_c——对流换热量，W/m^2；

T_p——辐射表面的平均温度，K；

T_n——室内温度，K。

(2)散热表面的辐射换热。

辐射换热量的计算公式为

$$q_f = 5.72 F_x F_f \left[\left(\frac{T_p}{100} \right)^4 - \left(\frac{T_f}{100} \right)^4 \right] \tag{6.14}$$

式中　q_f——辐射换热量，W/m^2；

T_p——辐射面表面的平均温度，K；

F_x——构型系数；

F_f——辐射系数；

T_f——非加热表面的平均温度，K。

在实际工程中，对于常用的建筑材料的构型与辐射负荷系数之积为 0.87，由此得

$$q_f = 4.98 \left[\left(\frac{T_p}{100} \right)^4 - \left(\frac{T_f}{100} \right)^4 \right] \tag{6.15}$$

(3)散热面综合换热量。

散热面与室内的综合换热量为辐射换热与对流换热之和，即

$$q_z = q_f + q_c = 4.98 \left[\left(\frac{T_p}{100} \right)^4 - \left(\frac{T_f}{100} \right)^4 \right] + 2.17 (T_p - T_n)^{1.31} \tag{6.16}$$

对毛细管供暖辐射板进行辐射板散热量及表面温度测试，其结果与分析如下。

(1)组合型板散热量及表面温度。

组合型板包括毛细管席裸板辐射板、毛细管席橡塑辐射板、金属板毛细管席辐射板、金属板毛细管席橡塑辐射板、普通胶组合型辐射板、导热胶组合型辐射板。

①散热量比较。

各种组合型毛细管辐射板散热量与水-空气温度差的关系如图 6.18 所示。

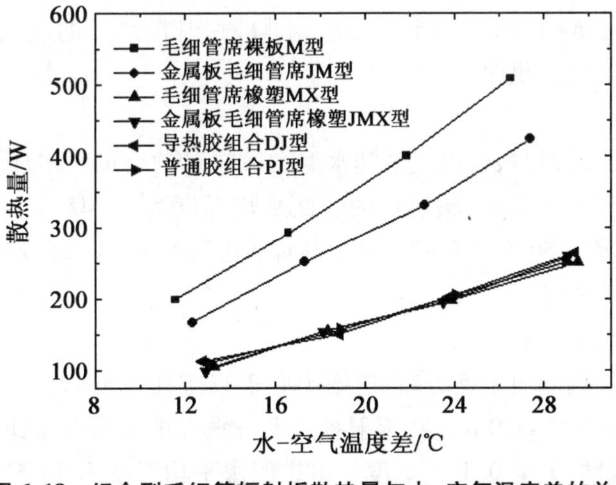

图 6.18　组合型毛细管辐射板散热量与水-空气温度差的关系

从图 6.18 看出，相同条件下，M 型辐射板散热量最大，其次是 JM 型辐射板，MX 型、JMX 型、PJ 型、DJ 型 4 种辐射板散热量接近，约为 M 型辐射板散热量的一半。M 型辐射板上下两面同时散热；MX 型辐射板背面保温，单面散热，故散热量减少约一半；JM 型辐射板热阻大于 M 型，散热量介于 M 型与 MX 型之间；JMX 型比 MX 型多了表面金属铝板，虽然增加了热阻，但对于在柔软的橡塑海绵覆盖下的毛细管来讲，散热表面积增大，因此 JMX 型与 MX 型散热量基本相同；PJ 型、DJ 型辐射板散热量比 MX 型、JMX 型辐射板散热量稍大，DJ 型比 PJ 型略大，但基本持平，可知由于橡塑密度为 65～80 kg/m^3，有一定质量，且在金属铝板背面翻边卡压下，不粘接时也可以很好地使辐射板内部各层紧密接触，胶黏剂对辐射板散热量影响不大，导热胶与普通胶区别不大。

②散热量公式拟合。

借鉴常规散热器散热量的整理方法，将散热器的散热量实验结果整理成公式 $Q=a(\Delta t_{w-a})^b$ 形式，散热量与水-空气温度差呈幂指数关系。在正常情况下，辐射器 b 为 1.20～1.30，对流器 b 为 1.30～1.45。根据已有数据进行拟合，可以为工程设计提供参考。当循环水量 28.8 kg/h 时，M 型、MX 型、JM 型、JMX 型、PJ 型、DJ 型辐射板散热量见式(6.17)～式(6.22)。

$$Q_n=12.522(\Delta t_{w-a})^{1.127} \tag{6.17}$$

$$Q_n=6.7306(\Delta t_{w-a})^{1.0715} \tag{6.18}$$

$$Q_n=9.4638(\Delta t_{w-a})^{1.1464} \tag{6.19}$$

$$Q_n=5.7643(\Delta t_{w-a})^{1.121} \tag{6.20}$$

$$Q_n=8.1032(\Delta t_{w-a})^{1.0178} \tag{6.21}$$

$$Q_n=8.1253(\Delta t_{w-a})^{1.0204} \tag{6.22}$$

式中　Q_n——拟合设备散热量，W；

Δt_{w-a}——供回水平均温度与室内温度差，℃。

上述几种辐射板 $b=1.02～1.16$，当 Δt_{w-a} 下降时，其散热量的衰减小于普通辐射器，它的这种性能适合于低温供暖。

③表面温度。

从测试结果得出，辐射板表面温度随水温和散热量的增加而增加。除 MX 型辐射板供回水平均温度为 47.67 ℃时，辐射板的表面平均温度为 38.45 ℃以外，上述几种辐射板在供回水平均温度为 30.5～47.48 ℃时，表面平均温度为 24～36.22 ℃，吊顶温度均低于 38 ℃，满足热舒适性要求。

④小室内垂直温度分布。

为研究实验小室内垂直温度分布，房间中心垂直排列 6 个测点，高度分别为 2.5 m，2.0 m，1.5 m，1.1 m，0.1 m，0 m。在辐射板正上方垂直排列两点，高度为 2.8 m，2.7 m。2.5 m，2.7 m 是辐射板上下 0.1 m 高度。以供回水平均温度为 36 ℃工况为例，取 M 型辐射板、DJ 型辐射板进行分析，MX 型、JMX 型、PJ 型温度分布与 DJ 型相近。如图 6.19 所示，辐射板下方从高到低，温度几乎呈线性递减，在距地面 0.1 m 到辐射板下 0.1 m，即高度 2.5 m 的范围内,空气温差为 0.8 ℃,温度梯度仅为 0.33 ℃/m,温度分布均匀。同时可以看到,毛细管席裸板 M 型的辐射板上方空间,空气温度和壁面温度高,说明有较多热量向上散发,而 DJ 导热胶组合型有保温层隔热,上方空间温度明显降低。DJ 型辐射板空气温度分布更加合理。

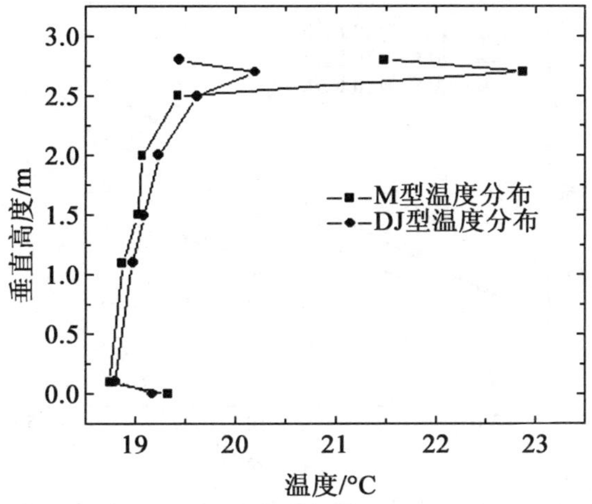

图 6.19　M 型、DJ 型辐射板室内垂直温度分布图

(2)曲面板和平面板散热量。

近年来,室内装修中出现了一种曲面装饰板,与之相匹配,有平面型毛细管金属辐射板 P 型和曲面型毛细管金属辐射板 Q 型。

在供回水平均温度为 32~45 ℃,即水-空气计算温度差范围在 14~27 ℃时,曲面型辐射板对流散热略大,故比平面型辐射板的单位表面积散热量略大。但单位投影面积曲面板比平面板散热量高 9%~12%,如图 6.20 所示。曲面板有很好的装饰效果,可以考虑开发曲面板造型的供暖辐射板。

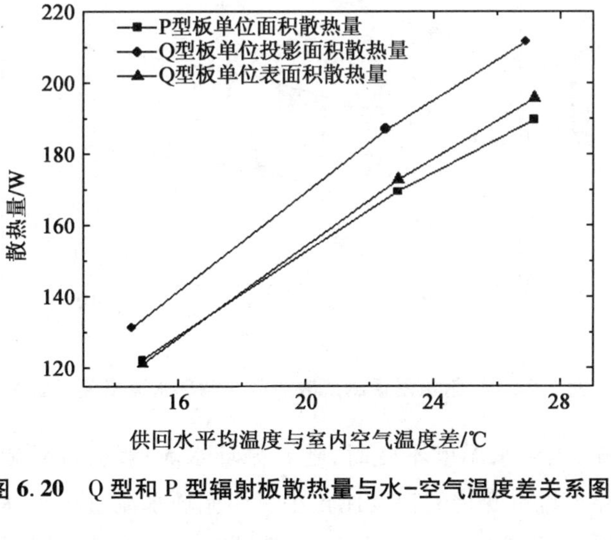

图 6.20　Q 型和 P 型辐射板散热量与水-空气温度差关系图

3. 标准毛细管供暖辐射板吊顶安装的热工性能

(1)辐射板散热量与供水温度关系。

根据实验数据,得到辐射板吊顶测试散热量与供水温度关系曲线,如图 6.21 所示。

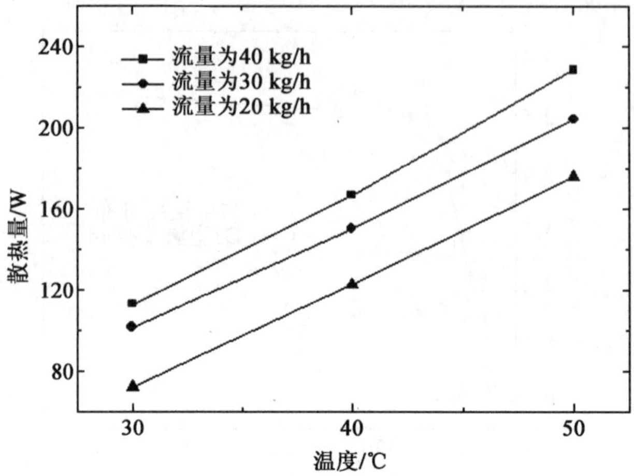

图 6.21　辐射板吊顶测试散热量与供水温度关系曲线

由图 6.21 可知,当循环水流量不变时,随着供水温度的升高,辐射板的散热量也逐渐升高,而且随着供水温度变化的幅度比较大。当供水温度从 30 ℃增大到 50 ℃时,辐射板散热量增大了 1 倍,说明供水温度是影响毛细管供暖辐射板散热量的主要因素。

(2)辐射板散热量与循环水流量关系。

根据实验数据,得辐射板吊顶测试散热量与循环水流量关系曲线,如图 6.22 所示。

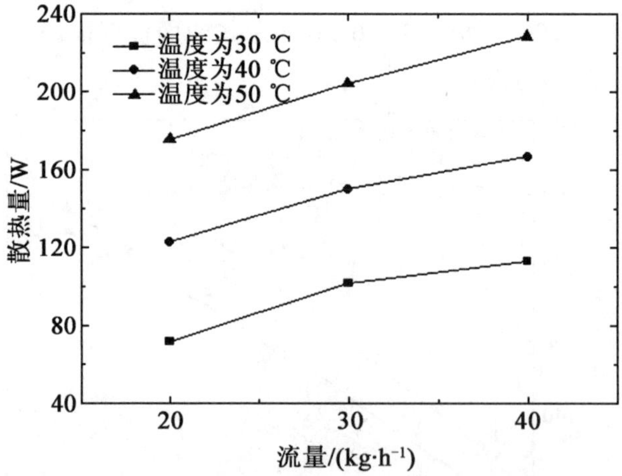

图 6.22　辐射板吊顶测试散热量与循环水流量关系曲线

由图 6.22 可知,当供水温度不变时,随着循环水流量的升高,辐射板的散热量也逐渐升高,但随着循环水流量变化的幅度比较小。当循环水流量从 20 kg/h 增大到 40 kg/h 时,辐射板散热量增大了 30%。可见,循环水流量对毛细管供暖辐射板散热量的影响没有供水温度的影响显著。

(3)单位面积散热量。

当供水温度为 30~50 ℃时,流量为 20~40 kg/h,毛细管供暖辐射板的单位面积散热量为 100~317 W/m^2,辐射板散热性能良好。由于一般住宅面积热指标为 46~70 W/m^2,节能建筑供暖规划和设计中,供暖设计热指标可取 30~35 W/m^2,因此使用毛细管供暖装饰板材吊顶供暖时,即使采用较低的水温,也只要在房间内部分铺设就可以满足供暖需求。

(4)辐射板表面平均温度。

利用校正后数据绘制单板吊顶测试时辐射板表面平均温度与供水温度关系曲线,如图 6.23 所示。

受供暖房间内人的舒适及生理条件的限制,辐射吊顶供暖系统表面最高温度不超过 38 ℃。由图 6.23 可知,在以上工况下辐射板表面温度均不超过 38 ℃,满足热舒适要求。

当循环水流量不变时,随着供水温度的升高,辐射板金属表面及保温层表面平均温度都逐渐升高,说明供水温度是影响毛细管供暖辐射板表面平均温度的主要因素。其中,铝合金板表面平均温度随供水温度变化的增幅比较大,这是由于铝合金板的导热性能良好,且板的厚度小,导热热阻小,与毛细管供暖辐射板的设计原理一致;保温层表面平均温度随着供水温度变化的增幅比较小,这是由于橡塑海绵导热热阻大,保温效果好。

当供水温度不变时,随着循环水流量的升高,辐射板两个表面平均温度都略微升高,但增幅很小,说明循环水流量是影响毛细管供暖辐射板表面平均温度的次要因素。

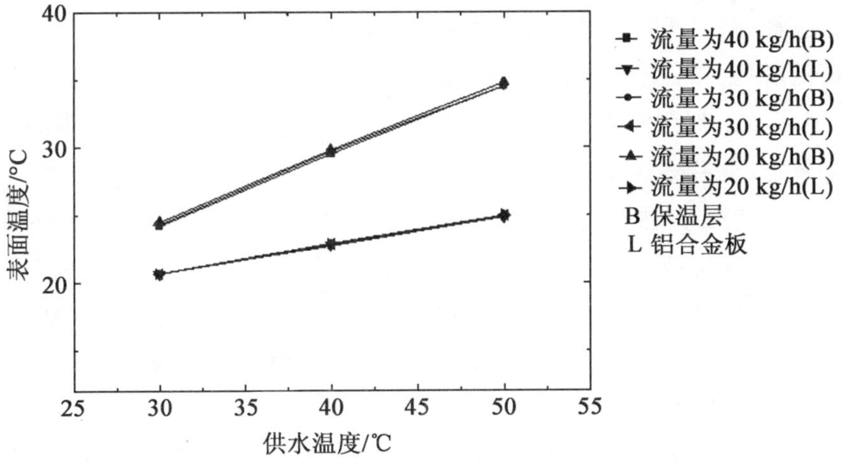

图 6.23　辐射板表面平均温度与供水温度关系曲线

(5)辐射板表面温度分布。

图 6.24 为用红外线热像仪拍摄的毛细管供暖辐射板表面温度分布图,从图中可以看出,辐射板表面温度分布均匀,但图中有部分区域温度明显高于其他区域,这说明该部分区域的毛细管网栅与铝合金板的黏结性比较好,因此制造工艺的好坏对辐射板表面温

度的影响很大,也将间接影响辐射板的散热量。

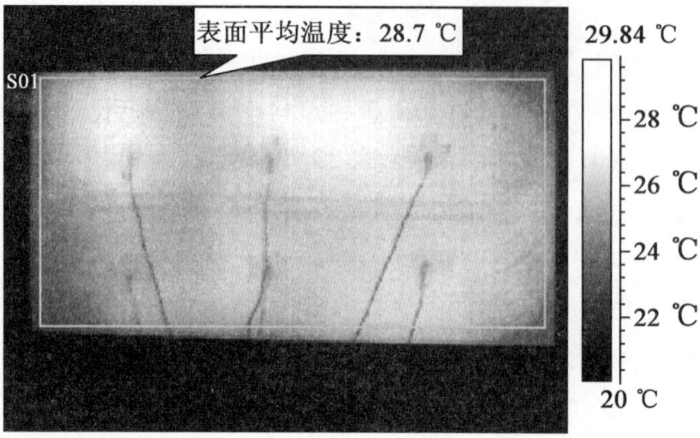

图 6.24　毛细管供暖辐射板表面温度分布图(供水温度为 40 ℃、流量为 20 kg/h)

6.3　室外新风的利用

要获得满意的室内空气质量,提供给室内足够的新风量或通风换气量以排除室内污染物是最基本的方法。

可直接利用室外新风,对送入室内空气中的有害物(主要是颗粒物)进行净化,用洁净空气替代或稀释室内被污染的空气,并将室内被污染的空气排出,从而控制室内的污染物浓度,使得室内空气质量评价指标低于卫生要求的限值。

为了降低能耗,许多建筑采取了增强建筑保温隔热性能,提高建筑密闭性、减少新风量等措施,但是却带来了室内空气质量的恶化。由于室内每天会产生大量的污染物,包括可吸入颗粒物、微生物、氡、二氧化碳、一氧化碳、二氧化硫、甲醛、可挥发性有机化合物等,通风量的减少势必无法有效排除这些污染物,导致室内空气环境变差,使得“病态建筑综合征”问题不断出现。

室内环境又是人们接触最频繁、最密切的微气候环境之一,人们约有 80%以上的时间是在室内度过的,因此室内空气质量对人体健康的影响极为重要。据统计,室内环境污染已经引起 36%的呼吸道疾病,22%的慢性肺病和 15%的气管炎、支气管炎,全世界每年有 2 400 万人的死亡与室内污染紧密相关。因此,为了改善室内空气质量,必须采取有效的通风措施。

鉴于向室内送入室外新风将消耗大量的热能,其回收就非常有意义。在本节中,主要针对新风能量回收的两类设备——新风换气机和双向通风窗进行介绍。通风换气机既可以向室内送入新风,又可以通过送、排风的换气达到节能的目的。通风窗结构简单,尺寸与普通窗相同,不受建筑高度限制。不需要开窗通风,可以有效阻止室外噪音进入室内,空气通过窗玻璃之间的气流通道送入室内或排出室外,既能降低能耗,又能提高室内空气质量。

6.3.1　新型新风换气机[7]

新风换气机也称空气-空气能量回收装置,作为室内换气设备有着诸多优点,特别是冬季室内外温差大、热回收效率高。但在严寒和寒冷地区应用时,需要考虑以下两个特点:

(1)严寒和寒冷地区冬季运行时,室外温度低、室内湿度高,全热交换器可能存在不同程度的结霜问题。如果积霜未及时清除,将堵塞空气通道并减少传热面积,使得空气流动阻力显著增大,换气量及换热效率明显降低,导致空气-空气能量回收装置的总体性能下降。

(2)严寒和寒冷地区过渡季节时间长,此时室外新风温度一般略低于室内温度,由于严寒地区墙体围护结构传热系数小,室内的人员、设备等将产生冷负荷。这时若能将室外的冷风引入室内不但能提高室内空气质量,还能减少空调机组的冷负荷,非常节能。若室外新风不经过全热交换器,而经由旁通通道直接由室外引入室内,将减少全热交换器的磨损,提高空气-空气能量回收装置的使用寿命;同时可减少系统阻力,降低送风风机的能耗。

针对以上特点,本节将在分析常规空气-空气能量回收装置的结构特点及工作过程的基础上,介绍具有旁通送风功能、旁通除霜功能和旁通送风与旁通除霜双重功能的 3 种新型空气-空气能量回收装置,并分析这 3 种新型空气-空气能量回收装置的适用性条件,进而确定其适用的地区。

1. 常规空气-空气能量回收装置结构

常规空气-空气能量回收装置主要由以下几部分组成:风机(送风机、排风机)、全热交换器、控制装置、连接电缆及机壳等部件,如图 6.25 所示。

由于全热交换器有新风进口、新风出口、排风进口及排风出口,因此全热交换器呈 45°固定在空气-空气能量回收装置内,这样能减小空气-空气能量回收装置的尺寸。

当空气-空气能量回收装置进行能量回收时,室外新风由新风入口进入该装置,经由通道口 D 进入交换器新风进口。室内排风由排风进口进入该装置,经由通道口 B 进入交换器排风进口,两股气流在全热交换器内进行热量交换和湿量交换。新风从排风中回收能量后从交换器新风出口流出,进入送风室,在风机作用下由新风出口送入室内。而排风则从交换器排风出口流出,进入排风室,在排风机作用下由排风出口排入室外。

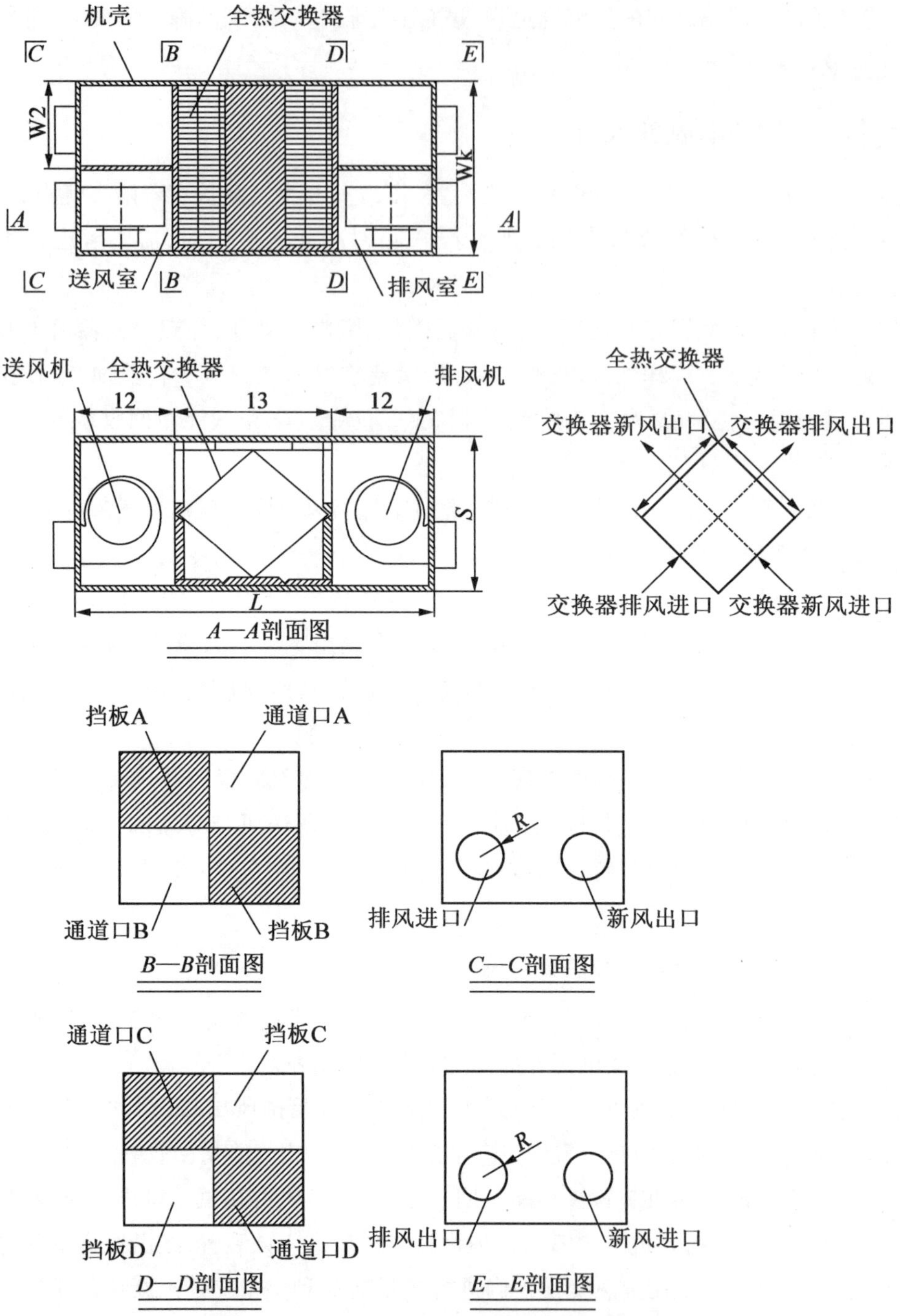

图 6.25　常规空气-空气能量回收装置结构图

2. 具有旁通送风功能的空气-空气能量回收装置

具有旁通送风功能的空气-空气能量回收装置具备以下几种功能：

(1)采用机械通风的方式将新鲜空气送入房间，同时将室内的污浊空气排到室外，实现双向换气，提高室内空气质量。

(2)应用全热交换器回收排风中的热量(冬季)、冷量(夏季)和湿量。

(3)在过渡季节，该空气-空气能量回收装置利用风机将室外新风直接引入室内而不经过全热交换器，以提高全热交换器的使用寿命。

基于上述空气-空气能量回收装置需要实现的功能，并结合现有空气-空气能量回收装置的结构分析，具有旁通送风功能的空气-空气能量回收装置增设了旁通送风风阀与旁通送风风道，并设有能量回收和旁通送风两种运行工况。在能量回收状态下，旁通送风风阀将切断旁通送风风道与送风机之间的通道，如图 6.26 所示。此时，排风机和送风机均运行，新风由送风进口进入板式全热交换芯体，由送风出口流出；排风由排风进口进入板式全热交换芯体，由排风出口流出。新风和排风在板式全热交换芯体里进行能量的交换。在旁通送风状态下，旁通送风风阀打开旁通送风风道，如图 6.27 所示。此时，排风机停止，送风机运行。当旁通送风风阀打开时，送风机与旁通送风风道相通。由于旁通送风风道阻力小，换热器阻力大，大部分新风将经由旁通送风风道进入送风机，最终送入室内。旁通送风工况下大部分新风不经由换热器而进入室内，减少了全热交换器的磨损，提高了使用寿命。

3. 具有旁通除霜功能的空气-空气能量回收装置

具有旁通除霜功能的空气-空气能量回收装置除具备与旁通送风功能的空气-空气能量回收装置前 2 项相同的功能外，还应用旁通除霜的方法，用循环于室内的空气进行旁通除霜，安全节能，便于实现。

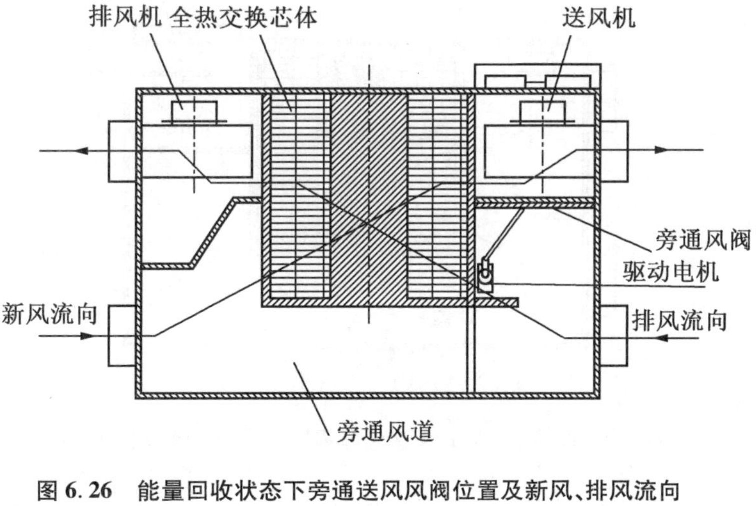

图 6.26　能量回收状态下旁通送风风阀位置及新风、排风流向

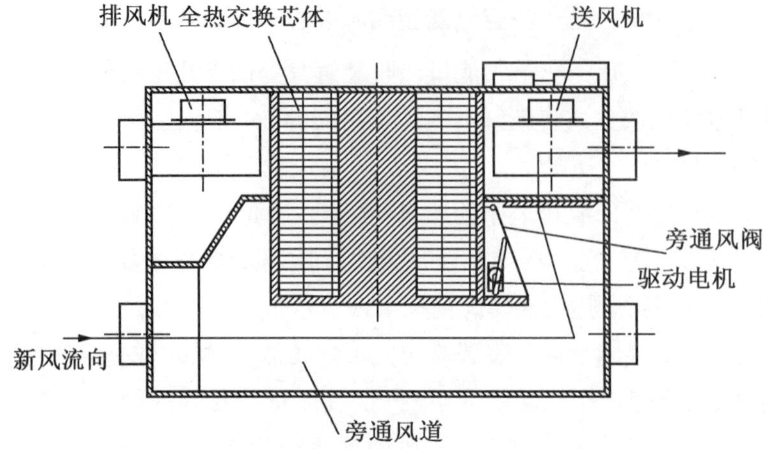

图 6.27　旁通送风状态下旁通送风风阀位置及新风、排风流向

基于上述空气-空气能量回收装置需要实现的功能，并结合现有空气-空气能量回收装置的结构分析，具有旁通除霜功能的空气-空气能量回收装置增设了旁通风阀与旁通风道，并设有能量回收和旁通送风两种运行工况。在能量回收状态下，旁通风阀将切断旁通风道与送风机之间的通道，如图 6.28 所示。此时，排风机和送风机均运行，新风由送风进口进入板式全热交换芯体，由送风出口流出；排风由排风进口进入板式全热交换芯体，由排风出口流出。新风和排风在板式全热交换芯体里进行能量的交换。在旁通送风状态下，旁通风阀打开旁通风道，如图 6.29 所示。此时，排风机停止，送风机运行。室内循环风由排风进口进入板式全热交换芯体，由新风出口流出。这股在室内循环的热气流在流经板式全热交换芯体时便能起到旁通除霜的作用。整个旁通除霜过程不用消耗额外的电能，也无须人为地拆卸，既能节省能量，又能延长板式全热交换器的使用寿命。

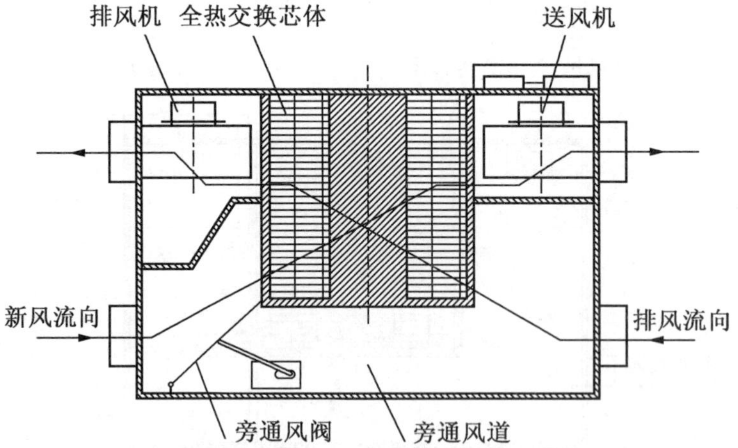

图 6.28　能量回收状态下旁通除霜风阀位置及新风、排风流向

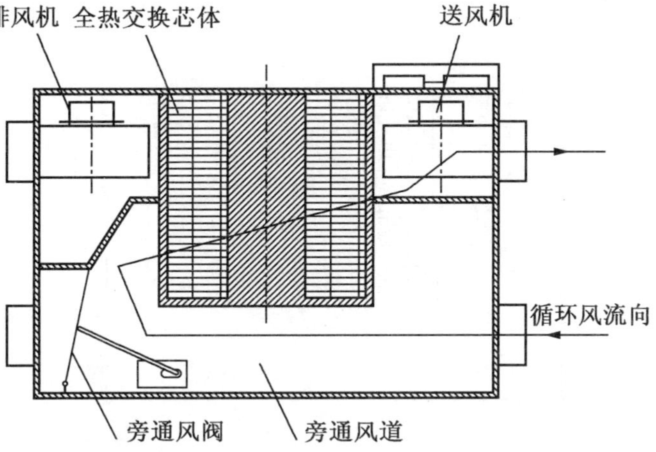

图 6.29　旁通除霜状态下旁通风阀位置及新风、排风流向

4. 具有旁通送风与旁通除霜双重功能的空气-空气能量回收装置

具有旁通送风与旁通除霜双重功能的空气-空气能量回收装置兼顾了上述 2 种装置的功能。

基于上述空气-空气能量回收装置需要实现的功能，并结合现有空气-空气能量回收装置的结构分析，具有旁通送风与旁通除霜功能的空气-空气能量回收装置增设了旁通送风风阀和旁通送风风道、旁通除霜风阀和旁通除霜风道，并设计有换热、旁通送风和旁通除霜 3 种运行状态。

在能量回收状态下，旁通送风风阀切断旁通送风风道，如图 6.30 所示。旁通除霜风阀切断旁通除霜风道，如图 6.31 所示。此时，排风机和送风机都运行，新风由新风进口进入经过全热换热器由新风出口流出，排风由排风进口进入全热换热器由排风出口流出，新风和排风在全热换热器里进行热量和湿量的交换。

在旁通除霜状态下，旁通送风风阀关闭使得旁通送风风道与送风阻隔，如图 6.32 所示，旁通除霜风阀打开旁通除霜风道（即旁通除霜风阀将新风进口、旁通送风风道与旁通除霜风道阻隔），如图 6.33 所示。此时排风机停止，送风机运行，室内循环风由排风进口进入旁通除霜风道经由全热换热器由新风出口流出，这股在室内循环的热气流在流经全热换热器时便能起到旁通除霜的作用。

在旁通送风状态下，旁通送风风阀打开旁通送风风道（即旁通送风风阀让新风进口与送风机相通），如图 6.34 所示。旁通除霜风阀关闭旁通除霜风道（即旁通除霜风阀将新风进口与旁通除霜风道阻隔），如图 6.35 所示。此时，排风机停止，送风机运行，室外新风由新风进口进入旁通送风风道，经送风机由新风出口流出。

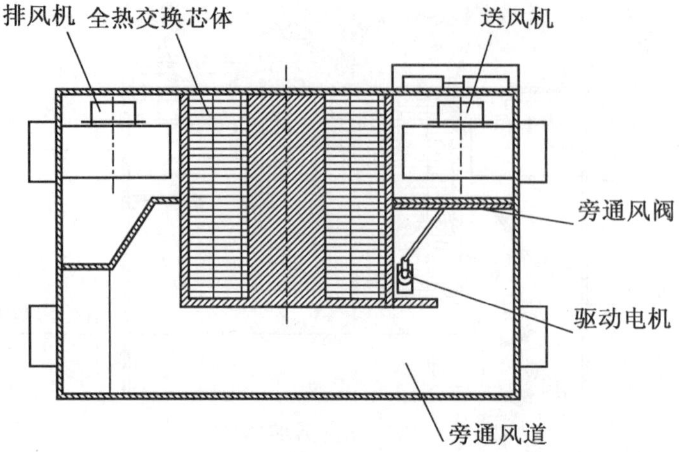

图 6.30　能量回收状态下旁通送风风阀位置

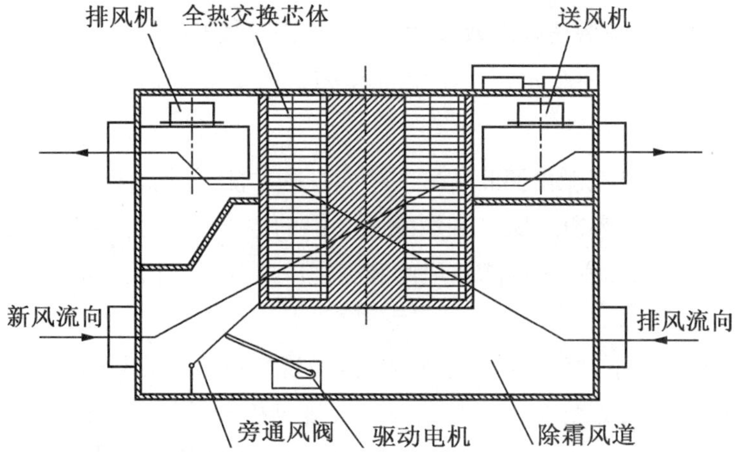

图 6.31　能量回收状态下旁通除霜风阀位置及新风、排风流向

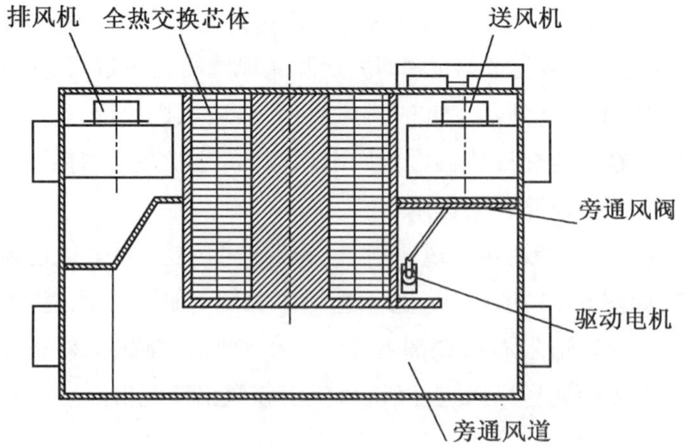

图 6.32　旁通除霜状态下旁通送风风阀位置

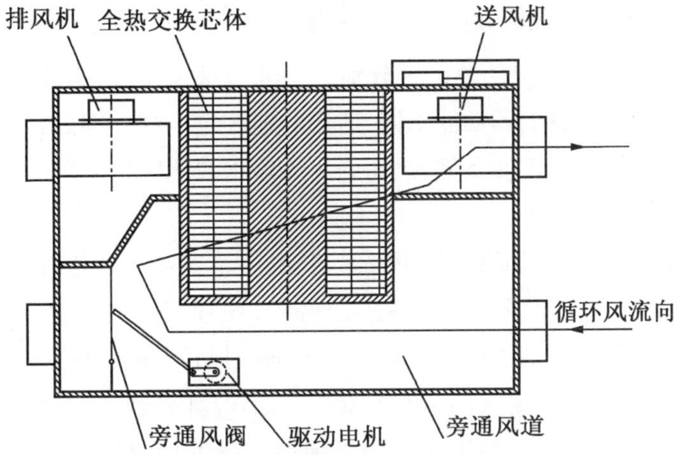

图 6.33　旁通除霜状态下旁通除霜风阀位置及新风、排风流向

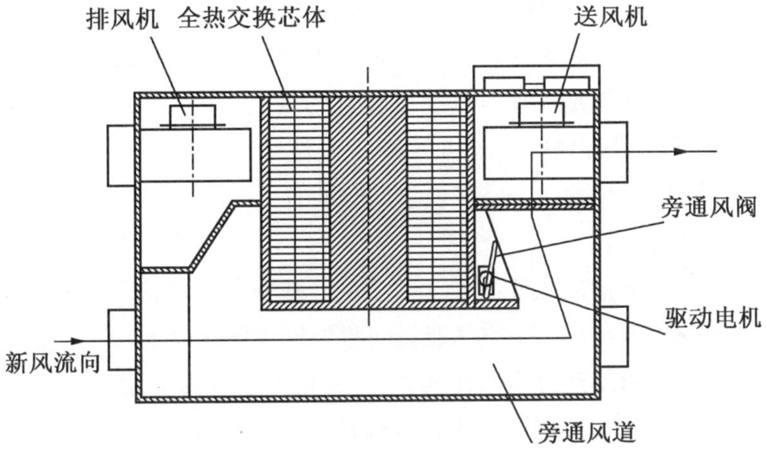

图 6.34　旁通送风状态下旁通送风风阀位置及新风、排风流向

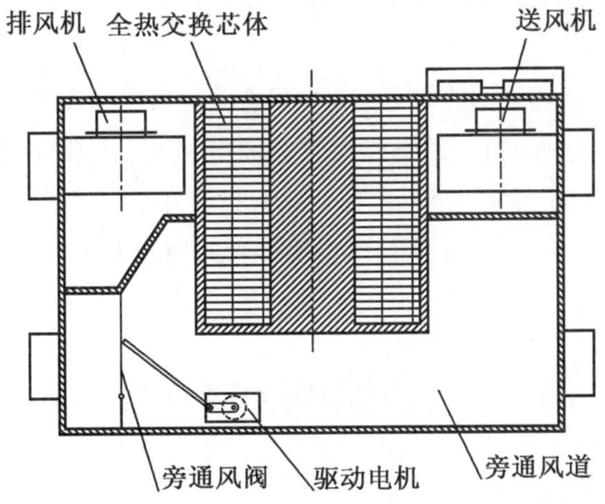

图 6.35　旁通送风状态下旁通除霜风阀位置

5. 新型空气-空气能量回收装置适用性分析

3 种新型空气-空气能量回收装置分别具有旁通送风功能、旁通除霜功能、旁通送风与旁通除霜双重功能。它们的功能不同,适用的地区也不同。因此,需要分析空气-空气能量回收装置的功能的适用性条件,进而确定其适用的地区。

(1)旁通除霜功能分析。

当全热交换器结霜时,如果积霜不及时清除,将堵塞空气通道并减少传热面积,空气流动阻力显著增大,换气量及换热效率明显降低,使板式全热交换器的总体性能下降。一旦霜将换热器完全堵死时,风机风量趋于零,此时将严重影响风机,严重时将损坏风机。因此,对于室外气温长期较低与室内湿度长期较高的场所应设置旁通除霜功能。

有文献指出,板式全热交换器在室内无加湿设备的低湿度场所全天使用时,在我国的寒冷地区和严寒 B 区可以使用,在我国严寒 A 区,全年中严重结霜时间较长,建议使用具有旁通除霜功能的板式全热交换器;板式全热交换器在室内无加湿设备的低湿度场所仅白天使用时,除了漠河等少数位于我国最北方的城市外,在我国大部分地区都可以使用;对于室内有加湿设备或者室内散湿量较大的场所而言,板式全热交换器在我国的寒冷地区可以使用;在我国严寒 A 区和严寒 B 区使用时,全年中严重结霜时间较长,建议使用具有旁通除霜功能的空气-空气能量回收装置。

(2)旁通送风功能分析。

某地区空气-空气能量回收装置是否设置"过渡季旁通功能"与该地区气象参数有关。设置过渡季旁通功能的空气-空气能量回收装置主要有以下两个优点:

(1)在过渡季节新风不经过全热交换器,送风系统阻力减少,送风风机的能耗下降。

(2)新风不流经全热交换器以减少其运行时间,提高其使用寿命。

本节在分析某地区用空气-空气能量回收装置是否设置过渡季旁通功能时,主要考虑过渡季旁通装置延长全热交换器使用寿命的问题,而不考虑旁通装置使风机节能的问题。

应用案例如下:

对于小型空气-空气能量回收装置,增加旁通功能所带来的投资主要包括:新增过渡季旁通送风控制系统、旁通风道、旁通风阀及旁通电机等,这部分投资约占整个空气-空气能量回收装置初投资的 10%~15%。对于拥有过渡季旁通与除霜旁通两功能的空气-空气能量回收装置,由于除霜旁通通道与过渡季旁通通道被隔板相隔减少了旁通通道的初投资,则$\frac{Z}{X}$取 10%;对于只有过渡季旁通功能的空气-空气能量回收装置,$\frac{Z}{X}$取 15%。需要设置过渡季旁通功能的空气-空气能量回收装置过渡季旁通送风运行时间占全年运行时间比,见表 6.8。

表 6.8　设置过渡季旁通功能的空气-空气能量回收装置过渡季旁通送风运行时间占全年运行时间比　%

新增旁通送风功能所增加的初投资占整个空气-空气能量回收装置初投资$\left(\frac{Z}{X}\right)$	旁通送风运行占全年运行时间$\left(\frac{a}{b}\right)$
10%	9.1%
15%	13%

由表 6.8 可知，当初投资占整个空气-空气能量回收装置初投资$\frac{Z}{X}$为 10%时，旁通送风运行占全年运行时间比例大于 9.1%，便可以设置旁通送风功能；当初投资占整个空气-空气能量回收装置初投资$\frac{Z}{X}$为 15%时，旁通送风运行占全年运行时间比例大于 13%，便可以设置旁通送风功能。

6. 严寒和寒冷地区旁通送风功能适用性分析

某地区使用具有旁通送风空气-空气能量回收装置是否合适，取决于室外与室内的空气参数。旁通送风运行主要包括以下几种情况：

(1) 当室外空气参数在人体舒适区时，可以经由旁通送风风道直接送入室内而不进行能量回收。

(2) 当室外空气参数远远低于人体舒适区且室内有大量热源时，可以利用室外的冷量来补充室内的冷负荷。

150~350 m^3/h 风量的小型空气-空气能量回收装置主要应用在住宅、旅馆、办公室、会议室、餐厅、运动场所等，这些场所一般有外窗，在室外温度较低且室内有大量冷负荷时可直接开窗，并且过渡季节时间较短，为方便分析情况(2)不考虑在内。

因此，旁通送风装置运行的条件仅考虑上述情况(1)，即当室外空气参数在人体舒适区时直接旁通送风。旁通送风功能使用时室外温度范围为 20~25 ℃。

按照空气-空气能量回收装置的使用时间，下面分两种情况进行讨论：

(1) 全天使用的场所(如住宅、旅馆等)。

(2) 仅白天工作时间使用的场所(如办公室、会议室等)。

最终得到了全天运行的 3 种新型空气-空气能量回收装置适用城市，见表 6.9。

表 6.9　新型空气-空气能量回收装置适用城市

能量回收装置	适用城市
具有旁通送风功能的空气-空气能量回收装置	长春、沈阳、北京、西安、太原
具有旁通除霜功能的空气-空气能量回收装置	漠河
具有旁通送风与旁通除霜双重功能的空气-空气能量回收装置	哈尔滨、长春、沈阳、乌鲁木齐、呼和浩特

对于仅白天使用的空气-空气能量回收装置,空气-空气全热交换器全年运行时间的比例见表 6.10。

表 6.10　仅白天使用的空气-空气能量回收装置旁通送风运行时间

城市	所属气候分区	全年运行时间/h	旁通送风运行时间/h	旁通送风占全年运行时间比例/%
漠河	严寒 A 区	3 650	479	13.12
哈尔滨	严寒 A 区	3 650	619	16.96
长春	严寒 B 区	3 650	658	18.03
沈阳	严寒 B 区	3 650	593	16.25
乌鲁木齐	严寒 B 区	3 650	520	14.25
呼和浩特	严寒 B 区	3 650	665	18.22
北京	寒冷地区	3 650	589	16.14
西安	寒冷地区	3 650	648	17.75
太原	寒冷地区	3 650	756	20.71
兰州	寒冷地区	3 650	601	16.47

6.3.2　双向通风窗[8]

通风窗与普通窗的根本区别是通风窗不需要开窗通风,窗玻璃之间有气流腔,空气在气流腔内流动,依靠自然或机械动力实现通风。现有的通风窗通常是由 2 层或 3 层玻璃组成,2 层玻璃的通风窗一般由 1 块单层玻璃和 1 块双层中空玻璃组成,3 层玻璃的通风窗由 3 块单层玻璃组成,在每 2 块玻璃之间是通风通道。影响通风窗性能的主要参数是气流流向和通风动力,它们影响着通风窗的工作原理。不同工作原理的通风窗在玻璃数量、通风通道、通道内气流流向和通风动力方面都不尽相同。目前,国内外学者主要根据以下两方面因素将通风窗分类:通风窗内气流流向和通风窗内通风动力。

通风窗内气流流向直接影响气流腔内的空气温度和通风方式,从而影响通风窗的使用性能。通风窗按照气流流向不同主要分为几种类型,如图 6.36 所示。

(1)送风窗:室外新鲜空气通过空气腔流入室内,如图 6.36 (a)所示。

(2)排风窗:室内空气通过空气腔排出室外,如图 6.36 (b)所示。

(3)空气幕窗:空气流入、排出都在空气腔的同侧,室内与室外之间没有空气交换。一般又分为两种形式:室内空气幕窗(图 6.36 (c))和室外空气幕窗(图 6.36 (d))。

(4)双向通风窗:室外新鲜空气通过靠近室外的送风腔流入室内,室内空气通过靠近室内的排风腔排出室外,如图 6.36 (e)所示。

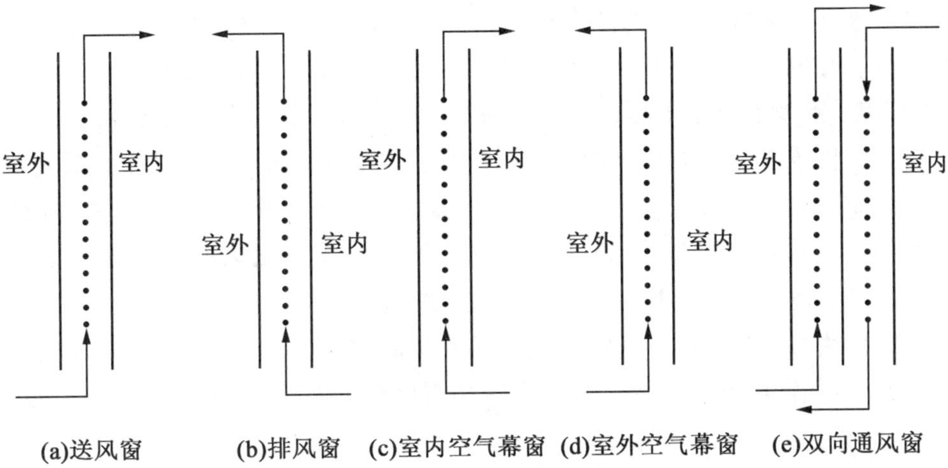

图 6.36　不同气流流向的通风窗

通风窗内通风动力影响气流组织的均匀连贯性和通风的可控性。通风窗按照通风动力不同分为机械通风窗和自然通风窗。机械通风窗是通过风机提供动力，比较容易控制，气流比较均匀；自然通风窗则通过热压和风压提供动力，受气候条件影响比较大，热稳定性差。

1. 通风窗的工作原理

通风窗的作用是将通风窗吸收的太阳能送入室内或排出室外，以节约能源。在供暖季节，回收利用吸收的太阳能；在供冷季节，排走吸收的太阳能。下面将详细介绍不同类型通风窗的工作原理。

送风窗一般由热浮升力(热压)驱动，在冬季节能效果明显。窗吸收太阳能后使送风通道内的气体变热，受热浮力影响，热空气不断向上流动，使腔体内空气形成温度分层。热浮力的强度受与窗的高度相关的垂直温度梯度的影响，一般窗越高，垂直温度梯度越大，热浮力越强。当热浮力比较小时，建议将送风窗所在房间控制为负压环境以增强送风。冬季，送风窗工作时，室外冷空气进入送风腔，吸收太阳能，空气温度升高，送风温度升高，减小了新风负荷；同时由于送风腔内空气温度高于室外温度，提高了玻璃外表面温度，减小了窗内外表面之间的温差，因而减小了由于温差引起的导热损失。夏季，可用于夜间通风制冷。

排风窗的主要驱动力为机械力，通过风机提供气流窗内的排风动力。排风窗虽然没有直接送入新风的入口，但是排风造成的室内负压环境有利于渗入新风。与普通窗相比，排风窗能够提高热舒适性。这是因为室内的空气首先排入排风腔，其温度在供暖季高于室外空气温度，在供冷季低于室外空气温度，使室内玻璃表面与室内空间温差减小，降低冷辐射或热辐射，从而提高热舒适。同时，还可以减小由于温差造成的导热损失。

空气幕窗虽然不能提高室内空气质量或满足通风要求，但可以节约能源并且提高室内舒适度。室外空气幕窗在供冷季节的晴天应用效果最好。室外的热空气在热浮力的作用下在气流腔内自下而上流动，当室外空气进入腔体内吸收太阳能被加热后又排出腔体，从而带走了窗吸收的部分太阳能，同时减少了辐射和导热对室内的传热。相反地，室内空气幕窗在供暖季节的晴天应用效果最好，当室内空气进入腔体内吸收太阳能被加热后重新送入室内空间，这部分空气吸收了太阳辐射热而温度升高，同时热空气在腔体内流动延缓了玻璃表面温度的降低，减少了导热损失，还可以降低玻璃表面的冷辐射，提高室内人员的热舒适性。近年来，也有人对空气幕窗进行了进一步优化设计，开发出了“可逆转的玻璃模块”，称为改良空气幕窗，这种窗在供暖季节可以采用室内空气幕窗控制模式，在供冷季节翻转使用，可以采用室外空气幕窗控制模式，使窗全年都在最佳控制模式下工作，从而进一步提高了窗的性能。

双向通风窗结构上更加复杂，共由 3 层玻璃及 2 个气流通风道组成，如图 6.36(e)所示。贴近室外玻璃侧的为送风通道，贴近室内玻璃侧的为排风通道，2 个通道内的气流都由风机提供动力。冬季，室外冷空气进入气流腔后，吸收太阳能使其温度升高，同时与排风通道内的热空气发生对流换热，使温度进一步升高，从而提高了室内新风温度，利于减小新风负荷，而排风腔内的热空气使内层玻璃温度下降缓慢，高于普通窗的温度，因此减少了由于温差造成的传热量，而且降低了冷辐射，提高了舒适度，综合起来使窗能耗降低。夏季，室外的热空气经过送风气流腔，室内的冷空气经过排风气流腔，对流换热使得送风温度降低，但是在晴朗的白天，送风的同时吸收太阳辐射，空气被加热，所以送风温度是否低于室外空气温度取决于其所回收的冷量与太阳辐射得热量的差值，但是排风腔内的冷空气使内层玻璃温度上升缓慢，因此可以减少由于温差引起的传热量，而且降低了热辐射，提高了热舒适度。

综上所述，前 3 种通风窗虽然都有其优点，但却不能同时达到节能、通风、提高舒适度的要求，如送风窗只能将室外新鲜空气送入室内，稀释室内的污染物浓度，并不能将污染物彻底排到室外；排风窗只能将室内污浊空气排出室外，并不能向室内送入新风；空气幕窗只能通过气流腔内的空气降低窗的能耗，同时提高舒适性，并不能向室内送入新风。只有双向气流通风窗既可以向室内提供新鲜空气，又可以有效排出室内的污浊空气，还可以降低能耗，提高舒适度，综合性能最优。

双向通风窗中由于通风气流的存在，在窗垂直方向上有温度梯度。同时，由于送风气流与排风气流之间通过中间层玻璃换热，并且送风气流可以间接获得太阳辐射能，使双向通风窗在通风状态下，可被视为透光换热设备。

2. 双向通风窗优化设计的数学模型

双向通风窗与普通窗的主要差别是其内存在通风气流。一方面改变了传统意义上在静止状态下的窗传热系数，使其受到室内外温度、湿度、风速以及太阳辐射条件的影响；另一方面，由于送风气流吸收排风气流的热量或冷量以及太阳辐射的热量，使其送风温度改变,在冬季可以提高温度,但在夏季温度是否降低取决于所吸收的排风气流的冷量与太阳辐射得热量的差值。为了优化通风条件下双向通风窗的节能性,本小节中将给出数学模型,分别描述双向通风窗通风以及与它具备同样构造的 3 层玻璃普通窗通风时的窗负荷。

如前所述,双向通风窗的通风气流由 2 个风机驱动。设此 3 层玻璃普通窗由 1 个送风机向室内提供稳定气流,并通过渗透排除。比较 2 种窗,如图 6.37 所示。送风温度方面,双向通风窗中,送入窗的气流温度为室外空气温度,送入室内的气流温度是经过换热后的空气温度,而普通窗由于没有换热,送入室内的空气温度即室外空气温度;双向通风窗的传热系数受室内外温差及辐射条件影响,动态变化;普通窗的静态传热系数不受气流影响。综合窗温差换热、窗太阳辐射得热以及通风换热,可得到式(6.23)和式(6.24)。假设气流在通风窗内部流动时空气湿度不变。

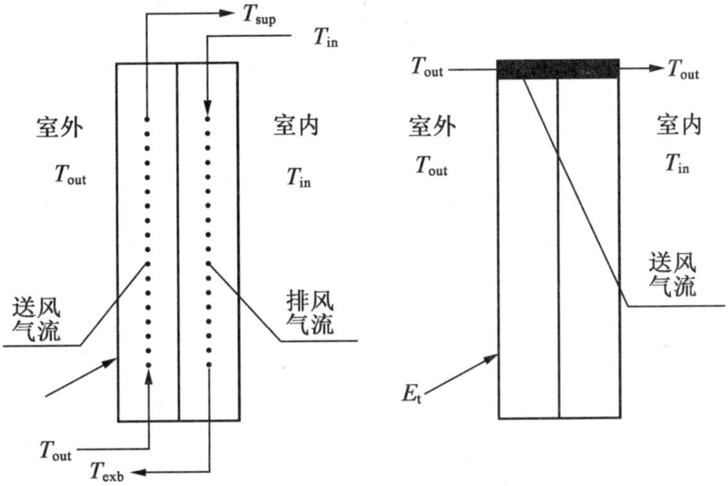

(a)双向通风窗　　(b)三层玻璃普通窗

图 6.37　窗的热平衡模型

式(6.23)和式(6.24)分别描述了双向通风窗以及普通 3 层玻璃窗的窗负荷,如果 2 种窗的玻璃、窗框材质、结构尺寸均一致,则窗的负荷差就是由气流流动带来的。

$$Q_{\text{dual-airflow}} = Q_{\text{conventional}} + Q_{\text{window}}$$
$$= V_e \rho c_p (T_{in} - T_{sup}) + U_{\text{dual-airflow}} A (T_{in} - T_{out}) + \text{SHGC} \times A \times E_t \tag{6.23}$$

$$Q_{\text{conventional}} = Q_{\text{ventilation}} + Q_{\text{window}}$$
$$= V_e \rho c_p (T_{in} - T_{out}) + U_{\text{conventional}} A (T_{in} - T_{out}) + \text{SHGC} \times A \times E_t \tag{6.24}$$

式中　$Q_{\text{dual-airflow}}$——双向通风窗的窗总负荷,W;

$Q_{\text{conventional}}$——普通 3 层玻璃窗的窗总负荷,W;

Q_{window}——窗温差传热负荷与太阳能得热量之和,W;

$Q_{\text{ventilation}}$——窗通风全热负荷,W;

V_e——窗通风量，m^3/s；

ρ—— 空气密度，kg/m^3；

T_{out}——室外空气温度，℃；

T_{in}——室内空气温度，℃；

T_{sup}——经过双向通风窗换热后的送风温度，℃；

$U_{dual-airflow}$——双向通风窗通风状态下的动态传热系数，$W/(m^2 \cdot K)$；

$U_{conventional}$——普通3层玻璃窗的传热系数，$W/(m^2 \cdot K)$；

SHGC——窗太阳能得热系数；

A——窗面积，m^2；

E_t——太阳能辐射率，W/m^2。

通风状态下，窗的总负荷主要由温差传热、太阳辐射得热以及新风负荷3部分组成。温差传热中，窗总传热由玻璃、窗框导热以及窗内、外和空气通道的对流换热综合组成。窗空气通道内的对流换热与空气流速相关，而空气流速由送风量及窗宽度、玻璃夹层厚度计算得到。太阳辐射得热受太阳辐射强度及窗整体的太阳能得热系数影响，窗得到的太阳辐射强度与其所在的朝向及遮阳情况相关。新风负荷受新风量及送风温度与室内空气温度差的影响，送风温度同样受对流换热及太阳辐射得热的影响，因此影响因素众多。

3. 双向通风窗的优化参数

双向通风窗的优化，是以窗得热/失热的窗负荷为评价指标，这样可以保证所有负荷值的变化都是由窗自身传热、太阳能得热以及通风换热带来的。将优化参数的最优参数值列于表6.11内。

表6.11　双向通风窗最优参数值

参数	窗送风量/($m^3 \cdot h^{-1}$)	窗高度/m	窗朝向/°	内层玻璃太阳能得热系数（SHGC）
最优参数值	50	1.5	0（北向）	0.25

应用表6.11内所列各最优参数值，设计双向通风窗以及普通三层玻璃窗，比较几个参数综合作用下双向通风窗的节能率，所得结果如图6.38所示。

由图6.38可见，双向通风窗在严寒地区——哈尔滨窗负荷节能率最高，接近35%，在夏热冬暖地区——广州节能率最低，接近25%，其他几个城市按节能率大小排序分别为北京、上海和昆明。比较整体节能率与单参数优化节能效果，哈尔滨地区增幅较小，其他几个城市的增幅略大，规律是单参数节能越小，几个参数综合影响的节能效果越明显。

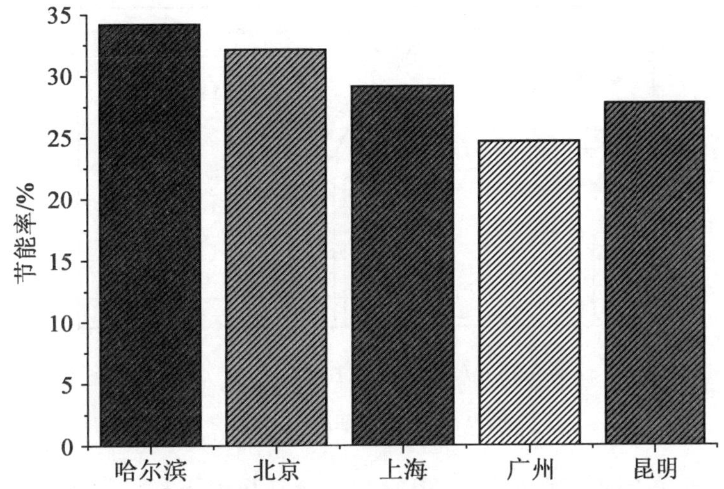

图 6.38　应用最优参数值设计的双向通风窗在不同气候区的节能率

6.4　置换通风[9]

通风气流排除室内污染物的效果主要取决于两个方面：其一，室内污染物的释放情况，包括污染源位置、释放强度和污染物特性；其二，室内气流组织形式，即室内的通风方式。对于以保障室内人员不受室内污染物危害为目的的通风，其通风效果的好坏取决于通风气流是否能有效地排除人员活动区内的污染物，从而为室内人员和生产提供良好的空气质量。对服务于生产的工厂车间，为保证产品的质量，也需要控制室内的空气质量。

置换式通风通常指的是利用下送上回的送风方式实现通风的一种新气流组织形式，它是将新鲜空气直接送入工作区，并在地板上形成一层较薄的空气湖。空气湖是由较凉的新鲜空气扩散而成，因室内的热源（人员及设备）产生向上的对流气流，新鲜空气随其向房间上部流动而形成室内空气运动的主导气流。排风口设置在房间的顶部，污染空气由此排出。送风口送入室内的新鲜空气温度通常低于室内工作区的温度，较凉的空气由于密度大而下沉到地表面。置换通风的送风速度为 0.2~0.5 m/s，送风的动量很低，以致对室内主导气流无任何实际的影响。较凉的新鲜空气犹如倒水般地扩散到整个室内地面并形成空气湖，热源引起的热对流气流使室内产生垂直的温度梯度。在这种情况下，排风的空气温度高于室内工作温度。由此可见，置换通风的主导气流由室内热源所控制。置换通风的流态如图 6.39 所示。

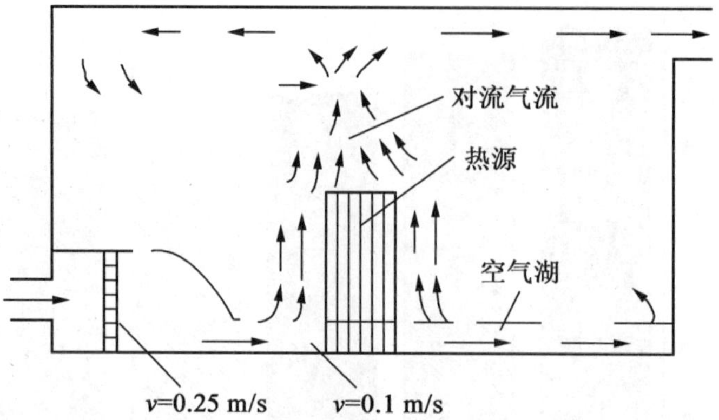

图 6.39　置换通风的流态

置换通风是下送上回的送风方式，但它与混合通风的下送上回方式不同，并不是任何一种下送风装置都能实现，也不是对任何地域的任何建筑都适用。要实现置换通风，设计中必须满足低速、低温差、低位送风和高位排风，即所谓的"三低一高"条件，送风气流在地面形成稳定的冷空气层，空气在热浮升力作用下上升，使人没有吹风感。送风温度低于室内温度，低温空气才能沉降在地面上，同时保证满足热舒适要求，不具备以上条件的，只是一般的下送风方式，而非置换通风。

1978 年，置换通风第一次应用在德国柏林的一个焊接车间，使车间内的空气质量得到了明显的改善，并且节约了能量。此后，北欧地区有越来越多的工业厂房采用置换通风来达到节能和提高室内空气质量的目的。

进入 20 世纪 80 年代，为了改善办公楼等商业建筑中的空气质量问题，在这类建筑中也开始应用置换通风。德国、瑞士、法国等研究人员通过实验测试和理论分析，对置换通风的诸多方面，特别是空气质量和热舒适方面进行了详细的研究，在此基础上将其安装在办公室和会议室中，同时配合相应的空气处理设备和控制手段进行调节，取得了理想的效果，不仅提高了室内空气质量，还能提高热舒适。

20 世纪 90 年代初，日本和美国出于改善室内空气质量的目的，也开始研究这种通风形式，结合各自建筑的实际条件开展相应的实验与数值模拟，扩展了置换通风的应用范围并进一步完善了各项技术。

我国也于 20 世纪 90 年代初，在引入北欧置换通风技术的基础上结合国情开展了这方面的研究与开发工作，并应用于一些工程中，既获得了较高的空气质量，又达到了节能的效果。

6.4.1　置换通风原理

置换通风是利用空气密度差在室内形成由下而上的通风气流。新鲜空气以极低的流速从置换送风口流出，送风温度通常比室内设计温度低 2~4 ℃，送风的密度大于室内空气的密度，在重力作用下送风下沉到地面并蔓延到全室，地板上形成一个薄薄的冷空气层称之为空气湖。空气湖中的新鲜空气受热源上升气流的卷吸作用、后续新风的推动作用及排风口的抽吸作用而缓慢上升，形成类似活塞流的向上单向流动。因此，室内热而污浊的空气被后续的新鲜空气抬升到房间顶部并被设置在上部的排风口所排出。

采用置换通风时，室内存在垂直方向的温度梯度和热力分层现象。室内热源产生的热对流气流（热烟羽）在浮力作用下上升，烟羽沿程不断卷吸周围空气并流向顶部而形成室内主导气流。根据连续性原理，在任意高度处的上升气流量和下降气流量之差等于送风量。因此当顶部烟羽流量大于送风量（排风量）时，室内垂直方向上存在一个分界面，在该界面处烟羽流量正好等于送风量。在该界面以下，烟羽外部空气以较低的速度向上流动，室内气流类似于垂直单向流，房间下部区域的空气不断被送入室内的新鲜空气置换，其品质较高，称为单向流动清洁区；而在该界面之上由于烟羽流量大于排风量，使得气流在屋顶周围聚集掺混，形成类似混合流的气流流型，因此该区内空气较污浊，称为紊流混合区。由此可见，只要选择合适的送风量来保证热力分层界面位于室内人员活动区之上，就可以保证人员活动区内良好的空气质量。置换通风的热力分层情况如图6.40所示。

在置换通风条件下，下部区域空气凉爽而清洁，只要保证分层高度（地面到界面的高度）在人员工作区以上，就可以确保工作区优良的空气质量。而上部区域可以超过工作区的容许浓度，因该区域不属于人员停留区，故对人体无碍。

空气温度场和污染物浓度场在上下两个区域表现出明显的不同特性，单向流动区存在明显的垂直温度梯度和浓度梯度，而紊流混合区温度场和浓度场则比较均匀，接近排风的温度和污染物浓度。

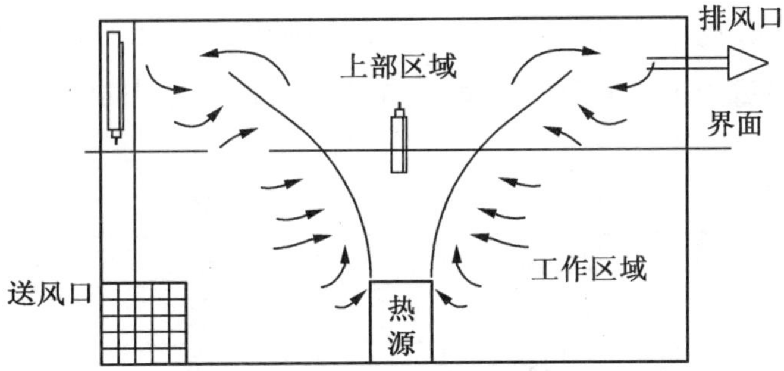

图6.40 置换通风的热力分层情况

然而，即使在单向流动区，温度梯度和污染物浓度梯度也是很小的，整个区域内各种场均匀分布。在两区之间有一个过渡区，其高度虽然很小，但是温度梯度和污染物梯度却很大，空气的主要温升过程在此区内实现，被称为温跃层。根据这种分层的特点，只要保证温跃层在工作区以上，就可以为工作区提供较好的空气质量。空气在上升的过程中品质越来越差，最后从装设在天花板上或房间顶部的排风口排出。

6.4.2 置换通风系统参数

与传统的混合通风相比,置换通风更好地利用了空气热轻冷重的自然特性和污染物自身的浮升特性,通过自然对流运动达到空气调节的目的。另外,置换通风的层状特点使其将余热和污染物锁定于人的头顶之上,使人的停留区保持了最好的空气质量和适宜的热环境。在置换通风的设计中,要充分体现和利用其特性。

在确定通风方案之前,必须根据设计条件、设计目标等,从节能、热环境、空气质量的角度综合考虑设计对象适用的通风方案(混合通风或置换通风)。置换通风能够提供更好的空气质量,节能方面也有一定的优势,但采用置换通风需要考虑以下因素:

(1)污染源与热源应共存,因置换通风的主导气流由室内热源控制,两源共存才能使污染物随热气流同时上升而排除;

(2)室内冷负荷不应过大(如以 120 W/m^2 为界),否则需要联合使用冷却顶板,但这样会加大初投资;

(3)房间高度不能过低(如以 2.4 m 为界),过低则不能利用置换通风的机理,形成稳定的温度和污染物浓度分层,优势也就无从谈起。

置换通风的设计方法也可以采用基于分析模型的设计方法和基于 CFD 模拟的设计方法。本章将介绍一种基于分析模型的设计方法,它与混合通风的方法有所不同。

1. 温度梯度 Δt

置换通风房间内的温度梯度 Δt 是影响人体热舒适的重要因素。离地面 0.1 m 的高度是人体脚踝的位置,而脚踝是人体暴露于空气中的敏感部位。该处的空气温度 $t_{0.1}$ 不应引起人体的不舒适感。房间工作区的温度 t_n 往往取决于离地面 1.1 m 高度处的温度(对坐姿人员如办公、会议、讲课、观剧等)。根据 ISO Standard 7730—2005 标准,人员停留区垂直温度梯度应小于 3 ℃/m。表 6.12 给出了德国某公司提供的数据。

表 6.12 室内温度 t_n 及工作区温度梯度

活动方式		散热量/W	t_n/℃	$(t_{1.1}-t_{0.1})$/℃
静坐		120	22	≤2.0
站姿	轻度劳动	150	19	≤2.5
	中度劳动	190	17	≤3.0
	重劳动	270	15	≤3.5

采用置换通风的房间,依据室内的温度分布,通常分为 3 个区:底部区、人员停留区和上部区;对于高大空间,人员停留区和上部区之间会出现一个中间区。

以房间高为 3 m 的办公室为例,置换通风时室内的温度梯度由 3 部分组成。即以送

风温度 t_s 送风后的底部区温升 $\Delta t_{0.1}=t_{0.1}-t_s$；人员停留区温升 $\Delta t_n=t_{1.1}-t_{0.1}$；以排风温度 t_p 排风的室内上部区温升 $\Delta t_p=t_p-t_{1.1}$。室内送排风温差 $\Delta t=t_p-t_s$，表示送风吸收室内全部的热量。

底部区温升 $\Delta t_{0.1}$ 的形成，是由于从送风口流出的低温空气在地面流淌的过程中，被地面加热使温度有所升高；空气接触到人体热源后，随高度的增加，温度逐步上升直至到达头部（以头部附近的温度代表室内温度），而形成人员停留区温升 Δt_n；从人体头部到排风口的上部区温升 Δt_p，此区域温度梯度可能由于其他次要热源的分布而各不相同。

某置换通风房间内的垂直温度梯度如图 6.41 所示。

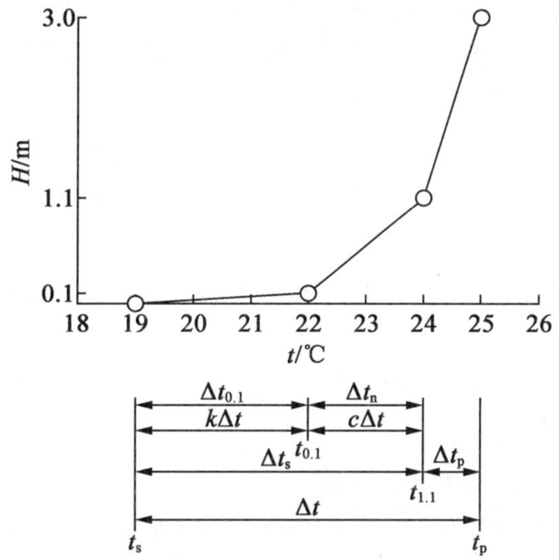

图 6.41　房间垂直温度梯度

从图 6.41 可以看出，该通风房间底部区、人员停留区、上部区的温度梯度依次递减，底部区的高差仅为 0.1 m，温度梯度却高达 30 ℃/m，而上部区高差尽管为 1.9 m，温度梯度却仅为 1 ℃/1.9=0.53 ℃/m。

2. 冷负荷 Q

同混合通风一样，使用规范所建议的冷负荷计算方法计算建筑冷负荷。但由于置换通风系统中的温度呈分层特性，它的设计思路主要是控制工作区的环境，消除工作区的冷负荷，所以需要考虑冷负荷在各区之间的分配。设计时需将工作区人员以及设备的冷负荷 Q_1（此处不计入人体潜热，因为置换通风中促成温度分层的实际因素是显热，人体呼出的水蒸气按污染物计算）、工作区以上照明冷负荷 Q_2、建筑围护结构与太阳辐射冷负荷 Q_3 分别计算并汇总，当然，尚需计算房间总冷负荷 Q。

3. 送风量 G

房间的送风量需要从以下两个方面考虑。

(1)消除冷负荷所需的送风量 G_1。

置换通风与混合通风在设计目标上存在着本质的差别,前者是以人为本,而后者是以建筑空间为本。传统的混合通风方式以室内的平均温度或平均浓度作为设计的目标。置换通风系统创造了室内热分层,为了保证人体的热舒适,消除人员停留区的冷负荷,保证该区域的热环境是置换通风设计的目标。在确定了室内设计温度和人员停留区温度梯度后,所需的送风量 G_1 的计算公式为

$$G_1=\frac{3\ 600Q_y}{c_p\Delta t} \tag{6.25}$$

式中 G_1——消除冷负荷所需总送风量,kg/h;

Q_y——人员停留区的综合显热冷负荷,根据实验或经验确定,kW;

c_p——比定压热容,1.01 kJ/(kg · ℃);

Δt——人员停留区允许温差值,℃。

Q_y 值很难确定,对于一般高度的办公类建筑房间,可计算为

$$Q_y=\alpha_1 Q_1+\alpha_2 Q_2+\alpha_3 Q_3 \tag{6.26}$$

式中,α_1、α_2 和 α_3 分别为 0.295、0.132 和 0.185,代表相应冷负荷 Q_1、Q_2 和 Q_3 进入工作区的比例。

上述冷负荷进入工作区的比例值是根据办公类建筑得出的经验常数,其他建筑需根据其特点加以确定。

(2)满足空气质量所需的新风量 G_2。

由 ASHRAE Standard 62.1—2007 可以确定用以保证室内可接受空气质量所需的新风量 G_r,这一风量是建立在通风效率等于 1 的混合通风的基础上,而置换通风的通风效率更高。对于达到相同的室内空气质量,置换通风系统所需的新风量更少,从而置换通风新风量 G_2 表述为

$$G_2=G_r/\eta \tag{6.27}$$

式中 G_2——满足空气质量所需的新风量,kg/h;

G_r——混合通风满足空气质量所需的新风量,kg/h;

η——置换通风呼吸区通风效率。

室内坐姿人员的呼吸带距地面高度为 1.1 m,站姿人员的呼吸带距地面的高度为 1.7 m。用卫生学的观点评价通风效果,应以接近地面的工作区内空气质量的优劣来衡量。

利用式(6.28)可以计算出置换通风呼吸区的通风效率。

$$\eta=2.83(1-e^{-n/3})(Q_1+0.45Q_2+0.63Q_3)/Q \tag{6.28}$$

式中 n——换气次数,h^{-1}。

虽然上述模型是针对坐姿的人建立的,但同样也适用处于站姿的人。人体所吸入的空气来自于更低高度的空气层。因为人体周围的热羽流将新鲜的空气从下面带到呼吸

区,所以站着的人呼吸的空气可能接近于坐着的人呼吸区的空气质量,因此该模型对于人处于站姿的大多数停留区也适用。

在混合通风的热平衡计算中,仅将热源的发热量作为计算参数而忽略了热源产生的上升气流。置换通风是依靠热源产生的上升气流(烟羽)来主导房间内的气流流向。热源产生的热上升气流如图 6.40 所示。站姿人员产生的热上升气流如图 6.42 所示。

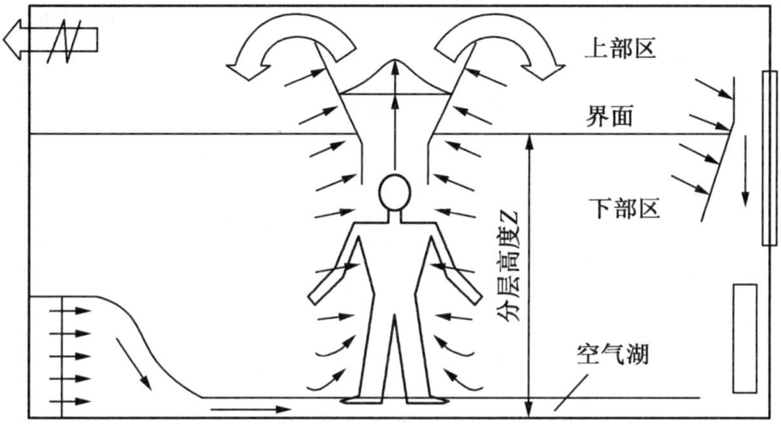

图 6.42　站姿人员产生的上升气流

置换通风中分层高度是一个重要的设计参数,所以在室内送风量计算完成之后必须进行校核,以确定分层高度是否位于人的呼吸区之上。这可以利用表 6.13 中给出的设计分层高度上的羽流流量(以羽流计算理论得到)进行校核,如果大于送风量,则表明送风量不足,分层高度位于设计值之下,需要重新调整送风量;否则表示满足要求,可以继续进行下一步计算。

表 6.13　热源引起的上升气流流量

热源形式		有效能量折算/W	在离地面 1.1 m 处的空气流量/($m^2 \cdot h^{-1}$)	在离地面 1.8 m 处的空气流量/($m^2 \cdot h^{-1}$)
人员	坐或站 轻度或中度劳动	100~120	80~100	180~210
办公设备	台灯	600	40	100
	计算机/传真机	300	100	200
	投影仪	300	100	200
	台式复印机/打印机	400	120	250
	落地式复印机	1 000	200	400
	散热器	400	40	100
机器设备	约 1 m 直径,1 m 高	2 000		600
	约 1 m 直径,2 m 高	4 000		800
	约 2 m 直径,1 m 高	6 000		900
	约 2 m 直径,2 m 高	8 000		1 000

4. 送风温度 t_s

房间内各区的空气温升均可根据其相应的冷负荷计算，即

$$\Delta t=\frac{3\ 600Q}{C_p G} \tag{6.29}$$

根据室内设计温度(1.1 m 处)，通过选定人员停留区垂直温度梯度，可得出工作停留区与底部区分界处的温度，再根据式(6.29)可以进一步计算出送排风温度，并能绘出垂直温度的分布曲线。

由于冷负荷进入各区的比例值难以确定，送风温度也可为

$$t_s=t_{1.1}-\Delta t_n\left(\frac{1-k}{c}-1\right) \tag{6.30}$$

式中　c——停留区温升系数，$c=\dfrac{\Delta t_n}{\Delta t}=\dfrac{t_{1.1}-t_{0.1}}{t_p-t_s}$；

k——底部区温升系数，$k=\dfrac{\Delta t_{0.1}}{\Delta t}=\dfrac{t_{0.1}-t_s}{t_p-t_s}$。

停留区温升系数也可根据房间用途确定。表 6.14 列出了各种房间停留区温升系数。

表 6.14　各种房间停留区温升系数

$c=\dfrac{\Delta t_n}{\Delta t}$	地表面部分的冷负荷比例/%	房间用途
0.16	0~20	天花板附近照明的场合：博物馆、摄影棚
0.25	20~60	办公室
0.33	60~100	置换诱导场合
0.4	60~100	高负荷办公室、冷却顶棚、会议室

底部区温升系数 k 可根据房间的用途及单位面积送风量确定。表 6.15 列出了各种房间地面区温升系数。

表 6.15　各种房间地面区温升系数

$k=\dfrac{\Delta t_{0.1}}{\Delta t}$	房间单位面积送风量 /($m^3 \cdot m^{-2} \cdot h^{-1}$)	房间用途及送风情况
0.5	5~10	仅送最小新风量
0.33	15~20	使用诱导式置换通风器的房间
0.20	>25	会议室

5. 室内污染物的浓度和湿度

对于以人员为主要污染源的环境，通常以 CO_2 浓度作为控制和评价污染物浓度的指

标。根据国家卫生标准GB/T 17094—1997《室内空气中二氧化碳卫生标准》规定，室内空气中CO_2的日平均最高容许体积分数应小于0.1%（2 g/m³）。

由房间内部CO_2污染物的质量平衡关系（送风中的CO_2质量流量+人员散发的CO_2质量流量=排风中的CO_2质量流量可得）为保证室内CO_2浓度满足卫生标准的通风量，其计算公式为

$$L=\frac{3\ 600X}{Y_2-Y_0} \tag{6.31}$$

式中　L——通风量，m^3/h；

X——室内CO_2散发量，g/s；

Y_2——排风CO_2质量浓度，g/m^3；

Y_0——送风CO_2质量浓度，g/m^3。

根据新风中所含有的CO_2质量、人员散发的CO_2质量及新风比例，可求得送风中和排风口处CO_2质量和浓度，再根据通风效率模型，求得呼吸区附近CO_2浓度C_k。将C_k与卫生标准比较，大则说明新风量不足，需要加大新风比。

置换通风将人员呼出的水蒸气看成污染物，因此可以采用与前面CO_2相同的计算方法得到送回风状态参数，进而评价所研究区域的湿度情况。

6. 送风口特性

送风口的构造、外形以及尺寸的选择主要基于房间的设计参数，如送风量、送风温度等。

置换通风中人的脚踝部最可能有吹风感，为了确保其附近空气状态满足热舒适标准，通常在设计中选取较低的送风口风速。另外，地板附近的垂直温度分布依赖于送风口的性能，如果使用的送风口并不是专门为低速送风方式设计的，那么在地板附近可能会形成冷空气层，虽然这并不是该系统实际的限制条件，但设计者必须保证选择使用正确的送风口装置。

因置换通风的送风速度低，所以送风口面积一般较大，设计时需要与建筑师紧密联系来确定其与建筑的结合，以不影响美观为宜。

在选择送风口位置的同时，应考虑热负荷的位置。较大的空气量送入发热量大的物体附近可以减少余热在工作区的传播，从而提高余热排除效率。

置换通风的送风口称为置换通风器，其布置应考虑下列原则：

（1）置换通风器附近不应有大的障碍物，距离至少0.9 m远；

（2）置换通风器宜靠外墙或外窗布置；

（3）圆柱形置换通风器可布置在房间中部；

（4）冷负荷高时，宜布置多个置换通风器；

（5）置换通风器布置应与室内空间协调。

为了减少管道的需要量，可以将送风口沿单侧墙进行布置。而如果将送风口布置在不同的墙上，则可能增加置换通风系统所能提供的冷负荷。

在负荷比较大的房间（如负荷大于40~50 W/m²的商业建筑，劳动级别为轻劳动；大于80 W/m²的工业建筑，劳动级别为中等以上劳动），可以考虑诱导型送风口。在相同的

冷负荷下，诱导型送风口可以使管道尺寸减小。

置换通风器的选型，其面风速应符合下列条件：

(1)工业建筑的面风速 v 取 0.5 m/s；

(2)高级办公室的面风速 v 取 0.2 m/s。

一般根据送风量和面风速 v=0.2~0.5 m/s 确定置换通风器的数量。

排风口(或回风口)应该安装在天花板附近。如果排风口(或回风口)安装在主要热源的正上方，余热和污染物的排除效率可能会更高。

本章参考文献

[1] 李翠敏. 重力循环供暖末端设备及运行特性研究[D]. 哈尔滨:哈尔滨工业大学,2012.

[2] 吴小舟. 可利用低温热源的供暖型风机盘管的性能研究及改良试验[D]. 哈尔滨:哈尔滨工业大学,2008.

[3] 赵加宁. 低温热水采暖末端装置[M]. 北京:中国建筑工业出版社,2011.

[4] 李晓峰. 供热辐射板的建筑室内热环境研究[D]. 哈尔滨:哈尔滨工业大学,2010.

[5] 狄文静. 毛细管供暖饰板材开发与实验研究[D]. 哈尔滨:哈尔滨工业大学,2008.

[6] 邵春廷. 毛细管供热辐射板热工性能及设计选择方法研究[D]. 哈尔滨:哈尔滨工业大学,2009.

[7] 吴小冬. 排风能量回收装置[D]. 哈尔滨:哈尔滨工业大学,2010.

[8] 魏景姝. 双向通风窗的性能研究与优化[D]. 哈尔滨:哈尔滨工业大学,2011.

[9] 王昭俊,赵加宁,刘京. 室内空气环境[M]. 北京:化学工业出版社,2006.

名词索引

G

H

I

J

K

L

M

N